没有量子，
我们生活的这个世界
将会是一种什么样的景象？

爱因斯坦目视着正前方，右手紧握着椅子，看上去很不自在。是衣服上的燕子领和蝴蝶领结让他不舒服，还是上个星期他听说的某些事情令他不安？

玻尔的笑容有点古怪，但看起来很放松。对他来说，这次会议开得很好。然而，等他返回丹麦的时候会失望的，因为，关于量子力学对客观存在的性质昭示了些什么的问题，他没能说服爱因斯坦去采纳他的“哥本哈根解释”。

当爱因斯坦参加卓别林的电影在洛杉矶的首映式时，一大群人看见他俩时发出了狂热的欢呼。“他们向我欢呼是因为他们全能理解我的作品，”卓别林告诉爱因斯坦，“而他们向您欢呼则是因为谁也不能理解您的作品。”

乘坐哥本哈根市内有轨电车，玻尔和爱因斯坦用德语进行了热烈的谈话，对其他乘客好奇的目光视而不见，结果远远地坐过了头……来来回回好多次都乘过了站。

对原子的描述，历来说它像一个小太阳系，电子围绕着原子核旋转，在当今的学校中也仍然是这样教的。但这种描述其实已被放弃，取而代之的是一个无法用视觉方式感知的原子。

原子中的一个电子可以先处在某个位置上，然后，又像变魔术一样地在另一个地方出现，而不必经过中间地带的任何地方。它的奇怪程度就好比一个物体在伦敦神秘地消失，刹那间又突然在巴黎、纽约或莫斯科再现。在经典的或非量子物理学中，这种现象是无法理解的。

美国诺贝尔奖得主穆雷·盖尔曼把量子力学描述为“神秘的、令人琢磨不透的学科，我们谁都谈不上真正理解，我们只是知道怎样去运用它”。于是我们也就运用上了。有了量子力学，从计算机到洗衣机，从移动电话到核武器，所有这些东西才成为可能，是量子力学推动和造就了现代世界。

科学可以这样看丛书

量子理论

爱因斯坦与玻尔
关于世界本质的伟大论战

〔英〕曼吉特·库马尔（Manjit Kumar） 著
包新周 伍义生 余 瑾 译

重庆出版集团 重庆出版社
果壳文化传播公司

版贸核渝字(2011)第128号

图书在版编目(CIP)数据

量子理论:爱因斯坦与玻尔关于世界本质的伟大论战/(英)曼吉特·库马尔(Manjit Kumar)著;包新周,伍义生,余瑾译.—重庆:重庆出版社,2012.1(2018.4重印)

(科学可以这样看丛书/冯建华主编)

ISBN 978-7-299-04434-3

Ⅰ.①量… Ⅱ.①库… ②包… Ⅲ.量子论—普及读物 Ⅳ.①0413-49

中国版本图书馆CIP数据核字(2011)第161152号

量子理论

QUANTUM

——爱因斯坦与玻尔关于世界本质的伟大论战

〔英〕曼吉特·库马尔(Manjit Kumar) 著 包新周 伍义生 余瑾 译

出 版 人:罗小卫

责任编辑:冯建华

责任校对:李小君

封面设计:重庆出版集团艺术设计有限公司·刘 尚

重庆出版集团 重庆出版社 出版  果壳文化传播公司 出品

重庆市南岸区南滨路162号1幢 邮政编码:400061 http://www.cqph.com

重庆出版集团艺术设计有限公司制版

重庆市国丰印务有限责任公司印刷

重庆出版集团图书发行有限公司发行

E-MAIL:fxchu@cqph.com 邮购电话:023-61520646

全国新华书店经销

开本:720mm×1 000mm 1/16 插页:16 印张:21.5 字数:342千

2012年1月第1版 2018年4月第7次印刷

ISBN 978-7-229-04434-3

定价:55.80元

如有印装质量问题,请向本集团图书发行有限公司调换:023-61520678

Advance Praise for Quantum

《量子理论》一书的发行评语

“发现与质疑、友谊与竞争，几十年情感交织的历程跨越两次世界大战，淋漓尽致，异彩纷呈。清楚明白地对科学及其在哲学上的意义做出解释，很适合普通读者。不过，可能最有意思的是，尽管作者很令人佩服地想做到公平客观，但读到最后，不能不令人感到《量子理论》这本书是对阿尔伯特·爱因斯坦的形象充满激情的重新塑造。”

——斯蒂芬·普尔(Steven Poole)，英国《卫报》

“这本书之所以如此具有可读性，实际是因为它对相关的科学家以及他们的背景都作了生动的刻画……惊人的科学，离奇的推理……轻松阅读，细细品味，发人深省，不求虚幻。”

——尼古拉斯·列扎德(Nicholas Lezard)，本周平装书排行榜，英国《卫报》

“库马尔是个技巧娴熟的作家，懂得怎样从有时艰涩的数学推导中提取出精彩的角逐情节。在《量子理论》一书中，他讲述了当年两位最具实力的智者之间的矛盾：极为著名的爱因斯坦和稍逊一筹但同样光辉夺目的丹麦人尼尔斯·玻尔。”

——《金融时报》

“曼吉特·库马尔的《量子理论》是一本强力对撞之书，形形色色、自由思想的物理学家，勾兑出一杯奇异的鸡尾酒。挖掘出他们之间剪不断理还乱的相互关系，看出这个大旋涡中飞出了什么样的上帝般的粒子和黑洞。这个理论体系的形成过程，让所有其他科学革命显得相形见绌。他的这部学术史，可能是迄今所有有关这个理论体系的著述中最为明晰详尽的一部。”

——《独立报》

“曼吉特·库马尔的《量子理论》一书写得确实不错，我现在感到自己多少找到了一点粒子物理学的感觉。《量子理论》一书是跨类别的——它是历史，是科学，是生物学，也是哲学。”

——《卫报》年度书评读者

“可读性很高……描述20世纪物理学的科普读物中又添了一本大受欢迎的新作。”

——《自然》杂志

“库马尔把爱因斯坦和玻尔之间的冲突碰撞，以及针对量子理论‘否定了客观存在’这一焦虑心态写得优雅别致，让人易于理解量子物理学。”

——《苏格兰星期日》

“能同时全面把握好哲学和历史题材的作家本来就很少。能把这些讲得既符合大众口味又有娱乐性的就更少。如果说还不能给库马尔打个满分的话，那也只是因为这本书的鸿篇巨制所致。”

——安德鲁·克鲁梅(Andrew Crumey)，《每日电讯》

“曼吉特·库马尔所著《量子理论：爱因斯坦与玻尔关于世界本质的伟大论战》，是迄今见到的关于现代物理学核心奥秘的最佳指南之一。”

——约翰·班维尔(John Banville)，年度书评读者，《年代》，澳大利亚

“人的个性与物理学研究的交织，而且都诡谲离奇，令人想要一探究竟。库马尔对爱因斯坦、玻尔和其他人在各自的圈子中，就亚原子层面进行的论争讲述得引人入胜而又易于理解。”

——《独立报》

“曼吉特·库马尔在这本权威专著中探究了这些口沫横飞而不知所以的论战幕后的原因，揭示了这个理论的背后究竟是什么，以及它对科学发展的终极意义是什么……这本见解独到的著作把这场论战引向了一个新的领域。”

——《好书指南》

“《量子理论》一书新颖、震撼、精彩。描述了现代科学中一些最重要的理

论的形成过程，探讨了它对人们关于世界本质和人类知识的观点有什么意义，同时对创造科学的人们作了刻画入微和见解独到的描绘。强烈推荐。”

——英国书囊公司

“这是一本关于一个思想的传记，正因为如此，让人读来很像悬疑小说。”

——哈姆和海伊(Ham&High)

“这场革命，甚至在人们还没有完全意识到之前，就已经改变了科学的面貌，以及我们对客观世界性质的认识，而且是永远的。这一力作写得漂亮，描写了科学界贯穿20世纪针对客观世界的基础进行的激烈辩论，同时也观察了量子理论两位伟大人物，爱因斯坦和尼尔斯·玻尔，在个人思维方式和信仰方面的碰撞……这相当于把《爱丽丝漫游奇境记》从兔子洞搬到宇宙背景中上演。瞧一眼吧。”

——《奥德赛》，南非

“库马尔带领我们遍历种种进展、混乱和失误，从这一切当中，清晰地呈现出来的却是，科学研究实际上是一项伟大的国际间集体努力过程。”

——《爱尔兰时报》

“库马尔这本书的与众不同之处在于，它比好多同类的书让我们看到得更多，从而让我们看到了本来不知道的东西。”

——spiked-online. com 网站

“一部历史，起伏跌宕，强烈震撼，写得极好。”

——《出版新闻》

“对这场辩论的一次全新审视。”

——《出版业协会》

“本年度出版的最重要的科普读物。”

——书商

“很精彩……曼吉特·库马尔别具匠心地把科学、历史和人间悲喜剧全都编织在一起，创造出这样一本书，与多数科学读物大不相同，它通俗易懂，引人入胜，使人不得不一页接一页读下去……很值得推荐。”

——top10. supersoftcafe. com 网站

“一部20世纪最具挑战性的科学革命史，写得非常好。”

——《独立报》书商协会圣诞书籍目录

“内容丰富，资料调研极其深入……注重质量和平铺直叙的方式，让人的头脑随着这一最不同寻常、最考验思维能力的理论深入浅出，是以前从未有人采用过的一种很好的方式。库马尔把量子理论发展过程中涉及到的五光十色、各种人物都活灵活现展现出来，从偏爱沉静思索的玻尔，到活泼好动、爱招蜂惹蝶的薛定谔……一读起来我就难以放下。”

——《今日天文》

“对于非科学人士来说，它是很好的入门书……从许多方面来看，《量子理论》都是一本很好的书。”

——《今日社会主义》，2009年4月

For

Lahmber Ran and Gurmit Kaur Pandora,

Ravinder, and Jasvinder

献给

兰贝·拉姆和古尔米特·卡乌尔·潘多拉，

拉文代和贾斯文代

目录

Prologue

The Meeting Of Minds

序言
科学巨人的聚会

保罗·埃伦费斯特(Paul Ehrenfest)泪眼矇眬。他已经作了决定。不久他将去参加一个为期一周的聚会,届时很多在量子革命中起到重大作用的人将要理清思路,吃透他们所造就的这一局面究竟意味着什么。他将不得不告诉他的老朋友阿尔伯特·爱因斯坦,他已经决定站在尼尔斯·玻尔一边。埃伦费斯特,34 岁,奥地利人,是荷兰莱顿大学(Leiden University)的一名理论物理学教授,已经确信原子领域的奇特与微妙和玻尔所论证的相同。

围坐在会议桌边时,埃伦费斯特递给爱因斯坦一张条子,上面潦草地写着:"别笑! 炼狱之中专门给量子理论的教授们留了地方,让他们每天必须听讲经典物理学十几个小时。""我只是在笑他们的天真,"爱因斯坦答复说。"谁知道几年之后谁能笑到'最后'呢?"对于他来说,这根本不是个能笑出来的事,因为这事直接关系到客观存在的本质和物理学的精髓。

关于"电子和光子"的第五次索尔韦会议于 1927 年 10 月 24 日至 29 日在布鲁塞尔召开,与会者的照片记录下了物理学历史上最富戏剧性的这段故事。由于受到邀请的 29 人中有 17 人最后都获得了诺贝尔奖,这次大会成了科学巨人们最令人惊叹的聚会之一。[1]它标志着物理学黄金时代的结束。那是个科学创新的时代,是自伽利略和牛顿引导的 17 世纪科学革命以来未曾有过的。(照

片1)

保罗·埃伦费斯特站在后排左数第三个,身子微微前倾。坐在前排的有9个人。八男一女;其中6人得到过诺贝尔物理学或化学奖。那位女士得到过两枚,一枚是1903年授予的物理学奖,另一枚是1911年授予的化学奖。她的名字是:玛丽·居里。在居中的正位上,坐着另一位诺贝尔奖得主,他是自牛顿时代以来最负盛名的科学家:阿尔伯特·爱因斯坦。他目视着正前方,右手紧握着椅子,看来很不自在。是衣服上的燕子领和蝴蝶领结让他不舒服,还是上个星期他所听说的某些事情令他不安?在第二排的末尾,在右手上,是尼尔斯·玻尔,笑容有点古怪,但看起来很放松。对于他来说,这次会议开得很好。然而,等玻尔返回丹麦的时候他会失望的,因为,关于量子力学对客观存在的性质昭示了些什么的问题,他没能说服爱因斯坦去采纳他的"哥本哈根特色的解释"。

爱因斯坦不但没有让步,反而利用这个星期的时间试图证明量子力学是不能自圆其说的,玻尔的哥本哈根解释是有问题的。多年以后,爱因斯坦说:"这个理论有点让我联想到一个聪明过人的妄想症患者的幻觉体系,全是由一段段互不相干的想法拼凑起来的。"

发现量子的人是麦克斯·普朗克(Max Planck),照片中他坐在玛丽·居里的右手边,手里拿着他的帽子和雪茄。1900年,他被迫接受了这样一个事实:光的能量以及所有其他形式的电磁辐射都是一小点一小点的,聚成大小不等的团块由物质释放或吸收。英文中"Quantum(量子)"这个名字,是普朗克给单独一份能量起的,它的复数形式是"quanta"。按照人们根深蒂固的看法,能量是像水龙头里流出来的水那样连续不断地释放出来或被吸收的。而能量的一个"量子"这种概念则从根本上颠覆了这一看法。在以牛顿物理学为最高主宰的宏观世界的日常生活中,人们认为,水可以从水龙头中滴下,而能量则不是通过大小不同的点点滴滴来进行交换的。然而,原子及亚原子层面的客观存在却是量子的领域。

随着时间的推移,人们发现,处在原子内部的电子的能量是"量化的";它只能承载某些量级的能,而不能是其他的量级。其他各种物理特性也一样,人们发现,微观领域呈团块状,而不是连成一片的。它并非人类所生活的大尺度世界的某种微缩版。在人类所生活的大尺度世界里,物理特性之间的转换是平顺而连续的,如果要从A点到C点去,那就意味着要经过B点。然而量子物理学却显示,原子中的一个电子可以先处在某个位置上,然后,通过释放或吸收一定量的能,又像变魔术一样地在另一个地方出现,而不必经过中间地带的任何地方。在经典的、非量子物理学中,这种现象是无法理解的。它的奇怪程度就好比一个物体在伦敦神秘地消失,刹那间突然又在巴黎、纽约或莫斯科再现。

到了 1920 年代(20 世纪 20 年代)早期的时候,人们早已经看出,由于量子物理学是在就事论事、零打碎敲的基础上取得进展的,因此使得它缺乏一个坚实的基础或一个符合逻辑的结构。就在这个混乱而危机四伏的状态下,一种大胆新颖的理论出现了,人们称之为量子力学。对原子的描述,历来说它像一个小太阳系,有电子围绕着原子核旋转,在当今的学校中也仍然是这样教的。但这种描述其实已被放弃,取而代之的是一个无法用视觉方式感知的原子。然后,在 1927 年,沃纳·海森堡(Werner Heisenberg)有了一项发现,与常识相违到连他自己,一个量子力学方面的德国神童,都感到难以把握住它的意义所在。这项测不准原理说,如果你想要知道一个分子的准确速度,那你就无法知道它的准确位置,反之亦然。

当时没有人知道如何去解读量子力学的方程式,或者这一理论说的是量子层面客观存在中的哪种特性。关于因与果的问题,或者说,关于在没有人观察的情况下月亮还存不存在的问题,从柏拉图和亚里士多德时代起就一直是哲学家们的专属领域,但是自从量子力学出现以后,它们也成了 20 世纪最伟大的物理学家们探讨的话题了。

在量子物理学的所有基本要件都到位了的情况下,第五次索尔韦会议的召开为量子的故事掀开了新的一章。该次会议引发了爱因斯坦和玻尔之间的论战,而这场论战所提出的一些问题,至今仍令许多著名的物理学家和哲学家百思不得其解:客观存在的性质是什么?对客观存在所做的描述怎样才算言之有物?“从来没有过比这更深奥的学术辩论了,”科学家和小说家 C. P. 斯诺(C. P. Snow)宣称道,“可惜的是,这场论战无法成为人们广泛议论的话题,这是由它的性质决定了的。”

这场论战的两个主角中,爱因斯坦是个 20 世纪的标志性人物。他曾受邀在伦敦的帕拉丁剧院(the London Palladium)搞一个为期三个星期的个人专场活动。妇女们看到他上场,当场昏晕过去。年轻姑娘在日内瓦简直是把他洗劫一遍。而如今,像这类的热捧则是专为流行歌手和电影明星保留的了。但是在第一次世界大战浩劫之后的 1919 年,当他的广义相对论理论所预言的光线会弯曲现象被证实之后,爱因斯坦就成了第一颗科学界的超级明星。即使是 1931 年 1 月,爱因斯坦在美洲进行巡回讲座期间参加查理·卓别林的电影《城市边际》(*City Limits*)在洛杉矶的首映式时,这种情况也没多大改变。一大群人看见卓别林和爱因斯坦时发出了狂热的欢呼。“他们向我欢呼是因为他们全能理解我的作品,”卓别林告诉爱因斯坦,“而他们向您欢呼则是因为谁也不能理解您的作品。”

当爱因斯坦的名字被当做科学天才的代名词使用时,尼尔斯·玻尔则不那么为人所知,而且今天依然如此。但是对他的同时代人来说,他却是个当之无愧的科学巨人。1923 年,在量子力学的发展过程中起到举足轻重作用的马克斯·玻恩(Max Born)写道:“对于我们这个时代的理论和实验研究来说,玻尔的影响比任何其他物理学家都要大。”40 年以后的 1963 年,沃纳·海森堡声称,“玻尔对我们这个世纪的物理学和物理学家的影响,比任何其他人都要大,甚至超过了爱因斯坦。”

1920 年,当爱因斯坦和玻尔首次在柏林会面的时候,互相都认为对方是自己在学术上的诤友,没有敌意,没有怨恨,只会激励和鞭策自己不断地推敲打磨关于量子的思想。正是通过他们,以及 1927 年聚集到索尔韦的一些人,我们才得以获悉量子物理学开创年代的情况。“那是个群雄竞起的时代。”美国物理学家罗伯特·奥本海默(Robert Oppenheimer)回忆说,1920 年代(20 世纪 20 年代)的时候,他还是个学生。“那是个需要在实验室里耐心工作的时代,需要做突破性的实验和采取大胆实践的时代,是个反复失落,反复提出站不住脚的猜想的时代。在那个时代,人们急切地往来通信,匆忙召开各种会议,辩论、批评,用数学方法提出令人叫绝的即兴想法。对于参与者来说,那是个开天辟地的时代。”但是对原子弹之父的奥本海默来说,则是“里面既有恐怖,又有回过神来洞察到的狂喜”。

没有量子,我们所生活的这个世界就会是非常不同的一种景象。然而在 20 世纪的大部分时间里,物理学家们认可的是,凡超出他们通过实验测定的客观存在,量子力学都是不予承认的。正是这样一种状态,引发了美国诺贝尔奖得主物理学家穆雷·盖尔曼(Murray Gell-Mann)把量子力学描述为“神秘的、令人琢磨不透的学科,我们谁都谈不上真正理解,我们只是知道怎样去运用它”。于是我们也就运用上了。有了量子力学,从计算机到洗衣机,从移动电话到核武器,所有这些东西才成为可能,是量子力学推动和造就了现代世界。

量子的故事是从 19 世纪末开始的。当时,虽然刚刚才发现了电子、X 射线以及放射现象,并且正在对原子是否存在的问题进行着辩论,但许多物理学家却信誓旦旦地认为,已经没有重大的东西等待人们去发现了。美国物理学家阿尔伯特·麦克尔森(Albert Michelson)1899年曾说:“物理学中比较重要的基本法则和客观现象全部都已经发现了,而且在人们心中都已根深蒂固,再有什么新发现来把它们取代掉的可能性是微乎其微的。”他的看法是,“我们未来要想再有新发现,也只能从小数点以后第六位中去寻找。”麦克尔森这种小数点位置物理学的观点颇受一些人的赞同,他们相信,任何尚未解决的问题都不可能难倒当时已有的物理学,早晚都会被久经考验的那些理论和原理所折服。

19世纪最伟大的理论物理学家詹姆斯·克拉克·麦克斯韦(James Clerk Maxwell)早在1871年就对这种故步自封的心态提出了警告:“现代实验的这种特点,也就是主要以测量为依据的这种实验,其影响是如此之大,以至于人们广泛认为,几年内,可能所有重要的物理常数都会被大致估量一遍,而科学工作者所能做的唯一工作就是把这种测量的精确度再往后推一个小数点。”麦克斯韦指出,“下工夫仔细测量”所能得到的真正回报不是更大的精确度,而是“发现新的研究领域”以及“发展出新的科学思想”。量子的发现,正是这种“下工夫仔细测量”的结果。

在1890年代(19世纪90年代),德国的一些主要物理学家正坚持不懈地钻研一个长期以来困扰着他们的问题:铁制的拨火棍烧红之后,它的温度、颜色变化范围以及亮度之间是一种什么样的关系?与神秘的X射线和辐射现象相比,这似乎是个琐碎的小问题,不足以促使物理学家们争先恐后地冲进实验室,翻出他们的笔记本。但是对于一个在1871年才刚刚打造成形的国家来说,为烧红的拨火棍问题,也就是后来人们所说的“黑体问题”(the blackbody problem),探索出一个答案,则是密切关系到给德国的照明工业争取到一个竞争优势,与英国和美国竞争者竞争的需要。但是,尽管他们百般努力,德国这些顶尖的物理学家还是不能解决这个问题。1896年他们以为找到了答案,但是短短几年以后就发现,新的实验数据证明他们并没有。解决黑体问题的是麦克斯·普朗克,而且是有代价的。这个代价就是量子。

Part Ⅰ
The Quantum

第一部分

量子

“简而言之,我所做的事情可以说不过就是孤注一掷的一招。”

——麦克斯·普朗克

“就好像人的脚下被抽空,看不到哪里有什么可靠的基础,没办法在那上面建立什么。”

——阿尔伯特·爱因斯坦

“第一次听说量子理论而没有被吓呆的人是不可能理解这个理论的。”

——尼尔斯·玻尔

Chapter 1

The Reluctant Revolutionary

第 1 章
不情愿的量子革命

“一项新的科学真理获胜的方式,不是把它的反对者说服了,让他们看到了光明所在,而是因为反对它的人最后都一个个死去,而熟悉它的新一代人成长起来了。”麦克斯·普朗克很长寿,在他快接近生命终点时这样写道。用句有点俗套的话来说,如果他没有“孤注一掷”地将自己长期珍爱的那些思想放弃,那么这句话满可以用来当做他自己科学事业的讣告,“如果不看他那硕大秃顶的圆脑袋下面那双富有穿透力的眼睛的话”。身穿深色西服,浆洗过的白衬衫,戴着黑领结的普朗克,看起来就是一个 19 世纪末叶典型的普鲁士公务员。不论是决定投身于科学事业或任何其他事情,他都典型地像个官方要员那样,行事极为慎重。“我的座右铭一直是这样的,”他有一次对一名学生说,“事先要认真想好每一步,然后,如果你相信自己能担负起它的责任,那就不受任何阻挡,一往无前。”普朗克不是个可以轻易改变想法的人。

对于 1920 年代的学生来说,他的言行举止和相貌几乎一点没变,其中一位后来回忆道:“简直不可思议,这就是那个引领了这场革命的人。”这位不情愿的革命者自己也很难相信这一点。他承认过自己是“倾向于平和”的人,对于“一切可疑的冒险举动”都退避三舍。他坦承自己缺乏“对才智方面的刺激作出快速反应的能力”。由于他有根深蒂固的保守倾向,因此对于新的思想他往往需要好多年才能适应。然而正是普朗克,1900 年 12 月,在 42 岁的年龄上,

发现了黑体辐射的分布方程式,从而不经意间触发了量子革命。(照片2)

所有物体,如果足够热的话,都会混合着释放出热和光,其强度和颜色随温度而变化。伸到火里面的铁制拨火棍棍尖先是微微发出暗红色,随着它的温度增高,它会变成樱桃红,然后是明亮的橙黄色,最后成为发蓝的白颜色。从火中取出后,拨火棍会冷却,这一色谱就反向进行,直到其热度不足以释放出任何可见光。即使在这个时候,它仍然释放着不可见的热辐射。拨火棍继续冷却,过一段时间,热辐射也停止了,最后冷却到可以用手去摸。

1666年,是23岁的艾萨克·牛顿首次证明,白色的光束是由不同颜色的光交织而成的,只要让它穿过一个棱镜,就可以解析出七股不同的光:红、橙、黄、绿、蓝、靛、紫。[2]而关于红和紫是代表了光谱的两个极端,还是代表了人肉眼的两个极端?这个问题于1800年找到了答案。只是到了那个时候,由于发明了足够敏感精密的水银温度计,天文学家威廉·赫歇尔(William Herschel)把一根温度计放到一个光谱前,发现当他把温度计沿着不同颜色的光带从紫色向红色移动时,温度会上升。令他吃惊的是,当他无意中把温度计留在红色光线以外1英寸(2.52厘米)的区域时,温度继续升高。赫歇尔发现了后来所称的红外线辐射,这是人类肉眼看不见的光,来自它所产生的热。[3] 1801年,根据硝酸银暴露在光线下颜色变深这一现象,约翰·里特(Johann Ritter)发现了光谱另一端紫色之外的不可见光:紫外线辐射。

在1859年以前,所有加热的物体在同样的温度下发出同样颜色的光这一现象早已为制陶匠们所知。在1859年,海德堡大学的德国物理学家,34岁的古斯塔夫·基尔霍夫(Gustav Kirchhoff)开始对这种相关关系的性质进行理论研究。为了简化所做的分析,基尔霍夫提出了完美吸收和释放辐射的概念,称之为"黑体"。他选的这个名字恰如其分。能够进行完美吸收的物体肯定不会有任何辐射,因此看起来就是黑色的。然而,如果能够完美释放的话,那么这个物体就会是除了黑色以外的任何颜色,这要看它的温度使它从光谱的可见光部分辐射出什么样的波长来。

基尔霍夫把他这个想象出来的黑体看做一个简单的空箱子,在一面箱壁上有一个细微的小孔。由于任何辐射,不管是可见光还是不可见光,要进入这个箱子都要经过这个孔，所以实际上是这个孔在扮演完美吸收体的角色，起到像黑体一样的作用。辐射一旦进入里面，就会在空腔的各个壁之间来回反射，直到完全被吸收为止。由于基尔霍夫想象的这个黑体的外面是隔热的，因此他知道，加热之后，只有内壁表面会释放出辐射去充满空腔。

一开始，这些内壁会像烧热的铁制拨火棍一样，虽然主要还是辐射出红外光，但已经发出暗樱桃红色。然后，随着温度不断提高，内壁辐射的波长从远红外线到紫外线横跨整个光谱，发出蓝白色的光。由于从孔中逃逸出来的任何辐射都将是内腔里面当时温度下所有波长的样本，因此这个孔就是一个完美的释放体。

基尔霍夫从数学上证明了制陶匠早已从他们的窑炉中观察到的东西。基尔霍夫的法则说明，空腔内辐射的范围和强度不取决于一个真实的黑体应由什么材料做成，或者它应该是什么形状和大小，而仅取决于它的温度。基尔霍夫绝妙地简化了烧热的拨火棍问题：从“拨火棍所释放的光色的范围与强度之间究竟是什么关系？”变成了“在那个温度上，黑体辐射了多少能量？”基尔霍夫给自己和同事提出了一项任务，这后来就成了人们所知道的“黑体问题”：在特定的温度下，测量黑体辐射的光谱能量分布，从红外线到紫外线每个波长的能量，从中得出一个公式，这个公式应能把任何一个温度下的这种分布情况再现出来。

虽然基尔霍夫由于没有真正的黑体来做实验，无法赖以进行更深的理论探索，但他还是给物理学家们指出了正确的方向。他告诉他们，由于分布情况与黑体是用什么材料制造的无关，因此这就意味着公式中应该只有两个变数：黑体的温度和所释放出来的辐射的波长。由于光被认为是一种波，因此任何一个特定的颜色或色调都有它有别于其他颜色或色调的特点：它的波长，也就是波的两个相续的波峰或波谷之间的距离。与波长成反比的是波的频率，也就是一秒钟内通过一个固定点的波峰或波谷的数量。波长越长，频率就越低，反之亦然。但是还有一种形式上不同，但效果相同的方法来测量波的频率：那就是每秒钟它上下振动的次数。[4]（图 1）

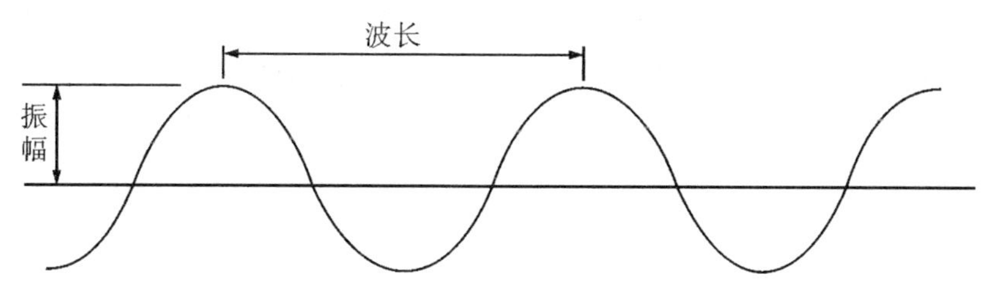

图1　波的特性

由于在当时条件下要制造真正黑体,在技术上存在着难以克服的障碍,加之对辐射进行探查和测量需要精密仪器,因此在差不多40年的时间内没有取得重大进展。到了1880年代(19世纪80年代),当各家德国公司试图开发出比他们的美国和英国对手更高效的照明灯泡和灯具时,对黑体光谱进行测量和找到基尔霍夫那传说中的方程式就成了第一要紧的事。

在一系列的发明中,白炽灯泡是最后一项,其他的还有弧光灯、发电机、电动马达以及电报,这些都使得电力工业得到快速扩张。随着每一项发明的出现,建立一种全球一致接受的、用来对电力进行度量的单位和标准,就变得越来越紧迫。

1881年,22个国家的250名代表聚集到了巴黎,参加确定电力度量单位的第一次国际会议。虽然对伏特、安培和其他一些度量单位进行了定义和命名,但却没有对光照度的标准达成一致意见。从那时开始,开发能效最高的人工照明方式就受到了阻碍。黑体作为在任何温度下的完美释放体,应该释放出最大量的热,也就是红外辐射。黑体光谱可以作为一种标准,用于对灯泡进行校准和生产,使它能最大限度地释放出光,同时把产生的热限制在最低。

"在当前激烈进行的这场国与国的竞争中,哪个国家首先独辟蹊径,首先把它们发展成专门的工业行业,哪个国家就占了决定性的上风。"企业家和发电机发明者维尔纳·冯·西门子(Werner von Siemens)这样写道。德国政府由于下定决心要争当第一,因此于1887年建立了帝国理工学院(Physikalisch-Technische Reichsanstalt〈PTR〉)。该学院位于柏林郊区的查洛腾堡(Charlottenburg)一块由西门子捐赠的土地上。帝国决心要向英国和美国挑战,因此根据设想,这所学院就是要与这样一个帝国相称。整个园区的建设持续了10多年,使PTR成为了世界上设备最精良,同时也是最昂贵的科研设施的大学。它的使命,就是要制定各种标准,测试各种新产品,使德国在对科技的应用方面占到优势。在它的首要任务清单中,有一项就是要制定出国际上承认的光照度单位。在1890年代(19世纪90年代),PTR的黑体研发计划背后的推动力,就是要制造出更好的灯泡。这项计划最后歪打正着地导致发现了量子,而普朗克则是那个正好合适的人,在正好合适的地点和时间出现了。

麦克斯·卡尔·厄恩斯特·鲁德维格·普朗克(Max Karl Ernst Ludwig Planck)1858年4月23日生于基尔(Kiel),基尔那时还是丹麦领地霍尔斯坦(Danish Holstein)的一部分。他的家庭专门从事于为教会和政府服务的工作。因此学问上出类拔萃几乎就是他与生俱来的家族标记。他的曾祖父和祖父都是声名卓著的神学家,而他的父亲则成了慕尼黑大学的宪法教授。这个家族的人尊崇上帝和人间的法律,忠于职守,诚信可靠,同时也是坚定的爱国者。普朗克当然也不例外。

普朗克就读的是慕尼黑最有名望的麦克西米连文法中学(Maximilian Gymnasium)。由于他勤奋好学又严于自律,所以在班上成绩一直名列前茅,但是从未排在第一位。这些正是这一教育体系所需要的品质,因为这个体系的课程内容正是建立在死记硬背海量既成知识的基础上的。学校当年的一份报告中写道“尽管他有种种的孩子气”,但10岁的普朗克已经具有了“一副非常清晰和善于逻辑思维的头脑”,很有希望“有好的作为”。到了16岁的时候,吸引年轻的普朗克的不是慕尼黑那些著名的酒吧,而是剧院和音乐厅。由于在钢琴演奏方面颇具才气,因此他曾幻想走上一条职业音乐家的生涯。在拿不定主意的情况下,他找人请教,得到的回答是一句不客气的话:“如果你真的要问,你最好还是学点别的东西!”

1874年10月,16岁的普朗克考入了慕尼黑大学,并且,由于强烈地希望了解大自然的运行规律,他选择学习物理学。与文法学校近乎军事化的管理体制不同的是,德国的大学对它们的学生几乎是全面放任的。由于几乎不存在任何学业监督,也不存在固定的要求,这种体制使得学生们可以在各大学之间来回游走,任由他们选择自己喜欢的课程。或早或晚地,想走学术道路的学生就会选定名牌大学中最有名望的教授所讲授的课程。在慕尼黑读了三年之后,有人告诉他,步入物理学已经没有什么意义了,因为已经没有什么重要的东西等待人们去发现了,于是普朗克转入了德语世界中最为领先的大学:柏林大学。

1870—1871年的普法战争当中,普鲁士领导的阵营战胜了法国,一个统一的德意志得以建立,柏林成为了一个崭新的欧洲强国的首都。它坐落在哈威尔河和施普雷河(Havel and Spree River)的交汇之处,想要为自己争取到与伦敦和巴黎同样的地位。法国战争的赔款正好使它得以迅速重建。其人口在1871年为86.5万,到1900年时则膨胀到了接近200万,柏林成了欧洲第三大城市。[5]新增的人口中有在东欧遭到迫害,特别是在沙皇俄国种族大清洗中逃出来的犹太人。住房及生活费用不可避免地飞涨起来,使许多人流离失所,一贫如洗。由于棚户区在城中各处涌现,纸板箱制造商打出"居住型板箱,物美价廉"的广告。

尽管许多人来到柏林后发现现实条件惨淡,但德国依然迈入了一个前所未有的工业增长、技术进步、经济繁荣的阶段。多半是由于实现统一后取消了地域内原有的关税以及得到了法国的战争赔款,眼看着到第一次世界大战爆发之时,德国的工业产出及经济实力将仅次于美国。在那时,它的钢产量占欧洲大陆的三分之二,煤产量占欧洲大陆的一半,而电力生产则比英国、法国和意大利的总和还要多。即便是 1873 年股市崩盘后给欧洲带来的萧条和焦虑情绪,也只是使德国的发展速度放缓了几年而已。

实现统一之后,决心让柏林,也就是新帝国的这座标志性城市,拥有一所无与伦比的大学的愿望也出现了。德国最享有盛名的物理学家赫尔曼·冯·赫尔姆霍茨(Herman von Helmholtz)也被从海德堡聘请过来。赫尔姆霍茨是一名训练有素的外科医生,同时也是一位享有盛誉的生理学家,发明了眼底检查镜,对了解人类眼睛的工作原理作出了根本性的贡献。这位 50 岁的博学之士很了解自己的价值。除了薪水比正常标准高出几倍之外,赫尔姆霍茨还要求新建一所物理学研究所,要富丽堂皇。1877 年当普朗克来到柏林,开始在大学主楼听讲座之时,这座物理学研究所仍在建设之中。大学的主楼原是菩提树大道(Unter den Linden)上歌剧院对面的一座宫殿。

赫尔姆霍茨作为一名教师是极其令人失望的。"大家都看得出来,"普朗克后来说道,"赫尔姆霍茨从来没好好地为他的讲座备课。"同样也是从海德堡调来的古斯塔夫·基尔霍夫在这里任理论物理学教授,他的准备工作则做得极其充分,听他的讲座如同"听人背课文,既枯燥又单调"。普朗克本来是希望能够受到些启发,结果不得不承认"从这些人的讲座中我看不出能有什么收获"。为了满足对"尖端科学知识的渴求",他因偶然机会接触到了鲁道夫·克劳修斯(Rudolf Clausius)的工作,他 56 岁,是波恩大学的德国物理学家。

他的两位备受尊敬的教授所作的讲座索然无味。与此形成鲜明对比的是,普朗克立即被克劳修斯"流畅的风格、富有启发性和清晰的推理方法"深深地吸引。在阅读克劳修斯关于热力学的论文时,他对物理学的热情再次被激发起来了。热力学是讲热现象及其与各种形式的能之间的关系的,其基本原理在当时仅用两条法则就概括了。[6] 第一条严谨地概括了这样一个事实:能量,不论它以什么面貌出现,都具备能够被保存下来的特性。能量既不能被创造出来,也不能被销毁,只能从一种形式转化为另一种形式。树上悬挂着的苹果,由于在地球引力场中所处的位置，也就是它离地面的高度，所以就具备潜在的能量。当苹果掉下来的时候，它的潜在的能量就转化为活动的能量，即动能。

普朗克第一次接触到能量守恒定律的时候还是个在校学生。他后来说道，这一定律对他的触动犹如“神的启示”，因为它具备“绝对的普适性，是人类的一切作为都无法干涉的”。正是这一时刻，使他对“永恒”的意义有所管窥，从那以后，他把对自然界具有绝对性的或者说根本性的法则进行探索，视为“人生最崇高的科学追求”。当普朗克读到克劳修斯关于热力学第二定律的定理时，同样被震撼得目瞪口呆：“热不会自发地从较冷的物体过渡到较热的物体。”[7]从后来所发明的冷冻机中，我们可以理解出克劳修斯所说的“自发”指的是什么意思。冷冻机需要与外部的能源供应接通，在这里，外部的能源供应就是电源，这样才能使热量从较冷的物体流向较热的物体。

普朗克明白，克劳修斯不是仅仅在陈述一个显而易见的现象，而是在说一件大有深意的事情。热量这一由于温度差而产生的从 A 到 B 的能量转移，解释了日常生活中所见到的现象，例如一杯咖啡由热变冷，以及一杯水中的冰块渐渐融化。但是在没有外界干扰的情况下，这一过程永远不可能反转过来。为什么不能反转过来？能量守恒法则并没有禁止一杯咖啡变热，而周围空气变凉；也没有禁止让一杯水变得更热，而冰块变得更冷。这一法则并没有说不可以让热量自发地从冷的物体流向热的物体。但还有什么东西阻止了这一现象的发生。克劳修斯发现了这样东西，并且把它命名为“熵”。正是由于它的存在，有些过程就能够自然发生，而另外一些过程就不能。

当一杯热咖啡冷却下来的时候，周围的空气会变暖，同时能量被散发掉，并且不可挽回地消耗掉，这样就使得相反的过程不可能发生。如果说，能量守恒是大自然对任何有可能实现的物理交易这本账进行平衡的方法，那么大自然对于真正发生的每一笔这样的交易，都会要求有一个对应的价码。根据克劳修斯的说法，熵就是某一现象发生或不发生的价码。只要是在一个隔绝孤立的系统中，就只能允许那些可以使熵的值保持不变或者增加的过程或交易发生。任何能够导致熵的值减少的过程或交易就被严格禁止。

克劳修斯对熵所下的定义是，进出一个物体或系统的热量除以这一过程发生时的温度。如果一个热度为 500 的物体向一个热度为 250 的较冷的物体流失了 1 000 单位的能量，那么它的熵就减少了 $-1\ 000/500 = -2$。那个 250 度的较冷的物体则获得了 1 000 单位的能量，也就是 $+1\ 000/250$，这样它的熵就增加了 4。这个系统的熵从整体上来说，也就是热物体和冷物体加在一起，就每度增加了 2 个单位的能量。所有现实中实际发生的过程都是不可逆转的,这是因为它们导致熵值的增加。大自然就是用这种方法阻止热量自发地、根据自己意愿从冷的东西向热的东西传导。只有那种能使熵的值保持不变的理想过程才能被逆转。但是这种过程在实践中从没有发生过,它们只存在于物理学家的头脑中。宇宙万物的熵是朝着最大值发展的。

普朗克相信,熵和能量一样,都是"物理体系中最重要的特性"。在柏林逗留一年回到慕尼黑大学以后,他把博士论文的内容定为对不可逆概念的探索。这篇论文日后将成为他的代表作,如同名片一样令人想到他。但当时令他大失所望的是,他"甚至在那些与这个课题密切相关的物理学家中,也找不到对此有兴趣的人,更不要说得到他们的认可了"。赫尔姆霍茨连读都没有读这篇论文;基尔霍夫倒是读了,但是不同意这篇论文的观点。克劳修斯虽然如此深刻地影响了普朗克,却连回信都没给他写。"我的博士论文对当时物理学的影响为零。"甚至在过了 70 年以后,普朗克依然带着怨气这样回忆道。然而在一种"内在冲动"的驱使下,他并没有动摇。普朗克开始自己的学术生涯时,热力学,特别是其第二定律,成了他研究工作的焦点。

德国的大学都是国家机构。特别教授(助理教授)和普通教授(全职教授)都是教育部指派和雇用的公务员。1880 年,普朗克在慕尼黑大学当上一名编外讲师,也就是不拿薪水的讲师。由于既不是国家雇用的,也不是大学雇用的,因此他只是得到了教学的权力,以此换取来听他课的学生所交的费用。他徒劳地等待着能够被指派为特别教授,五年时间匆匆而过。普朗克是搞理论的,对做实验没有兴趣,而理论物理在当时还未被确立为一门专门学科,所以他得到提升的机会很少。即使到了 1900 年,德国也还只有 16 名理论物理教授。

普朗克明白,要想在职业生涯上有所进展,就必须"通过某种途径,在科学领域中赢得声望"。哥廷根大学的论文竞赛是一项地位崇高的竞赛,当该大学宣布其论文竞赛的题目为"能量的性质"时,普朗克的机会到了。1885 年 5 月,就在他撰写论文的过程中,一份"送达通知书"到了。27 岁的普朗克收到了去基尔大学担任特别教授职位的邀请。他怀疑这是由于他父亲与基尔大学物理学学科主管的友谊,才使他得到了这个职位的。普朗克知道,还有其他一些比他基础更好的人也希望能有晋升的机会。但不管怎样,他接受了这一职位,并且在回到自己出生的城市之后不久,完成了入围哥廷根论文竞赛的手续。

虽然递交进来竞争大奖的只有三份论文,令人吃惊的是足足花了两年的时间才宣布没有人胜出。普朗克获得了第二名,但是由于在与哥廷根大学一个系的成员进行科学辩论时，他支持了赫尔姆霍茨，所以评审团没有给他颁奖。评审团的行为使赫尔姆霍茨注意到了普朗克以及他的著作。在基尔待了三年多一点的时候，于1888年11月普朗克收到了一份意外荣誉。对于这份荣誉，他本来并不是第一候选人，甚至连第二候选人也不是。但是由于其他人没有接受，因而普朗克在赫尔姆霍茨的支持下，被要求接任古斯塔夫·基尔霍夫在柏林大学的理论物理教授职位。

1889年春天，这座首都已经不是普朗克11年前离开时的样子了。一直以来熏倒外来人员的恶臭气味没有了，新的排污系统取代了原来的露天排污沟渠，而且到了晚上，主要大街都有现代的电灯照明。赫尔姆霍茨已经不再是大学物理学院的主管，而是在管理着PTR（帝国理工学院），是3英里（4.83公里）以外一处富丽堂皇的崭新的研究设施。接替他的是奥古斯特·孔德（August Kundt），孔德虽然与指派普朗克的事情无关，但也还是把他作为一项“绝佳的收获”和“一位光彩夺目的人物”予以欢迎。

1894年，73岁的赫尔姆霍茨和只有55岁的孔德相继在几个月内去世。普朗克在最终被提升至普通教授头衔仅两年之后，发现自己在年仅36岁时就已经成为了德国顶尖大学的高级物理学家了。他别无选择，只能承担起额外降临到肩上的责任重担，其中包括担任德国《物理学年鉴》（*Annalen der Physik*）的理论物理顾问。这个职位具有巨大的影响力，他有权否决投递到这家顶尖德国物理学杂志的所有理论物理稿件。由于感觉到新提升的职位给他带来的压力，以及痛失两位同事，普朗克试图从工作中寻找慰藉。

作为柏林环环相扣构成的物理学家群体的领头成员，他对PTR当时正在进行的、由产业需要而驱动的黑体研究项目了如指掌。虽然在对黑体辐射出的光与热进行分析时，热力学起到核心作用，但由于缺乏可靠的实验数据，普朗克无法试着去推导出基尔霍夫那无人知晓的方程式的确切形式。就在这时，一位老朋友在PTR取得了一项突破，这意味着，他不能再回避黑体问题了。

理量
论子

1893年2月，29岁的威廉·维恩（Wilhelm Wien）发现了一个简单的数学关系，可以描述黑体辐射分布中因温度变化而产生的效果。[8]维恩发现，随着黑体的温度升高，黑体发出的辐射中强度最大的波长就变得越来越短。[9]当时人们已经知道,随着温度的提高,辐射出的能量的总量会增加,但维恩的位移定律(displacement law)则透露出了某些更为确切的信息:发出最大辐射量的波长乘以黑体的温度所得出的永远都是个常数。如果温度提高一倍,那么波长的“峰值”就会是原来长度的一半。(图2)

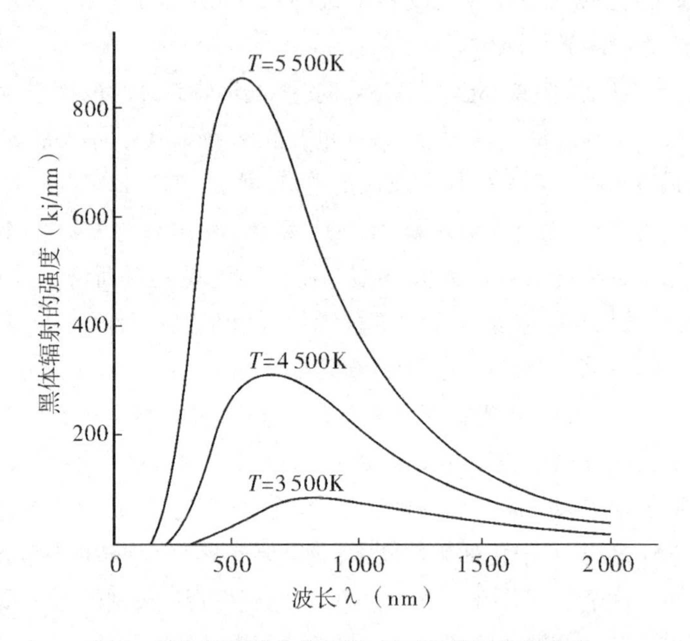

图2　黑体辐射的分布情况,显示出维恩位移定律

维恩的发现意味着,一旦用测量某个特定温度上峰值波长的方法,也就是测量辐射强度最大的那个波长,从而计算出那个常数,那么任何温度上的峰值波长就都可以计算出来了。[10]这也就解释了烧热的拨火棍颜色变化的问题。从较低的温度开始时,拨火棍主要发出光谱红外部分的长波辐射。随着温度升高,每个区域中辐射的能量增加,其峰值波长随之缩短。它在向较短的波长进行“位移”。因此,所发射出的光的颜色就从红转为橙,再变为黄色,最后等到光谱中紫外线一端的辐射量越来越多,就变为蓝白色。

维恩很快就在那个人数岌岌可危的物理学家圈子中站稳了脚跟,他既是一位有所建树的理论物理学家,又是一位善于动手的实验科学家。他是在业余时间发现位移定律的,所以只得在没有得到 PTR 官方认可的情况下,将其作为“私人沟通”发表。当时他正在奥托·卢默尔(Otto Lummer)所领导的 PTR 光学实验室做一名助理。维恩白天的工作是一些实际动手的工作,这对于黑体辐射的实验研究来说是一个必要的前提条件。

他们的第一项任务是制造一种更好的测光仪。这台仪器要能对各种不同光源，例如汽灯和电灯所发出的光的强度进行比较，也就是对某一特定波长范围内的能量多少进行比较。这时是1895年的秋天，卢默尔和维恩还未设计出最新改进的、能够加热到统一均匀温度的空芯黑体。

维恩白天与卢默尔一起开发他们的新型黑体，晚上就用来研究基尔霍夫关于黑体辐射分布问题的方程式。1896年，维恩发现了一个公式，汉诺威大学(University of Hanover)的弗里德里希·帕邢(Friedrich Paschen)很快就确认，这与他所收集的关于黑体辐射短波中能量分布的数据相符。

当年6月，就在"分布定律"(distribution law)刊出的当月，维恩离开了PTR，到亚琛工业大学(Technische Hochschule in Aachen)当上了特别教授。由于他在黑体辐射方面所作的贡献，他将于1911年获得诺贝尔奖，但他的分布定律则留给了卢默尔去进行严格的测试。要想做这件工作，就需要进行比以前测试面更宽、测试温度更高的测试工作。卢默尔花了整整两年进行微调和修改，先后与费迪南德·库尔波姆(Ferdinand Kurlbaum)和厄恩斯特·普林舍姆(Ernst Pringsheim)进行合作，到了1898年，他终于研制出了顶级水平的电加热黑体。它能够达到1 500℃的高温，是在PTR辛勤工作10多年以后拿出的巅峰成果。

卢默尔和普林舍姆以辐射波长为横轴，将辐射强度标在图表的纵轴上，发现辐射的强度随着辐射的波长加长而提高，直至到达一个顶峰，然后开始下降。黑体辐射的光谱能量分布几乎像一个钟形曲线，活像鲨鱼的背鳍。温度越高，这个形状就随着所发出的辐射的强度增加而显得愈加突出。把黑体加热到不同的温度，并根据温度的读数描出曲线图来，显示出发出最强辐射的峰值波长随着温度的提高而向光谱的紫外线一端位移。

卢默尔和普林舍姆在1899年2月3日于柏林举行的一次德国物理学会会议上报告了他们的研究结果。[11]卢默尔告诉与会的物理学家，普朗克也在其中，他们的发现确认了维恩的位移定律。然而关于分布定律的情况却并不清楚。虽然数据与维恩在理论上的预见大致相同，但是在光谱的红外线区域却存在一些不一致的地方。[12]当然这很有可能是由实验中的误差所造成的，但是他们又认为，这个问题如果想得到最终结论，只有等"能够安排在更大范围的波长和更大的温度间隔上进行实验时"才可以。

此后不到三个月，弗里德里希·帕邢宣布，他所做的测试与维恩预测的分布定律完全相吻合，虽然他测试的温度比卢默尔和普林舍姆所做的要低一些。普朗克终于长长地松了一口气，并在普鲁士科学院的一次会议上宣读了帕邢的论文。他极为看好这项定律。对于普朗克来说，针对黑体辐射的光谱能量分布所做的理论探索，绝不亚于对绝对真理进行探索，而且“由于我一直把对绝对真理的探索看做是一切科学工作的最崇高目标，因此我急切地着手工作”。

1896 年，在维恩发表了他的分布定律之后不久，普朗克开始试着以第一性原理为出发点进行推导，想把这项定律安置在一个坚实的理论基础之上。三年以后，1899 年 5 月，他觉得应该运用强大而世所公认的热力学第二定律，结果他取得了成功。其他人与此看法一致，并且开始用新的名称来称呼维恩法则，称其为维恩－普朗克法则，尽管实验科学工作者们对这一法则的冠名有诸般争议。普朗克依然有充分的信心来宣称“这项法则的有效性，就算是有个限度的话，也与热力学的第二条基本原理不谋而合”。他呼吁要把对分布定律的进一步测试作为一项紧急事项来办，因为对他来说，这也相当于同时对第二定律进行检验。他如愿了。

卢默尔和普林舍姆花了 9 个月的时间来扩大测试的范围，同时找出可能给实验造成误差的一些根源并把它们消除，然后于 1899 年 11 月初报告说，他们发现了“理论和实验之间存在着系统性的不一致现象”。他们发现，维恩的定律虽然在短波范围内完全吻合，但它所估计的长波辐射强度却总是偏高。但是，仅仅几星期之内，帕邢就提出了与卢默尔和普林舍姆相反的看法。他拿出了另一组新数据，并声称分布定律“看来是一条严谨有效的自然法则”。

由于多数领头专家都生活和工作在柏林，德国物理学会在这座首都城市召开的会议，就变成了对黑体辐射和维恩的定律进行讨论的主论坛。在学会于 1900 年 2 月 2 日召开的一次双周例会上，当卢默尔和普林舍姆公布他们最新的测量数据时，这又成了学会的主要议题。他们发现，在红外区域内，他们的测试数据和维恩定律所做的预测之间存在着系统性的不一致现象，而且这不可能是由于实验失误所导致的。

维恩法则的这一破绽，引发了人们争相去发现可以起替代作用的法则。但所有这些新找到的临时替代法则都被证明不能令人满意，由此又有人呼吁对更长的波长进行测试，以便明确地找出维恩法则究竟在超过什么样的范围之后就会失效。不管怎么说，从手头现有的从较短波长所获得数据来看，它还是相符的，而且除了卢默尔和普林舍姆找到的那些证据外，所有其他实验也都支持这个法则。

普朗克再清楚不过地明白，任何理论都必须经得起过硬的实验事实的检验，但他还是强烈地相信："只有当各个观察者所得出的数字从根本上都互相一致的时候，才能确信无疑地认定观察结果和理论之间存在矛盾。"虽说如此，实验科学家之间的不同意见，还是迫使他重新考虑他的想法是否站得住脚。1900 年 9 月下旬，正当他还在审视自己的推断时，维恩定律在远红外（deep infrared）一端无效的情况被证实。

这个问题最终是由普朗克的一个亲密朋友海因里希・鲁本斯（Heinrich Rubens）以及费迪南德・库尔波姆（Ferdinand Kurlbaum）解决的。鲁本斯本人是在柏林大街的工业大学（Technische Hochschule on Berlinerstrasse）工作，最近刚刚提升为普通教授，年龄为 35 岁，他大部分时间都在附近的 PTR 做客座工作人员。就是在那里，他与库尔波姆合作制造了一个黑体，可以对深藏于光谱的红外线区域中不为人知的领域进行测试。在夏天的时候，他们在 200℃ 至 1 500℃ 的温度范围中，针对 0.03 毫米和 0.06 毫米范围内的波长测试了维恩的定律。在这些较长波长上，他们发现理论和实际观察到的现象之间的差距是如此之大，除了说明维恩定律在此处失效以外，别无其他解释。

鲁本斯和库尔波姆想把他们的结果写成论文递交给德国物理学会。下一次会议将于 10 月 5 日星期五召开。由于写论文的时间不够了，他们决定等到两个星期以后的下一次会议。与此同时，鲁本斯知道普朗克肯定会急于听到最新结果。

理量
论子

普朗克住在柏林西部的格吕纳瓦尔德（Grunewald）郊区，是富人居住的地方，都是银行家、律师和教授等类人的优雅别墅。普朗克在这里的一所大房子中生活了 50 年，有一个超大规模的花园。10 月 7 日，星期天，鲁本斯和妻子来这里吃午饭。两位朋友之间的话题很快就不可避免地转向了物理学和黑体问题。鲁本斯解释说，他最近的测试已容不得再有怀疑：维恩定律在长波和高温时不起作用。他告诉普朗克，他所做的那些测试显示出，在这样的波长下，黑体辐射的强度与温度成正比。

那天晚上，普朗克决定试着列出一个方程式，把黑体辐射的能量光谱再现出来。他现在有三条关键信息可用。第一，维恩定律在波长短的时候可以解释辐射强度。第二,在红外区域中,在鲁本斯和库尔波姆发现强度与温度成正比的那个范围内,它失去了作用。第三,维恩的位移定律是正确的。普朗克需要找到一种方法,把有关黑体的这三条信息像拼图板一样拼接起来,列出一个公式。他多年来辛勤耕耘积累起来的经验很快派上了用场,开始随心所欲地摆弄起方程中要用到的各种数学符号。

开始几次都没有成功。然后经过一系列的灵感启发、科学猜想和直觉作用,普朗克得出了一个公式。看起来很有希望。但是,这难道就是基尔霍夫一直在寻找的方程式吗?在整个光谱中的任何特定温度上它都能有效吗?普朗克草草写了一个条子给鲁本斯,半夜里出门把它寄出去。几天之后,鲁本斯带着他的回答来到普朗克的家。他把普朗克的公式与数据进行了核对,发现几乎严丝合缝地都对应上了。

在10月19日星期五德国物理学会的会议上,鲁本斯和普朗克坐在听众席中,由费迪南德·库尔波姆正式宣布,维恩定律只在短的波长上有效,在红外线的较长波长上失效。库尔波姆坐下以后,普朗克起身发表了简短的"评语",冠名为"维恩光谱方程的一项改进"。作为开头,他首先承认自己以前相信"维恩定律肯定应该是正确的",而且在以前的一次会议上也这样说过。随着他继续说下去,很快大家就明白了,原来普朗克不仅仅是要提出一项"改进",对维恩定律作些小修小补,而是要提出一项他自己的全新的定律。

说了不到10分钟以后,普朗克把他的黑体光谱方程写到了黑板上。回过头来看着同行们一张张熟悉的面孔,他告诉大家,这个方程"至少目前在我看来,与观察到的、迄今已经发表的数据相吻合"。当他坐下来的时候,普朗克受到了人们礼貌性的点头表示赞许。这种以无声的方式作出的回应是可以理解的。不管怎么说,普朗克刚刚提出来的只是又一个专门打造的公式,是用来解释实验结果的。还有其他人在这之前也已经提出了自己的方程式,希望一旦维恩定律在较长波长上会失效这一事实被证实后,能够填补这个空白。

第二天,鲁本斯拜访了普朗克,来给他打气。"他来告诉我,那次会议结束后,他就在当夜将我的公式与他的测试结果进行了核对,"普朗克回忆说,"而且发现在每一点上都能令人满意地互相吻合。"不到一星期以后,鲁本斯和库尔波姆宣布,他们将自己的测试结果与5个不同公式所做的预测进行了比对,发现普朗克的公式比任何其他人的公式都远为更加准确。帕邢也确认,普朗克的公式与他的数据相吻合。但是,虽然实验科学家迅速确认了普朗克公式的优越性,普朗克的心头还是存在着纠结。

他得出了自己的公式,但这个公式又意味着什么呢?物理学的根本法则是什么?普朗克知道,如果拿不出一个答案的话,那么这个公式最多也只能是对维恩定律的一项"改进","它的地位也只能是靠运气和直觉而发现的一条定律",只具备一点"形式上的意义"而已。"由于这个原因,从我用公式表示出这一定律后的第一天起,"普朗克后来说,"我就专心投入到给它赋予真正的物理学意义的工作中去了。"要实现这一目标,他只能利用物理原理,一步一步地对他的公式进行推算。普朗克已经知道自己要达到的目的地,但他必须找出一条能够通向那里的途径。他已经拥有了一个无价的向导,这个向导就是这个公式本身。但是,要进行这样一趟跋涉,他打算付出什么样的代价呢?

普朗克回忆到,在那之后的 6 个星期是"我一生中工作最为艰辛"的一段时光,随后,"黑暗消退,一个从未料到的光明前景开始显现。"11 月 13 日他写信给维恩:"我的新公式相当满意;我现在还为它得出了一个理论,我会在 4 个星期后在这里(柏林)举行的物理学会上演示。"但是关于自己是经过了怎样高强度的智力拼搏才得出了这个理论,以及这个理论本身的内容,普朗克对维恩只字未提。在那几个星期中,他坚持不懈地想使自己的公式能符合 19 世纪物理学的两大理论:热力学和电磁学。他没能成功。

他接受了这次失败,说"要不惜任何代价为这个理论找到一个理论解释,不论这个代价有多高"。他"做好了心理准备,可以牺牲我过去对物理学法则所拥有的每一个信念"。普朗克不再关心他要付出多大的代价,只要能"找出合理的结果"就行。对于像他这样一位惯于克制自己情感,只有在弹钢琴的时候才真正自由地表达自己的人来说,说出这种话来是饱含着强烈情感的。为了理解自己新发现的公式,他艰苦拼搏把自己逼向了极限,不得不采取了"孤注一掷"的行动,最终导致了量子的发现。

量子理论

当黑体的四壁被加热以后,它们会向腔体的中心放射出红外线、可见光及紫外线辐射。为了给自己发现的法则找到一个理论上站得住脚的解释,普朗克不得不使用一种物理模型,能够把黑体辐射中光谱能量的分布情况再现出来。在这之前,他已经在头脑中琢磨了一个想法。这个模型能不能把握住实际发生的真实情况并不要紧,普朗克所需要的只是一种方法,来捕捉到腔体内部所存在的各种辐射频率,因而也就是各种辐射波长的一个合适的混合比。由于这种分布只取决于黑体的温度,而不取决于制造黑体所采用的材料,所以他利用这个现象,想出了他所能想到的一个最简单的模型。

“尽管原子理论迄今已经获得了巨大的成功,”普朗克 1882 年写道,“但最终它还是要被放弃的,要让位给物质是连续性的这一假说。”已经过去了 18 年,但他仍然不相信原子,因为没有无可辩驳的证据证明它们的存在。普朗克从电磁学理论得知,以某一特定频率振荡的电荷只能释放和吸收同一频率的辐射。因此他决定把黑体的四壁设想为一个巨大的振荡器阵列。虽然每个振荡器只能释放出单一的一个频率,但是所有这些振荡器加在一起,就可以释放出整个黑体内所存在的所有频率。

钟摆就是一种振荡器,它的频率就是它每秒钟摆动的次数,一次振荡就是钟摆完成往来摆动一次的过程,钟摆回到原来的出发点。另一种振荡器是弹簧下吊着的一个秤砣。它的频率就是在把它从静止的状态拉动再松开以后,秤砣每秒钟上下弹跳的次数。这种振荡的物理原理早已为人所知,当普朗克在他的理论模型中用到他所说的“振荡器”时,人们已经给这种振荡起了一个名字叫“简单和谐运动”。

普朗克把他所设想的这一阵列的振荡器全部想象成没有质量的弹簧,它们只是软硬程度不同,每个弹簧都加载一个电荷,这样它们就能再现出不同的频率。把黑体的四壁加热就相当于提供了能量,使这些振荡器动起来。振荡器运动与否全取决于温度。如果它在运动,那么它就会向腔体内发出辐射,同时也从腔体内吸收辐射。随着时间的推移,如果温度保持恒定,振荡器和腔体内的辐射之间这种释放和吸收辐射能的运动状态就会达到平衡,达到一种热平衡状态。

由于黑体辐射的光谱能量分布代表了总的能量在各不同频率之间是如何分布的,因此普朗克假设,决定这种分布状态的是每一特定频率中振荡器数量的多少。建立起他这个假想的模型之后,他需要想出办法把能够有的能量在振荡器之间分摊出去。在把这一消息发布出去以后的几个星期里,普朗克费尽艰辛才发现,利用人们早已奉为金科玉律的那些物理法则是无法推导出他的公式的。百般无奈之下,他把目光投向了一位奥地利物理学家的想法。这个人叫路德维希·玻耳兹曼(Ludwig Boltzmann),他是原子说最前卫的倡导者。虽然普朗克多年来公开“对原子理论采取敌视态度”,但是在攻克黑体公式的道路上,他转而接受了这一理论,承认原子说决不仅仅是一种出于权宜需要的方便构

想。(照片 3)

路德维希·玻耳兹曼是个税务征收官的儿子,一个敦实的矮个子,留着 19 世纪晚期的胡须,令人印象深刻。他于 1844 年 2 月 20 日生于维也纳,曾一度跟随作曲家安东·布鲁克纳(Anton Bruckner)学习钢琴。但是玻耳兹曼作为一名物理学家要比作为一名钢琴家更为出色,并于 1866 年从维也纳大学拿到了博士学位。由于他对气体动力学理论(kinetic theory of gases)所做出的根本性贡献,他的声望迅速得到提高。之所以叫气体动力学理论,是因为其赞同者相信,气体是由持续运动状态下的原子或分子组成的。此后,于 1884 年,玻耳兹曼为自己过去的老师约瑟夫·斯蒂芬(Josef Stefan)的一项发现从理论上做出了证实。斯蒂芬的发现是说,黑体所辐射出的总能量与温度的 4 次方,也就是 T^4 或 $T \times T \times T \times T$,是成比例的。这也就是说,黑体的温度增加到 2 倍时,它所辐射出的能量就要乘以 16。

玻耳兹曼是一位著名的教师,而且,虽然他是搞理论的,却又是一名非常出色的实验科学家,尽管他严重近视。不论何时,只要欧洲某一领先大学出现职位空缺,他的名字通常就会被列在可以考虑聘用的人选名单中。古斯塔夫·基尔霍夫逝世后在柏林大学留下的教授职位空缺本来是要给他的,只是由于他谢绝了,才把这个职位降格一点给了普朗克。到了 1900 年时,遍游四方的玻耳兹曼在莱比锡大学任职,已经被公认为最为伟大的理论物理学家之一了。即使是这样,还是有许多人像普朗克一样,认为他研究热力学的方法是不可接受的。

玻耳兹曼相信气体的一些特性,例如压力,是一些微观现象在力学和概率法则的调节作用下显示出的宏观表象。对于相信原子说的人来说,左右气体分子运动的是牛顿的物理学,但是要用牛顿的运动定律来确定多到无法计数的气体分子中每个分子的运动,从实践的角度来说则无论如何是不可能的。1860 年,是 28 岁的苏格兰物理学家詹姆斯·克拉克·麦克斯韦在没有对任何单独一个气体分子的速度进行测量的情况下把握了气体分子运动的情况。麦克斯韦在气体分子无休止地互相碰撞并与容器四壁碰撞的情况下,利用统计学和概率理论,算出了它们最有可能的速度分布规律。这种引入统计学和概率理论的方法既大胆又新颖,它使麦克斯韦得以解释人们所观察到的许多种气体特性。比麦克斯韦小 13 岁的玻耳兹曼依循麦克斯韦的足迹,帮助支撑起气体动力学理论。到了 1870 年代,他的研究前进了一步,通过把熵和无秩序状态联系起来的方式,发展出对热力学第二定律的统计学解释。

根据现在人们所说的玻耳兹曼原理,熵是一个概率衡量单位,用于确定一个系统处于某一特定状态中的概率有多大。举例来说,一副彻底洗过的扑克牌是一个熵值很高的无秩序系统。相反,一副崭新的扑克牌,按花色从 A 到 K 顺序排列,则是一个高度有秩序的系统,熵值很低。在玻耳兹曼看来,热力学第二定律所说的,是一个低概率,因而也就是低熵值的系统向较高概率和高熵值状态演进的过程。第二定律不是一个绝对定律。一个系统是有可能从无秩序状态发展到较为有秩序的状态的,这就好像一副洗过的扑克牌,如果再洗一遍的话,就有可能变得较有秩序起来。但是,这种情况的概率太低,简直是天文数字,要使它实现的话,数倍于我们这个宇宙年龄的时间可能都过去了。

普朗克相信热力学第二定律是绝对的:熵永远只增不减。而根据玻耳兹曼的统计学解释,熵是几乎永远只增不减。在普朗克看来,这两个观点之间有着天大的差别。要让他转向玻耳兹曼,那简直就是要让他抛弃他作为一名物理学家所珍视的一切准则。但是,为了找到方法来推导他的黑体公式,他别无选择。“直到那时以前,我都从未注意过熵和概率之间的关系,我对它没什么兴趣,因为每一项概率定理都允许例外情况;而且那时我认定,热力学第二定律是无一例外成立的。”

对于一个系统来说,最有可能的状态就是熵值达到最大,无秩序状态达到最大。对于一个黑体来说,那种状态就是热平衡——这正是普朗克所面临的状态,是他试图找出振荡器之间能量最有可能的分布规律时所面临的状态。如果共有 1 000 个振荡器,其中有 10 个振荡器的频率为 ν,那么就是这几个振荡器决定了那个频率上释放的辐射强度。由于普朗克所设想的电振荡器每个都有固定的频率,所以它所释放和吸收的能量就完全取决于它的振幅,也就是它振荡幅度的大小。钟摆如果在五秒钟内完成五次摆动,那么它的频率就是每秒钟振动一次。但是,如果它摆动的弧线长,那么这种钟摆的能量就比摆动弧线短的要大。频率要保持不变,但因为钟摆的长度把要划过的弧线长度固定下来了,因此就要求它有更大的能量,使它沿弧线移动的速度快些。这样,这个钟摆就可以和一个与它一样,但摆动的弧线较短的钟摆一样,在同样的时间内完成同样次数的振荡。

利用玻耳兹曼的技巧,普朗克发现,只有当振荡器吸收和释放一股股与它们振荡的频率成比例的能量时,他才能推导出黑体辐射分布规律的公式。普朗克说,“整个计算中最带根本性的一点”,是要把以某个频率振动的能量看做是由若干相等的、看不见的“能量单元”构成的。后来他把这些“能量单元”称为“量份”(quanta,英文“quantum”的复数)。

在这个公式的引导下，普朗克曾不得不把能量(E)分割为$h\nu$大小的块，其中ν是振荡器的频率，而h则是一个常数。后来$E=h\nu$就成了全部科学知识中最著名的方程式之一。比方说，如果频率为20，h等于2，那么每一量份(quantum)的能的强度就应该是$20\times2=40$。如果这一频率上所能有的全部能量为3 600，那么总共应该有3 600/40 =90个量份，分摊在那一频率上的10个振荡器上。普朗克从玻耳兹曼那里学会了如何去找出这些量份(quanta)在振荡器之间最可能的分布状态。

他发现，他的那些振荡器所能具备的能量不外乎是：0，$h\nu$，$2h\nu$，$3h\nu$，$4h\nu$……如此类推，直到$nh\nu$，其中n是个整数。对于大小为$h\nu$的“能量单元”或称“量份”，只要它们的数量为整数，不论它们是被吸收还是被释放，这个规律都能对应。这情形就和一个只能收取和支出1元、2元、5元、10元、20元和50元面钞的银行出纳员一样。由于普朗克的振荡器不可能有任何其他类型的能，它们振荡产生的振幅就是有限的。如果把这一情况放大到日常世界中去，例如在一根弹簧下面吊上一个秤砣，它的奇怪之处就显现出来了。

如果秤砣以1厘米的振幅进行振荡，那么它的能量就是1(不去考虑能量的衡量单位)。如果把秤砣向下拉到2厘米，再松手让它振荡，它的频率仍然会和以前一样。但是，由于它的能量是与振幅的平方成正比的，因此它的能量现在就是4。如果把普朗克的振荡器所受到的局限应用到秤砣上，那么在1厘米和2厘米之间，它将只能以1.42厘米和1.73厘米的振幅振荡，因为它们的能量为2和3。[13]但是它不可能，比方说，以1.5厘米的振幅来振荡，因为与这个振幅相匹配的能量应该是2.25。能的量份是不可分割的。振荡器不能接收能的量份中的几分之几，只能是要么接收，要么不接收。这一现象违背了当时的物理学认知。它对振荡的大小没有做限制，因此也就没有对振荡器在单独一个回合中可以释放或吸收多少能量做限制——多少都行。

普朗克在情急之下发现了如此了不起、如此意想不到的东西，以至于他没能把握住它的意义。他的振荡器不可能像从水龙头接水一样连续地吸收或释放能量。而只能断续地，以小小的、看不见的$E=h\nu$为单位获得能量和流失能量，其中ν是振荡器振动的频率，与它所能吸收或释放辐射的频率完全一致。

我们之所以看不到大尺度的振荡器像普朗克的原子大小的振荡器一样动作，是因为h等于0.000 000 000 000 000 000 000 000 006 626 erg秒(erg秒，尔格每秒)，也就是用一万亿个十亿去除6.626。根据普朗克的公式，能量的增减中不可能有比h更小的间隔层级。由于h的值极其微小，在日常生活中，当应用到钟摆上、孩子玩的秋千上和振荡的秤砣上时,量子的作用就完全看不到了。

普朗克的振荡器使他不得不对辐射能量进行分割切剁,只有这样才能把大小合适的一段段 $h\nu$ 值填进去,看出效果。他并不相信辐射能量真是以分割好的量份的形式存在的。这只是他的振荡器吸收和释放能量时采用的方式。对普朗克来说,问题在于玻耳兹曼分割能量的过程有要求,要求分割到最后要越来越薄,薄到从数学上来讲它们的厚度为零,最终消失,从而恢复了整体。要把一个被分割了的量份以这种方式再整合起来,那就属于微积分最核心处的数学技巧。对于普朗克来说很不巧的是,如果他也这样做的话,那他的公式也就消失了。他在量份的问题上被卡住了,但是却不甚发愁。他手中有了公式,其他的事情日后自会解决。

量子理论

“先生们!”普朗克面对着坐在柏林大学物理学院一个房间里的德国物理学会会员说。他一边开始他的讲座,“论常态谱系能量分布法则的理论”,一边看到在座的有鲁本斯、卢默尔和普林舍姆。此刻是 1900 年 12 月 14 日星期五下午 5 点刚过。“几个星期以前,我有幸提请诸位关注一个新的方程式,在我看来,它适合用来表达常态谱系所有区域中辐射能量的分布规律。”普朗克于是按照他所做的推导,展现出这个新方程背后的物理学原理。

会议结束的时候,他的同事们扎扎实实地祝贺了他。普朗克把引入“量子”,也就是“一份能量”(a packet of energy)这个概念看做“纯粹是做假设时需要的一个形式”,因此“确实并没有多加在意”,而那天每一个在场的人也正是这样想的。对于他们来说,重要的是,普朗克为他在 10 月份提出的一个公式做出了一个成功的物理学解释。他那把能量分割为量份,来分摊到振荡器上的想法是有些古怪,这是肯定的,但是随着时间的推移,这都不算什么。所有人都相信,这不过是个理论学者惯用的手法而已,是为了拿出正确答案而采用的一个巧妙的数学招数。它没有任何真正的物理学意义。真正让他的同事一直留有印象的是,他这一新的辐射定律有非常高的准确度。谁也没有十分在意能的量份问题,连普朗克本人也是这样。

一天上午,普朗克与他 7 岁的儿子埃尔文(Erwin)很早就离家出门。父子二人是要去附近的格吕纳瓦尔德森林。步行到那里去散步是普朗克最喜爱的一项消遣，他总爱带上他的儿子一起走。埃尔文后来回忆到，当两人边走边聊着的时候，父亲告诉他："今天我有了一个能与牛顿相媲美的重要发现。"多年以后重新提起这段往事的时候，埃尔文想不起来那次散步究竟是什么时候发生的事。有可能是那次 12 月讲座之前的某个时候。那么有没有可能普朗克其实早就明白了量子的全部意义了呢？或者，他是不是只是想让年龄尚小的儿子知道一点他那新辐射定律的重要性？都不是。他只是因为自己发现了不是一个而是两个新的基本常数而快乐，所以要表达一下：一个是 k，他把它称做玻耳兹曼常数，还有一个是 h，他把它称做"作用的量子"（quantum of action），但是后来物理学家们都把它们称为普朗克常数。它们都是固定的、永恒的，是大自然的两个绝对值。[14]

普朗克就自己借用玻耳兹曼的想法一事向玻耳兹曼表达了谢意。普朗克在最终找到黑体公式的研究工作中发现了 k 这个常数，并以这位奥地利人的名字命名了这个常数之后，又提名玻耳兹曼为 1905 和 1906 年诺贝尔奖候选人。但为时已晚。长期以来玻耳兹曼的健康情况一直不好，他有哮喘、偏头疼、视力差和心绞痛。但这些病痛中哪一样也不如他经常发作的严重躁郁症给他带来的损害更大。1906 年 9 月，他在特里雅斯特（Trieste）附近的杜伊诺（Duino）度假时上吊自杀了，当年他 62 岁。虽然他的一些朋友长久以来一直在担心出现最坏的情况，但噩耗传来时仍然像一次沉重的打击。玻耳兹曼一直觉得自己越来越孤立，越来越没人看得起。但这不是实际情况。他实际上是那个时代最为广受尊崇和赞誉的物理学家之一。但是，对原子是否存在这一问题的持续争论，使他在情绪低落时变得非常脆弱，以至于相信他一生工作的心血全都遭到了破坏。玻耳兹曼第三次也是最后一次回到维也纳大学是在 1902 年。人们征求普朗克的意见，愿不愿继任玻耳兹曼的职位。对于这一来自维也纳的职位邀请，普朗克也觉得颇具诱惑力，他形容玻耳兹曼的研究工作为"理论研究中最杰出的工作之一"，但最终还是婉言谢绝了。

"h"就好比是把能量切剁为一份份的那把斧头，而普朗克就是第一个抡起这把斧头的人。但是他所分成量份的，是他想象中的振荡器接收和释放能量的那种方式。普朗克并没有把能量本身进行量子化，或者说把它切割成 h 大小的一段段。从做出一种新发现到完全理解这种新发现，这之间是有个差别的，在新旧交替的时代尤其如此。在普朗克所做的研究中，有许多内容只是在他的推导中暗含着，连他自己都不清楚。他从未明确地把各个具体的振荡器进行量子化，这本来是他应该做的，他所量子化的只是振荡器的群组。

问题也部分地在于,普朗克以为他可以摆脱量子这个概念。只是在过了很久以后,他才意识到自己所做工作的深远意义。由于他在直觉方面根深蒂固地倾向于保守,导致他花了近乎10年的时间试图把这种量子概念套入已有的物理学框架之中去。他知道,他的有些同行把他的这种做法看做是几乎接近了悲剧的边缘。“但是我不这么认为,”普朗克写道,“我现在知道,基本的量子(elementary quantum of action)⟨h⟩在物理学中起着远为更加重要的作用,我原来就有过这方面的猜测。”

普朗克于1947年逝世,享年89岁。多年以后,他原来的学生和同事詹姆斯·弗兰克(James Franck)回忆起当年看到的情景,普朗克无望地奋争着想要“回避量子理论,要(看一看)自己能不能至少把量子理论的影响尽可能地降到最低”。对于弗兰克来说,事情很清楚,普朗克“是一位跟自己的意愿作斗争的革命家”,他“最后得出了这样的结论,‘这没有用。我们只得接受量子理论。信不信由你,它会扩大影响的’”。对于一位不情愿地引领了一场革命的人来说,这倒是一段很般配的墓志铭。

物理学家们后来的确只得学习“接受”量子。但第一个这样做的人却不是普朗克那些名声显赫的同辈,而是一个生活在瑞士伯尔尼的年轻人。只有他意识到了量子那颠覆人们固有观念的性质。他不是一位职业物理学家,而是一名低级公务员,普朗克把自己关于能量本身是量子化的这一发现托付给了他。他的名字就是阿尔伯特·爱因斯坦。

Chapter 2

The Patent Slave

第2章
专利的奴仆

1905年3月17日,星期五,瑞士伯尔尼。差不多到早上8点了,一个年轻人穿着一套不常见的格子呢西装,手中攥着一个信封,匆匆赶去上班。在一个过路人看来,阿尔伯特·爱因斯坦看起来好像忘记了自己还穿着一双磨破了的绿色拖鞋,拖鞋上还绣着花朵。每周六天,每天的同一个时刻,他从伯尔尼美如画卷的老城区之中一套狭小的二居室公寓房中出来,留下妻子和还是个婴儿的儿子汉斯·阿尔伯特,走向10分钟路程之外的一座颇为堂皇的沙岩建筑去上班。克兰街(Kramgasse)是瑞士首都最优美的街道之一,有一座著名的钟楼,叫齐特罗格特姆(Zytloggeturm)。街的两边,沿一条卵石铺就的道路排列的全是带回廊的建筑。由于深深地沉浸在思索之中,爱因斯坦在向联邦邮政及电话服务行政总部大楼走去的时候,对周围环境几乎视而不见。一进到里面,他径直就朝楼梯走去,到联邦知识产权局所在的三楼,也就是更为人所知的瑞士专利局。在这里,他和其他十几名技术专家,都是些身穿深色西装显得比他稳重的男人,一天八小时坐在桌边辛勤劳作,从漏洞百出到不可救药地步的申请文件中挑出那些勉强说得过去的。

三天以前,爱因斯坦刚刚庆祝过了他的26岁生日。照他的说法,他当"专利的奴仆"已经快三年了。对于他来说,这份工作使他结束了"挨饿这件恼人的差事"。从这项工作本身来说,他喜欢的是它的多样性,它要求人能从"多方面进行思考",而且办公室里的气氛也比较宽松。爱因斯坦后来提到这个工作环境时,把它说成是他的“俗世修道院”。虽然说三级技术专家这一职位的级别比较低,但它的薪酬不错,而且还让他有时间从事自己的研究工作。就在他的老板,令人望而生畏的赫尔·哈勒先生(Herr Haller)警惕的眼皮子底下,爱因斯坦还是在审查专利的间隙花了大量的时间悄悄地进行自己的计算工作,以至于他的办公桌成了他的“理论物理办公室”。(照片5)

爱因斯坦回忆,普朗克对黑体问题的解决办法发表之后不久,他的读后感想是:“感觉就像是人脚下的地面被抽掉了,哪儿也看不到可以在上面搭建筑的结实地基一样。”1905年3月17日,他装在信封里寄给世界顶级物理学杂志《物理学年鉴》(*Annalen der Physik*)编辑的,是比普朗克原来对量子的介绍更具颠覆性的东西。爱因斯坦知道,他提出的光的量子理论完全够得上异端邪说了。

两个月之后,在5月中旬,爱因斯坦写信给他的朋友康拉德·哈比希特(Conrad Habicht),承诺要把他希望能在年底之前见报的四篇论文寄给他。第一篇是有关量子的论文。第二篇是他的博士论文,在这篇论文中他提出了一种确定原子大小的新方法。第三篇提出了对布朗运动的一种解释,布朗运动说的是悬浮在液体中像一粒粒花粉那样的细微粒子的不规则扰动。“第四篇文章,”爱因斯坦承认,“目前还只是一份粗线条的草稿,是关于移动物体的电动力学的,其中应用到了时空理论,并对时空理论做了些修改。”这真是一份不同寻常的清单。在科学界的编年史上,只有另一位科学家和另一个年份能与爱因斯坦和他在1905年取得的成就相媲美:1666年的艾萨克·牛顿。当年这位23岁的英国人为微积分和引力理论奠定了基础,并且为他的光理论提出了概要。

爱因斯坦后来将成为他在第四篇文章中首次概述出来的一个理论的缔造者:相对论。虽然这个理论后来将会彻底改变人类对空间和时间性质的理解,但是他自己在这里所称的“极具革命性”的理论,却不是相对论,而是把普朗克的量子概念扩展应用于光和辐射。爱因斯坦把相对论视为仅仅是对牛顿和其他一些人已然发展和建立起来的一些思想做了一些“修订”,而他的光量子概念才是全新的东西,完全属于他自己的东西,代表了与过去的物理学的最大一次决裂。这简直够得上是亵渎神圣了,哪怕作为一名业余物理学家。

在当时,人们已经普遍接受光是一种波现象,这已经有半个世纪以上了。在《关于光的产生和转化的一个启发性观点》一文中,爱因斯坦提出了光不是由波构成的,而是由像粒子一样的量子构成的观点。在给黑体问题求解的过程中,普朗克不情愿地引入了“能是以一段段互不相连的‘量份’的形式被吸收和释放的"这一思想。然而,他和所有其他人一样,相信电磁辐射,不管它在与物质互相作用时是以什么机制进行能量交换的,它本身其实是一种连续的波现象。爱因斯坦的革命性的"观点"则是,光,或者不如说所有的电磁辐射,都根本不是波状的,而是分割成一小段一小段的,也就是光量子。在接下来的 20 年里,毫不夸张地说,除了他一个人以外,谁也不相信他的光量子说。

爱因斯坦从一开始就知道,这将是一次像登山一样的艰难历程。他在论文的标题中加上了"启发性观点"这样的字眼,就表达了这样的意思。根据《简编牛津英语词典》的定义,英文"heuristic"(中文意思是"启发性的")这个词的意思是"帮助人们去进行发现"(serving to find out)。在涉及光的领域里,他给物理学家们提供的,是一种对未能得到解释的现象进行解释的方法,而不是根据第一原理推导出来的经过充分论证的理论。他的论文不过是指向这一理论的一个路标。但即使这样,对于那些没打算背离早已确立了的光的波形理论,转而朝相反方向的一个目标跋涉的人来说,这还是太过分了。

《物理学年鉴》于 3 月 18 日至 6 月 30 日之间收到了爱因斯坦的四篇论文,这四篇论文在未来若干年后将改变物理学的面貌。特别引人注目的是,就在这一年当中,他居然还有时间和精力为这家杂志写了 21 篇书评。他后来还写了第五篇论文,这很可能是事后想起来再补充进去的,因为他没有跟哈比希特提到这事。在这篇论文中有一个后来差不多人人都知道的方程式,这就是 $E=mc^2$。在描述到 1905 年伯尔尼那个辉煌的春夏季节,原创的冲动如何使他写出这令人惊叹不已的一连串论文,又是如何耗尽了他的精力时,他说"我的头脑中像有一阵风暴肆虐着"。

作为《物理学年鉴》的理论物理学顾问,麦克斯·普朗克是第一个读到《论动体的电动力学》的人之一。普朗克立刻就被他自己,而不是爱因斯坦,后来所称的相对论所倾倒。至于光量子之说,虽然普朗克极度不同意这一观点,但还是允许爱因斯坦的论文刊出了。在这样做的时候,他心里一定在疑惑着,这位既能写这样玄妙高超的文章,又能写出这样可笑至极的文章的物理学家到底是个何等样的人物呢?

阿尔伯特·爱因斯坦出生的城市乌尔姆(Ulm),位于德国的西南一隅,横

跨多瑙河两岸。中世纪的时候,它有一个不同寻常的座右铭“乌尔姆人都是数学家”。对于这位后来成为科学巨匠最佳样本的人来说,1879 年 3 月 14 日出生在这个地方真是般配得很。他刚出生的时候,母亲看到他的后脑壳非常大,不成比例,甚至担心这个新生儿是个畸形人。他学会说话也非常晚,以至于父母曾担心他可能永远都不会说话。1881 年 11 月,他的唯一胞妹马雅(Maja)出生后不久,爱因斯坦产生了一个怪异的习惯性举止,每一句他想说的话,他都要先轻声地不断重复,直到字字纯熟,感觉满意之后才大声说出来。到 7 岁的时候,他的父母赫尔曼和保莉娜才松了一口气,他开始能正常说话了。此时,他的父亲赫尔曼为了要与其弟雅各布合伙做电气生意,已经把家搬到了慕尼黑,而且已经在这里住了 6 年了。

1885 年 10 月,由于慕尼黑最后一所私立犹太学校已经关闭了 10 年以上,6 岁的爱因斯坦被送到了离家最近的一所学校。在这块德国天主教的腹地,宗教教育是教学内容不可分割的一部分,这也没什么可奇怪的。但是爱因斯坦多年以后回忆道,那里的老师“却持有自由思想,而没有什么宗教成见”。但不管他的老师们是多么的开明,对他如何关照,弥漫于德国社会的反犹太情绪从来都仅仅是浅埋于表象之下而已,即使在教室里也是一样。爱因斯坦永远不能忘记他所上过的一堂课,课堂上他的宗教学习老师告诉全班,犹太人是怎样把基督钉在十字架上的。“孩子们当中,”爱因斯坦多年以后回忆道,“反犹太情绪一直存在着,尤其是在小学里。”因此,也难怪他在学校里的朋友即使有也很少。1930 年他写道:“我实际上就是一个独行者,对自己的国家、家园、朋友甚至是自己的直系亲属,从来都没有全心全意的归属感。”他把自己称为“爱因斯班纳(Einspanner)”,意思是“独驾马车”。

小学时代的他不合群,最喜欢做的事情就是用纸牌搭建越来越高的房子玩。虽然只有 10 岁,他却有那种耐性和顽强精神,把纸牌搭的房子搭到 14 层高。他的人格当中那时就已经形成了这种根深蒂固的特性,后来使他得以追随自己的科学思想,换成别的人很可能就放弃了。“上帝给了我像驴子一样的倔劲,”他后来说道,“以及一种相当敏锐的觉察能力。”爱因斯坦一直坚持说他没有什么特别的天赋,只是有一种强烈的好奇心,尽管别人都不这么认为。但是,这种别人也有的品质,再加上他的倔劲,就意味着,对于那些几乎孩子气的问题,当他的同龄人早就学会了连想都不再去想的时候,他还在继续追寻着答案。如果能骑上一束光的话,那会是一种什么感觉?正是为了想办法解答这个问题,使他走上了 10 年之久的通往相对论的道路。

1888 年,9 岁的时候,爱因斯坦开始在路伊特波尔德中学(Luitpold Gymnasium)读书。后来提到在那里度过的岁月时,他满是怨恨。年轻时代的麦克斯·普朗克对于这种严格的军事化纪律管束下注重死记硬背的学习很是受用,而且茁壮成长,但爱因斯坦却不。虽然他憎恨那些老师,以及他们那种专横的教学方法,尽管它的教学内容是倾向于文科,他的学业却非常优异。即便是他的老师说过他“将来不会有什么出息”之后,他的拉丁文成绩依然名列前茅,希腊文成绩也不错。

在学校的课程以及在家里由私人家教指导的音乐课,都是这样令人窒息的、强调机械式的学习方法。而这与一位身无分文的波兰医学生所给予的、富有启迪性的影响形成了鲜明的对比。麦克斯·塔木德(Max Talmud)21 岁的时候开始,每个星期四到爱因斯坦家吃晚饭。那时阿尔伯特 10 岁。犹太教中有在安息日邀请贫困的宗教学者共进午餐的古老习俗,星期四请塔木德来共进晚餐则是爱因斯坦家对这一习俗的变通版本。塔木德很快就把这个老爱提问题的小男孩看成是个与自己性情一样的人。没过多久,两人就开始动辄几小时地谈论着塔木德借给他读或者向他推荐的那些书。一开始是一些科普性质的书,是这些书把爱因斯坦所说的自己的“宗教天堂般的青年时代”画上了句号。

这些年来在天主教学校学习,以及在家由一个亲戚指导着学习犹太教,都在他身上留下了印记。他的持世俗观念的父母惊讶地发现,爱因斯坦已经具有了他所说的一种“深深的宗教虔诚感”。他不再吃猪肉,在去学校的路上唱宗教歌曲,而且把圣经中的创世故事看做是既定的事实。然后,随着他如饥似渴地读完一本又一本有关科学的书,他渐渐意识到,圣经中的很多内容不可能是真的。这触发了他所说的“毫无约束的自由思索,同时还觉得国家通过谎言故意对青年人进行欺骗。这是一种粉碎性的印象”。它播下的种子,使他终生都对任何一种权威持怀疑态度。他开始对失去自己的“宗教天堂”一事进行审视,这是他生平第一次尝试,要把自己从“‘纯粹私人’性质的锁链中,从一种由愿望、希望和原始感官所主宰的生存状态中”解放出来。

在对一本神圣书籍的教言失去信仰的同时,他开始去体验自己视为神圣的区区一本几何书的神奇天地。还在读小学的时候,他的叔叔雅各布就向他介绍了代数的基本知识,而且开始给他出一些习题让他去解。到了塔木德给了他一本讲解欧几里德几何学的书的时候,爱因斯坦对数学的了解早已超出了人们通常对一个 12 岁男孩的期望。爱因斯坦研读这本书,证明几何定理和完成练习的速度之快让塔木德吃惊。他激情高涨,一个暑假就把下一年学校要教的数学内容全掌握了。

由于父亲和叔叔是做电气生意的,爱因斯坦不仅通过书本学习到了科学,而且还被应用科学所能生产出来的技术产品所包围着。是他的父亲在不知不觉中把爱因斯坦引向了科学那美妙和神奇的世界。一天,当儿子因发烧躺在床上的时候,赫尔曼让他看了一个罗盘。罗盘指针转动的样子看起来如此的神奇,5 岁的他觉得"一定有某种东西深深地隐藏在事物的背后",竟至于颤抖起来觉得发冷。

爱因斯坦兄弟的电气生意一开始红火了一阵。他们先是生产制造电气装置,后来发展到安装供电及照明网络。爱因斯坦一家的事业蒸蒸日上,前景看似光明,还得到了首次为慕尼黑著名的十月啤酒节(Oktoberfest)提供电灯照明的合同。[15]但是到头来,兄弟二人终究敌不过西门子和 AEG 之类公司的人多势众,败下阵来。在这些巨型公司的阴影之下,还是有许多小型电气公司欣欣向荣地存活下来的。但是,由于雅各布野心太大,而赫尔曼又太优柔寡断,所以成不了这众多小公司中的一员。兄弟二人虽然受了挫折却不气馁,认定意大利是个可以东山再起的地方,因为那里的电气化过程才刚刚开始。于是 1894 年 6 月,爱因斯坦一家迁居到米兰。家里其他人都过去了,只留下了 15 岁的阿尔伯特,由远房亲戚照看,以便在他所讨厌的那所学校完成剩下的三年学业直到毕业。

为了让父母放心,他装出在慕尼黑一切都很好的样子。而实际上,他心里越来越为要强制服兵役的事而苦恼着。根据德国法律,如果爱因斯坦到 17 岁时还留在德国的话,到时他必须去报到服兵役,别无选择,否则就会被宣布为逃兵。他孤独一人,情绪低落,无论如何要想出一个解决办法,正在这时,一个绝好的机会来了。

德根哈特(Degenhart)博士,就是那个认为爱因斯坦永远成就不了任何事情的希腊文老师,此时又成了他的班级主任了(form tutor)。在一场激烈的争论当中,德根哈特对爱因斯坦说他应该离开学校。用不着再加催促,这正遂了他的心愿。他弄了张医疗证明,声称自己心力交瘁,需要全休才能恢复,就此离开了学校。同时爱因斯坦还从他的数学老师那里得到了一张证书,证明他已经掌握了这一科目,达到了毕业所要求的水平。仅花了 6 个月的时间,他就追随着家人的脚步,跨越阿尔卑斯山来到意大利。

他的父母试着跟他讲道理,但爱因斯坦拒绝回到慕尼黑。他另有打算。他要留在米兰,为明年 10 月份苏黎世联邦理工大学(Federal Polytechnikum)的入学考试做准备。该理工大学始建于1854年,1911年改名为苏黎世联邦高等工业学院(Eidgenossische Technische Hochschule, ETH),不像德国那些主要大学那么赫赫有名。但是它的入学条件里不要求一定要从文法学校毕业。他跟父母解释说,要想考进去,只需要通过它的入学考试就行了。

不久他们就发现了儿子计划中的第二部分。他想要抛弃他的德国国籍,这样就再也不会被帝国征召入伍了。要做这件事,凭他自己还是太年轻了,爱因斯坦需要得到他父亲的同意。赫尔曼义不容辞地给予同意,并且正式向有关部门申请让他的儿子解脱。1896年1月之前,在花了三个马克之后,他们收到了官方的正式通知,阿尔伯特不再是德国公民。接下来的五年中,在他成为瑞士公民之前,从法律上来讲他成了一个无国籍人士。爱因斯坦后来成了一位著名的和平主义者。但是刚一得到新的国籍,爱因斯坦马上于1901年3月13日,在他22岁生日的前一天,去报到参加了瑞士军队的入伍体检。幸运的是,检查结果发现他由于平足、汗脚和静脉曲张,不符合服役条件。十几岁在慕尼黑的时候,让他一想起来就心烦的并不是服军役这件事,他讨厌的是为德意志帝国而披上那身灰色的军服这么一个前景。

"在意大利快乐地逗留的那几个月是我最美好的记忆。"甚至就在50年以后,当爱因斯坦回想起那段无拘无束的日子时仍会这样说。他帮助父亲和叔叔打理着他们的电气生意,到这里或那里旅行、探亲访友。1895年春天,全家搬到了帕维亚(Pavia),就在米兰的南边。在那里,爱因斯坦的父亲和叔叔开了一家新的工厂,仅维持了一年多一点,也关张了。在这种大变故当中,虽然爱因斯坦努力作了准备,但还是没能通过理工大学的入学考试。但是由于他的数学和物理学成绩给人印象太深刻,结果得到物理学教授的邀请去听他的课。这像是一种吊人胃口的邀请,但好歹爱因斯坦接受了一些很好的忠告。他的语文、文学和历史成绩太差了,理工大学的主任催促他赶快回中学复读一年,并且给他推荐了瑞士的一所学校。

10月底,爱因斯坦来到了阿劳(Aarau),一座位于苏黎世西边30英里(48.3公里)地方的城镇。阿尔高(Aargau)小行政区学校的气氛宽松自由,为爱因斯坦的茁壮成长提供了一个激励性的环境。在古代经典课老师家中与其一家搭伙住宿的经历给他留下了不可磨灭的印象。乔斯特·温泰勒(Jost Winteler)和他妻子保莉娜(Pauline)鼓励他们的三个女儿和四个儿子要有自由思索的能力,每天晚上吃晚饭的时候总是一件活跃热闹的事情。没过多久,温泰勒夫妇对爱因斯坦来说就像父母一样了,在提到他们的时候,他甚至把他们叫做“温泰勒爸爸”和“温泰勒妈妈”。爱因斯坦后来岁数大了以后曾说过,自己是个孤独的旅行者。但是不管怎么说,年轻时代的爱因斯坦还是需要有人对他关爱的,而他自己也很在意关爱他人。1896 年 9 月,考试的时间很快就到了。爱因斯坦轻而易举地通过了考试,奔赴苏黎世联邦理工大学。[16]

“快乐的人满足于当下,没有时间太多地去考虑未来。”在两个小时的法文考试中,爱因斯坦在一篇名为“我的未来计划”的短文中这样写道。但是由于自己倾向于抽象思维,不善于应对现实需要,所以他决定自己将来要做一名数学或物理学教师。他如愿以偿,成了 1896 年 10 月考入理工大学专业教师学院数学及科学专业的 11 名新生中年龄最小的一位。他是想要取得数学和物理学教师资格的五个人之一。其中唯一的一名女性后来成了他的妻子。

爱因斯坦的朋友中谁也无法理解他怎么会迷上了米列娃·马利奇(Mileva Maric)。她是一名匈牙利籍的塞尔维亚人,比爱因斯坦大 4 岁,小时得过肺结核,落下了微微有点瘸的后遗症。第一年,他们一起听了五门必修的数学及力学课,力学课是其中唯一一门物理课。虽然在慕尼黑的时候他狼吞虎咽地学习了那本小小的几何学宝典,但到这时,爱因斯坦却已经对这种为数学而数学的学习失去了兴趣。他在理工学院的数学教授赫尔曼·闵可夫斯基(Hermann Minkowski)在回忆起爱因斯坦时说:他那时是个“懒狗”。但他当时的实际并非提不起兴趣,而是没能掌握。后来爱因斯坦坦承:“要想掌握物理学基本法则中更为精深的知识,离不开最为精妙难解的数学方法。”这是他在以后的研究岁月中历尽磨难才明白的事。他后悔当时没能更努力一些,打好“坚实的数学基础”。

幸运的是,马塞尔·格罗斯曼(Marcel Grossmann)是除了爱因斯坦和米列娃以外考上这门专业的另外三个人之一,比他们两个学得都好,也更勤奋钻研。后来,当爱因斯坦为了要给广义相对论提出公式,因而奋力钻研所需要的数学知识时,就是向格罗斯曼求助的。两人之间可以谈论“任何热血青年都会感兴趣”的话题,因此很快成了朋友。虽然格罗斯曼只比爱因斯坦年长一岁,但在看人方面一定独具慧眼,因为他对自己这位同班同学如此看重,以至于把他带回家去见他的父母。他告诉父母:“这位爱因斯坦,将来有一天会成为一个非常伟大的人物。"

1898 年 10 月,要不是利用了格罗斯曼那套做得精致入微的笔记,他可能无法通过期中考试。晚年的时候,爱因斯坦简直不敢想象,当时自从他开始逃课以后,如果没有格罗斯曼的帮助的话,后来的结局究竟会怎样。海因里希·韦伯(Heinrich Weber)的物理课一开始就全然不同,爱因斯坦"听完了他的一节课就盼望着他的下一节课"。韦伯,当年 50 多岁,能够把物理学给学生们讲得活灵活现,爱因斯坦不得不承认,他的热力学讲座是"大师级水平"。但后来这种神奇效应退去,他感到失望,因为韦伯不教麦克斯韦的电磁学理论或相关的任何最新成果。不久,爱因斯坦特立独行的个性和桀骜不驯的行为举止,使得他渐渐与教过他的教授们疏离起来。"你是个聪明的年轻人,"韦伯对他说,"但是你有一个大缺点:你容不得自己听取他人教诲。"

1900 年 7 月,期终考试的时候,在 5 个人里头他考了第四。考试让爱因斯坦感觉带有胁迫性,考试在他身上产生的效果是,后来"有整整一年,只要一想到任何科学问题,我就觉得反胃"。米列娃是最后一名,也是唯一一名不及格的人。这两位这时已经热恋到了互称"乔尼"(德文是"Johonzel")和"多莉"(德文是"Doxerl")的阶段,而这个成绩对他们来说是沉重的一击。而另一记沉重打击随后也赶到了。

在学校当老师的前景对爱因斯坦不再有吸引力。在慕尼黑的四年,使他有了新的奋斗目标。他要当一名物理学家。在大学中谋得一份全职工作,即使对于最优秀的学生来说也相当渺茫。第一步是要能给理工大学的一位教授当上助教。由于谁都不想要他,因此爱因斯坦开始四处找机会。"要不了多久,我的自荐书就快把从北海到意大利最南端的所有物理学家全部光顾个遍了!"1901 年 4 月在探望父母期间,他给米列娃的信中这样写道。

其中一位被光顾到的是威廉·奥斯特瓦尔德(Wilhelm Ostwald),他是莱比锡大学的一名化学家。爱因斯坦给他写了两次信;两封信都没有得到答复。看着儿子越来越绝望,他的父亲心里一定很难受。赫尔曼决心自己要干预一下,这事阿尔伯特当时和后来都不知道。"尊敬的教授先生,我作为一个父亲,不揣冒昧,为了自己的儿子向您求助,恳望见谅。"他给奥斯特瓦尔德写信道,"敢望所有处在能公断此事的职位上的诸君,能赏识他的才能;无论如何,我可以向您担保,出于对科学的热爱,他是极端的勤奋和刻苦,能够锲而不舍孜孜以求。"这种发自肺腑的恳请没有得到回复。后来,奥斯特瓦尔德成了第一个向诺贝尔奖提名爱因斯坦的人。

虽然说反犹太主义可能起到了一点作用,但爱因斯坦确信,他之所以得不到助教的职位,主要是因为韦伯给他写的评语太差。在他觉得越来越失望的时候,格罗斯曼的一封信给了他能够得到一份体面的、报酬丰厚职位的希望。老格罗斯曼听说了爱因斯坦身处绝望境地,想要出手帮一下这位他儿子如此高看的年轻人。他向他的朋友弗里德里希·哈勒(Friedrich Haller),这位伯尔尼瑞士专利局的主任大力推荐爱因斯坦,希望再有职位空缺时把这个空缺给爱因斯坦。"昨天我看到您的信时,"爱因斯坦在给马塞尔的信中写道,"我被您的真挚和热忱深深感动,您没有忘记我这个不走运的老朋友。"当了5年无国籍人士,爱因斯坦最近刚刚获得瑞士国籍,坚信在求职过程中这一情况肯定会有帮助。

也许他终于时来运转了。他得到了一个在温特图尔教书的临时工作。温特图尔是一个离苏黎世不到20英里(32.2公里)的小镇。爱因斯坦教五六个班,都在每天上午,下午就有时间钻研物理学了。"我得到这样一份工作,心里有多高兴简直难以向您形容,"结束在温特图尔的工作之前不久,他这样写信给温泰勒爸爸,"我已经完全放弃了想在大学谋一个职位的志向,因为我觉得,即使就像现在这样,我也仍然有足够的精力和愿望投身到科学研究中去。"但是这份精力马上就要经受考验了,因为米列娃说她怀孕了。

在理工大学补考不及格以后,米列娃回到匈牙利她父母的身边,等待着孩子的出生。对于这条怀孕的消息,爱因斯坦泰然处之。他想要成为一名保险公司职员,这个想法已经有了一段时间,现在更是发誓要找到工作,不管是多么低微的工作,这样他们就可以结婚了。他们的女儿出生时,爱因斯坦在伯尔尼。他从来没见过莉塞尔(Lieserl)。这个孩子出了什么事?是让别人给抱养了还是在婴儿时代就夭折了?这一直是个谜。

1901年12月,弗里德里希·哈勒写信给爱因斯坦,叫他写求职信给专利局,因为有个职位马上要登报招聘了。爱因斯坦在圣诞节前发出了他的求职信。谋求一份永久性工作的长久过程看来就要结束了。"很快我们的前途就将一片光明,我一直为此兴奋不已,"他在给米列娃的信中这样写道,"我跟你说过,我们在伯尔尼将多么有钱了吗?"由于确信一切问题都将很快得到解决,所以爱因斯坦把只做了几个月的那一份在沙夫豪森(Schaffhausen)的一家私人寄宿学校当教员的一年期合同辞掉了。

1902年2月的第一个星期,爱因斯坦来到了伯尔尼,当时这里居住的人口有6万人。500年前,一场大火烧毁了这座城市的一半。经过重建以后,老城区依然保留着中世纪的优雅,几乎没有什么变化。在这里,爱因斯坦在正义街(Gerechtigkeitgasse)上找到了一间房子,离这座城市著名的"熊苑"(bear pit)不远。[17]租金是每月23法郎,与他在信里告诉米列娃的"又宽敞又漂亮的房间"完全不沾边。刚刚把他带来的几只包袱打开放好,爱因斯坦就到本地报纸去登了一幅广告,要给人提供数学和物理学私人家教服务。2月5日星期三,这幅广告刊出了,还许诺免费试教一节课。没几天,买卖就上门了。其中一个学生是这样形容他这位新家教的:"大约五英尺十英寸高(1.78米),宽肩膀,背略有点弯,浅棕色皮肤,嘴形很性感,黑胡子,稍有鹰钩鼻子,热情四溢的棕色眼睛,声音悦耳,法语说得很正确,但略带口音。"

一个名叫莫里斯·索洛文(Maurice Solovine)的年轻的罗马尼亚犹太人在街上边走边读报纸时也看到了这则广告。索洛文是伯尔尼大学一名学哲学的大学生,对物理学也感兴趣。他正为自己由于数学知识的欠缺,无法对物理学有更深的理解而发愁呢,于是立刻就朝报纸上所登的地址走去。当索洛文按下了门铃的时候,爱因斯坦就结识到了一颗与他一样的心灵。师生之间交谈了两个小时。他们在许多方面都有着共同的兴趣,在街上又聊了半个小时之后,一致同意第二天再见面。等他们再见面的时候,由于都对探索各种想法热情四溢,因此所有关于按部就班进行授课的想法都被抛到了九霄云外。"其实,你在物理学方面没必要请家教。"爱因斯坦在第三天告诉他。这两位很快就成为了朋友。索洛文喜欢爱因斯坦的地方,在于他具备那种周密的心思,能够以尽可能清晰的方式把一个话题或问题概括出来。

没过多久,索洛文就提出一个建议,他们两人都读同一本书,然后进行讨论。由于在慕尼黑当小学生的时候就与麦克斯·塔木德做过同样的事情,爱因斯坦认为这是个绝好的主意。很快,康拉德·哈比希特(Conrad Habicht)也加入进来。哈比希特是爱因斯坦在沙夫豪森寄宿学校当一年期教师期间的朋友,爱因斯坦中途退出,而哈比希特则搬到了伯尔尼,在大学里继续完成一篇数学论文。这三个人由于都热衷于研究和弄清物理学和哲学问题来满足自己的求知欲,自发地走到了一起,因此开始称他们自己为"奥林匹亚科学院"(Akademie Olympia)。(照片4)

虽说爱因斯坦是由一位朋友强力推荐来的,但哈勒还是要考察一下他是否真的能胜任这项工作。由于对各种各样电器装置的专利申请数量越来越多,雇用一名胜任的物理学家与他已有的工程师一起工作，与其说是给朋友帮个忙，不如说是出于实际的必要性。结果爱因斯坦给哈勒留下的印象足够深刻，于是暂定他为“三级技术专家”，月薪为 3 500 瑞士法郎。1902 年 6 月 23 日早上 8 点钟，爱因斯坦第一天报到上班，去当一名“体面的联邦吸墨匠”(ink pisser)。

“由于你是一名物理学家，”哈勒告诉爱因斯坦，“所以你对图纸一无所知。”在他还不会审读和评价技术图纸之前，不会与他签永久性的合同。哈勒亲自把爱因斯坦需要学会的一些知识教授给他，包括清晰、简洁和正确地表达自己想法的技巧。虽然无论是在小学还是在大学做学生的时候，他从来都不能接受被指导的滋味，但是他知道他应该从哈勒那里学习一切他应该懂得的东西，因为他“性格爽朗，头脑聪明”。“人们很快就能习惯他那粗鲁的举止，”他写道，“我对他非常敬重。”随着他渐渐体现出自己的价值，哈勒也慢慢地看好在他监护下的这位年轻人，视他为不可多得的一名工作人员。

1902 年 10 月，他那只有 55 岁的父亲得了重病。爱因斯坦前往意大利去最后一次看望他。就是在这一次，赫尔曼奄奄一息地躺在病床上，允许了阿尔伯特与米列娃结婚。在这之前，他和保莉娜一直反对这门亲事。第二年 1 月，爱因斯坦和米列娃在伯尔尼登记署举办的世俗婚礼上结婚，证婚人只有索洛文和哈比希特。后来爱因斯坦说“结婚只是无奈之举，事情已出，要维持下去”。不过由于有了一位妻子给他做饭、洗衣服，简单地照料他，毕竟在 1903 年时他还是很快乐的。但是米列娃希望的却不止这些。

专利局的工作每星期占用了 48 个小时。从星期一到星期六，爱因斯坦每天 8 点钟开始工作一直到中午。然后，要么回家，要么和一个朋友到附近的咖啡馆吃午饭。从下午两点到六点，他又回到办公室。这样每天还剩下“8 个小时用于混事儿”，而且“再加上星期天”，他跟哈比希特这样说。转眼到了 1904 年 9 月，爱因斯坦的“临时”职位得到转正，工资也增加了 400 法郎。1906 年春天，哈勒对爱因斯坦“处理技术难度非常大的专利申请”的能力留下了如此之深的印象，以至于他把爱因斯坦列为“专利局最宝贵的专家之一”。他被提拔为二级技术专家。

“只要我还活着，我就会对哈勒感恩戴德。”在搬到伯尔尼后不久，等着早晚会在专利局得到一个职位的时候，爱因斯坦在给米列娃的信中这样写道。而他的确做到了这点。但只是在很久以后他才意识到哈勒和专利局对他的影响究竟有多大：“否则，即使我不死，我的头脑也会是昏头转向。”哈勒要求，每份专利申请都要经过严格审查，要能经得起任何法律上的追究。“当你拿起一份申请的时候，要把发明人所说的任何话语都看成是错误的，”他告诫爱因斯坦，“不然的话，你就会被套进发明人的思路，而这就会扭曲你的见解。你必须时刻保持能挑出毛病的警惕性。”无意间，爱因斯坦找到了一份既与自己脾气相投，又能磨炼自己能力的工作。在对发明人的希望和梦想进行评估的过程中，手头所拥有的通常是一些不可靠的图纸和不充分的技术规格说明，爱因斯坦因而练就了敏锐的挑毛病的能力，并且把这种能力运用到他自己所从事的物理学中去。他的工作要求人有能力“从多方面进行思考”，他说这真是个“天赐良机”。

“他具备那种天赋，能从不起眼的、众所周知的事实中看出其他人都视而不见的真义来，”爱因斯坦的朋友，理论物理研究的伙伴马克斯·玻恩这样回忆道，“他与我们所有其他人不同的地方，正是这种对于大自然原理的难以名状的洞察能力，而不是他的数学技巧。”爱因斯坦心里清楚，他在数学方面的直觉能力并不是他真正的强项，与“其他那些或多或少都并非不可或缺的学问”相比，它并没有什么本质上的不同。但若论物理学的话，他的敏锐嗅觉就是举世无双的了。爱因斯坦说他“学会了从充塞在人头脑中的一堆掩盖了本质的事物中，嗅探出哪些才是能够指向问题根源的事物，然后把所有其他事物弃置一边”。

他在专利局工作的那些年，只是进一步提高了他的嗅觉灵敏度。就像对待发明人所递交的专利申请一样，爱因斯坦从物理学家提出的有关大自然工作原理的蓝图中，找出微妙的瑕疵和道理上说不通的地方。一旦从一个理论中发现这样一个矛盾，爱因斯坦就会无休止地进行探索，直到找出一个新的解释来把这个矛盾消除掉，要不就是找到一种根本不存在这种矛盾的全新理论。他的关于光在某些情况下的行为就好像由一束粒子流，也就是光量子(light-quanta)构成的“启发性”的原理，就是爱因斯坦对物理学核心中的一个矛盾所提出的解释。

量子理论

爱因斯坦此前早就接受了这样一种看法，即世间万物都是由原子组成的，而且这些各自分散、互不相连的物质微粒(bits of matter)是有能量的。例如，气体的能量就是组成气体的所有单个原子的能量的总和。但是一提到光的时候，情况就完全不同了。根据麦克斯韦的电磁理论，或任何其他一种波理论，光的能量是连续散布出来的，其强度不断提高，就像一块石头击中池塘水面以后，波纹从那个点上向四外扩散一样。爱因斯坦称之为"形式上深刻的不同",它虽然激发着他进行"多方面的思考",但是却着实令他不安。他意识到,只有在光也是不连续的,是由量子构成的情况下,这种把物质看成是不连续的,却又把电磁波看成是连续的"一体二元认识"(dichotomy)才能消除掉。

光量子的提法出现于爱因斯坦写的一篇评论中,该文评论了普朗克对黑体辐射法则所做的推导。他接受普朗克的公式,认为它是正确的,但普朗克所做的分析则暴露出爱因斯坦一直所怀疑的情况。普朗克本应该得出一个完全不同的公式。然而,由于普朗克知道自己心里想要的是一个什么样的公式,所以他就把自己的推导做成能得出这个公式。而爱因斯坦则查出了他到底错在了什么地方。在已知方程式与实验结果完全相符的情况下,由于急切地想要证明自己的方程式,所以普朗克没有顺着他原来的或他所知道的那些思路或技巧进行推导。爱因斯坦发现,如果普朗克沿用他原来的思路或技巧推导的话,那么他就会得出另外一个方程式,就会与数据不符。

而这另外一个方程式,实际上在1900年6月瑞利勋爵(Lord Rayleigh)就已经提出过,但是普朗克即使是看过,也没给予多少注意。当时他不相信原子的存在,因此不同意瑞利所采用的均分定理(equipartition theorem)。原子只能以三种方式自由移动:上下、前后,以及从一侧到一侧。这被称做"自由度"(degree of freedom),其中每一种方式都是原子可以接收和储存能量的一种独立的方式。除了这三种"平移运动"之外,由两个以上原子构成的分子还围绕着假想的把多个原子连接在一起的轴线进行三种旋转运动,这样总共就有六种自由度。根据均分定理,气体的能量应该在各分子之间平均分布,然后再在分子可以运动的各种方式中平均分配。

瑞利利用均分定理,把黑体辐射的能量分配到存在于腔体中的各辐射波长之间。这一做法,毫无瑕疵地运用了牛顿、麦克斯韦和玻耳兹曼的物理学。除了有一个后来被詹姆斯·金斯(James Jeans)纠正的计算错误以外,这个后来人们所知道的瑞利-金斯法则本身还存在一个问题。它预测出,在光谱的紫外线区域内会积聚起无限量的能。这一现象就突破了经典物理学的底限。很多年以后,在1911年,它被安上了"紫外线灾变"这一名称。所幸的是这一现象并没有真正发现,因为如果宇宙果真沉浸在紫外线辐射的汪洋大海之中的话,那就不可能有人类的生命了。

爱因斯坦此时已经独自推导出了瑞利-金斯法则,知道这一法则所预测出的黑体辐射分布与实验数据相矛盾,而且会导出紫外线区域中的能量无限积聚这一荒谬结论。由于瑞利-金斯法则只在长波区域(甚低频)内与黑体辐射的表现相吻合,因此爱因斯坦就以威廉·维恩更早时提出的黑体辐射法则为出发点。虽说维恩的法则只能在短波(高频)区域内再现黑体辐射的表现行为,而在红外线的较长波长(较低频)区域就无效,但这是唯一靠得住的选择。而且它还有某些吸引爱因斯坦的优点:这一公式的推导过程没有毛病,对此他可以完全放心,而且它至少完美地描述了黑体光谱中的某一部分,他可以把自己的论据就限定在这一部分。

爱因斯坦设定了一个简单而且绝妙的计划。气体只是一堆分子而已。在热力平衡中,是这些分子的特性决定了在什么温度下气体能造成多大的压力,等等。如果黑体辐射的特性和气体的特性之间有相似之处的话,那么他就可以提出电磁辐射本身就像粒子的论点。爱因斯坦假想了一个中空的黑体,以此开始他的分析。与普朗克不同的是,他把这个黑体灌满了气体粒子和电子。然而黑体四壁中的原子则含有其他电子。随着黑体被加热,它们在很宽的频率范围内振荡,释放和吸收着辐射。很快,黑体内部充斥着气体粒子和电子,以及由振荡中的电子所释放出来的辐射。过了一会儿,腔体和其中的一切都达到了同一温度 T,也就是达到了热平衡。

热力学第一定律中的能量守恒之说,可以套用来把一个系统的熵与这个系统的能量、温度和容积联系起来。到了这一步,爱因斯坦才采用了这一定律、维恩的定理和玻耳兹曼的思路,来分析黑体辐射的熵是如何取决于黑体所占的体积的,而“不建立模型来模拟辐射的释放或传播”。他所发现的这个公式,看起来恰恰像是描述了由原子构成的气体的熵是如何取决于气体所占的体积的。黑体辐射的表现,让人觉得它就是由像粒子一样单个的一份份的能组成的。

在既没有采用普朗克的黑体辐射法则,也没有采用他的方法的情况下,爱因斯坦发现了光的量子。为了保持与普朗克的距离,爱因斯坦把公式写得稍有不同,但它的意思和实质内容与 $E=h\nu$ 所包含的信息是一样的,即,能是量子化的,它只以 $h\nu$ 为单位存在。普朗克只是把电磁辐射的释放和吸收做了量子化,以便使他想象中的振荡器产生出正合适的黑体辐射光谱分布;而爱因斯坦则把电磁辐射本身量子化了,从而也就把光本身给量子化了。黄色光线的一个量子(a quantum of yellow light)中的能量正好是普朗克常数乘以黄色光线的频率。

爱因斯坦心里明白,通过证明电磁辐射有时表现得像气体的粒子,他实际上是以类比的手法把自己的光量子概念从后门里塞了进去。为了让其他人认识到,他关于光的性质的这一新“观点”所具有的“启迪”价值,他用它来解释了一个鲜有人理解的现象。[18]

1887 年,在做一系列用来显示电磁波存在的实验过程中,德国物理学家海因利希·赫兹(Heinrich Hertz)首先观察到了光电效应。他无意中注意到,在两个金属球之间,如果其中一个被紫外光照射的话,则这两个金属球之间的火花会变得更亮些。他对这个"全新的,而且非常令人费解的现象"进行了几个月的研究,而拿不出任何解释,却自认为,当然是错误地认为,这个现象仅限于使用紫外光的情况。

"当然,要是这个现象不那么令人费解就更好了,"赫兹承认道,"然而,或许正因为它不容易解决,因此有望在它解决之时,其他一些新现象也得到了解释。"这句话说得有先知先觉的味道,只是他没能活到见证它成为现实。他于 1894 年在 36 岁的年龄上英年早逝,令人惋惜。

后来,赫兹的前助理菲利普·莱纳德(Philipp Lenard)于 1902 年又把围绕着光电效应的神秘感更加深了一步。当他把两片金属片放进一个玻璃管中,抽尽空气以后,发现这一现象在真空里也会发生。莱纳德发现,把每片金属片上的导线连接到一个电池时,如果一片金属片受到紫外光的照射,就会有电流流动起来。这种光电效应被解释为被照射的金属片表面在释放电子。对着金属片照射紫外光,就使一些电子获得了足够的能量从金属片上逃逸,穿过空当来到另一片金属片上,这样就完成了一个能产生"光电流"的电路。然而,莱纳德还发现了一些与既有的物理学相矛盾的现象。这就要轮到爱因斯坦和他的光量子了。

人们料想,在提高光束的强度,使它变得更亮的情况下,从金属表面释放出来的电子数量会保持不变,而每个电子的能量会加强。但是莱纳德发现的情况却恰恰相反:释放出来的电子数量更多了,但每个电子所带的能量却没有增加。爱因斯坦的量子说回答得简洁利落:如果光是由量子构成的,那么,加强光束的强度就意味着光束中的量子数量更多了。当更强大的光束打到金属片上的时候,光量子数量的增加导致释放出来的电子的数量相应增加。

莱纳德的第二个奇特发现是,所释放出来的电子不受光束的强度制约,而受光束的频率制约。对此,爱因斯坦有现成的答案。由于光量子的能量与光的频率成正比,因此红光(低频率)的量子就比蓝光(高频率)的量子能量低。改变光的颜色(频率)不会使同一强度的光束中量子的数量跟着改变。因此,不管光束是什么颜色,同等数量的量子打到金属片的时候会释放出同等数量的电子。然而,由于不同频率的光是由能量不同的量子所组成,因此,释放出来的电子其能量也会或大或小，这取决于所用的光。用紫外光的时候，电子的最大动能要比红光量子所释放出来的最大动能更大。

还有一个令人费解的现象。任何一种特定的金属都有一个最低的或者说是“临界频率”，低于这个频率，就完全不会释放出任何电子，不管对这种金属照射多长时间或用多大强度对它进行照射。但是，一旦越过这一临界点，电子就会被释放出来，而不论光束的强度有多么弱。由于爱因斯坦引入了一个新的称做“功函数”的概念，因此他的光量子说再一次给出了答案。

爱因斯坦把光电效应看成是一种结果，就是说，电子需要从光量子中取得足够的能量，来克服把它留在金属表面的力，然后才能逃逸出来，而光电效应就是其结果。爱因斯坦所称的“功函数”，就是电子从金属表面逃逸出来所需要的最低限度能量，而这是随不同的金属而各不相同的。如果光的频率太低，则光量子就没有足够的能量让电子突破把它固定在金属中的那种束缚。

爱因斯坦把所有这些都编进了一个简单的方程式中：金属表面释放出的电子的最大动能等于它所吸收的光量子的能量减去功函数。利用这个方程式，爱因斯坦预测出，如果把电子的最大动能与所使用的光的频率之间的对应关系画成一个曲线图的话，这个图就会是一条直线，以金属的临界频率为起点。这条线的倾斜度，不管所用的是哪种金属，将始终正好相等于普朗克常数 h。（图 3）

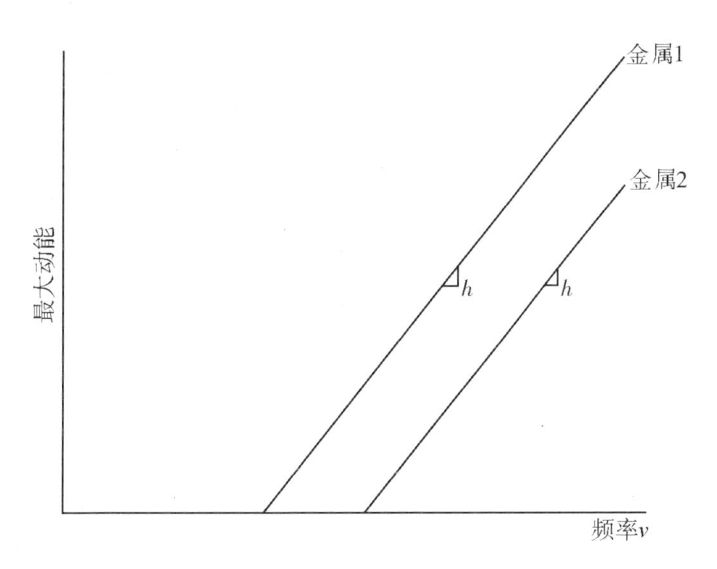

图 3　光电效应——所释放的电子的最大动能与打到金属表面的光的频率之间的对应关系

“我把自己生命当中的10年工夫用在了测试爱因斯坦1905年的那个方程式上。结果完全出乎我的预料，”美国实验物理学家罗伯特·密立根（Robert Millikan）抱怨说，“我不能不承认，尽管它没有道理可讲，尽管它好像违反了我们所知道的有关光的干涉（interference of light）的一切知识，但它是正确的，决然无误。”虽然密立根于1923年得到的诺贝尔奖，部分原因是对他这项工作的承认，但即使是在他自己得出的数据面前，他也还是不愿意接受作为其前提基础的量子假说：“这个方程式所赖以建立的物理理论基础是完全站不住脚的。”[19]从一开始，多数物理学家就以与此类似的怀疑和嘲讽态度对待爱因斯坦的光量子。有几个人则是好奇光量子到底存不存在，它们是不是为了方便计算而想出来的一种权宜概念，才具有它的实用价值。往最好里说，有些人认为光，因而也就包括所有电磁辐射，并不是以量子构成的，它只是在与物质交换能量的时候表现得像量子。这其中最为著名的一位就是普朗克。

1913年，他和另外三个人提名爱因斯坦为普鲁士科学院成员时，他们还试图为他的光量子提法进行开脱，并以此为他们的推荐书作结尾：“总之，可以说，现代物理学中充斥着大量的问题，在其中一些重要的问题中，几乎没有哪一件爱因斯坦没在其中起到令人瞩目的作用。尽管他有时也会做些超越目标的推测猜想，例如在他所做的光量子假说中那样，但不应该以此来对他苛责过甚。因为如果不能时不时地甘冒风险的话，即使对于最为要求精准的自然科学来说，也是不可能实现真正的创新的。”[20]

两年以后，由于有了密立根坚持不懈所做的那些实验，再想忽视爱因斯坦的光电方程的有效性已经变得很困难了。到了1922年，这更是变得几乎不可能，因为爱因斯坦被授予了迟来的1921年诺贝尔物理学奖，明确了是奖给他的公式所描述的光电效应法则，而不是他以光量子说为依据所作的解说。此时，他再也不是伯尔尼的那个默默无闻的专利局职员了，他已经因为他的相对论而誉满全球，并且广泛被认可为自牛顿以来最伟大的科学家。然而，他那关于光的量子理论毕竟还是太具颠覆性了，难以被物理学家们接受。

量子理论

之所以固执地反对爱因斯坦的光量子思想，其根源在于存在着无可辩驳的证据，支持光的波理论。然而，在这之前就曾有过对光究竟是粒子还是波的激烈争论。在整个 18 世纪以及 19 世纪初叶，胜出的是艾萨克·牛顿的粒子理论。“我在这本书中所设计的思路，不是要通过假说来解释光的性质，”牛顿在 1704 年出版的《光学》(*Opticks*)一书开头的地方写道，“而是要通过推理和实验的方法提出和证明光的性质。”最初的试验是 1666 年进行的，那时他用棱镜将光线分解为彩虹的颜色，又用另一个棱镜把这些颜色再还原为白光。牛顿相信，构成光的是颗粒，或者用他的话来说是微粒(corpuscles)，也就是“从闪耀着的物质上释放出来的非常细小的颗粒”。这种光的粒子以直线方式运动的理论，根据牛顿的说法，可以解释日常生活当中的一个现象，为什么当一个人在拐角处说话的时候，人们可以听到他，但不能看到他，因为光不能在拐角处转弯。

牛顿还用详细的数学方式描述了许多观察到的光学现象，其中包括反射和折射，而其中折射是指光在穿过密度较低的介质进入密度较高的介质时发生的弯曲。然而，光还有牛顿没能解释的另外一些特性。例如，当一束光打到玻璃表面的时候，其中一部分就穿过去了，其余的则反射回来。牛顿必须应对的问题是，为什么有些光粒子被反射了回来，而有些却没有？为了回答这个问题，他不得不把他的理论做一些修订。光粒子在以太中造成了像波一样的扰动。这就造成了他所说的“一阵阵地时而容易反射，时而容易穿透”，光束中有一些穿过了玻璃，其余的被反射了回去，其机理就是这样的。他把这些扰动的“大小”与颜色联系起来。最大的扰动，也就是用后来发明的术语来说，“波长最长”的扰动，负责产生出红色。最小的，也就是波长最短的，产生紫色。

荷兰物理学家克利斯蒂安·惠更斯(Christiaan Huygens)提出论据说，不存在牛顿式的光粒子。惠更斯比牛顿大 13 岁。1678 年他发展出一套光的波理论，可以解释折射与反射现象。然而，他那本关于这个题目的书，《光的性质》(*Traité de la Lumière*)，直到 1690 年才出版。惠更斯相信光是在以太中穿行的一种波。它与一块石头落入池塘中后，涟漪从平静的池面向四外扩散开来的情况相似。如果光真是由粒子构成的，惠更斯问道：那么，当两束光互相交叉的时候，为什么找不到理应出现的碰撞迹象？没有这种迹象！惠更斯指出。声波不发生碰撞，因此光必定也是像波一样。

虽然牛顿和惠更斯的理论都能够解释反射和折射，但具体到某些其他的光学现象时，两种理论得出的结果却不相同了。经过了几十年都没能对这两种结果做任何带点精确度的测试。但是，有一项预测却是可以观察到的。如果光束是由牛顿所说的粒子构成的，是作直线运动的，那么它在接触到物体的时候应该能留下分明的影子；而惠更斯所说的波，在与物体相遇时则应该像水波一样弯绕于物体四周,也就应该留下轮廓比较模糊的影子。意大利耶稣会修士、数学家弗朗西斯科·格里马第(Francesco Grimaldi)神父,给光在物体的边缘弯折环绕,或在非常狭窄的缝隙两边弯折环绕的现象起了个名字叫"diffraction",意思是"衍射"。在一本于他去世后两年,也就是1665年出版的书中,他描述道:在一间黑暗的屋子里,在百叶窗上开一个非常小的孔,让细细的一束阳光射进来,把一件不透明的物体放在这束光中,结果留下的阴影比预料中——如果光线真是由按直线穿行的粒子构成的话——所能留下的阴影要大。他还发现,在阴影的四周,本来预想应该是光亮与黑暗之间分明的分界线,却有彩色而且模糊的边缘。

牛顿完全清楚格里马第的发现,后来自己做实验对衍射现象进行了研究;而衍射现象如果用惠更斯的波理论的话,似乎就更容易解释。但是,牛顿争辩说,衍射现象是各种力作用到光粒子上的结果,而这正好揭示出光的本质。由于牛顿所享有的崇高地位,结果他的光粒子理论被奉为正统,尽管光实质上是粒子和波的奇怪混合体。牛顿后来在惠更斯死后又活了32年,惠更斯死于1695年,这也是一个原因。"**大自然及其法则隐伏在暗夜之中;/上帝说,让牛顿出生吧!于是一切光明。**"亚历山大·蒲柏(Alexander Pope)的著名墓志铭见证了在牛顿在世时所享有的威望。牛顿1727年去世后多年,他的权威地位依然没有丝毫动摇,而他对光的性质的观点也鲜有人质疑。19世纪曙光初照之际,英国博学家托马斯·杨(Thomas Young)对其发起了挑战,随着时间推移,他的著作导致了光波理论的起死回生。

托马斯·杨生于1773年,是10个孩子中的长子。他两岁时就能流畅地进行阅读,到6岁时,已经把圣经通读了两遍。由于托马斯·杨精通12门以上的语言,他再接再厉为解读埃及象形文字作出重大贡献。他是一名训练有素的医生,他的一位叔父给他留下的遗产使他衣食无忧,得以尽情从事他的万千知识追求。由于对光的性质感兴趣,托马斯·杨对光和声音之间的异同进行了研究,最终导致他指出"牛顿体系中的一两处难点"。在确信光是一种波以后,他设计了一个实验,竟成为牛顿粒子说终结过程的开始。

托马斯·杨将单色光射到只有一个缝隙的屏幕上。光从这个狭隙中散布出去,打到第二个屏幕上,这个屏幕上有两个非常窄的缝隙,平行地靠得很近。这两个狭隙像汽车的前大灯一样,再作为一个新的光源,或者照托马斯·杨所写的那样"像两个散射中心一样,从这里,光向四外衍射"。托马斯·杨在这两个狭隙后面一定距离上所放置的另一个屏幕上看到的是,当中一道光亮带,两

边围着明暗相间的条纹。(图4)

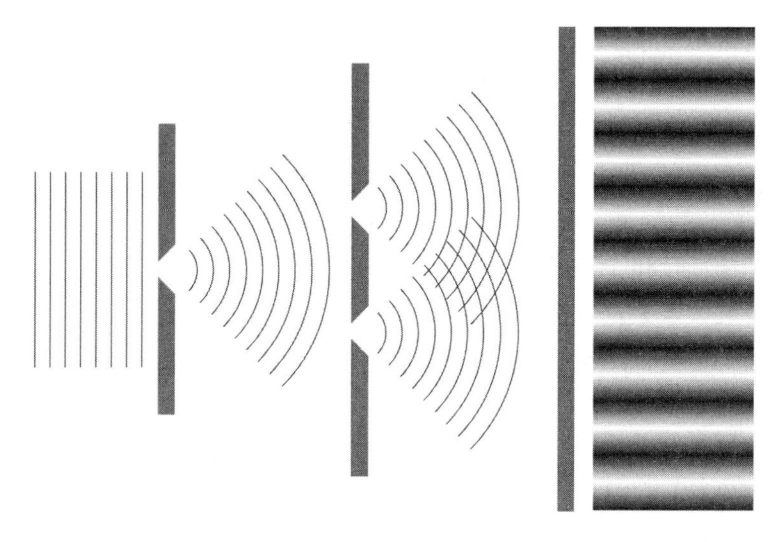

图4　托马斯·杨的双狭缝实验。最右边,所得到的干涉图形显示在屏幕上

为了对这些明暗相间的“花边”条纹进行解释,托马斯·杨采用了一个比喻。两块石头同时在互相靠近的地方投入静止的湖水。每块石头都产生出沿湖面扩散开去的波纹。在此过程中,一块石头所产生的波纹与另一块石头所产生的波纹相遇。在两个波峰或两个波谷相逢的每处地方,它们共同作用产生出一个新的波谷或波峰。这就是“相长干涉”。但是,当波谷与波峰相遇,或者波峰与波谷相遇时,它们就互相抵消掉,在那一点上,水就没有受到扰动——也就是“相消干涉”。

在托马斯·杨的实验中,从两个狭隙中产生的光波在到达屏幕之前也发生了类似的干涉现象。明亮光带显示的是相长干涉,而较暗的光带则是相消干涉的产物。托马斯·杨意识到,只有当光是一种波现象时才能解释这种结果。如果是牛顿的粒子的话,就只能产生出两条明亮的狭隙形象,在这之间除了黑暗不会有别的。像这种明暗相间的干涉图形则是根本不可能的。

1801年,当托马斯·杨第一次提出干涉思想,报告了他的初步结果时,他由于挑战了牛顿而遭到了白纸黑字的恶毒攻击。他写了一份小册子,好让所有人都知道他对牛顿的感情,想要以此为自己辩解:“但是,尽管我是如此地崇拜牛顿的大名,但我并不能因此就相信他永远正确。我不是幸灾乐祸,而是遗憾地看到,他也是有可能犯错误的,而且有时,他的权威或可对科学的进步造成了阻碍。”这份小册子只卖出了一份。

步托马斯·杨的后尘,从牛顿的影响下走出来的人却是一名法国土建工程师。奥古斯汀·菲涅耳(Augustin Fresnel)比他小 15 岁,独立地再次发现了托马斯·杨的干涉现象以及他所做过的许多其他工作,而不知托马斯·杨为何许人。然而,和那个英国人相比,菲涅耳所设计的那些精巧的实验则内涵更加深广。由于它的演示结果以及所附的数学分析全面彻底到无懈可击的地步,因此从 1820 年代开始,有一些著名人士转而成为了波理论的信奉者。菲涅耳使他们信服了,波理论可以比牛顿的粒子理论更好地解释一系列光学现象。他还回答了一个长久以来据以反对波理论的问题:光是不会在拐角处打弯的。“会的。”他说。但是,由于光波比声波小几百万倍,光束从一条笔直的路径上弯曲的程度就非常非常小,因此也就极难探测到。波只有在障碍物比它自己长不了多少的时候才会打弯。声波都非常长,所以就可以很轻易地绕过它们所碰到的多数障碍物。

要让反对的人和持怀疑态度的人在这两种互相竞争的理论中最终选定站在哪一边,有一个方法,就是找出一种能使这两种理论显示出不同结果的观察实验。1850 年,在法国进行的一些实验显示出,光的速度在密度较大的介质,如玻璃或水中要比在空气中慢些。而这正是光波理论所预示的。如果它们真是牛顿所说的微粒子,那只能说它们没能移动得像预料中的那么快。但问题仍然存在:如果光是一种波,那么它有哪些特性呢?这就要谈到詹姆斯·克拉克·麦克斯韦和他的电磁理论了。

麦克斯韦 1831 年生于爱丁堡,是一位苏格兰地主的儿子,他注定要成为 19 世纪最伟大的理论物理学家。在 15 岁的年纪上,他写了他的第一本得到出版的书,是关于以几何方法画椭圆形的。1855 年,他由于证明土星的环不可能是固体,只可能是由微小破碎的物质碎块构成的,而获得剑桥大学的亚当斯奖(Adams Prize)。1860 年,他引发了气体动力理论发展中的最后一个阶段,解释了各种气体的特性,声称气体是由运动着的颗粒构成的。但他最大的成就则是电磁理论。

1819 年,丹麦物理学家汉斯·克里斯蒂安·奥斯特(Hans Chrstian Oersted)发现,在导线中流动的电流可使罗盘针偏转。一年以后,法国人弗朗索瓦·阿拉果(Francois Arago)发现,载有电流的导线会像磁铁那样作用,且会吸引铁屑。不久,他的同胞安德烈·玛丽·安培(Andre Marie Ampere)证明,两段平行的导线,如果每根中都有沿同样方向流动的电流通过,则会互相吸引。

但是,如果电流是以相反方向流动的,则它们就会互相排斥。在电流的流动可以产生出磁性这一神秘现象的吸引下,伟大的英国实验科学家迈克尔·法拉第(Michael Faraday)决定看一看,能不能用磁性产生出电流来。他把一段磁铁在一个用导线做成的螺旋线圈中插进、抽出,发现电流被产生出来了。只要磁铁在线圈内停下来,电流就停止了。

正像冰、水和蒸汽都是 H_2O 的不同表现形态一样,麦克斯韦于1864年证明,电力和磁性同样也是同一个现象,即电磁的不同表现形态。他成功地把电与磁互不相干的作用方式用一套四个优雅的数学方程式概括了起来。一见到这些方程式,路德维希·玻耳兹曼立即意识到了麦克斯韦这一成就的重大意义,感觉非引用歌德的话不足以表达他的赞叹:"能写出这些符号者,舍上帝其谁?"[21]麦克斯韦运用这些等式得以做出一个令人吃惊的预测:电磁波以光速在以太中运动。如果他是正确的话,那么光就应该是电磁辐射的一种形式。但是电磁波到底存在不存在呢?如果存在的话,它们真的以光速移动吗?麦克斯韦没能活到他的预见被实验证实的那一天。他于1879年11月死于癌症,年龄只有48岁,这一年也是爱因斯坦出生的一年。过了不到10年,于1887年,海因里希·赫兹以实验印证材料,证明麦克斯韦关于电、磁和光一统的概念是19世纪物理学的巅峰成就。

赫兹在其论文中综述自己的研究发现时宣称:"所描述的这些实验在我看来,无论如何,显然适合消除关于光、热辐射,以及电磁波运动究竟是什么的疑问。我相信,从现在起,由于确认了它究竟是什么,我们就能从光学和电力的研究中找出其有益的用途,让我们更有信心地予以利用。"带有讽刺意味的是,正是在这些实验过程中,赫兹发现了光电效应,使爱因斯坦有了一个证据来说明他们弄错了。爱因斯坦用光量子说对赫兹和所有其他人都认为已经真正完善确立起来的光的波理论发起了挑战。此前,光已被成功地证实为一种电磁辐射形式,成功到物理学家们甚至无法想象怎么可以考虑放弃它而采纳爱因斯坦的光量子说。许多人觉得光量子说简直荒谬。说到底,某一具体光量子的能量是取决于那种光的频率的,而频率,则不用说,当然是某种与波相关联的东西,而不可能是一份份像颗粒一样的能量在空间游走。

爱因斯坦固然承认光的波理论在解释衍射、干涉、反射和折射方面"绝佳地证明了它的正确性",而且它"也许再也不可能被别的理论所取代"。然而,他指出,这一理论的成功,有一个根本性的立足点,那就是,所有这些光学现象都事关光在一段时间内的表现,而这时任何颗粒样的特性都不会显示出来。如果要谈到光在真正“瞬时”意义上的释放和吸收,这种情况就会全然不同。爱因斯坦指出,这就是为什么说,在解释光电效应的时候,波理论面临着“特别重大的困难”。

一位后来的诺贝尔奖得主,但1906年时还是柏林大学编制外讲师的马克斯·劳厄(Max Laue)写信给爱因斯坦说,对于光在释放和吸收的瞬间可能与量子有关的说法他愿意接受。但是仅此而已。光本身不是由量子组成的,劳厄提醒说,但是,应该说“当光与物质交换能量的时候,它会以如同它是由量子组成的那样的方式来表现”。但即使肯像劳厄这样退让一步的也没几个人。这当中部分的原因要归咎于爱因斯坦本人。在他原来的论文中,他的确说过光“表现得”如同它是由量子构成的一样。从这句话来看,没办法认为它是言之凿凿地肯定了光量子说。这是因为爱因斯坦想表达的决不仅仅是一个“启发性的观点”:他梦寐以求的是一个羽翼丰满的理论。

光电效应显然是个光波连续说和物质原子不连续说之间的冲突战场。但在1905年,有一些人对原子是否客观存在也还抱有怀疑态度。5月11日,在爱因斯坦写完他的量子论文之后不到两个月的时候,《物理学年鉴》收到了他当年的第二篇论文。这篇论文是他对布朗运动的解释,后来它成了支持原子存在说的一份关键证据。[22]

1827年,当苏格兰植物学家罗伯特·布朗(Robert Brown)通过显微镜观察悬浮在水中的一些花粉颗粒时,他看到这些花粉在一刻不停地乱跑乱动,好像受到了什么看不见的力量的冲击。之前已经有其他人注意到,这种怪诞的扭动在水温提高的时候会加剧,并且认为这一现象背后一定有某种生物学上的解释。然而,布朗发现,当他使用保存了20年以上的花粉时,它们依然以这种方式运动,毫不走样。这引起了他的极大好奇心,于是制作了各种各样无机物的细粉末,从玻璃到狮身人面像上的一个碎块都有,一样样把它们泡在水中。他发现泡在水中的每一样东西都会出现同样的杂乱扭动,从而意识到,这不可能来自某种生命力量的驱使。布朗把这项研究发表在一个小册子里,题名为:《1827年6、7、8月所做显微镜观察情况简述,关于植物花粉中所含颗粒以及关于有机物和无机物中普遍存在活跃分子的情况》。其他人对“布朗运动”提出了一些说得通的解释,但所有这些解释或迟或早地都被发现有缺陷。到了19世纪末,相信存在原子和分子的人接受了布朗运动是与水分子碰撞的结果这样一种解释。

而爱因斯坦意识到的则是,一个花粉颗粒的布朗运动,不是由于与一个水分子碰撞一次而造成的，而是由于大量的这类碰撞造成的。在每一个瞬间，所有这些碰撞就造成了花粉颗粒或悬浮粒子随机扭摆这种群体效应。爱因斯坦觉得，要理解这一无规律可循的运动，关键在于要认识到，虽然水分子的“平均”表现是可预料的，但实际当中却存在着偏差，存在着统计学意义上的浮动。从它们的平均相对大小来看，许多水分子会同时从各个不同方向碰击单独一粒花粉。即使在这种尺度上，每次碰击都会朝某个方向产生一次极小的推动，但是从所有这些碰击的总体效用上来看，最终会使花粉保持不动，因为各方向的推动力彼此抵消掉了。爱因斯坦意识到，布朗运动是由于水分子时常会偏离它们的“正常”表现，因为几个水分子连成一体，共同碰击到花粉上，使它朝某一具体方向运动。

根据这一认识，爱因斯坦成功地计算出了一个扭动中的颗粒，在一段既定的时间范围内平均能够行走多长的水平距离。他预测出，在17℃的水中，悬浮在水中的直径为千分之一毫米的颗粒，在一分钟内平均只能移动千分之六毫米。爱因斯坦得出了一个公式，运用这个公式，就可以在只配备了温度计、显微镜和跑表的情况下算出原子的大小。在三年以后的1908年，爱因斯坦的预测由让·佩兰（Jean Perrin）在索邦神学院（the Sorbonne）通过一系列精巧的实验予以证实，让·佩兰因此而获得了1926年的诺贝尔奖。

量子理论

由于有普朗克拥护相对论，加之对布朗运动的分析被认可为支持原子说的一项决定性突破，因此，尽管他的光量子理论遭到摒弃，爱因斯坦的声望依然得到提高。他收到的信经常都把他的地址写成伯尔尼大学，因为很少有人知道他是个专利局职员。“我必须很坦率地告诉您，当我从其他地方读到您每天必须在办公室里坐上8个小时时，我很吃惊。”雅科布·劳勃（Jakob Laub）从维尔茨堡（Wurzburg）写信对他说。“历史真是充满了恶搞笑话。”当时是1908年3月，爱因斯坦同意这个看法。过了差不多有6年时间，他再也不想当专利的奴仆了。

他求职在苏黎世的一所学校当数学教师，并且说明，如可能的话，也愿意教物理。在求职信中他还附上了一份自己的博士论文，这篇论文在试了三次之后使他于1905年拿到了苏黎世大学的博士文凭，而且为他的布朗运动论文做了铺垫。为了增加胜算的把握,他还把自己已经发表的论文全都寄了过去。虽然他有这些令人印象深刻的科学成就,在总共21个求职者中,爱因斯坦甚至没能入围三个人的待选名单。

在苏黎世大学实验物理学教授阿尔弗雷德·克莱纳(Alfred Kleiner)的授意下,爱因斯坦作出第三次努力,想要成为伯尔尼大学的编制外讲师(privatdozent),这是个不拿薪水的职位。他的第一次申请没有获得通过,因为那时他还没有博士学位。1907年6月他再次失败,因为他没有提交一篇未曾发表过的研究论文。克莱纳希望爱因斯坦能顶上一个很快就能腾出来的理论物理特别教授的缺,而当上一名编制外讲师就是实现这一目标必不可少的跳板。于是他按照要求提供了一篇未曾发表过的研究论文,1908年春天他正式被任命为一名编制外讲师。

他的第一次关于热力学理论的讲座课只迎来了三位学生。这三位学生还都是他的朋友。也只能是他们。因为给爱因斯坦分派的课时是星期二和星期六早上的七点到八点之间。大学生们有权选择是否去听编制外讲师讲的课,而谁都不愿意起得那么早。作为一名讲师,爱因斯坦不论是那个时候还是以后,都经常不能很好地备课,因此频繁出错。但是等他充分备过课了以后,他又会简单地面对学生问道:"谁来告诉我,我在什么地方说错了没有?"或者"我什么地方弄错了没有?"如果有学生指出他的数学错误,爱因斯坦会说"我经常告诉你们,我的数学从来都不怎么样"。

为爱因斯坦留着的这个职位,有一条关键的要求就是要具备教学能力。为了了解他是否能胜任这一工作,克莱纳安排听了一次他的讲座。由于对"让人审查"这件事很恼火,他表现得很差劲。然而克莱纳又给了他一次让人留下印象的表现机会,这次他成功了。"我很幸运,"爱因斯坦在给他的朋友雅科布·劳勃的信中写道,"一反我的常态,这次我讲得很好,于是通过了。"时值1909年5月,当他拿下这份苏黎世职位的时候,爱因斯坦终于能够夸口说他现在是"这个婊子行会的正式成员"了。在与米列娃和5岁的汉斯·阿尔伯特一起搬到瑞士之前,爱因斯坦于9月份前往萨尔茨堡(Salzburg),参加德意志自然科学家协会(Gesellschaft Deutscher Naturforscher und Artze)的一次会议,面对德国物理学界的精英作一次定调子的讲演。为此他作了充分准备。

被要求发表这样一次演说是一种绝无仅有的殊荣。这种荣誉通常都留给年龄较大的、声名卓著的物理学代表人物,而不是给某个刚刚30岁出头,即将头一次得到特别教授职位的什么人保留的。所以,所有的目光都聚焦在爱因斯坦身上，但他好像视而不见，在讲台上踱着步，发表了一次后来广为人知的讲演："就辐射的性质和构成论我们的观点的发展过程。"他告诉与会者，"理论物理发展的下一个阶段，将给我们带来一种光的理论，可以把它想象成光的波理论和光的释放理论的某种融合。"这不是一种凭空直觉，而是一个启发式思维实验的结果。想象一面镜子悬在一个黑体内部。他设法为能量的波动和辐射的势能推导出一个方程式，含有两个截然不同的部分。其中一个与光的波理论相对应，而另一个则具备了假设辐射是由量子构成时的一切特征。这两个部分看来都是不可或缺的，如同光的两种理论一样。这是首次预示了后来人们所称的波粒二相性，就是说，光既是一种粒子也是一种波。

主持会议的普朗克在爱因斯坦坐下以后第一个发言。他感谢爱因斯坦所作的演讲，然后告诉在座的所有人，他不同意爱因斯坦的观点。他重申了自己坚信不移的观点，量子之说只是在物质与辐射进行交换的过程中才有必要。要是像爱因斯坦那样相信光实际就是由量子构成的话，普朗克说，"还没有那个必要"。只有约翰尼斯·斯塔克（Johannes Stark）站起来支持爱因斯坦。可悲的是，他和莱纳克一样，后来成了纳粹，而且这两个人后来一起攻击爱因斯坦和他所做的工作，说这是"犹太物理学"。

量子理论

爱因斯坦离开了专利局，把更多的时间倾注于研究工作。等他到达苏黎世的时候，他注定要大失所望了。为了给他每星期要作的 7 个小时的讲座备课，占用了他大量的时间，这让他抱怨自己"实际的自由时间比在伯尔尼还少"了。学生们对这位新来的教授的邋遢外表很是诧异，但是由于爱因斯坦能够鼓励学生，只要有不清楚的地方就可以打断他，这种不拘小节的风格很快就赢得了他们的尊敬和爱戴。在正式讲课时间以外，他至少每星期一次会带他的学生们到特拉赛咖啡馆聊天漫谈直到打烊的时候。没多久，他就习惯了自己的工作量，开始把注意力转向用量子说来解决一个长久以来一直存在的问题。

1819 年，两位法国科学家，比埃尔·杜龙（Pierre Dulong）和阿列克希斯·珀蒂（Alexis Petit）测量了从铜到金各种金属的比热容，也就是把一千克物质的温度提高一度所需要的能量。他们的结论是"所有简单物体的原子，其热容都是完全一样的"，而且从那以后的 50 年里，凡相信原子说的人都没有怀疑过这个结论。所以，到了1870年代，当人们发现存在例外情况的时候，不觉大吃一惊。

爱因斯坦对普朗克的方法作了一些改动，把物质的原子想象成一经加热就振荡起来，想以此来解决比热反常现象。原子不能在随便一种频率下振荡，它们是“量子化的”，它们振荡的频率只能是某个“基本”频率的倍数。爱因斯坦得出了一个关于固体如何吸收热的新理论。原子只被允许以个别量，也就是“量份”的方式吸收能量。然而，随着温度下降，物质中存有的能量就减少，直到所剩下的能量不能给每个原子凑足应有大小的能的量份（correct-sized quantum of energy）。这就导致固体摄取的能量减少，从而使比热降低。

虽然他证明了如何以能的量子化——也就是在原子层面，能是包藏在一丁点大小的碎块里——来解决某个物理学全新领域中的一个问题，但在三年时间里，几乎没人对爱因斯坦所做的工作吭一声表示有兴趣。是来自柏林的一位著名的物理学家，沃尔特·能斯脱（Walter Nernst）使人警醒起来并开始关注，因为人们发现他曾去苏黎世会见爱因斯坦。很快人们就清楚了他为什么去见爱因斯坦了。能斯脱成功地对低温下固体的比热作了精确的测量，发现所得出的结果与爱因斯坦根据他的量子解决方案所做出的预测完合吻合。

由于每经历一次这样的成功，他的声望就飙升得更高，所以爱因斯坦收到职位邀请，去做布拉格日耳曼大学的普通教授。这是一个他无法拒绝的机会，哪怕它意味着要离开居住了15年的瑞士。爱因斯坦、米列娃和他们的两个儿子，汉斯·阿尔伯特和还不到一岁的爱德华，于1911年4月搬到了布拉格。

“我不再问量子是不是真实存在的问题。”爱因斯坦在新岗位上任后不久写信给他的朋友米歇尔·贝索（Michele Besso）说，“也不再努力去构建它们，因为我现在知道，这样下去我的头脑是没法找到突破口的。”与此相反，他告诉贝索，他要把自己限定在努力去理解量子说可能带来什么样的后果这个问题上去。还有其他一些人也想做这种努力。不到一个月以后，于6月9日，爱因斯坦收到了一个绝对没有想到的人发来的一封信和一份邀请。厄恩斯特·索尔韦（Ernst Solvay），一个比利时企业家，通过把碳酸钠的生产过程进行变革，大大地赚了一把，向爱因斯坦提出，如果他同意在当年晚些时候，参加从10月29日到11月4日在布鲁塞尔举行的为期一周的“科学大会”，他愿意为他支付1 000法郎作为他的差旅费。将有一群从欧洲各地选来的物理学家，共22个人，聚到一起讨论“分子和动力理论面临的当前问题”，爱因斯坦是其中之一。普朗克、卢本斯、维恩和能斯脱都会出席。这是一次关于量子问题的顶级会议。

在八个被要求就某一具体题目准备报告的人中，有普朗克和爱因斯坦。这些报告需用法文、德文或英文撰写，要在会议之前分发给与会者，以便在计划好的议程中作为进行讨论的出发点。普朗克被要求探讨黑体辐射理论，而爱因斯坦则被分配给了他的比热量子理论（quantum theory of specific heat）。虽然给了爱因斯坦作压轴演讲的荣誉，但日程表上却没安排对他的光量子理论进行讨论。

"我觉得这整件事情极具吸引力，"爱因斯坦在写给沃尔特·能斯脱的信中这样说，"而且在我看来，你将毫无疑问地是这件事的核心和灵魂。"到1910年的时候，能斯脱觉得认真了解量子的时机成熟了，在他看来，量子只不过是一条"规则而已，其特性最为怪诞，更恰当地说是诡谲"。他说服索尔韦为这次会议出资，而这位比利时人就毫不吝惜地订下了豪华的大都会饭店作为会议场所。在这奢华的环境中，服务周到，一切需要均予以满足，爱因斯坦和他的同行们花了五天时间谈论量子。如果说爱因斯坦原来对这次被他称做"巫婆歇息日"（Witches' Sabbath）的会议存有取得一些进展的一线希望，那么他回到布拉格的时候则是大失所望，抱怨说没学到任何自己原来不知道的东西。

虽说如此，他还是很高兴能认识某些个其他"巫婆"。他认为玛丽·居里"一点也不做作"，而玛丽·居里则欣赏"他头脑的清晰，他摆事实的精细，以及他学识的深度"。大会期间宣布，她被授予了诺贝尔化学奖。她是第一个赢得两次诺贝尔奖的科学家，她于1903年已经赢得过一次物理学奖。这是个巨大成就，只可惜却被大会期间围绕着她爆出的绯闻占了风头。法国新闻界听说她与一位已婚的法国物理学家有风流韵事。保罗·朗之万（Paul Langevin），身材修长，留着雅致的唇髭，是出席会议的一名代表。各家报纸上充斥着这两人私奔的故事。爱因斯坦看不出他们两人之间有什么特殊关系，把这些报道斥之为垃圾。尽管居里"迸发着智慧的火花"，但他觉得，她长得"没有迷人到能对任何人构成危险的程度"。

虽然在压力下他有时也似乎有所动摇，但爱因斯坦依旧是第一个学会接受量子这个现实的人。正是因为他这样做了，才揭示出了光的真正本质中一个隐而不现的成分。另有一位年轻的理论家，在利用量子说使一个因带有缺陷而被人忽视的原子模型起死回生之后，也学会了接受量子这个现实。

Chapter 3
The Golden Dane

第3章
丹麦金童求学英国

1912年6月19日,星期三,英格兰曼彻斯特。“亲爱的哈罗德,我也许已经发现了一点有关原子结构的东西。”尼尔斯·玻尔在给他弟弟的信中写道。“别跟任何人谈起它,”他提醒道,“因为不然的话,我就不能这么快给你写信了。”对于玻尔来说,把嘴闭紧是非常要紧的事,因为他希望能做成每个科学家都梦寐以求的事:揭示出“一点客观真相”。还有一些工作没有完成,而他“急切地想要尽快结束它,为此我还向实验室请了几天假(这也是个秘密)”。然而,要把他初露端倪的想法变为一套三部曲式的论文,都起名叫“论原子和分子的构造”,这位26岁的丹麦人还需要花上比这长得多的时间。其中于1913年7月发表的第一篇是真正带有革命性的,因为玻尔直接把量子概念引入到原子中。(照片7)

量子理论

尼尔斯·亨利克·大卫·玻尔(Niels Henrik David Bohr),1885年10月7日生于哥本哈根,而那天正是他的母亲艾伦的25岁生日。为了生下她的第二个孩子,她已经回到了自己父母家,那里比较舒适。从丹麦议会所在地克利斯蒂安伯格城堡,横穿那条宽阔的卵石大道,维特·斯特兰顿14号是城中最堂皇的住宅之一。她的父亲是一位银行家兼政治家,是丹麦最为富有的人之一。虽然玻尔一家人在那里住的时间不长,但那是玻尔整个一生中生活过的第一个富丽堂皇的大宅第。

克利斯蒂安·玻尔(Christian Bohr)是哥本哈根大学一位享有盛誉的生理学教授。他发现了二氧化碳在血红蛋白释放氧的过程中的作用,加上他对呼吸作用所做的研究,使他获得了诺贝尔生理学或医学奖的提名。从1886年开始,到他于1911年刚满56岁的时候不幸早逝,这一家人一直都在大学外科科学院一处宽敞的公寓中生活。这所公寓位于城中最为时髦的大街上,步行走到当地的小学校只需10分钟,对玻尔家的孩子们是非常理想的:杰妮比尼尔斯大两岁,哈罗德比尼尔斯小18个月。有三位女仆和一位保姆照顾着他们,他们的童年舒适而又显贵,远非哥本哈根城中日益增长的人口中大多数人所生活的肮脏而又拥挤不堪的环境所能相比。

由于父亲的学术地位以及母亲的社会地位,丹麦许多顶尖科学家和学者、作家以及艺术家都成了玻尔家的常客。这些客人中有三位是像老玻尔一样的丹麦皇家科学及文学院院士:物理学家克里斯蒂安·克里斯蒂安森(Christian Christiansen)、哲学家哈格尔德·霍夫丁(Harald Hoffding),以及语言学家威廉·汤姆森(Vilhelm Thomsen)。科学及文学院每周例会之后,讨论还会继续在这四个人之一的家中进行。尼尔斯和哈罗德长到十几岁的时候,每当轮到他们的父亲作几位院士的东道主时,都允许他们在外面偷听热烈的辩论。在这世纪末情绪弥漫在整个欧洲的时刻,能听到这样一群人谈论学问上关注的问题,那是一种不可多得的机会。这些谈论的问题,尼尔斯后来说,给这两个孩子"留下了我们某些最早的也是最深刻的印象"。

学生时代的玻尔在数学和科学方面成绩优秀,但在语言方面却没多少天分。"那时候,"一个朋友回忆道,"在课间休息时间,如果轮到抡拳头的事情,他是绝对不怕出力气的。"到他1903年考入哥本哈根大学,那时还是丹麦唯一的大学,学习物理学的时候,爱因斯坦已经在伯尔尼的专利局工作了一年多了。[23]等他于1909年拿到硕士学位的时候,爱因斯坦已经是苏黎世大学理论物理的特别教授,并且第一次被提名诺贝尔奖。玻尔也已经崭露头角了,尽管所在的舞台要小得多。1907年,在21岁的年龄上,他以一篇论水的表面张力的文章,获得了丹麦皇家科学院的金质奖章。这也就是为什么于1885年得过银质奖章的他的父亲,经常骄傲地宣称,"我是银质的,但尼尔斯是金质的"的原因。

玻尔能得到金质奖章,多亏了他父亲劝他放弃实验室,到乡村中去找个地方写完他那篇能得奖的论文。虽然玻尔直到离最后期限只有几小时的时候才递交了这篇文章，但他仍然发现需要添加点东西，因此两天后又递交了一个补充内容。对于自己写的东西，他总是需要反复重写，直到满意地认为它完全准确地表达了自己的想法为止。这几乎到了病态的边缘。在他完成自己博士论文之前的一年，玻尔承认，他已经写过“14 篇多少各不相同的草稿了”。即使是简单地在信上写上几句也成了颇费周章的事情。有一天，哈罗德看见尼尔斯桌上有一封信，就说帮他去寄掉，但尼尔斯却告诉他：“哦，不行，那还只是草拟稿的第一稿。”

这兄弟两人终生保持着最亲密的朋友关系。除了数学和物理以外，他们两人还共同热衷于体育，尤其是足球。其中踢得更好些的哈罗德在 1908 年奥林匹克运动会上，作为丹麦足球队队员赢得了银质奖章。但丹麦队在决赛中输给了英国。很多人还认为两人之中哈罗德在才学方面更有天赋。尼尔斯 1911 年 5 月拿到了物理学博士学位，而他比尼尔斯还早一年拿到了数学博士学位。然而，他们的父亲却总是认为他的大儿子是“家里的佼佼者”。

根据习俗的要求，玻尔穿着白色的燕尾服，打着白色的领结，对他的博士论文作公开答辩。整个过程只持续了 90 分钟，是有记录以来最短的一次。两位考官中有一位是他父亲的朋友克里斯蒂安·克里斯蒂安森。他感觉很遗憾，没有一位丹麦物理学家“在有关金属的理论方面有足够的学养，来对有关这个科目的博士论文进行评判”。尽管如此，玻尔还是被授予了博士学位，并且这篇论文的副本被分发给像麦克斯·普朗克和亨德里克·洛伦兹（Hendrik Lorentz）这样一些人。但是没有人给他答复。于是他意识到，不事先把它翻译过来就寄出去是个错误。虽然很多名列前茅的物理学家都能流利地讲德语或法语，但玻尔却决定采用英文译文，而且设法说服了一个朋友给他翻译出来。

由于从传统上来讲，德国的大学一直都是有大抱负的丹麦人完成自己学业的地方，因此他父亲选择了莱比锡，他弟弟选择了哥廷根，但玻尔却选择了剑桥大学。对于他来说，牛顿和麦克斯韦的学术家园才是“物理学的中心”。这篇翻译成英文的论文将成为他的敲门砖。他希望这篇论文能够给他带来与约瑟夫·约翰·汤姆生爵士（Sir Joseph John Thomson）对话的机会，他后来形容此人为“给每个人指明方向的天才”。

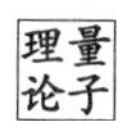

经过一夏天悠闲的旅游，靠着由丹麦著名的嘉士伯酿酒厂（Carlsberg brewery）赞助的一年期奖学金，玻尔1911年9月底来到英国学习。“今天早上，我在一家商店外站着，碰巧从门上读到了‘剑桥’这个地址，感到欢欣鼓舞。”他在给未婚妻玛格丽特·诺兰德（Margrethe Norland）的信中写道。由于有介绍信，再加上有玻尔这个姓氏，因此剑桥大学那些还记得他已故父亲的生理学家们热情地欢迎接待了他。他们帮助他在城边上找了一处小小的两居室房子，使他一直“因为各种安排、拜访和晚宴而忙得不可开交”中解脱。但是对于玻尔来说，很快要真正让他头疼的是与汤姆生的见面。汤姆生的朋友和学生都称汤姆生为“J. J.”。

汤姆生生于曼彻斯特，是个书商的儿子，1884年在他28岁生日过后的一星期之内，就被选为卡文迪什实验室的第三任负责人。继詹姆斯·克拉克·麦克斯韦（James Clerk Maxwell）和瑞利勋爵（Lord Rayleigh）之后，他是个绝对令人预想不到的、来领导这一地位尊贵的科学实验研究设施的人选，这还不仅是因为他年纪轻。“J. J. 的手笨得很，”他的一位助手后来承认道，“而且我发现，有必要不鼓励他去动用那些仪器。”但是，如果说这个因为发现了电子而获得了诺贝尔奖的人在手的灵巧度上有所欠缺，其他人则证实了汤姆生的“直觉能力，他能够在用不着费力去使用一种装置的情况下，理解其复杂费解的内在工作原理”。

第一次见面时，汤姆生略显不修边幅，戴着圆边眼镜，穿着花呢上衣，燕子领衬衫，是一位典型的心不在焉的教授的样子，他礼貌的举止使玻尔的紧张心情平复下来。由于急切地想要给人留下好印象，他是手握着自己的论文和一本汤姆生写的书走进这位教授的办公室的。玻尔打开这本书，指着一个方程式说：“这是错误的。”虽然J. J. 不习惯让人直截了当地把自己过去的错误当面指出来，但还是答应阅读玻尔的论文。他一边把论文放在他堆得满满的书桌上的一叠文件的最上面，一边邀请这位年轻的丹麦人下个星期天共进晚餐。

玻尔一开始很高兴，但是随着一个又一个星期过去，那篇论文还是没被批阅，他变得越来越焦急了。“汤姆生，”他在给哈罗德的信中写道，“迄今为止看来不像我第一天想象的那样好打交道。”但是他对这位55岁的人的敬仰之情并没有减退：“他是个杰出人物，难以置信的聪明，想象力十分丰富（你只要听一听他的一些入门讲座就知道了），而且极为友善；但是他事情太多，忙得不可开交，而且他深深地埋头于自己的工作，极难有机会跟他交谈上。”玻尔明白，他的英语太差，帮不上忙。于是他借助一本字典，开始阅读《匹克威克外传》（*The*

Pickwick Papers),以便奋力克服语言障碍。

11月初,玻尔去看望他父亲从前的一位学生,他现在已经成了曼彻斯特大学的生理学教授。在这次拜访过程中,洛伦·史密斯(Lorrain Smith)把他介绍给刚刚参加完在布鲁塞尔举办的一次物理学大会的欧纳斯特·卢瑟福(Ernest Rutherford)。[24]多年后他回忆道,这位富于领袖气质的新西兰人"以那种特有的热情谈论到了物理学中的许多新前景"。听了他"绘声绘色地讲述索尔韦会议上的各项讨论话题",大饱耳福之后,玻尔如痴如醉地离开了曼彻斯特,也对卢瑟福留下了深刻印象,这既是指他这个人,也是指他作为一名物理学家而言。[25](照片8)

量子理论

曼彻斯特大学物理系的新负责人在1907年5月的第一天上任,就因为寻找他的办公室而引起了热议。"卢瑟福三个梯级一步登上楼去。看见一位教授以这种样子上楼,我们觉得有失斯文。"一位实验室助理这样回忆道。但是仅在几个星期之内,这位36岁的人无穷的精力和讲求实际,绝无矫饰的作风就获得了他所有新同事的认可。卢瑟福正准备创立一支不同寻常的科研队伍,在未来的10年左右时间里,将获得无人能匹敌的成功。是卢瑟福的人格魅力,同时也是他的别具匠心的科学判断能力和创新能力打造了这支团队。他不仅是它的首领,而且还是它的核心。

卢瑟福1871年8月30日生于新西兰南岛一个叫"林泉"(Spring Grove)地方的一所小小的单层木屋中。这家人有12个子女,他排行老四。他的母亲是一位小学教师,父亲最后是在一家亚麻纺织厂找到了工作。由于在人烟分散的乡村中生活艰辛,詹姆斯和玛萨·卢瑟福竭尽全力,确保让他们的子女只要才气和运气够好,就不放弃任何可能的机会。因此,欧纳斯特凭着一系列的奖学金来到了世界另一端的剑桥大学。

1895年当他来到卡文迪什,开始在汤姆生门下学习的时候,卢瑟福还远远不是几年之后精力四溢、自信饱满的那种样子。他在新西兰已经开始了的一项工作,是对"无线电波"(后来英文中称之为"radio waves")进行探测。当他继续从事这项研究的时候,转变开始了。只花了短短几个月,卢瑟福就开发出一种大为改进的探测器,于是动脑筋想要用它赚钱了。恰好在这个时候,他意识到,在这种专利意识还比较淡薄的科学文化中,利用科研谋求经济收入的做法,会影响一个还没有取得名望的年轻人的前程。于是卢瑟福放弃了他的探测器,倒让一位名叫古列莫·马可尼(Guglielmo Marconi)的意大利人发了一笔大财。卢瑟福从没有为此后悔,他转而对一项当时已经成为全世界头版新闻的新发现进行探索。

1895年11月8日,威廉·伦琴(Wilhelm Rontgen)发现,每当他将高压电流导过一根抽空了的玻璃管子时,就会有某种未知的辐射使得涂了一层氰亚铂酸盐钡的小纸屏幕发光。当伦琴,这位50岁的维尔茨堡大学物理教授后来被问及,当他发现这一神秘的新射线时他有什么想法时,他回答说:"我没想什么;我查找原因。"在将近六个星期的时间内,他"一遍又一遍地做这同一个实验,要绝对确保弄清楚这些射线是不是真的存在"。他最后确认,那根玻璃管就是导致发出荧光的神秘放射源。

伦琴在把一张摄影底片放到"X射线"下曝光,让他妻子贝尔塔(Bertha)把手放到底片上。"X射线"是他给这种未知辐射起的名字。15分钟之后,伦琴把底片洗出来。贝尔塔吃惊地看到自己的骨骼和两枚戒指的轮廓,以及肌肉形成的暗影。1896年1月1日,伦琴把自己的论文《一种新的射线》分寄给德国及国外一些主要的物理学家,并附上装在盒子中的砝码和贝尔塔手部骨骼的照片。没过几天,有关伦琴这一发现的新闻和他那些令人瞠目结舌的照片像燎原之火一样传播开来。全世界的新闻界对显示出他妻子手部里面骨骼的这张鬼魅般的照片穷追不舍。后来在不到一年的时间内,关于X射线就出版了49本书,1 000份以上的科学及半科普文章。

甚至在伦琴论文的英译文还没在1月23日的《自然》科学周刊上登出时,汤姆生就已经开始研究起这种听起来鬼气阴森的X射线了。由于正埋头研究电在气体中的传导情况,当汤姆生读到X射线把一种气体变为一种导体的时候,就把注意力转到X射线上来了。他一边很快地确认了这种说法,一边请卢瑟福帮助测量X射线在气体中通过时产生的效应。对于卢瑟福来说,这项工作就意味着在接下来的两年中有四篇文章得到发表,从而使他得到国际认可。对于第一篇文章,汤姆生贡献了一张简短的字条,提出X射线可能与光一样,是电磁辐射的一种形式,这种说法后来被证明是正确的。

就在卢瑟福忙于做他的实验时,在巴黎,法国人亨利·贝克勒尔(Henri Becquerel)正在试图发现,在黑暗中能发光的磷光物质是否也能发出X射线。结果却发现,各种铀化合物倒是能释放辐射,不管它们是否属于磷光物质。贝克勒尔所宣布的“铀射线”,几乎完全没有引起科学界的兴趣,也没有哪家报纸争着去报道这一发现。只有为数不多的几位物理学家对贝克勒尔的射线有兴趣,因为他们多数都像这位发现者一样,相信释放这些射线的只有铀化合物。然而,卢瑟福决定研究一下“铀射线”对气体导电性能有什么影响。后来他形容这是他一生中最重要的一项决定。

卢瑟福用一层层像纸一样薄的“荷兰金属”,那是一种铜锌合金,来测试铀辐射的穿透性,发现所探测到的辐射量取决于所用的层数。到了某一点,多加几层对减少辐射强度几乎没有影响,然后如果再多加几层,辐射强度又令人吃惊地开始下降了。换用其他材料把这个实验几经反复,发现这一总体规律没有发生变化,对此,卢瑟福只能提出一种解释。释放出来的辐射有两种,他把它们称为“阿尔法”射线和“贝塔”射线。

当德国物理学家杰拉德·施密特(Gerhard Schmidt)宣布,金属钍及其化合物也能发出辐射时,卢瑟福把它与阿尔法和贝塔射线进行了比较。他发现钍金属的辐射更强,因此得出结论“还存在一种穿透力更强的射线”。这些射线后来被称为“伽马”射线。[26]引入“放射性”这一用语来形容辐射的释放这一现象的人是玛丽·居里,也是她把能释放出“贝克勒尔射线”的物质称为有“放射性”。她相信,既然放射性并不只局限于铀金属,那么它一定会是一种原子现象。由此她走上了与丈夫比埃尔(Pierre)一起发现放射性元素镭和钋的道路。

1898 年 4 月,正当居里的第一篇论文在巴黎发表之时,卢瑟福听说在加拿大蒙特利尔的麦吉尔大学(McGill University)有一个教授职位的空缺。虽然已经被承认为放射性这一新领域中的先锋人物,而且还有汤姆生写的一封热情洋溢的推荐信,但当卢瑟福报上自己姓名时没抱太大希望能得到聘用。“我的学生当中还从来没有一位能比卢瑟福先生对原创性科研工作有更高的热情和更强的能力,”汤姆生写道,“而且我深信,如果选中了他,他就会在蒙特利尔建立起一所声名卓著的物理科学院校。”他结束道:“如果哪一家机构能得到卢瑟福先生作为一名物理学教授在其旗下服务,我会认为这是交了好运。”经过一路风雨交加的航行,刚满 27 岁的卢瑟福于 9 月底抵达了蒙特利尔,在那里生活了 9 年。

甚至就在他离开英国之前,他心里就明白,“人们指望着他去做大量的开创性工作,建立一所科研型学校,让扬基佬脸上也能有光彩”(knock the shine out of the Yankees)!而他还真就做到了。先是发现,钍金属的放射性一分钟降低一半,下一分钟再降低一半。三分钟过后,就降低到了它原有值的八分之一。[27]卢瑟福把放射性的这种指数性衰减称为"半衰期",也就是放射性强度降低一半所需要的时间。每种放射性元素都有它自己特有的半衰期。下一项发现,就使他得到了曼彻斯特的教授职位以及一个诺贝尔奖。

1901年10月,卢瑟福与同在蒙特利尔的一位25岁的英国化学家弗雷德里克·索迪(Fredrick Soddy)联手开始研究钍金属及其辐射,不久他们就将面对这样一种可能,那就是它有可能正在转变为另外一种元素。索迪回忆起,他当时站在那里,被这个想法惊得愣住了,脱口而出"这是嬗变"。"索迪,不要把它叫做嬗变好不好,"卢瑟福提示道,"他们会把我们当做炼金术士砍掉我们的脑袋的。"

这两人很快就搞明白了,放射性就是一种元素通过释放辐射而转变为另一种元素的过程。他们这种像异端邪说一样的理论遭到了广泛的怀疑,但是经过实验,很快就证实是确凿无疑的。批评他们的人不得不放弃长期以来一直信奉的物质不变之说。这不再是炼金术士的梦想,而是一个科学事实:所有放射性元素的确自发地转变为另一种元素,半衰期就是衡量其中一半原子实现转变时所需要的时间。

"年轻,精力充沛,张扬,怎么看怎么不像一个科学家。"后来成了以色列第一任总统,但当时还是曼彻斯特大学的一名化学家的查伊姆·魏茨曼(Chaim Weizmann)在回忆起卢瑟福时这样形容他。"凡阳光所照之处的任何话题他都开口就谈,海阔天空,而且经常是在对那件事毫不了解的情况下。下楼去餐厅吃午饭时,我经常听到他那友善的大嗓门从走廊上滚滚而来。"魏茨曼发现卢瑟福"对政治的了解或敏感程度为一片空白,他完全沉浸在他那划时代的科学研究工作中"。而这项研究工作的核心,则是他在用阿尔法粒子来探查原子。

但是阿尔法粒子到底是什么呢?自从卢瑟福发现,阿尔法射线其实是一些带有正电荷的粒子,受强磁场作用会发生偏转以后,这个问题就一直困扰着他。他相信,阿尔法粒子是一种氦离子,也就是丢失了两个电子的氦原子。但他从来没在公开场合这样说过,因为相关的证据完全依环境而定。现在,阿尔法射线已经发现了差不多10年了,卢瑟福希望能够找到确切的证据,证明它们的真实性质。贝塔射线此前已经被确认为快速移动的电子。1908年夏天,卢瑟福终于确认了他长期以来一直怀疑的现象:阿尔法粒子确实是丢失了两个电子的氦原子。这次帮助他的是另一位年轻助手,25岁的德国人汉斯·盖革(Hans Geiger)。

"就是这种散射现象在捣鬼。"卢瑟福在与盖革努力揭开阿尔法粒子真面目的过程中曾经这样抱怨。他第一次注意到这种效应是两年以前在蒙特利尔，一些穿过了薄薄一片云母的阿尔法粒子稍稍偏离了它们笔直的轨迹，使摄影底片上的景象变得模糊。卢瑟福在心里记住了这个现象，想要把它了解清楚。到达曼彻斯特之后不久，他起草了一份准备进行研究的课题清单。卢瑟福现在让盖革来研究其中一项：阿尔法粒子的散射现象。

他们一起设计了一个简单的实验，其中包括计数闪烁次数，即阿尔法粒子在穿过薄薄一片金箔后，撞击到涂了一层硫酸锌的纸屏幕时发生的微小的闪光。计数闪烁次数是一项艰苦的任务，要在完全黑暗的环境中待上漫长的几小时。幸运的是，照卢瑟福的话来说，盖革“在工作时像个魔鬼，可以整夜按照一定时间间隔进行计数，而丝毫不会打乱他平静的心态”。他发现，阿尔法粒子要么直接穿过了金箔，要么被偏转了一两度。这是预料中的。然而令人没想到的是，盖革还报告说，发现有一些阿尔法粒子“偏转的角度相当可观”。

在他还没来得及好好想一想盖革所得到的结果是不是有某种意义的时候，他由于发现了放射性是一种元素转变为另一种元素的现象，而被授予了诺贝尔化学奖。对于一个认为“一切科学要么就是物理学，要么就相当于集邮”的人来说，他对自己一下子从物理学家“嬗变”为化学家这件事中滑稽的一面很得意。从斯德哥尔摩带着他的诺贝尔奖回来以后，卢瑟福学会了估算阿尔法粒子分散成各种角度的概率。他的计算显示，阿尔法粒子不大可能在穿过金箔的时候发生多重分散，从而导致总体形成大角度偏转。这种可能性非常小，几乎等于零。

就在卢瑟福埋头进行这些计算的时候，盖革跟他提出给一个很有前途的研究生，厄内斯特·马斯登（Ernest Marsden）分配一个项目的事。“这有什么不可以，”卢瑟福说，“让他看看大角度上有没有分散出来的阿尔法粒子？”结果马斯登还真找到了，对此他很惊讶，因为，随着研究的角度越来越大，马斯登所看到的这些很能透露一些信息的闪光本不应该再有了。这些闪光就是阿尔法粒子冲击到硫酸锌屏幕上时发出的。

卢瑟福在竭力弄清“能够使一束阿尔法粒子偏转或使其散射的这种巨大的电力或磁力的性质”时，他叫马斯登查看一下，有没有阿尔法粒子反射回来。由于没有指望他能发现任何东西，所以当马斯登发现有阿尔法粒子从金箔上弹开的时候，他绝对是惊呆了。卢瑟福说：“这件事的不可思议的程度，差不多就像你向一张薄棉纸打出一发 15 英寸（38.1 厘米）炮弹之后，这发炮弹却回过头来打到你一样。”

盖革和马斯登于是着手用各种不同金属进行比较测量。他们发现,黄金弹回的阿尔法粒子数量,几乎是白银能弹回的两倍,是铝能弹回的20倍以上。每8 000个阿尔法粒子中只有一个能从铂金属片上弹开。1909年6月,盖革和马斯登把这些以及其他一些结果发表出来的时候,只是简单地重述了一遍实验过程,陈述了事实,而没做更多评论。在接下来的18个月中,大惑不解的卢瑟福苦思冥想,想要理清思路找到一个解释。

原子是否存在的问题引起了大量的科学及哲学论争,贯穿着19世纪的始终,但是到了1909年的时候,原子作为一种客观存在已经确立为既定事实,不再有人无端质疑了。原子说的批评者们也在大量的证据面前闭了嘴,其中最关键的两个证据,一是爱因斯坦对布朗运动的解释以及对这一解释的实证材料,另一个是卢瑟福发现的元素的放射性转换。在几十年的争论过程中,许多著名的物理学家和化学家都否认它的存在,而现在,最为人乐道的一种对原子的演示,看来要属J. J. 汤姆生所提出的所谓的"梅子布丁"模型了。

1903年,汤姆生提出看法,认为原子是一团没有质量的正电荷,在它的里面,像布丁蛋糕里的梅干一样嵌着他在6年之前发现的带有负电荷的电子。正电荷会把电子之间互相排斥的力量中和,否则电子之间的排斥力量就会使原子四分五裂。[28]汤姆生设想,对于每种具体元素,其原子中的这些电子都以其独特的方式排列在一套同心圆之内。他提出的看法是,金属之间的区别,就在于电子的数量和分布情况的不同,比如金原子和铅原子。由于汤姆生所说的原子中所有的质量都来自于它所包含的电子,这就意味着,即使在最轻的原子中也会有几千个电子。

整整一百年之前,在1803年,英国化学家约翰·道尔顿(John Dalton)第一个提出了每种元素的原子都因其重量而具备独一无二特征这一思想。由于没有办法直接测量原子的重量,道尔顿对各种元素混合形成的各种化合物中每种元素所占的比例进行检验,来确定它们的相对重量。他首先需要设定一种基准。由于氢是已知元素中最轻的一种,道尔顿就把它的原子重量定为1。所有其他元素的原子重量,都根据它们相对于氢原子的重量而确定下来。

汤姆生在研究了关于原子使X射线和贝塔粒子散射出去的实验结果之后,明白了自己的模型是错误的。他把电子的数量估计得过高了。经过他重新计算,得出一个原子所能拥有的电子数量不可能超过它的原子重量所允许的范围。各种不同元素的原子中各有多少电子,准确数字尚不清楚,但很快人们就接受了这个上限,认为它是通向正确方向的第一步。原子重量为1的氢原子可能只有一个电子。然而,原子重量为 4 的氦原子则可能有 2、3 甚至 4 个电子,以此类推,其他元素的情况也是一样。

电子的数量骤减,揭示出一个原子的重量中大部分都是由于正电荷的弥漫范围(diffuse sphere)造成的。这样,汤姆生本来只是为了构想出一种稳定、中性的原子才采用的一种人为的说法,居然一下子本身变成了现实存在。但即使这一新的经过改进的模型,也不能解释阿尔法粒子的散射现象,而且也不能确定某一具体原子中所带电子的准确数量。

卢瑟福相信,阿尔法粒子是被原子内一种强大到非同寻常的电场散射出去的。但是在 J. J. 所设想的那种正电荷处处均匀分布的原子中,没有这种强大的电场。汤姆生的原子根本不可能把阿尔法粒子弹回。1910 年 12 月,卢瑟福最终设法"想出了一个远比 J. J. 高明的原子模型"。"现在,"他告诉盖革,"我知道原子是什么样子的了!"它与汤姆生的模型完全不同。

在卢瑟福的原子中,有一个微小的带正电荷的核心,称做原子核(nucleus),它事实上承载着原子的全部质量。它比原子小 100 000 倍,所占空间极其微小,"像大教堂中的一只苍蝇"。卢瑟福知道,原子内的电子不可能使阿尔法粒子发生那么大的偏转,因此没必要去确定它们在原子核周围的准确构架。他的原子不再是那个"颜色随个人喜好或红或灰的硬邦邦的家伙",他曾经半真半假地说,他所受的教育本来就是要相信这种说法的。

在任何一次"碰撞"中,多数阿尔法粒子都会直接穿过卢瑟福的原子,因为它们离位于原子中心的那颗细小的原子核太远了,不可能被偏转。另一些则会碰上原子核所产生的电场,使它们稍微偏离原有的轨迹,这样就造成小幅度的偏转。它们在穿过时离原子核越近,电场效应就越强,它们偏离原来路径的程度就越大。但是,如果一个阿尔法粒子迎头撞上了原子核,两者之间的排斥力就会使它直接弹回来,就像碰上砖墙后弹回来的球那样。但这种直接撞击的情况正像盖革和马斯登所发现的那样,是极为罕见的。卢瑟福说,它"就好比你想在晚上用枪打中伦敦阿尔伯特音乐厅里的一只小飞虫那样"。

卢瑟福的模型使他得以用他所推算出来的一个简单公式,确切地预测出任何一个偏转角度上有多大比例的阿尔法粒子被散射出来。他还不想把他的原子模型马上公布出来,他要先仔细勘测验证阿尔法粒子散射的角度分布情况。盖革接受了这项任务,发现阿尔法粒子的分布情况与卢瑟福的理论估计完全吻合。

1911 年 3 月 7 日,卢瑟福在曼彻斯特文学与哲学学会的一次会议上宣读的论文中宣布了他的原子模型。4 天以后,他收到了利兹大学物理学教授威廉·亨利·布拉格(William Henry Bragg)的一封信,告诉他"大约五六年以前",日本物理学家长岗半太郎(Hantaro Nagaoka)已经构建了一个带有"很大的正负荷中心"的原子模型。布拉格不知道,就在前一年的夏天,长岗在一次遍访欧洲主要物理实验室的巡游中拜访了卢瑟福。收到布拉格的信以后不到两个星期,卢瑟福收到了来自东京的一封信。长岗在信中对"你在曼彻斯特对我的热情接待"表示了感谢,并且指出,在1904年他已经提出过一个"土星式"的原子模型。它有一个大而重的中心,有一圈圈电子围绕旋转。[29]

"你会注意到,我的原子模型所设想的结构与你几年前的论文中所提出的模型有些相像。"卢瑟福在回信中如此承认。虽然在有些方面相像,但在这两个模型之间存在一些重大的不同。在长岗的模型中,那个中央体是带正负荷的,重量大,并且占据了这个扁平的像烙饼一样的原子中的大部分空间。而卢瑟福的球型模型则有一个小到难以置信的带正负荷的核心,它承载了大部分的质量,而原子大体上则是空的。然而,这两个模型都有致命的弱点,却没有什么物理学家对它们再进行一番思考。

在原子中,正负荷的原子核周围如果有固定不动的电子,那就会不稳定,因为带有负载荷的电子会被拉向原子核,无可抗拒。如果它们像行星围绕着太阳运行那样围绕着原子核运动的话,原子仍会崩溃。牛顿早就证明,任何作圆周运动的物体都经受加速度。根据麦克斯韦的电磁理论,如果它是个像电子那样的带电荷的粒子,在它加速的过程中,它会以电磁辐射的形式连续不断地损耗能量。一个沿轨道运行的电子会在万亿分之一秒之内盘旋着落入原子核。而物质世界的存在,本身就是一个反对卢瑟福这一带核原子模型的强有力证据。

他早就意识到这个看起来难以找到答案的问题。"加速后的电子必然损失能量的问题,"卢瑟福在其1906年写的《放射性转化》(*Radioactive Transformations*)一书中写道,"一直是人们努力推断稳定的原子应是怎样一个结构的过程中面临的最大的难题之一。"但在1911年,他选择忽视这个难题:"对于我们所拟定的原子模型的稳定性问题,在现阶段不一定需要考虑,因为这很显然是由原子的极细微结构所决定的,是由带电载的部件的运动所决定的。"

盖革对卢瑟福的散射公式(scattering formula)所作的初次测试做得太匆忙,范围也有限。现在马斯登也参加进来,一起把接下来的一年里的大部分时间都用于进行一项更为彻底的检测。1912年7月,他们得出的结果确认,散射公式以及卢瑟福理论的主要结论都是正确的。[30]"这项全面的核查,"马斯登多年以后回忆道,"是一项既辛苦,同时也令人兴奋的任务。"在这个过程中他们还发现,原子核的电荷,如果去掉实验误差的话,大约是原子重量的一半。除了原子重量为1的氢元素以外,所有其他原子中电子的数量必定都大致相等于原子重量的一半。这样一来就有可能确定,比方说,氦原子中电子的数量为2,而按以前的方法,可能会认为它有多达4个电子。然而,电子数量的这种减少意味着,卢瑟福设想的原子可辐射能量的强度要比以前猜想的更强。

卢瑟福在把第一次索尔韦大会上的各种趣闻讲给玻尔听的时候,他没有提到,在布鲁塞尔,无论是他自己还是任何其他人,都没有谈论过他的带核原子。(照片6)

理量
论子

回到剑桥,玻尔想从汤姆生那里寻求的融洽的学术气氛始终没有出现。多年以后,玻尔找出了一个可能导致这次失败的原因:"我的英语知识不够好,因此不知道怎样恰当地表达自己。我那时只会说'这个不正确'。而他没兴趣听别人的这种指责。"汤姆生不但在不重视学生和同事的论文和信函方面是出了名的,而且他还不再积极从事电子物理学了。

在越来越感觉失望的情况下,玻尔在一年一度的卡文迪什研究生晚餐上再次遇到了卢瑟福。晚餐在12月初举行,在10道菜的正餐结束之后,吵吵闹闹的非正式聚会开始了,大家互相敬酒、唱歌、念打油诗。由于又一次被这个人的个性所打动,玻尔开始认真考虑改换门庭,离开剑桥和汤姆生,去曼彻斯特找卢瑟福。当月晚些时候他去了曼彻斯特,并与卢瑟福探讨了这件事的可能性。作为一个与未婚妻天各一方的年轻人,玻尔迫切地想要拿出一样看得见摸得着的东西来证明他们两地分居的一年是有成果的。他告诉汤姆生,他想"了解一点关于放射性的知识",于是玻尔得到允许在新学期结束的时候离开。"在剑桥的事情整个都非常有意思,"他很多年以后承认道,"但又是绝对的一无用处。"

在英国还只剩下四个月了,玻尔于1912年3月中旬来到了曼彻斯特,开始就读为期7个星期的放射性研究实验技术课程。由于不允许再耽误时间了,玻尔利用晚上的时间攻读电子物理学的应用,以便能更好地理解金属的物理特性。由于教员中也有盖革和马斯登,他成功地学完了这个课程,卢瑟福又给了他一个小的研究项目。

"卢瑟福不是个好糊弄的人,"玻尔在给哈罗德的信中写道,"他定期听取工作进展情况,而且会讨论每一个细节。”与在他看来不关心自己学生进步的汤姆生不同,卢瑟福“真正对他身边所有人的工作都感兴趣”。他特别善于看出具备科学潜质的人。他的11个学生,加上几个密切合作的伙伴,后来都赢得了诺贝尔奖。玻尔刚一来到曼彻斯特,卢瑟福就写信给一个朋友:“玻尔,一个丹麦人,撤出了剑桥,来到这里以便获得一些放射性研究工作的经验。”然而,到这时为止,玻尔所做过的一切中,没有一点能显示出他能与他实验室中那些积极上进的年轻人有什么不同的地方,除了他是个理论家这点以外。

卢瑟福对理论学者的总体看法不高,而且只要有机会就会把这点表现出来。“他们用象征符号玩游戏,”他有一次告诉一位同事,“而我们则拿出大自然真正过硬的事实。”还有一次,当他受邀对现代物理学发展趋势作一个讲座的时候,他回答说:“这个题目我写不出论文来。它只是两分钟的事。我想说的只是,理论物理学家们都把尾巴翘到天上去了,现在轮到我们实验科学家把它们拽下来的时候了!”但是他却立刻喜欢上了这位26岁的丹麦人。“玻尔不同,”他常说,“他是个足球运动员!”

每天下午接近傍晚的时候,实验室里的工作会停下来,研究生们和工作人员聚在一起,一边喝咖啡、吃蛋糕和切成一片片的面包与黄油,一边聊天。卢瑟福都会在场,坐在凳子上,不管说的是什么话题,他都会滔滔不绝地说。但大多数时候的话题都只是物理学,特别是与原子和放射性有关的。卢瑟福成功地创立了一种文化,在这种文化下,科学发现的意识几乎看得见、摸得着,各种思想及合作的精神得到公开交换和探讨,没有人会害怕开口讲话,哪怕是个新来的人。在这儿,一切的核心就是卢瑟福。玻尔清楚,他随时都愿意“倾听每一个年轻人,只要他觉得自己头脑中有什么见解,而不管这种见解是多么粗浅”。卢瑟福唯一受不了的就是“夸海口”。玻尔爱说话。

与能说会写的爱因斯坦不同,玻尔不论是用丹麦语、英语或德语讲话的时候,都频繁地停顿下来,努力搜索合适的词语来表达自己。当玻尔说话的时候,他通常实际上都只是把自己的思维说出声来,以便更清晰明了。就是在这些喝茶时间里,他认识了匈牙利人格奥尔格·冯·赫维西(Georg von Hevesy),这个人将在1943年获得诺贝尔化学奖,因为他发展出了放射性示踪技术,后来成了医学中一种强大的诊断工具,在化学和生物学研究工作中得到广泛应用。

同是身处异国他乡的外国人,说着同一种两人都还没有熟练掌握的语言,他们却轻而易举地结下了延续了一生的友谊。“他知道怎样帮助一个外国人。”玻尔在回忆起仅比他大几个月的赫维西是如何帮助他适应实验室生活规律的时候如是说。玻尔第一次开始关注到原子，是在他们谈话的过程中，当时赫维西解释到，已经发现了那么多的放射性元素，在元素周期表中都放不下它们了。在一个原子转变为另一个原子的放射性蜕变过程中，发现的“放射性元素”层出不穷。仅从给它们起的名字就可以看出，围绕着它们在原子领域中的真正位置，存在着怎样的不确定和混乱认识：铀—X，锕—B，钍—C。但是，赫维西告诉玻尔，卢瑟福以前在蒙特利尔时的合作伙伴，弗里德里克·索迪提出了一种可能的解决办法。

1907 年人们发现，在放射性衰变过程中产生的两种元素，钍和放射性钍，虽然物理性质不同，但在化学性质上却是完全一样的。它们所经受的每一种化学测试都不能把它们区分开来。在接下来的几年里，又发现了其他几组像这样从化学上无法区分的元素。现在已在格拉斯哥大学工作的索迪提出看法，认为这些新放射性元素与那些与它们分享“完全相同的化学特征”的元素之间，唯一的区别就是它们的原子重量。它们就像孪生子一样，唯一能把它们区分开来的特征就是体重上的些许不同。

索迪于 1910 年提出，从化学上无法区分的放射性元素，也就是他后来所称的“同位素”，只是同一种元素的不同形式，因此应该归在元素周期表中的同一个格子里。这个想法与周期表中已有的元素组织排列规则相违。已有的元素是按照原子重量的升序排列的，氢排在第一，铀排在最后。然而，放射性元素钍、放射性元素锕、锾（ionium）和铀—X 都与钍在化学性质上完全一样这个事实，就是支持索迪的同位素概念的强有力证明。[31]（图 5）

在与赫维西闲谈之前，玻尔丝毫没有表现出对卢瑟福的原子模型有兴趣。但是现在他有了想法：对原子的物理和化学特性进行区分还不够，还应该对原子核和原子的各种现象进行区分。玻尔认真对待卢瑟福的带核原子，把它不可避免地会坍塌这个问题放在一边，而想办法按照原子重量对元素周期表进行排列，同时把同位素也考虑进去。他后来说：“这样一来，每一样东西都理顺了。”

玻尔的看法是，在卢瑟福设想的原子中，是原子核的电荷决定了它所能承载的电子数量。由于原子是中性的，不具有自己的电荷，因此他知道，原子核的正电荷只能由它所有的电子所带的负电荷之总和来平衡掉。因此，卢瑟福的氢原子模型肯定是由一个带有 1 个正电荷的原子核和带有 1 个负电荷的电子构成的。原子核电荷为正 2 的氦肯定有两个电子。原子核的电荷提高，电子的数量也相应增加，如此一一对应，直至当时已知最重的元素铀，它的原子核电荷为 92。

对于玻尔来说，这个结论是不会有错的：决定一个元素在周期表中的位置

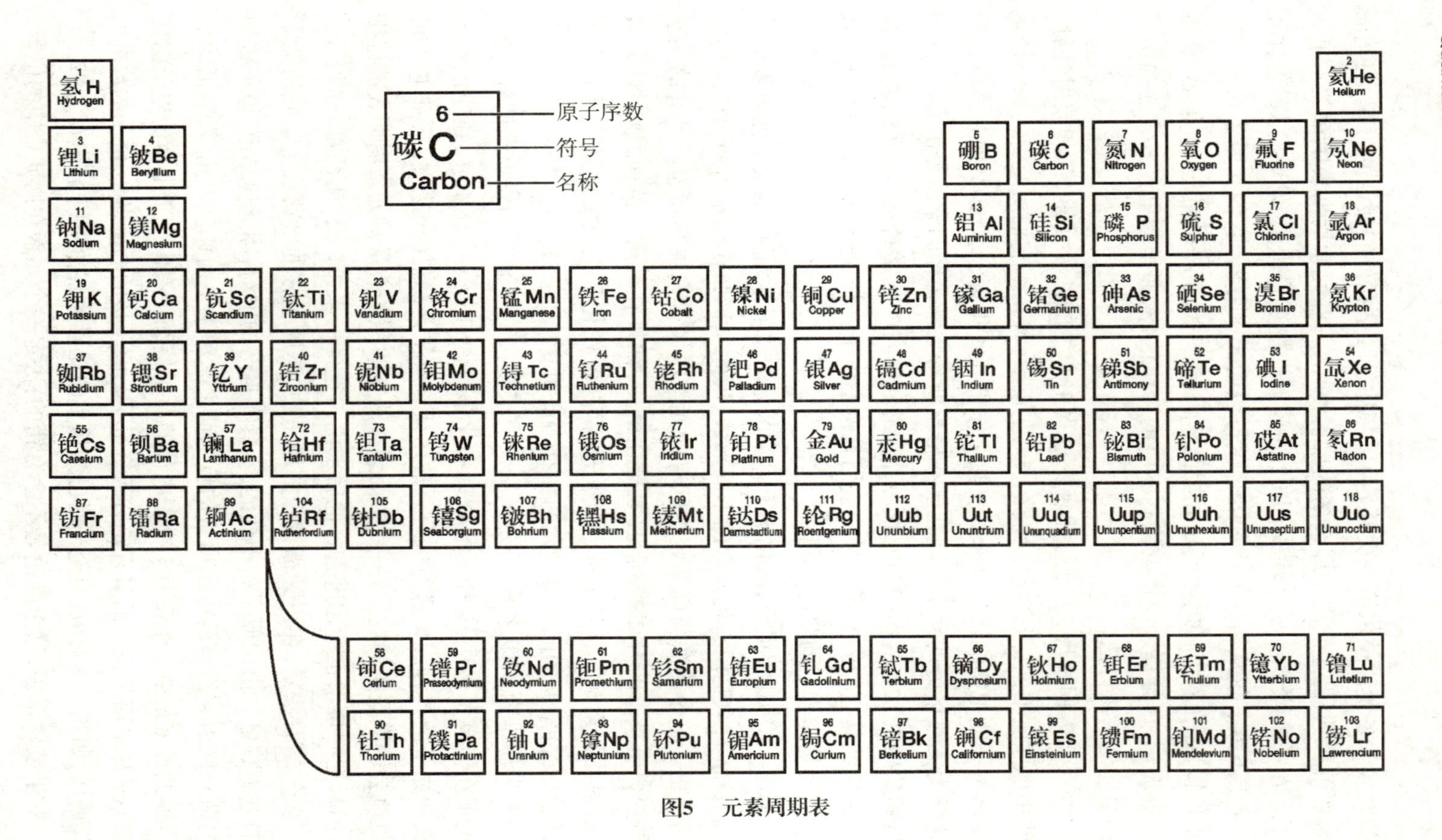
6
碳 C
Carbon
原子序数
符号
名称
1 氢 H Hydrogen
2 氦 He Helium
3 锂 Li Lithium
4 铍 Be Beryllium
5 硼 B Boron
6 碳 C Carbon
7 氮 N Nitrogen
8 氧 O Oxygen
9 氟 F Fluorine
10 氖 Ne Neon
11 钠 Na Sodium
12 镁 Mg Magnesium
13 铝 Al Aluminium
14 硅 Si Silicon
15 磷 P Phosphorus
16 硫 S Sulphur
17 氯 Cl Chlorine
18 氩 Ar Argon
19 钾 K Potassium
20 钙 Ca Calcium
21 钪 Sc Scandium
22 钛 Ti Titanium
23 钒 V Vanadium
24 铬 Cr Chromium
25 锰 Mn Manganese
26 铁 Fe Iron
27 钴 Co Cobalt
28 镍 Ni Nickel
29 铜 Cu Copper
30 锌 Zn Zinc
31 镓 Ga Gallium
32 锗 Ge Germanium
33 砷 As Arsenic
34 硒 Se Selenium
35 溴 Br Bromine
36 氪 Kr Krypton
37 铷 Rb Rubidium
38 锶 Sr Strontium
39 钇 Y Yttrium
40 锆 Zr Zirconium
41 铌 Nb Niobium
42 钼 Mo Molybdenum
43 锝 Tc Technetium
44 钌 Ru Ruthenium
45 铑 Rh Rhodium
46 钯 Pd Palladium
47 银 Ag Silver
48 镉 Cd Cadmium
49 铟 In Indium
50 锡 Sn Tin
51 锑 Sb Antimony
52 碲 Te Tellurium
53 碘 I Iodine
54 氙 Xe Xenon
55 铯 Cs Caesium
56 钡 Ba Barium
57 镧 La Lanthanum
72 铪 Hf Hafnium
73 钽 Ta Tantalum
74 钨 W Tungsten
75 铼 Re Rhenium
76 锇 Os Osmium
77 铱 Ir Iridium
78 铂 Pt Platinum
79 金 Au Gold
80 汞 Hg Mercury
81 铊 Tl Thallium
82 铅 Pb Lead
83 铋 Bi Bismuth
84 钋 Po Polonium
85 砹 At Astatine
86 氡 Rn Radon
87 钫 Fr Francium
88 镭 Ra Radium
89 锕 Ac Actinium
104 𬬻 Rf Rutherfordium
105 𬭊 Db Dubnium
106 𬭳 Sg Seaborgium
107 𬭛 Bh Bohrium
108 𬭶 Hs Hassium
109 鿏 Mt Meitnerium
110 𫟼 Ds Darmstadtium
111 𬬭 Rg Roentgenium
112 Uub Ununbium
113 Uut Ununtrium
114 Uuq Ununquadium
115 Uup Ununpentium
116 Uuh Ununhexium
117 Uus Ununseptium
118 Uuo Ununoctium
58 铈 Ce Cerium
59 镨 Pr Praseodymium
60 钕 Nd Neodymium
61 钷 Pm Promethium
62 钐 Sm Samarium
63 铕 Eu Europium
64 钆 Gd Gadolinium
65 铽 Tb Terbium
66 镝 Dy Dysprosium
67 钬 Ho Holmium
68 铒 Er Erbium
69 铥 Tm Thulium
70 镱 Yb Ytterbium
71 镥 Lu Lutetium
90 钍 Th Thorium
91 镤 Pa Protactinium
92 铀 U Uranium
93 镎 Np Neptunium
94 钚 Pu Plutonium
95 镅 Am Americium
96 锔 Cm Curium
97 锫 Bk Berkelium
98 锎 Cf Californium
99 锿 Es Einsteinium
100 镄 Fm Fermium
101 钔 Md Mendelevium
102 锘 No Nobelium
103 铹 Lr Lawrencium

图5　元素周期表

的，是原子核的电荷，而不是原子的重量。从这个认识出发，他一步踏入了同位素概念。是玻尔意识到，而不是索迪，把化学性质上完全相同，物理性质却不同的各种放射性元素归在一处的一个根本特性，是原子的核电荷。周期表可以装下所有的放射性元素，只需要把它们按照原子的核电荷归类即可。

玻尔一下子就解释了为什么赫维西没能把铅和镭—D 区分开的原因。如果决定一个元素的化学性质的是电子，那么任何两个元素，只要它们有同样数量的电子并按同样方式排列，那么它们就会是完全相同的孪生子，从化学上是无法区分的。铅和镭—D 有同样的核电荷，都是 82，因此它们的电子数量也一样，也都是 82，这就造成了“完全相同的化学性质”。但是，它们的物理特性却明显不同，因为它们的核质量不同：铅大约是 207，而镭—D 则是 210。玻尔得出结论，镭—D 是铅的同位素，由于这个缘故，要用化学手段来区分这两者是不可能的。后来，所有的同位素都被标上了它们所归属的那个元素的名称以及它们的原子重量。镭—D 就是铅-210。

玻尔抓住了事情的本质：放射性是一种核现象，而不是原子现象。这使他得以解释放射性蜕变的过程，一个放射性元素在出现放射出阿尔法、贝塔或伽马辐射这种核现象时，就衰变为另一种放射性元素。玻尔意识到，如果放射性是源自原子核的话，那么一个带有正 92 电荷的铀原子核通过释放一个阿尔法粒子而变异为铀—X 的时候，就损失了两个单位的正电荷，这时所剩下的核电荷就变为正 90。这个新的原子核没法保持住原来原子中的总共 92 个电子，只能很快失去其中两个，形成一个新的中性原子。经过放射性衰变而形成的每个新原子，都立即以要么获得、要么损失电子的方式，重新取得中和性。带有正 90 核电荷的镭—X 是钍的同位素。它们都“有同样的核电荷，只是在原子核的质量和内在结构上不同”，玻尔这样解释道。这就是为什么以前尝试过的人没有能区别原子重量为 232 的钍和“镭—X”，也就是钍-234 的原因。

玻尔后来说，他关于原子核层面在放射性蜕变过程中发生了什么的理论意味着，“通过放射性衰变，元素在周期表上的位置会向下移两步或向上移一步，分别与伴随着阿尔法或贝塔射线的释放而发生的核电荷的降低或增加相对应，而与元素在原子重量方面的变化没有多少关系。”铀释放出一个阿尔法粒子而衰变为钍-234 以后，它在周期表中的位置就往回退了两位。

贝塔粒子是一种快速移动的粒子，它们具有负电荷，为负 1。如果一个原子核释放出一个贝塔粒子，那么它的正电荷就增加了 1，就好像和谐并存为中性一对的两个粒子，一个是正的而另一个是负的，由于电子被弹出而分裂，只剩一个正的伙伴粒子。经过贝塔衰变而产生的新原子,它的核电荷就比解体的原子大1,使它的位置向周期表的右边移了一格。

玻尔把这个想法告诉卢瑟福后,卢瑟福告诫他"在实验证据相对不足的情况下,要防止过度推测的危险"。这一带保留的认可使他感到意外,他试图说服卢瑟福"这个结果说不定会最终证实他的原子模型"。他没能成功。其中部分原因是玻尔没能够清楚地表达他的想法。卢瑟福正在埋头写着一本书,不能腾出时间来充分把握玻尔所做工作的意义。卢瑟福相信,虽然阿尔法粒子是从原子核中释放出来的,但贝塔粒子则只是从一个放射性原子中不知怎么弹射出来的电子。尽管玻尔前后五次试图说服他,但卢瑟福还是犹豫不决,没能一路顺着他的逻辑追踪到得出结论。由于感觉到卢瑟福现在变得对他和他的想法"有点不耐烦了",玻尔决定先把这个事情放一放。但其他人可没有。

弗里德里克·索迪很快也像玻尔一样发现了同样的"位移规律",但是和这位年轻的丹麦人不一样,他可以发表自己的研究成果,而不必事先取得一位尊长的同意。在取得这些突破的过程中,索迪站在前列,这一点没有人感到意外。但是,没人能事先预料到,一个42岁的性格偏执的荷兰律师也能拿出一个具有根本性重要意义的思路。1911年7月,在一封写给《自然》杂志的短信中,安东纽斯·约翰内斯·范·登·布罗克(Antonius Johannes van den Broek)猜测,具体元素的核电荷是由该元素在周期表中的位置,也就是它的原子序数决定的,而不是它的原子重量决定的。范·登·布罗克的想法是由卢瑟福原子模型的启发而产生,它的依据,则是各种各样后来证明是错误的假说,例如,原子核的电荷与该元素的原子重量的一半相等之类。卢瑟福不无理由地恼恨,一个律师"在没有打好基础的情况下"竟然发表了"许多猜测"。

由于没有得到任何支持,1913年11月27日,在写给《自然》杂志的另一封信中,范·登·布罗克放弃了原子核的电荷与原子重量的一半相等这一假说。他是在盖革和马斯登发表了他们对阿尔法粒子散射现象所做的大范围研究之后这样做的。一星期之后,索迪写信给《自然》杂志,解释说,范·登·布罗克的想法把位移法则的意义提示清楚了。随后卢瑟福的肯定意见也到了:"范·登·布罗克原先关于原子核上的电荷与原子序数相等,而不是与原子重量的一半相等这一意见在我看来非常有意义。"他这次写信称赞范·登·布罗克的提法,与他告诫玻尔不要去探究与此相似的一些想法只相隔了18个月略多一点。

玻尔从未抱怨过,由于卢瑟福不够热心,使自己错失机会,没能成为第一个发表原子序数概念,或后来使索迪获得1921年诺贝尔化学奖的那些思想的人。

“我们对他的判断力充满信心，”玻尔深情地回忆道，“并且敬仰他强大的人格魅力，这才是我们灵感的基础，这是在他的实验室中工作的每个人都感觉到的，它也使我们每个人都尽最大努力不辜负他对每个人的工作所倾注的友善和源源不断的兴趣。”事实上，玻尔继续把能得到卢瑟福的一句赞许视为“我们当中任何一个人都希望得到的最大的鼓励”。为什么在这种其他人都会感到失落和怨恨的情况下，他能做到这样大度，其原因在于接下来发生的事情。

量子理论

在卢瑟福劝阻他发表他的创新想法以后，玻尔偶然看到了一篇最近刚刚发表的文章，抓住了他的注意力。这篇文章的作者是卢瑟福的工作人员中唯一的一名理论物理学家，查尔斯·高尔顿·达尔文，他是伟大的自然科学家达尔文的孙子。这篇文章的内容，是关于阿尔法粒子在穿过物质时所失去的能量，而不是关于它们被原子核散射掉的问题。这个问题 J. J. 汤姆生以前已经用他自己的原子模型研究过，但是现在达尔文又在卢瑟福原子模型的基础上再次对它进行审视。

卢瑟福是采用盖革和马斯登采集的大角度阿尔法粒子散射数据，发展起他的原子模型的。他知道，原子中的电子不可能造成这种大角度的散射，所以就把它们忽略掉了。在形成他的散射法则公式，预测在各种偏转角度上被散射掉的阿尔法粒子能占多大比例时，卢瑟福就把原子视为只剩下一个原子核的结构。过后，他只是简单地把原子核安放在原子的中心位置，绕着它的周围安上电子，而只字未提它们是如何排列的。达尔文在文章中采取了一种类似的手法，忽略掉原子核可能对从旁经过的阿尔法粒子产生的任何影响，把注意力完全集中在原子的电子上。他指出，阿尔法粒子在穿过物质时所失去的能量，几乎完全是由于它和原子中的电子相碰造成的。

达尔文吃不准电子在卢瑟福原子中是如何排列的。他能作出的最佳猜想是，它们要么是在原子的整个体积中，要么是在原子的表面均匀分布着。他所得出的结果只取决于核电荷的大小以及原子的半径。达尔文发现，他对各种不同原子半径所得出的值与已有的估计值不相符。玻尔在读到这篇论文时，迅速看出了达尔文在什么地方出了错。他错误地把带有负电荷的电子看成是自由存在的，而不是被带有正电荷的原子核所制约的。

玻尔最大的本事,就是能够在已有理论中看出它的失误并对此进行研究。这项技能使他在整个学术生涯中受益不浅,因为他自己的研究工作很多都是从其他人的错误和前后矛盾之处着手的。在这件事情上,达尔文的错误成了玻尔的起始点。在卢瑟福和达尔文分别对原子核和原子中的电子进行思考,谁都忽略了原子中的另一个组成部分时,玻尔意识到,一项能够成功解释阿尔法粒子是如何与原子中的粒子进行互动的理论,可能会揭示出原子的真实结构。在他开始着手修正达尔文的错误时,针对卢瑟福对他早先的想法的态度而萦绕在头脑中的失望情绪就被忘记了。

玻尔放弃了即使给他弟弟写信也要打草稿的一贯做法。"这一阵我过得还不错,"玻尔宽慰哈罗德说,"几天以前,关于怎样理解阿尔法射线被吸收的事情我有了一点想法(事情是这样的:我们这里一个年轻的数学家,C. G. 达尔文〔他是那个真正的达尔文的孙子〕,刚刚发表了一篇关于这个问题的理论,但是我不仅觉得它在数学上不太正确〔不过,只是稍有点小错〕,而且在基本概念上也是非常不能令人满意的,而我已经研究出了一个关于这个问题的小理论,虽然算不上很重大,但也许能对与原子结构相关的某些东西有所启发)。我计划很快要发表一篇有关这个问题的小论文。"由于不需要去实验室,因此"对我研究我的小理论极为方便",他承认道。

在给自己这个刚冒出来的、光秃秃像骨架一样的想法填上血肉之前,在曼彻斯特他唯一想把它透露给的一个人就是卢瑟福。虽然在听到这个丹麦人确定的研究方向时感觉惊讶,但卢瑟福还是听取了,而且这次鼓励他继续下去。得到了他的允许,玻尔不再去实验室。由于他在曼彻斯特的时间已经所剩无几,所以他面临着压力。"我相信我已经发现了几样东西;但要把它们研究成功的话,所需要的时间绝对要比我一开始傻乎乎地以为的长。"7 月 17 日他在给哈罗德的信中写道,这时离他第一次透露秘密已经过了一个月。"我希望在我离开之前能写好一篇小论文给卢瑟福看,所以我很忙,忙得厉害;但是曼彻斯特这里热得令人难以置信,这对我的勤奋努力颇为不利。我真希望马上能与你面谈!"他是想告诉弟弟,他想通过把卢瑟福的有毛病的核原子(nuclear atom)转变为量子式原子(quantum atom),来把问题解决掉。

Chapter 4
The Quantum Atom

第4章
标新立异的量子原子

1912年8月1日，星期四，丹麦斯劳厄尔瑟。这座位于哥本哈根西南50英里(80.5公里)处风景如画的小城，石子铺就的街道上张挂起彩旗。但是，尼尔斯·玻尔和玛格丽特·诺兰德的婚礼并不是在那座美轮美奂的中世纪教堂举行的，而是在市政厅里，由警察局长主持的一场两分钟的婚礼。市长外出度假了，哈罗德是伴郎，也是出席者中唯一一个直系亲属。与父母当年一样，玻尔也不想办宗教式的婚礼。他从十几岁起就不再信仰上帝，他是这样对他的父亲坦承的："我理解不了，这些东西怎么能哄得了我；它对我毫无一点意义。"克利斯蒂安·玻尔如果还活着的话，也会同意他儿子就在婚礼之前几个月正式退出了路德教会。

他们原来想去挪威度蜜月，但由于玻尔没能按预计的时间完成一篇关于阿尔法粒子的论文，这对新人只得改变计划。在一个月的蜜月中转而旅行到剑桥待了两个星期。在拜访老朋友和带着玛格丽特游览剑桥的间隙里，玻尔完成了他的论文。这篇论文是两人共同努力的结果。由尼尔斯口述，不断地思索着合适的字眼来把自己的意思讲清楚，而玛格丽特则更正和改进他的英语。他们一起工作得非常融洽，以至于在接下来的几年里玛格丽特成了他事实上的秘书。

玻尔讨厌写东西，只要有可能他就避免写东西。如果不是通过给他母亲口授的办法的话，他都不能完成他的博士论文。"你不要帮尼尔斯做这么多，你必须让他学着自己写东西。"他父亲这样督促道，却没起作用。就算玻尔真的在纸上落笔,他也是写得很慢,而且字迹潦草得难以辨认。“首先最主要的,”一位同事回忆道,“是他觉得同时进行思考和写东西是件困难的事。”他在形成想法的时候需要说话,需要把思维过程说出来。他在运动状态中思索得最好,通常的做法是绕着桌子转圈。后来,他就需要有一名助手,或者任何他能找来干这件事的人拿着笔坐好了,而他则来回踱着步,用一种语言或另一种语言口授。玻尔非常难得有对一篇文章或讲稿的构思满意的时候,因此会把它“重写”上十几次。这种过度追求精准和清晰的最终结果,往往使读者如入森林般只见树木不见林。

手稿最终写好了,妥善地保存起来,尼尔斯和玛格丽特就登上了前往曼彻斯特的火车。一见到他的新娘,欧纳斯特和玛丽·卢瑟福就看出来,这位年轻的丹麦人很走运,他找对了女人。这段婚姻后来确实证明既持久又幸福,足以承受他们六个孩子中两个孩子的夭折。卢瑟福对玛格丽特是如此着迷,以至于仅此一次地没怎么谈论物理学。但他还是抽出时间阅读了玻尔的论文,并且承诺为这篇文章写上自己的寄语并寄到《哲学杂志》。[32]一下子轻松快乐起来,几天以后玻尔夫妇旅行到苏格兰去享受蜜月中剩下的时光。

9月初回到哥本哈根以后,他们搬进海勒鲁普(Hellerup)郊区富庶的沿海地带的一所小房子。在一个只有一所大学的国家里,物理学的职位很少会有空缺。就在他结婚的前一天,玻尔接受了在罗利安斯塔特技术学院(Loereanstalt)的一个助教职位。每天早晨,玻尔可以骑自行车去他的新办公室上班。“他会推着自行车来到院子中,速度比谁都快。”一位同事后来回忆道,“他工作起来不知疲倦,好像永远都在匆忙之中。”那个上了年纪,轻松自在,叼着烟斗的物理学泰斗则是后来的事。

玻尔在大学作为一名编外讲师开始教热力学。和爱因斯坦一样,他觉得备课是一件非常吃力的事。虽说这样,至少还是有一位学生认可了他的努力,感谢玻尔,说他“把难度很大的材料安排得既清楚又简洁”,又用“巧妙的方式”把它给学生讲解出来。但是,由于既要教学,又要尽到他作为助理讲师的责任,使他能用于解决困扰着卢瑟福原子的宝贵时间少之又少。对于一位急于求成的年轻人来说,进展慢得简直到了令人痛苦的程度。他原本希望趁着还在曼彻斯特的时候,把他初步形成的关于原子结构的想法写成一个报告给卢瑟福——后来这份东西被起名为“卢瑟福备忘录”——并以此作为蜜月结束后很快就能发表的一篇论文的基础。但是没能做到。

“因为你看,”50多年以后,在玻尔一生接受的最后几次采访中,有一次他说,“很遗憾其中多数内容都是错的。”然而,他已经找出了关键问题:卢瑟福原子的不稳定性。麦克斯韦的电磁理论预示,围绕着原子核旋转的电子应该是连续释放辐射的。由于像这样不停地走失能量,电子的轨道就会快速地衰退,使它盘旋着跌入原子核。像辐射不稳定性这种众所周知的漏洞,玻尔在他的《备忘录》中连提都没提。他真正关注的是困扰着卢瑟福原子的力学不稳定性问题。

除了假设电子像行星围绕着太阳旋转那样围绕着原子核旋转以外,卢瑟福只字未提它们可能以什么方式排列。人们都知道,若干带有负电荷的电子排在一个环里围绕着原子核旋转是不会稳定的,因为电子之间的电荷都是一样的,所以互相之间会产生排斥力。电子也不可能是固定不动的;因为相反的电荷会互相吸引,于是电子会被拽向带有正电荷的原子核心。这个现象玻尔已经意识到,在他那份备忘录中开头一句他写道:“在这样一个原子中,如果电子不运动的话,就不可能有平衡组态。”这位丹麦年轻人要解决的问题越堆越多了。这些电子不能形成一个环,不能是固定不动的,也不能围绕原子核旋转。最后一点是,卢瑟福原子模型的中心有一个微小的,像一个点一样的原子核,没有办法确定原子的半径。

当其他一些人把这些不稳定性问题解释为卢瑟福的核原子说(nuclear atom)注定要失败的证据时,玻尔却认为,这只能说预计要失败的这种物理学本身有局限性。卢瑟福把放射性确定为是一种“核”现象,而不是一种“原子”现象。他在索迪后来称为“同位素”的放射性元素方面以及在核电荷方面所做的开创性工作,都使玻尔相信,卢瑟福原子确实是稳定的。虽然它可能经受不住已有物理学的重压,但它也没有像预料中的那样坍塌。玻尔要回答的问题则是:为什么没有?

既然应用了牛顿和麦克斯韦的物理学,而且没发现任何差错,也据此预测出电子会跌向原子核,于是玻尔认为,“因此稳定性问题必须从一个不同的角度来看待。”他知道,要挽救卢瑟福的原子模型,就需要采取“根本性的改变”,于是他转向了由普朗克不情愿地发现,又由爱因斯坦积极倡导的量子。在辐射和物质的交互作用过程中,能量是以大小不同的量份(packets)被吸收和释放,而不是连续释放的,这种说法超越了长期被人尊奉的“经典”物理学的领域。虽然玻尔像其他几乎所有人一样,不相信爱因斯坦的光量子说,但在玻尔看来,很清楚原子“是以某种方式受到量子的调节的”。但是在1912年9月,他还没有想出是如何调节的。

玻尔终其一生都喜爱阅读侦探小说。像所有高明的私家侦探一样,他喜欢从犯罪现场寻找线索。第一条线索就是对不稳定性的预测。玻尔首先肯定了卢瑟福原子是稳定的,然后他有了一个想法,后来证明在他的持续探索过程中起到了关键作用:稳定态概念。普朗克建立了他的黑体公式来对现有实验数据进行解释。然后他才试图推导他的方程式,就在这个过程中,他偶然碰上了量子之说。玻尔也采取了一个类似的策略。他要首先重建卢瑟福的原子模型,让电子在围绕着原子核运转时不释放能量。以后他再对自己所做的工作进行论证。

经典物理学对原子内电子的运行轨迹没有限定。但是玻尔却做了限定。像建筑师严格按照客户的要求来设计一座建筑一样,他把电子限制在某些“特别”轨道上,使它们不能连续释放出辐射,也不能盘旋着跌入原子核。这是个只有天才才会闪现的想法。玻尔相信,某些物理法则在原子的世界里是无效的,于是他把电子的轨迹给量子化了。就像普朗克把他所想象的振荡器对能的吸收和释放加以量子化,以便推算出他的黑体方程一样,玻尔也放弃了那种已经得到普遍接受的,认为电子可以在任何给定距离上围绕原子核旋转的观念。他提出,电子只能占据几个选定的轨道,也就是“稳定态”,而不是经典物理学所允许的所有可能的轨道。

这一限定条件,玻尔作为一名理论物理学家,为了要构建出一个行得通的、有实用价值的原子模型,是完全有资格提出的。这个提法非常具有颠覆性。而且在当时,他所拥有的只是一个与已有的物理学相矛盾,无法令人信服的循环论据,即,电子占据着一些特殊运行轨道,在这些轨道上它们不辐射能量;电子不辐射能量,因为它们占据着特殊的运行轨道。对于他提出的这一“稳定态”之说,也就是说,存在某些使电子不辐射能量的轨道之说,除非他能拿出真正在物理学上站得住脚的解释,否则人们只能认为,这种理论除了像脚手架一样起到支撑起一种没人相信的原子结构的作用以外,没有其他意义。

“我希望能在几个星期之内完成这篇文章。”玻尔在11月初给卢瑟福的信中这样写道。卢瑟福读了玻尔的信,感觉出他不断积聚的焦急心态,就回信说,没有必要“为了急于出版而给自己施加这么多压力”,因为不太可能有什么其他人也在沿同一思路进行研究。玻尔不太相信这话,但是几个星期过去了仍没有取得成功。即便是其他人还没有积极投入到解决原子之谜的工作中去,那也只是个时间问题。为了争取能做出突破,12月份他提出告假几个月,克努森(Knudsen)准了他的假。玻尔和玛格丽特一起,在乡村中找到了一处僻静的茅屋,他开始搜索有关原子的更多线索。就在圣诞节前,他在约翰·尼科尔森(John Nicholson)的著作中找到了一条。开始时,他担心会出现最坏的结局,但是很快就意识到,这个英国人并不是他所担心的能跟他竞争的对手。

在剑桥那段半途而废的逗留期间,玻尔曾见过尼科尔森,这个人并没有给他留下什么太突出的印象。只比他大几岁的尼科尔森在31岁上被任命为伦敦大学国王学院的数学教授。他也一直忙于建立一个他自己的原子模型。他相信,各种元素实际上都是由四种"初级原子(primary atoms)"以各种不同方式组合而成的。各个"初级原子"都有一个原子核,围绕着这个原子核有数量不等的电子在旋转,形成一个环。虽然照卢瑟福的说法,尼科尔森把原子搞得"七零八落一团糟",玻尔还是找到了他的第二条线索。这条线索就是对稳定态的一个物理学上的解释,也就是为什么电子只能占据原子核周围的某几个特定的轨道。

一个以直线运动的物体是有动量的。这种动量只不过是物体的质量乘以它的速度。而在圆周中运动的物体则有一种特性叫做"角动量(angular momentum)"。在环形轨道中运动的电子,它的角动量,以 L 表示,正好是电子的质量乘以它的速度再乘以其轨道的半径,或者简单地表示为 $L=mvr$。经典物理学中对电子的角动量或任何其他进行环形运动的物体的角动量都没有做任何限定。

玻尔读到了尼科尔森的论文时,才知道他这位前剑桥大学同行在论证,一圈电子的角动量只能以 $h/2\pi$ 的倍数改变,其中 h 是普朗克常数,π 是数学中众所周知的数字常数3.14……[33]尼科尔森证明,由旋转的电子形成的环,它的角动量只能是 $h/2\pi$,或 $2(h/2\pi)$,或 $3(h/2\pi)$,或 $4(h/2\pi)$……直到 $n(h/2\pi)$,其中 n 是个整数。对于玻尔来说,这就是他要找的那条能圆满解释他的稳定态之说的线索。只有当电子的角动量是整数 n 乘以 h 再除以 2π 时,这种轨道才被允许。让 $n=1$、2、3,等等,就造成原子的稳定态,这时电子不会释放出辐射,因此也就可以围绕原子核进行无穷无尽的旋转。所有其他轨道,也就是那些非稳定态轨道,则被禁止。在原子内部,角动量是量子化的。它的值只能是 $L=nh/2\pi$,而不可以是别的。

就像一个站在梯子上的人只能站在梯级上,而梯级之间没有任何其他地方可落脚那样,由于电子的轨道是量子化的,在原子内部的电子所能拥有的能量也是这种情形。对于氢元素,玻尔可以运用经典物理学计算出它那唯一一个电子在每个轨道上所拥有的能量。这一套允许存在的轨道,以及与它们相关联的电子能量,就是原子的量子态,其能量层级为 E_n。这架原子能梯子的最低一个梯级是 $n=1$,这时电子处于第一轨道,也就是最低能量的量子态。玻尔的模型预示,对于氢原子来说,最低能量层级 E_1,称为"基态(ground state)",应该是 -13.6 eV,其中电子伏特(eV)是为了对原子层面上的能量进行衡量而采用的一个单位,其中的负号表示电子受到原子核的束缚。[34] 如果电子占据着除了 $n=1$以外的任何其他轨道,那么这个原子就被称为处于"激发态"。后来被称为"主量子数(principal quantum number)"的"n"永远是个整数,用来标定一个电子所能占据的一系列稳定态,以及与之相应的该原子的能量层级 E_n。

玻尔对氢原子能量层级的各个数值进行了计算,发现每个层级上的能量都等于基态能量除以 n^2,即(E_1/n^2)eV。这样,$n=2$,也就是第一激发态的能量值,就是 -13.6/4 = -3.40 eV。第一电子轨道,$n=1$ 的半径决定了氢原子在基态中的大小。根据这个模型,玻尔计算出这是 5.3 纳米(nm),其中 1 纳米为 1 米的十亿分之一,这与当时的最佳实验估测数据非常接近。他发现,其他被允许的轨道的半径是以 n^2 为因数而增长的:当 $n=1$ 时,半径为 r;当 $n=2$ 时,则半径为 $4r$;当 $n=3$ 时,则半径为 $9r$,以此类推。

"我希望很快就能把我的原子论文寄给您了,"玻尔于 1913 年 1 月 31 日写信给卢瑟福说,"它花费的时间远比我原来所想的要多;但是我想,最近我已经在这方面取得了一些进展。"他通过把围绕轨道旋转的电子的角动量量子化,使核原子稳定了下来,并从而解释了为什么在所有可能的轨道中,它们只能占据有数的几个轨道,几个稳定态轨道。给卢瑟福写信之后没几天,玻尔找到了第三条也是最后一条线索,使他得以完成构建他的量子化原子模型。(图 6)

汉斯·汉森(Hans Hansen)比玻尔小一岁,在哥本哈根读书时代起就是玻尔的朋友,刚刚在哥廷根完成了学业回到丹麦首都。两人见面时,玻尔把自己对原子结构的最新想法告诉了他。汉森在德国研究过光谱学,这是关于原子和分子对辐射的吸收和释放的学问,于是问玻尔,他的研究工作对光谱线的产生有什么启迪没有。人们早就知道,明火的颜色与蒸发的金属有关。明黄色的是钠,深红色的是锂,而紫色的则是钾。在 19 世纪人们发现,每个元素都有自己独一无二的一组光谱线,在光谱中有固定的位置。每一种特定元素的原子所产生的光谱线的数量、间隔和波长都是独一无二的,像光的指纹一样可以用来指认这一元素。

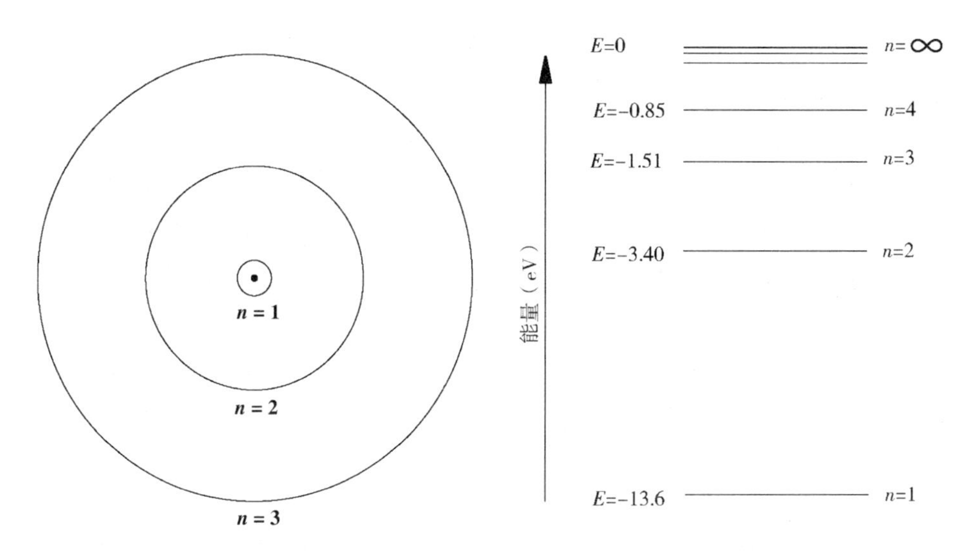

图6　氢原子的一些稳定态，以及与它们相关联的能量层级
（未按实际比例画）

由于不同元素显示出来的光谱线图形各不相同，数量巨大，看起来实在太繁杂，因此任何人都难以认真地相信，它们有可能是打开原子内部工作原理的钥匙。蝴蝶翅膀上排列的美丽色彩个个都非常有趣，玻尔后来说，"但是没有人会想到，能以蝴蝶翅膀的颜色为途径，为生物学打下一个基础。"原子和它的光谱线之间显然存在着联系。但在1913年2月初，玻尔对这可能会是怎样一种联系则只字未提。汉森建议他看一看巴尔末（Balmer）关于氢元素光谱线的公式。尽玻尔的记忆所及，他从来都没有听说过这个公式。更有可能的是他干脆就是忘掉了这件事。汉森把这个公式概括了一下，并指出没人知道为什么这个公式会起作用。

约翰·巴尔末（Johann Balmer）是瑞士一所女子学校的一名数学教师，也是当地大学的一名兼职讲师。有个同事听到他抱怨没有什么有趣的事情可做，又知道他对数字占卦术（numerology）有兴趣，就把氢元素的四个光谱线的事告诉了他。这引起了他的兴趣，于是开始从看似毫无关系的光谱线之间寻找它们的数学关系。瑞典物理学家安德斯·埃斯特伦（Anders Angstrom）于1850年代以相当高的精确度测量了氢元素可见光谱中红色、绿色、蓝色和紫色区域这四条线的波长。他把这四条线分别取名为阿尔法、贝塔、伽马和德尔塔（$\alpha,\beta,\gamma,\delta$），并发现它们的波长分别为：656.210、486.074、434.01和410.12纳米。[35] 1884年6月，在他快满60岁的时候，巴尔末发现了一个能够再现这四条光谱线的波长(λ)的公式:$\lambda = b[m^2/(m^2 - n^2)]$,其中 m 和 n 为整数,而 b 是一个常数,通过实验确定了它的值为364.56纳米。

巴尔末发现,如果 n 被固定为2,而把 m 定为3、4、5或6的话,则他的公式得出的值几乎依次与四种波长完全相匹配。例如,当把 $n=2$ 和 $m=3$ 代入这个公式以后,它得出的就是红色阿尔法线的波长。然而,巴尔末所做的还不只再现出了氢元素的四条已知的光谱线,也就是后来为了纪念他而命名的巴尔末系列。他预见到当 $n=2$ 而 $m=7$ 时还应该存在着第五条线,而不知道埃斯特伦已经发现并测量了它的波长,因为埃斯特伦的研究成果是在瑞典发表的。这两个数值,一个是由实验得出的,另一个则是理论上算出的,近乎完美地相吻合。

如果埃斯特伦活着(他于1874年59岁时逝世),并得知巴尔末运用公式,仅仅通过把 n 的值定为1、3、4和5,而让 m 轮番取不同的数值,就像他把 n 定为2来产生出4条最初的光谱线那样,从而预测出氢原子在红外及紫外区域中存在着其他系列的光谱线时,他一定会吃惊不小。例如,在 $n=3$,而 $m=4$ 或5或6或7……的情况下,巴尔末预测出红外区域中的光谱线系列,后来由弗里德里希·帕邢于1908年发现。巴尔末所预言的每一个系列后来都被发现了,但是没有人能解释是什么原因使得他这个公式屡屡成功。这个在不断试验和失败的过程中得出的公式,又代表着什么物理机制呢?

"我一看到巴尔末的公式,"玻尔后来说,"立刻就全明白了。"这是电子在不同的允许轨道之间跃迁,从而导致原子释放出这些光谱线。如果一个处于基态,也就是 $n=1$ 时的氢原子吸收了足够的能量,那么它的电子就"跃迁"到一个较高能量的轨道,比如 $n=2$。这时原子就处于一个不稳定的激发态,而当电子从 $n=2$ 向下跃迁到 $n=1$ 的时候,就迅速地回到稳定的基态。只有在释放一个量份的能量,而且这个量份相当于这两个层级的能量之间的差,也就是10.2 eV的时候,它才能做到这一点。这样所得到的光谱线的波长可以用普朗克-爱因斯坦公式 $E=h\nu$ 计算得出,其中,ν 是所释放出的电磁辐射的频率。

这是电子在从各种较高能量层级,跃迁回到同一个原先产生出巴尔末系列(Balmer series)四条光谱线的较低能量层级。所释放的量份的大小,仅仅取决于这一过程中涉及到的最初和最后的能量层级。这就是为什么当 n 被定为2,而 m 被依次定为3、4、5或6的时候,巴尔末的公式能够给出正确的波长。玻尔可以通过确定电子可以跃迁到的最低能量层级,得出巴尔末预测到的其他光谱系列。例如,一个跃迁过程中,电子跃迁最后落到 $n=3$ 的时候,就产生出红外区域中的帕邢系列(Paschen series),如果最后落到 $n=1$ 的时候,则产生出光谱紫外区域中的所谓莱曼系列(Lyman series)。[36](图7)

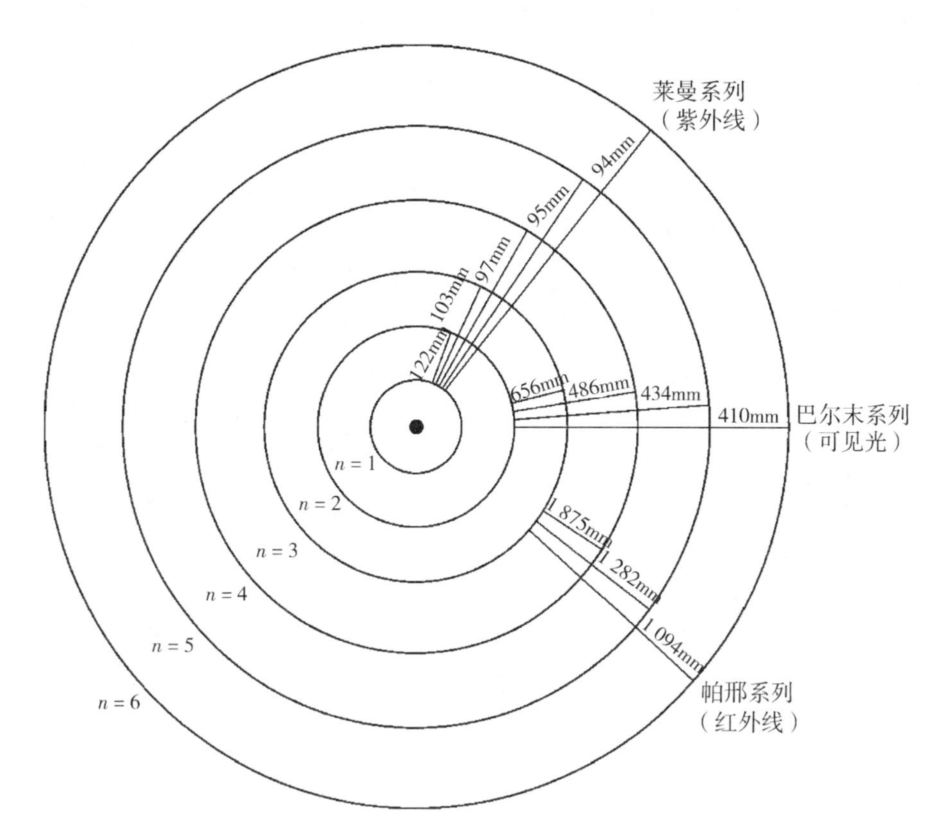

图7 能量层级,光谱线和量子跃迁(未按实际比例画)

玻尔发现,有一种非常奇怪的现象与电子的量子跃迁相关联:在跃迁过程中无法说出电子究竟在哪里。轨道之间、能量层级之间的过渡只能是即时发生的。否则的话,当电子从一个轨道迁移到另一个轨道的时候,它应该能连续辐射出能量。在玻尔的原子中,电子不可以占据轨道与轨道之间的空间。它就像变魔术一样,在一个轨道上消失的同时就在另一个轨道上出现了。

"我完全相信,光谱线的问题是与量子的性质问题紧密联系在一起的。"这句话的不同寻常,在于它是由普朗克于1908年2月在笔记本中写下的。但是,由于他一直努力减小量子说的影响,而且反对卢瑟福的原子模型,所以这已经是普朗克能够接受的最大限度了。玻尔对电磁辐射是由原子以量子方式释放和吸收的这种想法如获至宝,但在1913年,他不能接受电磁辐射本身就是量子化的。甚至在6年以后的1919年,当普朗克在他的诺贝尔奖演说中宣称,玻尔的量子化原子是"人们长久以来寻找的一把钥匙,可以打开通往光谱学奇异领域的大门"之时,也没有几个人相信爱因斯坦的光量子说。

量子理论

1913年3月6日,玻尔把三篇文章中的第一篇发给了卢瑟福,并且托他转寄给《哲学杂志》。在当时以及后来的许多年里,每一个像玻尔那样的年轻科学家都需要一个像卢瑟福那样德高望重的人,来帮助把自己的文章与这家英国杂志"沟通"一下,才能确保迅速得到发表。"我非常急切地想知道您对它总体想法。"他在给卢瑟福的信中写道。他尤其关心的是,当看到他把量子和经典物理学掺杂在一起以后,卢瑟福会有怎样的反应。玻尔没必要等太久,答复就到了:"关于氢元素光谱的产生模式,你的想法非常独到,而且看来能够很好地解决问题;但是,把普朗克的想法与老的力学原理混合起来,使人非常难以从物理学角度来理解这一切的基础究竟是什么。"

卢瑟福和其他人一样,觉得难以想象氢原子中的电子究竟是怎样在能量层级之间"跃迁"的。之所以会有这一困难,是因为玻尔违背了经典物理学中的一条头号法则。作环形运动的电子是个振荡体系,沿轨道完成一次运行就是一次振荡,而每秒钟沿轨道运行的次数就是振荡的频率。振荡体系以它的振荡频率辐射出能量。但是,由于电子实现一次"量子跃迁"的时候涉及到两种能量层级,这就有两个振荡频率了。卢瑟福看不明白的在于,在这两种频率之间,在"老"的力学原理和电子从一个能量层级跃迁到另一个能量层级过程中,释放出来的辐射频率之间没有中间环节。

他还发现了另一个更加严重的问题:"你的假说中在我看来有一个严重的难题,我毫不怀疑你也完全意识到了,那就是,电子是如何决定要按哪一个频率来振动,从而由一个稳定态进入另一个稳定态的呢?在我看来,你不得不假设电子事先就知道自己要在哪里停下来。"一个处于$n=3$能量层级的电子是可以向下跃迁到$n=2$或$n=1$层级的。为了要实现跃迁,电子似乎"知道"它要去哪个能量层级,于是就相对应地释放出频率正合适的辐射。这些都是量子化原子中的弱点,玻尔拿不出答案。

还有一条批评,虽然比较轻,但却让玻尔感到深为不安。卢瑟福认为这篇文章“真的应该删减得短些”，因为“长篇大论会吓着读者，他们觉得没有时间去深入阅读”。在主动提出给玻尔的英文做必要的修改之后，卢瑟福加了一条附笔：“我想，我根据自己的判断把我认为你文章中没必要的内容删除，你不会有意见吧？‘请答复’。”

玻尔收到这封信简直吓坏了。对于一个挖空心思挑选每个字眼，写一篇东西要起无数遍草稿、做无数遍修改的人来说，想到别人要来修改他的文章，哪怕他是卢瑟福，那简直是恐怖。原来那篇文章寄出两个星期以后，玻尔又寄出一个经过修改的手稿，比原来的还要长，做了一些改动，加了一些内容。卢瑟福认可，说这些改动“非常好，看起来也很有道理”，但他再一次催促玻尔删减文章的长度。玻尔就在最后这封信甚至还没收到的时候，就写信给卢瑟福说，他正要前往曼彻斯特度假。

玻尔敲响卢瑟福家的大门时，卢瑟福正忙着招待他的朋友亚瑟·伊夫（Arthur Eve）。亚瑟·伊夫后来回忆道，卢瑟福立即把这位“不起眼的小伙子”领进了书房，卢瑟福夫人留下来跟他解释，来访的是一位丹麦年轻人，她的先生“对他所做的研究确实高度重视”。随后几天里，他们分好几个晚上进行成小时成小时的讨论直到深夜，玻尔承认，他对自己文章里的每个字都据理力争，而卢瑟福则“显示了几乎如天使一般的耐心”。

卢瑟福最后精疲力竭，终于让了步，后来还开始把这次会晤中的趣事拿出来与朋友和同事分享：“我看得出来，他把文章中的每个词都推敲过了。他坚持每个句子、每种表达方式、引用的每句话，寸步不让；这当中的每一样都有其特定的用意。虽然我一开始觉得有许多句子可以省略掉，但是他向我解释，通篇文章是怎样密不可分地交织在一起的，很清楚，不可能对其中的任何东西做改动。”有意思的是，玻尔多年以后承认，卢瑟福“反对这种相当繁冗的论述”是对的。

玻尔的三部曲几乎一字未改地发表在《哲学杂志》上，标题为《论原子和分子的结构》。其中的第一部分，日期为1913年4月5日，于7月刊出。第二和第三部分分别是9月和11月发表的，论述了电子在原子内部有可能是怎样排列的一些想法。在接下来的10年时间里，玻尔都将埋头对此进行研究，利用量子化的原子去解释元素周期表和各种元素的化学特性。

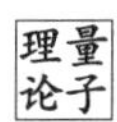

玻尔所建立的原子模型，是把经典物理学和量子物理学混合在一起，好似调制了一杯令人上头的鸡尾酒。在这个过程中，他违背了世所公认的一些物理学准则，提出：原子内部的电子只能占据某些轨道，即处于稳定态；电子处于这些轨道上的时候不能辐射能量；在一系列离散能量状态中，一个原子只能处于其中一种状态，最低的离散能量状态为"基态"；电子可以"以某种方式"从较高能量的稳定态跃迁到较低能量的稳定态，而这两者之间的能量差则以能量的量份(a quantum of energy)释放掉。尽管如此，他的模型还是正确地预示出了氢原子的各种特性，例如它的半径，而且它还为光谱线的产生提供了一个物理上的解释。后来卢瑟福说，量子化的原子是"思维对物质取得的一次胜利"，而且在玻尔把它揭示出来之前，他曾以为要解决光谱线的奥秘"可能需要好几个世纪"。

真正能衡量玻尔的成就的，要看对量子原子的初始反应。第一次公开对它进行讨论是在1913年9月12日英国科学促进协会(BAAS)举行的第83届年会上，那年这届年会在伯明翰举行。玻尔坐在听众席中，这个理论面对的是一片默然和复杂的气氛。J. J. 汤姆生、卢瑟福、瑞利和金斯都在场，而显赫的外国来宾代表团中则包括了洛伦兹和居里。"70岁以上的长者不宜急于对新理论发表意见。"这是在被逼问对玻尔的原子有什么看法时，瑞利以外交语言作出的回答。然而私下里，瑞利不相信"大自然的行为会是这种样子的"，并且承认，要让他把这种理论当做"对实际发生的情况的一种描述是有困难的"。汤姆生反对玻尔把原子量子化的做法，认为完全没有必要。对此，詹姆斯·金斯表示不敢苟同。他面对座无虚席的大厅发表了一篇报告，指出，对玻尔原子模型的唯一评价应该是，它取得了"非常重大的成功"。

量子原子说在欧洲受到的待遇是不予采信。"这全是胡说！麦克斯韦的方程式在任何情况下都是有效的，"在一场激烈的辩论中，马克斯·冯·劳厄(Max von Laue)这样说，"在圆形轨道中的电子不可能不释放出辐射来。"而保罗·埃伦费斯特则向洛伦兹坦承，玻尔的原子模型"逼得我快绝望了"。"如果为了达到目标就要采用这种方法的话，"他接着说，"那我必须放弃再作物理学研究。"在哥廷根，玻尔的弟弟哈罗德报告说，人们对他的著作怀有巨大的兴趣，但是认为他的假说过于"大胆"和"离奇"。

玻尔的理论很快取得了一次胜利，最终赢得了某些人的支持，其中包括爱因斯坦。玻尔预测出，在太阳光的光谱中发现的一系列原先被认为属于氢元素的光谱线，实际上属于氦离子，也就是去掉了原有的两个电子中的一个以后的氦元素。这种解释，与所谓的“皮克林-福勒线（Pickering-Fowler lines）”发现者所给的解释相抵触。那么谁说的对呢？这个问题由卢瑟福团队中的一个人根据玻尔的启发和委托，在曼彻斯特经过对光谱线进行详细研究而解决了。这项研究发现，这位丹麦人把皮克林-福勒线归属于氦元素是正确的，而这对于伯明翰举行的英国科学促进协会年会来说正是时候。爱因斯坦是9月底在维也纳参加一次会议的时候，从玻尔的朋友格奥尔格·冯·赫维西那里听到的这个消息。“爱因斯坦的眼睛本来就很大，”赫维西在给卢瑟福的一封信中报告说，“这时瞪得更大了，他告诉我：‘那样的话，这就是最伟大的发现之一了。’”

1913年11月，三部曲中的第三部分发表的时候，卢瑟福团队中的另一名成员，亨利·莫斯莱（Henry Moseley）确认了原子的核电荷，也就是原子序数，是标志每个特定元素的一个独一无二的整数，而且是个关键参数，就是它决定了这个元素在周期表中的位置这样一种看法。就是在那一年7月玻尔访问曼彻斯特，与莫斯莱谈到了原子之后，这位年轻的英国人才开始向各种不同的元素发射电子束，对由此得到的X射线光谱进行研究。

当时人们已经知道，X射线是电磁辐射的一种形式，其波长比可见光的波长要短几千倍，X射线是由带有足够能量的电子击中特定金属时产生出来的。玻尔相信，X射线之所以被释放出来，是因为最核心处的一个电子被从原子中击出，另一个电子从较高能量层级向下移动填补上那个空白时所造成的。由于两种能量层级之间的差别，使得在这一过渡过程中释放出的能的量子表现为一束X射线。玻尔意识到，利用他的原子模型，就可能利用被释放出来的X射线的频率来确定原子核中的电荷。他与莫斯莱谈论到的就是这样一个神秘的现象。

在其他人睡觉的时候，莫斯莱以惊人的工作能力，加上只有他才具备的充沛精力，彻夜留在实验室中工作。不到两个月，他已经测量出了从钙到锌之间每一种元素所释放出的X射线的频率。他发现，随着他所轰击的元素越来越重，所释放出来的X射线的频率也相应提高。由于每种元素都会产生出它自己独一无二的一组X射线光谱线，而且元素周期表中相邻元素之间的X射线光谱线都非常相近，以此为依据，莫斯莱预测出还应存在着原子序数为42、43、72和75这几种尚未找到的元素。[37]后来这四种元素都找到了，但那时莫斯莱已经去世。第一次世界大战开始时，他加入了皇家工兵，当上了一名信号官。1915年8月19日在加里波利（Gallipoli）被子弹射中头部而死。他在27岁的时候惨死，使他没能获得本来肯定会拿到的一份诺贝尔奖。卢瑟福以个人名义把他所能给的最高赞誉给了他:他宣称莫斯莱是“天生的实验科学家”。

玻尔对“皮克林-福勒线”的正确鉴别,以及莫斯莱在核电荷方面所做的开创性工作,开始逐渐为量子化原子赢得了支持。1914 年 4 月,在接受这一理论的道路上,一次更为意义重大的转折出现了。年轻的德国物理学家詹姆斯·弗朗克(James Frank)和古斯塔夫·赫兹(Gustav Hertz)用电子轰击汞原子,发现在这些碰撞的过程中,电子失去了 4.9 eV 的能量。弗朗克和赫兹相信,他们已经成功地测量了从汞原子中剥离一个电子所需要的能量是多少。由于玻尔的理论一开始在德国遭遇到广泛的怀疑,所以他们没有读过玻尔的文章,现在只能由玻尔对他们的数据提出正确的解释了。

当轰击汞原子的电子所拥有的能量低于 4.9 eV 时,什么都不会发生。但是当用来做轰击的电子的能量达到 4.9 eV 以上,并且直接命中,这一部分的能量就损耗掉,汞原子就释放出紫外线。玻尔指出,4.9 eV 是汞原子的基态和它的第一激发态之间的能量差。它与电子在汞原子的第一、二两个能量层级之间跃迁相对应,而这两个层级之间的能量差正与他的原子模型所预测的完全一样。当电子向下跃迁到第一能量层级,汞原子就回到它的基态,并释放出一个量份的能量,这份能量在汞的光谱线中产生出波长为 253.7 纳米的紫外光。弗朗克-赫兹所得出的结果,为玻尔的量子化原子以及原子能层级的存在提供了一个直接的实验证据。弗朗克和赫兹被授予了 1925 年诺贝尔物理学奖,虽然在一开始他们把自己的数据作了错误的解释。

量子理论

就在三部曲中的第一部分于 1913 年 7 月发表的时候,玻尔终于被任命,获得了哥本哈根大学的讲师职位。不过没多久他就高兴不起来了,因为他的主要任务是向医学专业的学生教授初级物理。1914 年初,在他的名声与日俱增的情况下,玻尔开始设法为自己设置一个新的理论物理学教授职位。这将是一项很难做到的事,因为在德国以外的地方,理论物理学作为一门专门的学科还很少有人知道。“在我看来,玻尔博士是当今欧洲最有希望、最有能力的年轻数学物理学家之一。”卢瑟福在给宗教及教育事务部的证明信中这样写道,以支持玻尔和他所提出的建议。由于他所做的研究工作吸引了国际上的极大兴趣,玻尔得到了系里面当仁不让的支持,但是,大学管理层又一次选择了暂缓作出任何决定。就在玻尔为此灰心沮丧的时候,他收到了卢瑟福的来信,给他提供了一条出逃路径。

"我相信你肯定知道,达尔文的高级讲师任期(readership)已满,我们现在正在通过广告招聘继任者,月薪200英镑。"卢瑟福写道,"从初步征聘的情况来看,可选的人才不多。我希望能有个比较富于原创性的年轻人过来。"由于卢瑟福以前就告诉过这个丹麦人,说他的工作显示出"巨大的原创性,很有价值",所以他可以这样表示希望玻尔过来,而不必明明白白地说出来。

1914年9月,由于得到了离职一年的许可,因为关于他想要的教授职位不可能在这段时间内有任何决定,尼尔斯和玛格丽特·玻尔来到了曼彻斯特。由于在苏格兰附近的航程中风雨交加,所以当他们安全抵达的时候受到了热烈的欢迎。第一次世界大战已经开始,许多事情都发生了变化。席卷全国的爱国主义,凡够得上条件去打仗的人都应征入伍,各实验室毫不夸张地讲都已经人才一空。随着德国人一举横扫比利时进入法国,对战争能够干脆利落很快结束的希望渐渐淡去。刚刚还是同事的人们,现在却站在势不两立的战线上对垒。马斯登很快就到了西部前线。盖革和赫维西则加入了轴心国的军队。

玻尔抵达的时候,卢瑟福不在曼彻斯特。他于6月份离开,去参加那一年在澳大利亚墨尔本召开的英国科学促进协会年会。由于刚刚被授予爵士头衔,他去新西兰探访了家人,然后按照原计划接着旅行去美国和加拿大。一回到曼彻斯特,卢瑟福大部分时间都埋头于反潜艇战争的研究中去。由于丹麦是个中立国,因此玻尔不得参与任何与战争有关的研究工作。他把精力主要集中在教学上,即便有一些研究工作的话,也由于缺少杂志资料以及往来欧洲的信件受到检查而受阻。

原来只计划在曼彻斯特逗留一年,但到了1916年5月时,玻尔仍然滞留在那里。这时他被正式任命为哥本哈根大学新设置的理论物理学教授职位。由于他的研究工作得到越来越多的人认可,使他得到了这个位置。但尽管量子化原子取得了这些成功,其中还是有一些问题没法解决。对于有不止一个电子的原子来说,它所能提供的答案就不能与实验相符。甚至对于只有两个电子的氦元素来说也不起作用。更糟糕的是,玻尔的原子模型还预测了一些没法找到的光谱线。虽说为了解释为什么有些光谱线可以观察到,另一些则不能,而人为地引入了一个专用的"选择定则",但玻尔原子模型中的所有中心内容到了1914年底都被接受了:即,存在着分立能级(discrete energy levels),在轨道运转的电子的角动量是量子化的,以及光谱线的来源。然而,只要有一条光谱线即使引入某项新定的规则也不能解释,那么量子化的原子模型就面临质疑。

1892 年,经过改进的设备似乎显示氢元素光谱中红色的阿尔法线和蓝色的伽马线等巴尔末线都根本不是单线条,这两种线每种都一分为二。20 多年来,这些线条到底是不是"真正的双线"都一直是个悬而未决的问题。玻尔认为不是。他改变看法是在 1915 年初,一些新的实验揭示出,红、蓝和紫色的巴尔末线全部都是双线。玻尔无法用他的原子模型来解释这种"精细结构",这是当时给这种光谱线一分为二现象起的名字。当他在哥本哈根教授的这个新角色上稳定下来以后,玻尔发现有个德国人寄来的一批文件正等着他,这位德国人通过对他的模型进行修改,已经解决了这个问题。

阿诺德·索末菲(Arnold Sommerfeld)是慕尼黑大学一位著名的理论物理学家,48 岁。假以时日,他会把慕尼黑变成为一个欣欣向荣的理论物理中心,一些最有才华的年轻物理学家和学生将在他的关注之下工作。和玻尔一样,他也热爱滑雪,喜欢邀请学生和同事到他位于巴伐利亚阿尔卑斯山的家中滑雪和谈论物理学。"但是我要向您保证,如果我在慕尼黑,而且有时间的话,我会到您的讲座去听课,以便进一步完善我的数学物理学知识。"1908 年还在专利局工作时,爱因斯坦曾经写信给索末菲这样说。这话由他这么一位在苏黎世曾被数学老师说成是"懒狗"的人说出来,已经是一种恭维。

为了使模型简化,玻尔已经把电子限定为,只沿着原子核周围的环形轨道运动。索末菲决定取消这一限制,允许电子沿椭圆形轨道运动,就像行星围绕太阳运转那样。他知道,从数学上来说,圆只是椭圆的一个特殊类别,因此圆形电子轨道只是所有可能的量子化椭圆轨道中的一个亚类而已。玻尔模型中的量子数 n 规定了一个稳定态,一个允许的环形电子轨道,以及相应的能量层级。其中 n 的值还决定了特定环形轨道的半径。但是,要对一个椭圆形进行定义,就需要两个数。索末菲于是引入了 k,它是个"轨道"量子数,来把椭圆形轨道的形状量子化。在椭圆形轨道所有可能的形状中,k 决定了当 n 是某一特定值时,都有哪些形状是可以有的。

在经过索末菲修改的模型中,主量子数 n 决定了 k 所能具有的各种值。[38] 如果 $n=1$,那么 $k=1$;当 $n=2$ 时,则 $k=1$ 和 2;当 $n=3$ 时,则 $k=1$、2 和 3。在已知 n 的值的情况下,k 就等于从 1 开始的每个整数,直到并包括 n 本身的值。当 $n=k$ 时,轨道就永远都是正圆形。然而,当 k 小于 n 时,轨道就是椭圆形。例如,当 $n=1$ 且 $k=1$ 时,轨道就是半径为 r 的正圆形,这称为玻尔半径。当 $n=2$ 且 $k=1$ 时,轨道就是椭圆形;但当 $n=2$ 且 $k=2$ 时,则是半径为 $4r$ 的正圆形轨道。这样，当氢原子处于 $n=2$ 的量子态时，它唯一的一个电子可以要么处于 $k=1$ 的轨道，要么处于 $k=2$ 的轨道。当处于 $n=3$ 的状态时，这个电子可以占据三种轨道中的任何一个：$n=3$ 且 $k=1$，椭圆；$n=3$ 且 $k=2$，椭圆；$n=3$ 且 $k=3$，正圆。在玻尔的模型中 $n=3$ 就只是一个正圆形轨道，而在索末菲修改过的量子原子中，就有三种可允许的轨道。这些多出来的稳定态可以解释巴尔末系列中光谱线一劈为二的现象。（图 8）

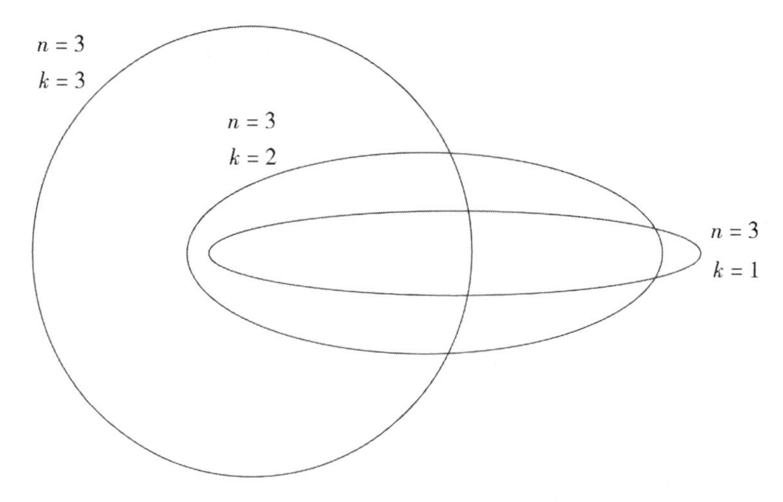

图 8　玻尔-索末菲氢原子模型中当 $n=3$ 且 $k=1$、2、3 时的电子轨道

为了说明光谱线分裂问题，索末菲借助了爱因斯坦的相对论。就像沿轨道围绕太阳运行的彗星那样，沿椭圆轨道运行的电子朝原子核方向运行时速度会提高。与彗星不同的是，电子的速度足以像相对论预示的那样使电子的质量增大。这种相对论意义上的质量增加导致一个非常小的能量变化。在 $n=2$ 的状态下，$k=1$ 和 $k=2$ 的两条轨道上的能量是不同的，因为 $k=1$ 是椭圆形的，而 $k=2$则是正圆形的。能量上的这点小差别就产生了两种能量层级，因此就有两条光谱线，而玻尔的模型中只预测出了其中一个。然而，玻尔-索末菲的量子化原子还是不能解释另外两个现象。

1897 年，荷兰物理学家彼得·塞曼（Pieter Zeeman）发现，在一个磁场中，单独一条光谱线分裂成了若干条不同的线或者说部分。这被称为塞曼效应，一旦把磁场关掉，分裂现象就消失了。然后于 1913 年德国物理学家约翰尼斯·斯塔克发现，当把原子放到电场中时，单独一条光谱线分裂为好几条光谱线。[39]

当斯塔克发表了他的发现时，卢瑟福与玻尔联系："我觉得以目前的情况来看，你完全可以就塞曼效应和电场效应问题写一点东西，如果有可能把这些现象结合到你的理论中去的话。"

卢瑟福不是第一个提出这个要求的人。就在玻尔的三部曲中的第一部分发表后不久，他收到了索末菲寄来的一封祝贺信。"你是不是也可以把你的原子模型应用到塞曼效应上去呢？"他问。"我想尝试一下。"结果玻尔没能解释，但索末菲做到了。他的解决方法非常具有独创性。早些时候他采用椭圆形轨道从而使原子处于某个特定能态中时，例如当 $n=2$ 时，其电子可以占据的可能的量子化轨道就增加了数量。玻尔和索末菲所想象的轨道，不论是正圆形的还是椭圆形的，都是铺在同一个平面上的。当索末菲试图解释塞曼效应的时候，他意识到，轨道的运行方向是一个至关重要的环节，但却被疏漏了。在磁场中，电子可以选择更多的允许轨道，这些轨道都指向磁场的各个方向。索末菲引入了他所称的"磁"量子数 m 来把那些轨道的方向进行量化。在已知一个主量子数 n 的值的情况下，m 的值只能在 $-n$ 到 n 的范围之内。[40] 如果 $n=2$，那么 m 就可以有如下几个值：-2, -1, 0, 1, 2。

"我不相信什么时候还曾有过比拜读您的佳作更令我心情愉快的阅读经历。"玻尔于 1916 年 3 月写信给索末菲这样说。电子运行轨道的方向，也就是后来人们所知道的"空间量子化"，于 5 年后的 1921 年通过实验得到了确认。这样一来，在存在外部磁场导致塞曼效应的情况下，电子可占据的能态就更多了，这些能态现在分别用三个量子数 n、k 和 m 来表示。

需求是发明之母，索末菲是不得已才引入了这两个新的量子数 k 和 m 的，为的是解释实验中所显示出来的事实现象。另外一些人则主要以索末菲的著作为依据，解释了斯塔克效应，认为它是由于存在电场，能量层级之间的间隔发生变化而产生的。虽然仍旧有一些弱点，例如，还不能够再现光谱线的相对强度，但是玻尔-索末菲原子模型的成功进一步提高了玻尔的声誉，使他在哥本哈根得到了一处他自己的研究所。正像索末菲后来称呼他的那样，他通过自己的研究工作，以及给予其他人的启发，正逐步转变成为"原子物理学的指导者"。

这是句让玻尔爱听的恭维话。因为他一直都想学卢瑟福的样子，像他那样管理他的实验室，也像他那样成功地在所有在那里工作过的人心中培育起那种精神。玻尔从他的导师那里学到的绝不仅仅是物理学。他看到卢瑟福是如何激发起一群年轻物理学家的能动性，使他们做出最好的成绩来的。1917 年玻尔开始把自己有幸在曼彻斯特经历过的东西照搬出来。他与哥本哈根的有关当局联系，商议在大学里建立一个理论物理研究所。由于有朋友们筹集了盖房子和使用土地所需要的资金，研究所得到了批准。战争结束之后不久的第二年，工程施工在离市中心不远的一处美丽的公园边上开工了。（照片9）

工程还刚刚开始，玻尔收到了一封令他犹豫不决的信。信是卢瑟福写来的，他提出要请他回到曼彻斯特来担任理论物理学永久教授的职位。“我想咱们两人可以共同努力，把物理学蓬勃开展起来。”卢瑟福在信中写道。这很有诱惑力，但正在他差不多快得到自己想要的每一样东西的当口，玻尔不能离开丹麦。也许如果他去了的话，卢瑟福就不会于1919年离开曼彻斯特，去接任J. J. 汤姆生担任剑桥大学卡文迪什实验室主任的职位了。

始终都以玻尔研究所闻名的大学理论物理研究所于1921年3月3日正式开办了。[41]由于家庭成员逐渐增多，玻尔一家此时已经搬进了这所建筑一楼的一个七居室套房中。由于战争的动荡，以及战后随之而来的艰难岁月，该研究所很快就成了玻尔所希望它成为的那种创造力的乐园。它很快像磁石一样吸引了世界上众多最有才华的物理学家，但他们当中最最有才华的人后来却始终停在了大门之外。

Chapter 5

When Einstein Met Bohr

第 5 章 爱因斯坦与玻尔相会

“那些不去埋头研究量子理论的人都是疯子。”在布拉格日耳曼大学理论物理研究所爱因斯坦的办公室里，爱因斯坦与一位同事向窗外张望着，对这位同事说。1911 年 4 月他从苏黎世到达这里以后，就一直奇怪，为什么早上只有妇女在使用这块场地，而男人们只有到了下午才会去占用。在他与自己的好奇心较劲的过程中，他发现隔壁的美丽花园原来属于一家疯人院。爱因斯坦觉得量子和光的二元性质都是很难接受的现实。“我想要事先告诉你，你以为我是那种正宗的光量子学者，但我不是。”他告诉亨德里克·洛伦兹。他宣称，这是一种错觉，是“由于我在文章中表达自己想法的方式不够准确”而造成的。不久，他甚至对“量子是否真实存在”这样的问题连问都不问了。到了 1911 年 11 月，他从第一次关于“辐射和量子理论”的索尔韦会议回来了的时候，爱因斯坦决定，这一切都闹够了，于是把有关量子的疯狂想法推到一边。在随后的四年里，正当玻尔和他的原子模型逐渐占据了中心舞台的时候，爱因斯坦事实上已经放弃了量子，转而将精力集中于把他的相对论扩展到能包容引力问题上。

量子理论

布拉格大学于 14 世纪中叶建立，到了 1882 年，按照学生的国籍和使用的语言分为两个不同的大学，一个是捷克大学，另一个是日耳曼大学。这次分裂反映出社会上捷克人和日耳曼人之间根深蒂固的互相猜疑和不信任情绪。在经历过瑞士那种轻松宽容的氛围,以及苏黎世那种大都会里的海纳百川精神以后,虽然现在得到了全职教授地位,薪水也够让他过得比较舒服,但爱因斯坦还是感到不自在。这只不过是在日益加深的与世隔绝感中加入了少许的慰藉而已。

1911 年底,当玻尔正在考虑从剑桥迁到曼彻斯特的时候,爱因斯坦正在拼命设法回到瑞士,而就是在这个时候,一位老朋友跑来帮忙了。马塞尔·格罗斯曼最近刚被任命为瑞士联邦技术大学(Swiss Federal Technical University〈ETH〉)数学及物理系主任,他向爱因斯坦提供了一个在这所刚刚改了名字的理工大学担任教授职位的机会。虽然职位的事由格罗斯曼定,但还有一些手续格罗斯曼也要遵守。这些手续中,首先要征求知名物理学家对爱因斯坦可能被任命这件事的意见。被征求意见的人中有一个是法国的首席理论物理学家亨利·庞加莱(Henri Poincare),他把爱因斯坦形容为他所知道的"最富原创思想的人之一"。这位法国人欣赏他能够从容地适应新概念,他有能力把目光扩大到经典准则以外的范围,而且当"面对一个物理学问题的时候,(他)能瞬间设想到所有各种可能性"。就在这个上次连助理讲师的职位都没能拿到的地方,爱因斯坦于 1912 年 7 月以物理学大师的身份回来了。

对于身在柏林的那些人来说,爱因斯坦不可避免地会成为一个首要目标,这对他们来说是宜早不宜迟的事。1913 年 7 月,麦克斯·普朗克和沃尔特·能斯脱(Walther Nernst)登上了前往苏黎世的火车。他们知道,要劝说爱因斯坦回到一个他已经离开了差不多 20 年的国家是不太容易做到的,但是,他们准备给他开出一个他绝对没办法拒绝的价码。

当爱因斯坦从火车上接他们下来的时候,就知道普朗克和能斯脱是为什么而来的,但对于他们具体会提出什么建议来却不清楚。他刚刚被选为地位尊贵的普鲁士科学院的院士,现在又被邀请在两个带薪职位中选择一个。仅只这一项已经是巨大的荣誉了,但这两位德国科学界的使者进一步向他开出价码,一个独一无二的没有任何教学任务的科研教授职位,以及一旦凯撒·威尔海姆(Kaiser Wilhelm)理论物理学研究所成立,就由他担任主任。

他需要时间对这种前所未有的包揽三个职位的开价进行一番斟酌。普朗克和能斯脱坐上短途观光列车去进行游览,让爱因斯坦决定是否接受这个开价。爱因斯坦告诉他们,等他们回来的时候,看他手里拿的玫瑰花的颜色,那就代表他的答复。如果是红色的,他就去柏林;如果是白色的,他就留在苏黎世。

当普朗克和能斯脱从火车上下来以后，看见爱因斯坦手里攥着一朵红玫瑰，就知道他们想要的人物到手了。

对于爱因斯坦来说，柏林的吸引力部分地在于能够“让我自己完全沉浸在思索之中”，而没有进行教学的义务。但是它也附带着一个压力，他必须能拿出那种物理学成果来，使他担当得起科学界最炙手可热的财富这一名头。“那些柏林人就像对待一只能得大奖的下蛋母鸡那样对我下注，”在告别晚宴之后他对一个同事说，“可我不知道自己是不是还能下出蛋来。”在苏黎世庆祝完他的 35 岁生日以后，爱因斯坦于 1914 年 3 月底搬到了柏林。就算他原来对回到德国有什么保留想法，没过多久他就乐不可支了：“这里能激发学术灵感的东西唾手可得，简直是太多了。”像普朗克、能斯脱和卢本斯之类的人物都近在咫尺，但还有一个原因使他原来觉得“臭烘烘”的柏林变得令人激动——他的堂姐艾尔莎·洛文塔尔(Elsa Lowenthal)。

两年以前，于 1912 年 3 月，爱因斯坦开始与一位 36 岁的离婚女子有了恋情，她有两个小女儿，一个是伊尔斯，13 岁；另一个是玛尔格特，11 岁。“我对待我的妻子就像一个不能解雇的雇员一样。”他对艾尔莎说。一到了柏林，爱因斯坦常常会一连消失几天，连一句解释的话也没有。不久他就干脆从家里搬了出来，列出了一个颇不寻常的清单，都是要想让他回家必须满足的条件。如果米列娃接受了他的条件的话，那她实际上真就成了一名雇员，而且是一名她丈夫决意要解雇的雇员。

爱因斯坦要求：“1. 我的服装和换洗衣物要妥善保管和缝补。2. 我一日三餐按点在我房间里进行。3. 我的卧室和办公室始终保持整洁，特别是书桌仅供我一人使用。”此外，她必须“放弃一切私人关系”，不得“以言语或行动在孩子们面前”批评他。最后，他坚持要求米列娃必须坚守“如下几点：1. 你不得期待与我有亲密关系，也不得对我有任何抱怨。2. 只要我提出要求，你必须立即停止打扰我。3. 只要我提出要求，你必须立即离开我的卧室或办公室，不得有反对”。

米列娃答应了他的要求，于是爱因斯坦回了家。但这是维持不下去的。7 月底，在柏林仅住了 3 个月以后，米列娃和两个男孩回到了苏黎世。爱因斯坦站在月台上挥手告别时落泪了，如果说这不是为米列娃以及他们共同度过的时光的记忆，那也是为了他两个离去的儿子。但是也就过了几个星期的光景，他已经高高兴兴地“在我那所宽大的公寓里以及永不消退的安宁中”享受起独居生活来了。由于欧洲一步步陷入战争，他的这种安宁后来没几个人能够享受得到。

理量论子

“早晚有一天，欧洲大战会从巴尔干半岛的某个该死的蠢货手中爆发出来。”据说卑斯麦(Bismarck)有一次这样说过。而这一天正是1914年6月28日星期天。发生的事件是弗朗茨·斐迪南大公(Archduke Franz Ferdinand)在萨拉热窝遇刺，他是奥地利和匈牙利的王储。奥地利在德国支持下对塞尔维亚宣战。德国于8月1日对塞尔维亚的盟友俄罗斯宣战，两天之后又对法兰西宣战。英国由于对比利时的独立地位做了保证，在德国违反了比利时的中立地位以后，于8月4日对德国宣战。[42]“欧洲发疯了，现在已经走上了某种令人难以置信的愚蠢道路。”爱因斯坦于8月14日写信给他的朋友保罗·埃伦费斯特这样说道。

爱因斯坦“只是感到怜悯和厌恶参半”，而能斯脱则以50岁的年龄志愿当上了一名救护车司机。普朗克难以按捺自己的爱国情绪，宣称：“能够说自己是个德国人，感觉真的很好。”由于相信这是人生一个光辉灿烂的时代，普朗克身为柏林大学校长，以“正义战争”的名义把自己的学生送到了战壕里。当爱因斯坦发现，普朗克、能斯脱、伦琴和维恩都曾名列在签署了《致文明世界呼吁书》的93位名人当中的时候，他觉得难以相信。

这篇宣言于1914年10月4日发表于德国各大报纸以及海外的一些报纸，它的签名人抗议“我们的敌人用谎言和诬蔑，企图诋毁德国在强加给它的殊死斗争中开展的神圣事业”。他们坚称德国不对战争负任何责任，没有践踏比利时的中立地位，也没有犯下任何暴行。德国是“一个文明的国家，对于这个国家来说，歌德、贝多芬和康德的遗产完全与它的每个家庭和每片土地同等神圣”。

普朗克很快就后悔自己签了字，私下里开始对他在外国科学家中的朋友们道歉。在被这份后来人们所称的《93人宣言》利用了其名望散布谎言和偏见的所有这些人当中，爱因斯坦原期待普朗克能表现得更好些。甚至连德国总理都已经公开承认，比利时的中立地位遭到了践踏：“对于我们所犯下的错误，一旦实现了我们的军事目标，我们将竭力纠正。”

爱因斯坦作为一名瑞士公民，没有被要求添上他的签名。然而，他对这份宣言肆意宣扬的民族沙文主义所带来的长远影响深切忧虑，所以正参与起草一份针锋相对的宣言，标题为《对欧洲人民呼吁书》。它号召“各国知识界人士”确保“不让达成和平的各项条件演变为未来战争的根源”。它驳斥《93 人宣言》所表达的立场为“迄今为止全世界所理解的文明都鄙视的，而且如果让这份宣言得逞而成为知识阶层的共同财富的话，其结果将是灾难性的”。它谴责德国知识分子，说他们的行为“几乎降低到了一个普通人的高度，似乎他们已经摒弃了任何想要继续维持国际关系的愿望”。然而，这份宣言的署名人连爱因斯坦在内只有 4 人。

到了 1915 年春天，爱因斯坦在国内和国外的同行们的态度，使他深深地感到心灰意冷：“即使是各个不同国家的学者们，也表现得好像他们的大脑在 8 个月以前被切割掉了一样。”很快，对于战争持续不了多久的希望就化为了泡影，到了 1917 年，使得他“在我们必须面对的无穷悲剧面前时时刻刻感到深深的压抑”。“即使是习惯性地躲入对物理学的研究当中，也不是每次都奏效。”他向洛伦兹承认道。然而这四年的战争实际上证明是爱因斯坦一生中最多产、最有创造力的时期之一，因为爱因斯坦出版了一本书，发表了差不多 50 篇科学论文，并于 1915 年完成了他的杰作——广义相对论。

甚至在牛顿之前人们就已经假定，时间和空间是固定而且各不相同的，它们构成了一个舞台，永无休止的宇宙大戏就在这上面展开。它是个演艺场，在这里，质量、长度和时间都是绝对的，不变的。它是个大剧院，在这里，各个场次之间的空间距离和时间间隔对所有观察者来说都是完全一样的。然而，爱因斯坦发现，质量、长度和时间都不是绝对的，也都不是不变的。空间距离和时间间隔取决于观察者的相对运动。如果一对孪生兄弟，与其中一个留在地球上的相比，成为宇航员的那个兄弟以接近光速旅行时，会感到时间放慢了（钟表上的指针放慢了），空间收缩了（运动着的物体的长度收缩了），并且运动中的物体会增加质量。这些都是“狭义”相对论带来的结果，这其中的每一样都将在 20 世纪中通过实验得到确认，但是这个理论中并没有包括加速度问题。“广义”相对论包含了这个问题。在他努力构建这个理论的过程中，爱因斯坦说它使得狭义相对论看起来像个“儿戏”。正像量子当时正在挑战人们在原子领域里对客观存在的固有观点一样，爱因斯坦使人类更加接近了对空间和时间的真实性质的理解。广义相对论是他的引力理论，它会将其他人引导到宇宙的大爆炸起源。

在牛顿的引力理论中，像太阳和地球这样的两个物体之间的引力与它们各自质量的乘积成正比,与它们各自质量中心之间相隔的距离的平方成反比。在两个质量之间没有接触的情况下,牛顿物理学的引力是一种神秘的“隔着距离而起作用”的力。然而在广义相对论中,引力则是在存在着大质量的情况下空间被扭曲而造成的。地球之所以围绕着太阳旋转,不是因为有某种神秘的不可见的力在拉着它,而是由于太阳的巨大质量造成了空间的扭曲。简而言之,是物质使空间扭曲,而扭曲了的空间则规定了物质应怎样运动。

1915年11月,爱因斯坦为了测试广义相对论,把它应用到水星轨道中一个无法用牛顿引力理论解释的现象上去。水星围绕太阳旋转,它的运行轨道并不是每次都完全一样。天文学家作了精确的测量,揭示出这颗行星的轨道稍微有些偏旋(rotated slightly)。爱因斯坦利用广义相对论对这一轨道偏移现象进行了计算。当他发现所得出的数字与数据相吻合的程度正好在允许误差的范围内,他的心“突突”直跳,好像身体里面有什么东西被折断了一样。“这个理论漂亮到无与伦比。”他写道。实现了自己最大胆的梦想,爱因斯坦心满意足了,但是由于付出了巨大的努力,他也累倒了。等康复了以后,他就转向了量子。

甚至就在他攻克相对论的过程中,在1914年的5月,爱因斯坦就最先意识到,弗朗克-赫兹实验是对原子中存在能量层级的一个确认,他们是“决定性地证实了量子假说”的人之一。到了1916年夏天,爱因斯坦对原子释放和吸收光的问题有了一个他自己的“绝妙想法”。这使他得出了一个“简单到令人吃惊的推算方法,我要说,是专对普朗克公式的推算”。很快,爱因斯坦就确信“光量子说只差最终确立了”。然而,这个确立过程也是有代价的。他必须放弃经典物理学中严格的因果律,而把概率引入到原子领域中。

爱因斯坦以前已经提出过几种方法,但这次他可以从玻尔的量子化原子中推导出普朗克的定理来。从一个只有两个能量层级的简化的玻尔原子着手,他找出电子从一个层级跃迁到另一个层级可以有三种方式。当一个电子从一个较高的能量层级向较低的能量层级跃迁,并且释放出一个量份的光时,爱因斯坦称其为“自发释放”。这种情况只在原子处于激发态时才出现。第二种量子跃迁,是当一个电子吸收了一个光量子,并且从一个较低的能量层级向较高的能量层级跃迁,从而使原子变为激发态时发生。玻尔只引用了这两种量子跃迁方式来解释原子释放和吸收光谱的根源,但爱因斯坦现在又揭示出第三种方式:“受激发射”。这是当一个光量子击中一个已经处于激发态中的原子中的一个电子时发生的。这时进来的光量子不是被吸收掉,而是该电子“受激发”,

被冲撞，于是跃迁到一个较低的能量层级，从而释放出一个光量子。40年以后，受激发射形成了激光的基础，激光的英文“laser”是“light amplification by stimulated emission of radiation”的缩写，意思是“受激辐射式光频放大器”。

爱因斯坦还发现，光量子有动量，但与能量不同的是，它是一种矢量；它既有方向也有大小。然而，他的方程式清楚地显示，从一个能量层级向另一个能量层级自发迁移的准确时间，以及原子释放光量子的方向，完全都是随机的。自发释放就像放射性样本的半衰期。有一半的原子会以一定长度的时间衰变，也就是以半衰期衰变，但是却没有任何方法可以知道某个具体原子会在什么时候衰变。因此，发生自发迁移的概率可以计算出来，但它具体的细节却完全是件偶然性的事情，没有任何因与果之间的联系。这一跃迁概率的概念，使光量子释放的时间和方向降低成一件纯“凑巧”的事情，在爱因斯坦看来，这是他的理论中的一个“弱点”。对这一现象，他打算暂时放一放不予追究，希望量子物理学有了新进展以后能够得到解决。

对于在量子化原子的核心处是偶然性和概率在起作用的这一发现，爱因斯坦感到不适应。虽然他已不再怀疑量子的存在这一客观现象，但因果关系似乎要被打破了。“因果关系的事情也给我带来了很多麻烦。”3年后的1920年1月，他在给马克斯·玻恩的信中这样写道，“光的量子吸收和释放现象，是否有可能从完全满足因果律条件的角度来理解，还是最终会剩下一个统计结果上的残差数据？我必须承认，在这方面，我没有勇气作出确信不疑的判断。但是如果要让我摈弃完整无缺的因果律的话，我会非常不舒服。”

困扰爱因斯坦的这个问题，其情形很像是悬在地面上的一个苹果，该掉下去的时候却没有掉下去。一旦让苹果松脱的话，它就处于一个不稳定状态，只有落到地面上时才算稳定，因此引力就立刻作用于苹果，使得它掉下去。如果这个苹果像处于激发态的原子中的一个电子那样表现的话，那么，在被松脱开的时候，苹果不是立即落回地面，而会悬停在地面之上，在某个不可预料的时候才掉落下来，而这个不可预料的时刻只能靠概率计算得出。有可能这个苹果在很短时间内就会掉下来，而且这个概率很高，但仍然会有一个很小的概率，苹果硬是在地面之上悬停数小时。处于激发态的原子中的电子会跌落到一个较低的能量层级，使原子进入更为稳定的基态，但跃迁具体发生的准确时刻却纯粹靠偶然。[43]到了1924年，爱因斯坦仍在思想斗争着，难以接受他所发掘出来的东西：“我发现，暴露在辐射之中的电子会有它自己的自由意志，不但选择它跃迁的时刻，而且还选择跃迁的方向，这种想法相当难以接受。如果真是这样的话，我真的宁愿当一名修鞋匠，或哪怕是一名赌场雇员，也不当物理学家。”

经年累月的殚精竭虑，再加上单身汉的生活方式，不可避免地要付出代价。1917年2月，38岁的爱因斯坦因为剧烈的胃痛而病倒了，诊断结果是得了肝病。健康状况越来越差，不到两个月他瘦了56磅(25.4公斤)。这还是一连串疾病的开始，包括胆结石、十二指肠溃疡以及黄疸，在后来的几年中一直不断纠缠着他。开出的治疗方法是，要多多休息，再加上严格的饮食。这说来容易做来难，因为战争带来的艰辛和苦难已把日常生活改变得面目皆非。那个时候在柏林，连土豆都成了稀罕物，多数德国人都在饿肚子。虽说没有多少人真正是由于饥饿而死，但是营养不良却要了许多人的命，1915年因此而死亡的人数估计为8.8万人。接下来的一年，30多个德国城市爆发了骚乱，从而使这个数字上升到12万人以上。这本也不奇怪，因为人们被强迫吃用稻草碾成粉做的面包，而不是小麦面包。

这类“代用”食品的清单越来越长。植物的糠壳掺上动物的皮革作为肉的代用品，而干萝卜则用来制造“咖啡”。烧剩的灰烬被充作胡椒，并且人们用苏打和淀粉混合起来抹在面包上，假装它是黄油。由于长年的饥饿，猫、老鼠和马在柏林人的眼中看来也像是可供选用的美味了。如果有一匹马当街倒下来，它马上就会被屠宰分割完毕。“人们互相殴斗，争抢最好的肉块，脸上和衣服上溅满了血。”这是一个目击者对某次这样的场面所做的报道。

真正的食品非常稀少，但对于能付得起钱的人来说还是有的。爱因斯坦比起大多数人都要幸运些，因为他可以收到在南方的亲戚和在瑞士的朋友寄来的食品包裹。在所有这些苦难面前，爱因斯坦觉得自己“像是水面上的一滴油那样，从思想情感到对生活的看法都与别人隔着一层”。但是，他到底还是照顾不了自己，于是很不情愿地搬到艾尔莎家隔壁的一处空置的公寓中。由于米列娃仍然不同意离婚，艾尔莎终于还是把爱因斯坦弄到离她尽可能近，而又不至于引起纠纷的地方。艾尔莎照料着爱因斯坦慢慢地恢复健康，这也给了她一个绝佳的机会给他施加压力，让他去做为了达到离婚的目的而该做的事。爱因斯坦一开始没有急于再婚的意思，因为第一次婚姻使他觉得像是“坐了十年大牢”，但最后他还是让步了。米列娃向爱因斯坦提出，增加他现在给她的钱数，并使她成为遗孀抚恤金的领取人，在得到诺贝尔奖金并把钱给她以后，（米列娃）终于同意离婚了。1918 年，经过前面 8 年中 6 次被提名之后，他对于自己很快在某个时候会被授予诺贝尔奖已经毫无悬念。

爱因斯坦和艾尔莎于 1919 年 6 月结婚。当年他 40 岁，而她比他大 3 岁。接下来要发生的事情，却是艾尔莎原来无论如何都没能想象到的。那一年还没到年底，由于爱因斯坦成了一位举世闻名的人物，这对新婚夫妇的生活被改变了。一些人欢呼他是"新的哥白尼"，而另一些人则对他冷嘲热讽。

1919 年 2 月，正当爱因斯坦和米列娃最终离婚的时候，两支探险队从英国出发了。其中一支前往西非海岸外面的普林西比岛，另一支则前往巴西西北部的索布拉尔（Sobral）。这两个目的地都是由天文学家精心选定的，是观测当年 5 月 29 日要发生的日食的最佳地点。他们的目的是要测试一下爱因斯坦广义相对论中的一个核心预测，那就是引力将光线折弯的现象。他们的计划是，对只有在出现日全食，天色黑下来以后的几分钟内才可以看到的紧挨着太阳的几颗星进行拍照。当然，事实上这几颗星根本不可能离太阳很近，只是它们的光线在到达地球之前先从离太阳非常近的地方穿过而已。

这些照片将用来与 6 个月以前于夜晚拍到的照片相比对，那时由于地球与太阳的相对位置，从这几颗星发出的光线决不可能从靠近太阳的任何地方穿过。由于太阳的存在，使它周围的时空发生扭曲，光线会被弯折，从这两组照片中应该能显示出这几颗星的位置发生了些许变动。爱因斯坦的理论预测出了由于光线的弯曲或偏转，因此应该能观察到的准确位移量。在 11 月 6 日伦敦举行的一次罕见的皇家协会（Royal Society）和皇家天文学会（Royal Astronomical Society）的联席会议上，英国科学界的精英齐聚一堂，倾听爱因斯坦的预测是否正确。[44]

科学的革命

宇宙的新理论

牛顿思想被推翻

……这就是第二天早上伦敦《泰晤士报》第 12 页上的大标题。三天以后，11 月 10 日，《纽约时报》登出了一篇有 6 行标题的文章："**苍穹星光皆不正/日**

食观测结果令科学人士瞠目结舌/爱因斯坦理论胜出/星体位置看到算出的皆不对,但无须担心/只有12个聪明人能读懂的书/爱因斯坦称,全世界再无其他人能读懂,出版商承接此书有魄力。”爱因斯坦从没说过任何这样的话,但是新闻界抓住这个理论中高深的数学概念,以及空间是扭曲的这个想法,使它成了报道的好材料。

无意中给广义相对论增添了神秘感的人中,有一位就是英国皇家学会主席J. J. 汤姆生勋爵。“可能爱因斯坦在人类思想方面取得了最伟大的成就,”他后来对一位记者说,“但是还没有一个人能够用清晰的语言说清楚爱因斯坦的理论究竟是什么。”事实上,1916年底爱因斯坦已经出版了第一本同时解释狭义相对论和广义相对论的科普读物。[45]

“我的同事们以毫不掩饰的热情接受了广义相对论。”爱因斯坦1917年12月向他的朋友海因里希·仓格尔(Heinrich Zangger)报告说。然而,在第一次新闻报道过后的那些天和那几个星期里,也有许多人站出来对“这位突然一举成名的爱因斯坦博士”及其理论冷嘲热讽。其中一个批评者把相对论说成是“巫术般的胡言乱语”,是“由思维绞痛而产生出的低能脑残儿”。由于有普朗克和洛伦兹这样的人支持着他,爱因斯坦做了当时唯一有理智的事情:对这些诋毁者不予理睬。

在德国,当《柏林画报》用首页整版登出爱因斯坦照片的时候,他早已成了家喻户晓的公众人物了。照片所附的标题是:“又一位名垂世界历史的人物,他的探索标志着对大自然的全新审视,他的洞见与哥白尼、开普勒和牛顿不分伯仲。”就像他对批评者的挑动不予理睬一样,对于被包装为历史上三个伟大科学家的后继者一事,爱因斯坦也理智看待。“自从光线偏转的结果公之于世之后,我就被当成了一个崇拜对象,让我觉得自己像个异教偶像。”当《柏林画报》开始在报摊销售之后,他这样写道,“但这种现象假以时日也是会过去的。”然而,没有过去,从来都没过去。

公众广泛地对爱因斯坦及其研究工作表现出痴迷,部分原因也是因为第一次世界大战于1918年11月11日上午11时结束,全世界对浩劫之后翻天覆地的新变化还没有适应过来。在两天之前的11月9日,爱因斯坦以“因为发生了革命”为由取消了他的相对论课程讲座。当天的晚些时候,从德国国会大厦的一个阳台上宣告了成立共和国,德国皇帝威廉二世随之退位,并逃到了荷兰。德国的经济问题是新的魏玛共和国所面临的难度最大的挑战之一。由于德国人失去了对马克的信心,不是忙于把它抛售出去,就是急着买下任何他们可以买下的东西，以免马克继续贬值，因此通货膨胀迅速上升。

这是个恶性循环，而战争赔款则使这个恶性循环一轮又一轮加剧直到失控。到了接近1922年年底的时候，德国未能支付木材和煤炭的费用，经济崩盘了，7 000马克只能兑换1美元。然而这与1923年出现的物价飞涨相比还不算什么。那年11月，1美元值4 210 500 000 000（42 105亿）马克，一杯啤酒要花1 500亿马克，一块面包要花800亿马克。由于国家面临崩溃，只有美国提供贷款来进行帮助，加上减少战争赔款才得以把局面控制住。

就在这些苦难当中，关于空间扭曲、光束弯折以及星辰移位这类只有"12个聪明人"才能明白的话题点燃了公众的想象力。然而，每个人都觉得自己对像空间和时间这样的概念有一种直觉的把握。结果，整个世界在爱因斯坦看起来，就像是一座"古怪的疯人院"，"每个赶车的、每个跑堂的都在辩论着相对论是否正确的问题"。

爱因斯坦的国际知名度和他那众所周知的反战立场，使他很容易就成为了一场仇恨运动的目标。"这里反犹太主义情绪强烈，政治反应都带有暴力倾向。"爱因斯坦于1919年12月写信给埃伦费斯特说。不久，他开始收到恐吓信，有时当他离开公寓或办公室的时候还遭到漫骂。1920年2月，一群学生打断他在大学的讲座，其中一人高呼："我要割断那个肮脏的犹太人的喉咙。"但是，魏玛共和国的政治领袖们明白，在战后德国的科学家都被排斥在国际会议之外的情况下，爱因斯坦是怎样一份资产。文化部长写信给他，向他保证，德国"过去一直，将来也永远把您，深深崇敬的教授先生，列为我国科学中最荣耀的珍宝"。

尼尔斯·玻尔像其他任何人一样，尽力确保敌对双方科学家之间的私人关系在战后尽快恢复到原来的样子。作为一名中立国的公民，玻尔对他的德国同行没有憎恶感。他是第一个向德国科学家发出邀请的人之一，邀请了阿诺德·索末菲到哥本哈根讲学。"我们对量子理论的一般原则以及各种详细原子问题的应用进行了长谈。"索末菲访问之后玻尔这样说。由于在可预见到的未来都被排除在国际会议之外，德国科学家和他们的东道主都明白这些私人邀请的价值。所以，当玻尔接到麦克斯·普朗克的邀请，去柏林作一次有关量子化原子和原子光谱理论的讲座时，他欣然接受了。当得知日期定在1920年4月27日星期二时，他很兴奋，期待着第一次会见普朗克和爱因斯坦。

"他的头脑肯定是第一流的，极富批评精神和远见卓识，而且从不迷失大方向。"这是爱因斯坦对这位比他小6岁的丹麦年轻人的评价。说这话的时候是1919年10月,而就是这句赞扬的话,促使普朗克请玻尔到柏林来。爱因斯坦对他已经仰慕很久了。1905年夏天,当他头脑中如脱缰般爆发出来的创造风暴渐趋平息时,爱因斯坦觉得下一步没有什么"特别令人兴奋"的事情可做。"当然,关于光谱线的课题可以算一个,"他告诉他的朋友康拉德·哈比希特,"但我相信,这些现象和那些已经研究过的现象之间,根本不存在一种简单的关系,所以在当前来说,这事在我看来没多大希望。"

对于哪些物理学问题已经成熟到可以攻克的程度了,爱因斯坦的嗅觉灵敏度是无人可比的。在把神秘的光谱线问题放在一边之后,他研究起了 $E = mc^2$,这个公式是说,质量和能量是可以互相转换的。但是就算他再聪明,全能的上帝还是让他付出了"跟着鼻子走"的代价,这会儿正窃笑呢。因此,当1913年玻尔证明出,他的量子化原子是如何解决了原子光谱的奥秘时,在爱因斯坦看来这就"像是个奇迹"。

玻尔从车站走向大学的时候,心口由于兴奋和焦虑交织而变得不舒服,但当他一见到普朗克和爱因斯坦,这些症状就全消失了。他们从轻松地开些玩笑到很快转入关于物理学的话题,消除了他的紧张。这两个人的反差没法再大了。普朗克是典型的普鲁士严谨清正的风范,而爱因斯坦则是大大的眼睛,倔犟的头发,裤腿稍稍短了那么一点,给人以一种印象,即使不能说他对自己所生活的这个乱世能够泰然处之,也是个对自己轻松随意的人。玻尔接受普朗克的邀请,在访问期间住在他的家里。

玻尔后来说,他在柏林的那些天,每天"从早到晚谈论的都是理论物理学"。对于一个只爱谈论物理学的人来说,这就是最理想的休息。他觉得与大学里那些年轻的物理学家在一起吃的那顿午餐特别愉快,那次他们把所有的"大人物"都排除在外。玻尔的讲座之后,使他们觉得"有点灰心,感觉到自己知道得特别少",而这顿午餐正好给他们提供了一次继续拷问他的机会。然而,爱因斯坦是完全明白玻尔想要说明的是什么的,但他不喜欢他想说明的东西。

跟差不多所有人一样,玻尔也不相信存在着爱因斯坦所说的光量子。他所认可的与普朗克是一样的,即,辐射是以量份(quanta)的形式被释放和吸收的,但不认为辐射本身是量化的。对他来说,支持光的波理论的证据实在太多了,但是由于有爱因斯坦在座,玻尔就告诉聚集起来的物理学家们说:"我将不去考虑与辐射的性质有关的问题。"然而,他对爱因斯坦1916年关于辐射的自发发射和受激发射以及电子在能量层级间跃迁的研究工作印象非常深刻。爱因斯坦通过说明这些都不过是个偶然性和概率的问题，做到了他没能做到的事情。

爱因斯坦继续为自己的理论在电子从一个能量层级跃迁到一个较低的能量层级时，既不能预测出光量子释放的时间，也不能预测出它的方向而苦恼着。"不去管他，"他于1916年写道，"我完全相信所走的这条道路是可靠的。"他相信，这条途径最终会把因果关系恢复起来。而在玻尔的讲座中，玻尔论证道，要想精确确定时间和方向是根本不可能的。这两个人发现他们互相站到了相反的观点上。在随后的那些天里，当他们一起沿着柏林的街道漫步，或在爱因斯坦家里共进晚餐时，双方都试图让对方接受自己的观点。

"在我一生中，极少有人能像您那样，仅仅是因为您在跟前就给我造成了这样大的压力。"在玻尔回到哥本哈根后不久，爱因斯坦写信给玻尔这样说，"我现在正在研究您的大作，而且时时好像看到您那张快乐而孩子气的脸，在我面前微笑着，解释着，我在遇到难解的地方被卡住了的时候除外。"这个丹麦人给他留下了深刻而又持久的印象。"玻尔在这边呢，而且我和你一样被他迷住了。"几天以后，爱因斯坦告诉保罗·埃伦费斯特，"他就像一个敏感的孩子，而且就像处于某种催眠状态里一样在这个世上游走。"玻尔也是同样强烈地想要用他那还谈不上过关的德文来表达与爱因斯坦相遇对他来说有什么样的意义："对我来说，能与您会见，并能与您交谈，是一件最难忘的经历。您想象不出来，聆听您亲口讲出您的观点，对我来说有多么大的启发作用。"没过多久，玻尔就又得到了这样一次机会，8月份，爱因斯坦在访问挪威返程途中在哥本哈根逗留了一下，行色匆匆地拜访了他。

"他是个天赋极高、出类拔萃的人。"爱因斯坦看望了玻尔之后写信给洛伦兹说，"卓越的物理学家多半同时也是一些光彩夺目的人物，这对物理学来说是个好兆头。"但爱因斯坦此时已经成了不在此列的两个人的攻击对象了。一个是菲利普·莱纳德，1905年爱因斯坦采用了他对光电效应所做的实验研究来支持他的光量子说，另一个是约翰尼斯·斯塔克，他是发现电场使光谱线分裂现象的人，这两人已经变成了像疯狗一样的反犹太主义分子。是这两位诺贝尔奖得主在背后支持着一个叫做"保卫纯科学德国科学家工作组"的组织，他们的主要目的就是要诋毁爱因斯坦和相对论。[46] 1920年8月24日，这个集团在柏林爱乐音乐厅举行了一次会议，攻击相对论是"犹太物理学"，它的创立者既是一个剽窃者，又是一个卖野药的。爱因斯坦毫不示弱，他与沃尔特·能斯脱一起去出席了，并在一个私密包间中观察这些人诋毁他的整个过程。他一句话都没有说,没上他们的套。

能斯脱、海因里希·卢本斯(Heinrich Rubens)和马克斯·冯·劳厄写文章给各家报纸驳斥那些诽谤言论,维护爱因斯坦。当爱因斯坦为《柏林日报》写了一篇题为"我的答复"的文章时,他的很多朋友和同事都感到大为泄气。他指出,如果他不是个犹太人,也不是个国际主义者的话,他就不会被诋毁,他的著作也不会遭到攻击。爱因斯坦立刻就为自己被人挑动而写下这篇文章而感到后悔。"为了取悦于神祇和人类,每个人都免不了时不时地在愚蠢之祭坛上牺牲一回。"他在写给物理学家马克斯·玻恩及其妻子的信中这样写道。他很清楚,由于有了他那样的名望地位,"与童话故事里那个点石成金的人差不多,报纸上任何事情只要与我沾上边,都能变得令人大惊小怪"。不久就有传言说爱因斯坦可能会离开这个国家,但是他选择留在柏林,"这是从人文上和科学上都与我有着最密切关系的地方"。

爱因斯坦和玻尔在柏林和哥本哈根会面之后的两年里,他们各自都继续在量子说方面拼搏着。两个人都开始感到了疲惫。"我想,还好我有这么多事情分散着自己的精力。"爱因斯坦 1922 年 3 月写信给埃伦费斯特说,"不然的话,这个量子问题可能已经把我送进了精神病院。"一个月以后,玻尔对索末菲坦承:"在过去几年里,我经常觉得自己在科学上非常孤立,我有一种感觉,我尽自己最大的能力为量子理论发展一套系统的原则所做的努力,却只能得到很少的人理解。"他的孤立感快要结束了。1922 年,他旅行到了德国,在哥廷根大学一连 11 天作了由 7 个部分组成的著名的系列讨论,后来以"玻尔节"(Bohr Festspiele)闻名于世。(照片 14)

老老少少 100 多名物理学家从德国各地赶来聆听玻尔对原子的电子壳层模型进行讲解。这是他关于电子在原子内部的排列情况的一个新理论,它解释了各种元素是如何在周期表中排定位置和分类的。他提出,轨道壳层就像洋葱一样一层层包裹着原子核。每一个这样的壳层实际上都是由一组(a set)或者说一个子组(a subset)的电子轨道构成,而且能放进去的电子数量都有一个最高限制。[47]之所以有些元素有共同的化学特性,玻尔论证说,是因为在这些元素最外面的壳层中电子的数量是一样的。

根据玻尔的模型,钠的 11 个电子排列为 2、8 和 1。铯有 55 个电子,是按照 2、8、18、18、8、1 这样的顺序排列的。由于这两种元素最外面的壳层中都是只有一个电子,所以钠和铯有同样的化学特性。在这些讲座期间,玻尔用他的理论做了一个预测。那个原子序数为 72 的未知元素,会与原子序数为 40 的锆和原子序数为22的钛这两个处于周期表中同一栏的元素有相同的化学特性。玻尔说，它不会像其他人所预测的那样，属于周期表中处在它两边的“稀土”类元素。

爱因斯坦没有出席玻尔的哥廷根讲座，因为在德国的犹太外交部长被谋杀后，他担心自己的性命也会不保。沃尔特·拉特瑙(Walther Rathenau)是德国首屈一指的实业家，担任外交部长只短短几个月，就于1922年6月24日在光天化日之下被枪击致死，成为战争结束以来被右翼刺杀的第354名政要人物。爱因斯坦是曾经劝说拉特瑙不要去政府担任如此显要职位的人之一。但他不听，结果被右翼报刊视为“对人民绝对闻所未闻的挑衅!”

“在这里，自从拉特瑙被刺杀这一可耻事件发生以后，我们的日常生活就变得心神不宁。”爱因斯坦写信给莫里斯·索洛文，“我时刻都要保持警惕；我已经停止作讲座，对外公开说是不在家，虽然我实际上一直都在这里。”根据可靠渠道的警示，他是暗杀的头号目标。爱因斯坦私下告诉玛丽·居里，他正考虑放弃他在普鲁士科学院的职位，想找一个安静的地方安顿下来，做一个不在公众视线之内的普通公民。因为对于这个从年轻时代就憎恨权势的人来说，他现在自己已经变成了一个权势人物。他已经不再是一个单纯的物理学家，而是德国科学的象征，而且还是犹太裔的。

尽管有这些动荡不安，爱因斯坦还是阅读了玻尔已发表的那些文章，包括“原子的结构以及元素的物理及化学特性”，该文于1922年3月在《物理学报》(*Zeitschrift für Physik*)上刊出。差不多半个世纪以后，他回忆到玻尔所说的“原子的电子壳层以及它们的化学意义”是如何“在我看来像个奇迹，而且即使在今天在我看来也仍然像个奇迹”。爱因斯坦说，它是“音乐细胞在思维领域中的最高体现形式”。的确，玻尔所做的工作，确实是有多高的科学水准，就有多高的艺术水准。玻尔利用从像原子光谱和化学等各种不同资源中收集的证据，建立起了一个特定的原子，一次只有一个电子壳层，像洋葱的层皮一样一层加一层，直到他重建了整个元素周期表中的每个元素的原子结构。

玻尔相信，这种方法的核心在于，有关量子的各种规则在原子尺度上也是适用的，但是从这些规则中得出的任何结论都不得违背宏观尺度上的观察结果，而宏观尺度则是遵循经典物理学规则的。他把这称做“对应原理”，根据这一原理，如果在原子尺度上可行的一些思路外推出去之后，与已知为正确的经典物理学结果不相符，他就取消这些思路。从1913年起，对应原理就一直帮助玻尔摆平量子和经典物理学之间的分歧。有些人把它视为“一根魔杖，出了哥本哈根就失灵”，玻尔的助手亨德里克·克拉莫斯(Hendrik Kramers)回忆到。

其他人也许会尽力抵制这一方法,但爱因斯坦却从中看出了玻尔与他是属于同一类型的“魔法师”。

对于玻尔关于周期表的理论中缺乏过硬的数学论证支撑这一点,不管人们还有哪些保留意见,但每个人都被这位丹麦人的最新思路所打动,而且也对所遗留的一些问题看得更清楚了。“对我来说,在哥廷根的整个逗留期间都是一次美妙而富有教益的经历,”玻尔回到哥本哈根以后写道,“从每个人向我表示的友情中,我得到的快乐是难以尽述的。”他不再感觉默默无闻、与世隔绝了。如果他还不相信的话,那年后来还有事实证明给他看。

理量论子

当向他表示祝贺的电报纷纷飘落到玻尔在哥本哈根的办公桌上时,其中哪一份也不如来自剑桥的那份对他的意义更为重大。“你被授予了诺贝尔奖,我们都欢欣雀跃。”卢瑟福写道,“我早就知道那只是个时间问题,但什么都无法与既成事实相比。你的巨大研究成果当之无愧,我们这里每个人听到这个消息都欢欣雀跃。”消息宣布出来以后,玻尔的头脑中始终没有离开过卢瑟福。“我对您的感恩之情是如此强烈,”他告诉他的老恩师,“这不仅是因为我所做的工作是在您的直接影响和启发下成就的,而且是因为自从我第一次在曼彻斯特见到您这件巨大的幸事以来 12 年中,您所给予我的友情。”

另一个玻尔不能不想到的人就是爱因斯坦。在他接到 1922 年诺贝尔奖的当天,他欣喜地得知,爱因斯坦被授予了推迟了一年的 1921 年诺贝尔奖,并为此松了一口气。“我知道在这个奖项面前我是多么的微不足道,”玻尔写信告诉爱因斯坦,“但我要说,在我被考虑接受这一荣誉之前,您在我所工作的特殊领域中所作的根本性贡献,以及卢瑟福和普朗克所作的贡献得到了承认,我认为这才是一件幸事。”

宣布诺贝尔奖得主名单时,爱因斯坦正在一艘船上驶向世界的另一端。10 月 8 日,在仍然担心自己安全的情况下,爱因斯坦和艾尔莎踏上了去日本讲学的旅程。他“欣喜地接受了这次长时间离开德国的机会,这使我暂时远离了与日俱增的危险”。他直到 1923 年 2 月才回到柏林。原来安排的六个星期的日程演变成了一次长达五个月的大巡游,在此期间,他收到了玻尔的信。他在回国的旅程中答复道:“我可以毫不夸张地说,(您的信)和诺贝尔奖一样使我高兴。我觉得您对您可能会比我先拿到诺贝尔奖而担心这一点特别令人感动——这是典型的玻尔特征。”

1922年12月10日，积雪像棉被一样覆盖着瑞典首都，受邀宾客们聚集在斯德哥尔摩音乐学会大礼堂中，等待着观赏诺贝尔奖颁奖典礼。庆典在古斯塔夫五世国王的主持下于5点钟开始。德国驻瑞典大使代表缺席的爱因斯坦领取了这一奖项。针对这位物理学家的国籍问题，德国人与瑞士人进行了外交论争，最后因为德国胜出，所以才有了这样的安排。因为瑞士人声称爱因斯坦是他们国家的人，但是德国人后来发现，由于爱因斯坦于1914年接受了普鲁士科学院的任命，尽管他当时还没有放弃瑞士国籍，但他已经自动成为了德国公民。

爱因斯坦于1896年放弃了他的德国国籍，5年之后取得了瑞士国籍，当听说他到底依然是个德国人时，他吃了一惊。不管他愿意还是不愿意，魏玛共和国的需要就意味着爱因斯坦从官方上来说具有双重国籍。“在应用相对论的时候，为了适应读者的口味，”爱因斯坦1919年11月在为伦敦《泰晤士报》撰写的一篇文章中写道，“今天在德国，我被称为一位德国科学家，而在英国，我则被介绍是一名瑞士犹太人。如果我被视为一个 *bête noire*（法语，字面意思是‘黑兽’，意思为‘讨厌的人或事’）的话，这种形容就会被倒转过来，对于德国人来说，我会成为一个瑞士犹太人；对于英国人来说，我就是个德国科学家！”如果爱因斯坦出席了诺贝尔授奖宴会的话，他应该会想起这些话来，并应该听见德国大使举杯祝酒，表达了“我国人民的欢乐情绪，因为他们当中的一员又一次得以成就了造福于全人类的一些事”。

德国大使发言之后，玻尔站起来，根据传统上的要求，发表了简短的讲话。在向J. J. 汤姆生、卢瑟福、普朗克和爱因斯坦表达敬意之后，玻尔提出对国际间为了推动科学进步而进行的合作祝酒，“这种合作，我要说，在这个多灾多难的时代，是人类生存中可以看到的亮点之一。”[48]在当时的场合下，他选择不去提起德国科学家仍被排除在国际会议之外一事，这是可以理解的。第二天，当他发表他的诺贝尔讲座“原子的结构”时，玻尔的底气就更足了。“原子理论目前状态的特征，是我们不仅相信原子存在，毫不怀疑可以得到证实。”他开始道，“而且我们还相信，我们对具体一个个原子的构造也有了深入的了解。”在对过去10年中以他为中心人物的原子物理学的发展作了一个介绍以后，玻尔作了一项很富戏剧性的宣布，以此结束他的讲座。

在他的哥廷根系列讲座中，玻尔根据他的电子在原子内部是如何排列的理论，预测了原子序数为72的那个未知元素应有什么样的特性。就在那个时候，一篇论文发表了,概要介绍了在巴黎实施的一项实验,法国长期以来较着劲声称的72号元素是属于占据着周期表第57到71格的"稀土"类元素,在这项实验中得到了确认。虽然起初感到震惊,但玻尔逐渐对法国结果的真实性产生了严重的怀疑。幸运的是,他的老朋友,这时正在哥本哈根的格奥尔格·冯·赫维西,以及德克·考斯特(Dirk Coster)设计了一项实验,对关于72号元素的争论做一个了结。

赫维西和考斯特完成他们的研究之时,玻尔已经出发,前往斯德哥尔摩。在玻尔作讲座之前,考斯特给他打了电话,使他能够宣布"足够数量的"72号元素已经被分离出来,"它们的化学特性显示出与锆元素的特性极为相似,而且决不可能与稀土的相同。"后来,这个元素根据哥本哈根的古称被命名为"hafnium"(铪),自玻尔从10年前在曼彻斯特开始对电子在原子内部的构架进行研究以来,这是对他的工作的一个恰如其分的总结。

1923年7月,爱因斯坦作了他的关于相对论的诺贝尔讲座,作为瑞典城市古腾堡建城300周年庆典活动的一部分。他得奖的原因是"他在数学物理方面取得的成就,以及特别是他发现了光电效应法则"。但他却打破传统,选择了以相对论为命题。委员会把授奖的原因限定在那项"法则"上,也就是那条解释光电效应的数学公式上,从而巧妙地回避了对爱因斯坦的光量子说进行肯定,因为作为该法则的物理解释根基,光量子说存在着争议。"然而尽管光量子的假说有启发价值,但由于它与所谓的干扰现象很难调和,因此无法对辐射的性质有所启迪。"玻尔在他自己的诺贝尔讲座上这样说。这是一种耳熟能详的回避性套话,每个顾及体面的物理学家都会这样说。但是当爱因斯坦在差不多三年里第一次去见玻尔的时候,他知道一个年轻的美国人进行了一项实验,这意味着他不再是孤独一人捍卫光量子说了。玻尔比爱因斯坦更早听到了这条令人担心的消息。

量子理论

1923年2月,玻尔收到了一封日期为1月21日的信,是阿诺德·索末菲寄来的,说到"我在美国经历到的一件从科学上来讲最为有意思的事",引起了他的警觉。他从巴伐利亚的慕尼黑调到了威斯康星州的麦迪逊工作一年,从而躲过了几乎使德国面临灭顶之灾的超级通货膨胀。对于索末菲来说,这是一次很精明的出于经济目的的调动。而能够比他的欧洲同行先一步目睹到亚瑟·霍利·康普顿(Arthur Holly Compton)的研究工作则是一项意外收获。

康普顿做出一项发现,对X射线波理论的有效性形成了挑战。由于X射线是电磁波,是一种短波不可见光,因此索末菲说,对光的波形性质,虽然有那么多支持它的证据,却正在面临严重的困境。“我不知道我是不是应该提到他的结果,”索末菲似乎颇不好意思地写道,因为康普顿的文章还没有发表出来,“但我想提起你的注意,可能到最后我们都要上一堂全新的基础课。”而这一课正是爱因斯坦自1905年以来,一直试图以各种不同程度的热忱来教授的。光是量子化的。

康普顿是美国最为领先的年轻实验科学家之一。1920年刚满27岁的时候,他就被任命为密苏里州圣路易斯市华盛顿大学的教授兼物理系主任。他花了两年时间对X射线的散射现象进行了研究,这项工作后来会被称为“20世纪物理学的转折点”。康普顿将一束X射线射向各种元素,比如碳(*石墨形式的*),并且对“二次辐射”进行了测量。当X射线打入目标之后,射线中的大多数直接穿过,而有一些则以各种不同角度分散开。正是这些“二次”或者说散射的X射线引起了康普顿的兴趣。他想要确定,如果把它们与打到目标上的那些X射线做一个比较的话,它们的波长会不会有一些变化。

他发现,散射出来的X射线的波长总是比“一级”或者说入射X射线(incident X-rays)的稍长一点。根据波理论的解释,它们本应完全一样才对。康普顿认为,波长出现不同(*因而频率也就不同*)意味着二次X射线与前面打向目标的X射线不是一回事。它的奇怪程度不亚于当人向一块金属表面照射一束红光时,发现反射出来的却是蓝光。[49]由于无法使他的散射数据与X射线波动理论所做的预测相吻合,康普顿转向了爱因斯坦的光量子说。他几乎立刻就发现,“散射出来的射线的波长和强度正是一个辐射量子从电子上弹开时应该是的那种样子,就如同一个弹子球从另一个弹子球弹开的情形完全一样。”

如果X射线是以量份的形式发出的,那么一束X射线打到目标上的情形就应该与一堆微观弹子球的情况相似。虽然有些会直接穿过而什么也没打中,但还有一些会与目标原子内部的电子相撞。在这种相撞过程中,一个X射线量子就会在被弹射开去,同时电子被碰撞后退缩的过程中丢失能量。由于一个X射线量子的能量是由$E=h\nu$给出的,其中h是个普朗克常数,而ν是它的频率,那么只要能量有损失,就会导致频率降低。由于频率与波长成反比,因此与被散射的X射线量子相关联的波长就会加长。康普顿建立了一个详细的数学分析，显示入射 X 射线所丢失的能量以及由此而导致的被散射的 X 射线在波长（频率）方面的变化是如何由散射的角度来决定的。

康普顿相信，伴随散射的 X 射线应该有弹回的电子，但那时还从来没有人观察到，也没有人寻找过它们。于是康普顿着手寻找，而且很快找到了它们。“显而易见的结论，”他说，“应该是 X 射线，从而也应该包括光线，是由离散单元构成的，以确定的方向前进，每个单元都具有能量 $h\nu$，以及相应的动量 $h\lambda$。”“康普顿效应”，也就是 X 射线被电子散射时波长会加长的现象，对于光量子的存在来说是个无可否认的证据，而直到那时为止，很多人还将它当成顶多是科学幻想而不予以考虑。通过假定能量和动量在 X 射线量子与电子碰撞时守恒，康普顿得以解释了他的数据。是爱因斯坦 1916 年第一个提出，光量子具有动量，这是一种像粒子一样的特性。

1922 年 11 月，康普顿在芝加哥的一次会议上宣布了他的发现。[50] 然而，虽然他在圣诞节前就把他的文章寄给了《物理学周刊》，但到 1923 年 5 月，这篇文章才得以刊出，因为那些编辑没能看出文章内容的意义来。这一本不该有的延误，使得荷兰物理学家彼得·德拜（Pieter Debye）先于康普顿出版了对这一发现的第一个完整的分析。德拜以前是索末菲的助手，他在（1923 年）3 月份把自己的文章递交给了一家德国杂志。与他们的美国同行不一样，德国的编辑们意识到这篇文章的重要性，第二个月就发表了。然而，德拜和每一个其他人都把应有的荣誉和认可给了这个天才的年轻美国人。康普顿被授予了 1927 年诺贝尔奖，这件事得到了正式认定。到那时，爱因斯坦的光量子已被重新定名为光子。[51]

量子理论

1923 年 7 月，出席爱因斯坦的诺贝尔讲座的有 2 000 人，但是爱因斯坦知道，他们之中的大多数都是来看他而不是听他演说的。从古腾堡坐火车前往哥本哈根的途中，爱因斯坦期待与他会面的人会把他的每个字都听进去，虽然可能不同意他的说法。等他下了火车，玻尔已经在那里迎候着他了。“我们乘坐着市内有轨电车，进行了热烈的谈话，结果远远地坐过了头。”玻尔差不多40 年以后这样回忆道。他们用德语交谈着，对其他乘客好奇的目光视而不见。在他们来回乘过了站的过程中，不管他们都交谈了些什么，肯定包括了康普顿效应，后来不久就被索末菲形容为“可能是在物理学的当前条件下有可能作出的最重要的发现了”。对此,玻尔不相信,而且拒绝接受光是由量子构成的。现在是他,而不是爱因斯坦,成了少数派。索末菲毫不怀疑“辐射的波理论的丧钟”已经由康普顿敲响了。

玻尔就像他后来爱看的西部片中那种注定要失败的英雄汉子一样,虽然寡不敌众,却仍然坚守着反对光量子说的最后阵地。玻尔与他的助手亨德里克·克莱默斯和一个叫约翰·斯莱特(John Slater)的来访的年轻美国理论物理学家合作,提出放弃能量守恒定理。能量守恒定理是得出康普顿效应的分析过程中一个至关重要的组成部分。如果这条定理没有像在经典物理学所主宰的日常世界中那样,在原子尺度上也得到严格遵守,那么康普顿效应就不再会是爱因斯坦光量子说的不可辩驳的证据了。这一后来人们所称的 BKS 提议(因为是玻尔、克莱默斯和斯莱特提出的),看起来像是一项很过激的建议,而实际上是一种不顾一切的做法,表明玻尔是多么地憎恶光的量子理论。

这条定理从没有在原子尺度上用实验测试过,因此玻尔相信,在光量子的自发释放之类的过程中,它的有效性还是个悬而未决的问题。爱因斯坦相信,能量和动量在每个光子对每个电子的每次碰撞中都得到了保持;而玻尔则相信,它们只是作为一种统计学意义上的平均数而起作用。这个时候还是 1925 年,后来当时还在芝加哥大学的康普顿,以及德国国家物理技术研究所(Physikalische-Technische Reichsanstalt)的汉斯·盖革和瓦尔特·博特(Walther Bothe)都通过实验证实,能量和动量在光子与电子碰撞的时候都守恒。爱因斯坦是对的,而玻尔是错的。

1924 年 4 月 20 日,也就是实验结果还没出来,怀疑者还没闭嘴之前的一年多,爱因斯坦满怀毫不减退的信心,雄辩地为《柏林日报》的读者概括了当时的情况:“因此,现在有两种光理论,缺一不可,而且,正像今天虽然经过理论物理学家们 20 年来付出的巨大努力,人们依然必须承认的那样,它们之间不存在任何逻辑关联。”爱因斯坦的意思是,光的波理论和光的量子理论在一定意义上都是有效的。光量子不能用来解释与光相关的波现象,例如干涉和衍射现象。反过来,如果不利用光的量子理论,就没有办法对康普顿的实验和光电效应做出完整的解释。光有一种二元性的,波-粒子特性,这是物理学家们不得不接受的,别无他法。

一天早上,就在那篇文章刊出后不久,爱因斯坦收到了一个盖着巴黎邮戳的包裹。打开之后,他发现了一位老朋友写的一张便条,是希望他给包裹中所附的,由一位法国王子写的关于物质性质的博士论文提些看法。

Chapter 6
The Prince of Duality

第 6 章
法国王子的波粒二相

“科学是位老妇人,她不怕成熟的男人。”他父亲有一次曾经说过。但是他,却和他哥哥一样,被科学勾引了去。路易·维克多·皮埃尔·雷蒙德·德布罗意亲王(Prince Louis Victor Pierre Raymond de Broglie)是法国一个著名贵族家庭的成员,一直都被期待着能追随祖上的足迹,光宗耀祖。德布罗意家族起源于皮埃蒙特,从 17 世纪中叶起,为历代法国国王当过兵、政客以及显要的外交家。1742 年,路易 15 世为了表彰这个家族的一个先祖效力有功,册封他为世袭公爵。那位公爵的儿子维克多 - 弗朗索瓦又一举粉碎了神圣罗马帝国的一个敌人,皇帝授予他亲王的头衔以表谢意。从那以后,他的所有子孙都世袭为亲王或公主。于是,这位年轻的科学家将来有一天会同时成为一位德国亲王以及法国公爵。[52]对于一个为量子物理学作出基础性贡献的人来说,这真是一个令人意想不到的家族背景。爱因斯坦把他的贡献形容为“照耀到我们物理学中这一最大的难题的第一缕微弱的阳光”。(照片 12)

量子
理论

路易是四个存活下来的孩子中最小的一个,1892 年 8 月 15 日生于迪耶普(Dieppe)。为了维系他们高居人上的社会地位,德布罗意家族的人都是在祖居中由私人教师传授学业的。当其他男孩子们或许可以背出当今最有名的蒸汽发动机品牌时,路易则可以背出第三帝国所有大臣的姓名。让这个家族的人感到有意思的是,他开始以报纸上的政治报道为素材做起演说来。由于曾经有一位祖父当过首相,没过多久,“路易就被预言将成为一个政治家,有远大的前程。”他的姐姐波琳(Pauline)回忆道。如果不是因为他的父亲于1906年在他14岁的时候去世,这可能真的会成为现实。

他的哥哥莫里斯(Maurice),现年31岁,现在是一家之主。按照传统上的要求,莫里斯走上了军旅生涯,但没有选择陆军,却选择了海军。在海军学院中他的科学成绩优秀。作为一名大有前程的年轻军官,他发现,海军正处于一段过渡时期,在为20世纪作准备。由于他对科学有兴趣,所以莫里斯参与到试图建立一种可靠的舰对舰无线通讯系统的研究工作中去也只是个早晚问题。1902年他写了第一篇关于“无线电波”的文章,而且,这进一步加强了他不顾父亲的反对要离开海军,投身到科学研究工作中去的决心。1904年,服役9年之后,他从海军退役。两年后,他父亲去世,而他则必须肩负起作为第六世公爵的新责任。

根据莫里斯的劝告,路易被送到学校读书。“由于我自己对给年轻人的学业施加压力会造成多大的不快有亲身体验,因此我克制自己不要对弟弟的学业下硬指标,虽然有时他的摇摆不定让我有些担心。”他于差不多半个世纪以后这样写道。路易在法语、历史、物理和哲学方面成绩很好。对数学和化学则心不在焉。三年以后,路易于1909年17岁时毕业,得到哲学和数学两门学士学位。此前一年,莫里斯在法兰西学院的保罗·朗之万门下拿到了他的博士学位,并在夏多布里昂街他的巴黎寓所中建立了一间实验室。他没有去大学里谋个职位,而是建立了一个私人实验室,来实现他的事业目标。这多少缓解了德布罗意家族中一部分人由于他放弃服军役、转向科学而感到的失望情绪。

与莫里斯不同的是,路易在那个时候决意要走一条较为传统的职业生涯,在巴黎大学学习中世纪历史。然而,这位20岁的王子很快就发现,对于过去的种种文本、资料和文卷的辨析学习实在很难吸引他。莫里斯后来说,他弟弟那时“离对自己失去信心不远了”。这个问题部分地要归咎于他在莫里斯的实验室中消磨的时光,培养起了对物理学的兴趣日见膨胀。他哥哥对研究X射线所表现出的热情显然具有感染力。然而,路易却怀疑自己的能力不足,为此十分痛苦,一次物理考试不及格更是雪上加霜。路易想,难道自己注定了只能失败吗?“他的青春快乐,意气飞扬都消失不见了!孩提时代灵光闪现的絮叨,现在由深度的自省而变得沉默寡言。”这是莫里斯回想起来的情况,这种反差简直使他认不出来他了。按照他哥哥的说法,路易后来会变成“一个冷静而相当桀骜不驯的学者”,而且不愿意离开自己的家门。

路易第一次到国外旅行是1911年10月去布鲁塞尔,那时他19岁。莫里斯在离开海军之后的这些年里,已经成为了一名颇受尊敬的专攻X射线物理学的科学家。当(莫里斯)接到邀请,去给第一次索尔韦大会担当两名书记官之一,确保会议顺利进行时,他立刻答应了。虽然说这是个行政角色,但因为有机会与普朗克、爱因斯坦和洛伦兹这样一些人讨论量子物理,因此对他来说非常有诱惑力,不能放弃。法国人的阵容将很是强大。居里、庞加莱、佩兰和他以前的导师朗之万都会出席。

路易与所有代表一起住在大都会酒店,保持着自己的距离。只是在他们回来以后,莫里斯讲述在一楼的小房间里对量子进行讨论的情况,路易才开始对这门新兴的物理学课题产出更为强烈的兴趣。大会的过程发表之后,路易阅读了这些报道,决心要成为一名物理学家。那时他已经把历史书都换成了物理书,而且在1913年他已经拿到了理学学士学位。由于有服兵役的要求,所以他的计划还要再等一年。虽然德布罗意家族中有出过三名法兰西元帅的历史可炫耀,但路易进入陆军后,只是在驻扎在巴黎城外的工兵连中当了一名地位低下的二等兵(private)。[53]在莫里斯的帮助下,他很快被调到无线电通讯部。由于第一次世界大战的爆发,他原来计划的任何想尽快回到研究物理中去的希望都烟消云散了。此后的四年,他作为一名无线电工程师驻扎在埃菲尔铁塔下面。

1919年8月复员后,他深深地憎恨从21岁到27岁这6年穿着军服度过的岁月。路易比以往任何时候更加下定决心,要继续沿着自己选定的道路走下去。他得到了莫里斯的帮助和鼓励,在莫里斯装备完善的实验室中度日,跟踪着在X射线和光电效应方面的研究进展。兄弟两人经常进行长时间的讨论,看如何对所做的实验做出解释。莫里斯告诫路易,“实验科学具有教育价值”,而“对科学进行理论建设,除非有事实做支撑,否则就没有价值”。他写了一系列关于X射线吸收的文章,同时在思考着电磁辐射的性质问题。两兄弟接受光的波理论和粒子理论在某种意义上都是正确的这种意见,因为如果只有其中单独一种理论的话,它们都无法解释衍射和干涉现象,也无法解释光电效应。

1922年,也就是爱因斯坦应朗之万的邀请在巴黎讲学,但由于他整个大战期间留在柏林而受到敌视的那一年,德布罗意写了一篇文章,明确地采用了“光的量子假说”。在康普顿还没有对他的实验以任何形式作宣布的时候,他就已经接受了"光原子"的存在。当那个美国人发表了他的由电子造成的X射线散射数据和分析文章,从而确认了爱因斯坦光量子说的客观存在之时,德布罗意已经了解并接受了光的这种奇怪的二元性了。然而其他人还只是半开玩笑半认真地抱怨着,莫非要让他们在星期一、三、五教光的波理论,星期二、四、六教光的粒子理论不成?

"经过长时间的独自沉思,"德布罗意后来写道,"我于1923年间忽然有了一个想法,爱因斯坦1905年所做的发现应该得到普遍运用,把它扩展到所有的物质粒子,特别是电子。"德布罗意大胆提出了这样一个简单的问题:如果光波可以表现得像粒子一样,那么像电子这类粒子能表现得像波一样吗?他的回答是可以,因为德布罗意发现,如果他给一个电子规定一个"虚拟关联波(fictitious associated wave)",让这个波的频率为ν,波长为λ,他就可以解释出玻尔的量子化原子中各个轨道的准确位置。一个电子所能占据的,只能是能够容得下它的"虚拟关联波"的整数波的那些轨道。

1913年,为了不使卢瑟福的氢原子模型坍塌,因为它那在轨道上旋转的电子会辐射出能量,从而盘旋着跌入原子核,玻尔不得不强行加入了一个连他自己都拿不出任何其他合理解释的条件:在稳定态轨道上围绕原子核旋转的电子不释放辐射。德布罗意把电子视为驻波(standing waves)的想法是一种从根本上背离了把电子视为在轨道上围绕原子核旋转的想法。

驻波可以很容易地从两端被拴住的弦上产生出来,就像小提琴和吉他的弦那样。拨动这样一根弦可以产生出各种驻波,它们的判定特征是,都是由一个整数单位的半波长构成的。我们可能得到的最长的驻波,波长为弦的长度的两倍。下一个驻波则是由两个这种半波长单位构成的,这样它的波长就与弦的长度相等。再下一个驻波由三个半波长单元构成,如此类推下去。这一整数系列的驻波是从物理上来讲唯一可能的,每个驻波都有它自己的能量。由于频率和波长之间有关联关系,这就与拨动吉他琴弦一样,吉他琴弦被拨动以后只能从最根本的音调,也就是最低的频率开始,按一定的频率振动。

德布罗意意识到,正是这个"整数"条件限定了玻尔原子中可能容纳的电子轨道,把它的数量限定在允许形成驻波的范围内。这些电子驻波不像乐器的弦,它们哪一端都不用拴住,而只是由于一个整数单位的半波长可以被容纳进轨道的周长范围之内才形成的。如果不是正好合适,那就没有驻波,从而也就没有稳定态轨道。(图9)

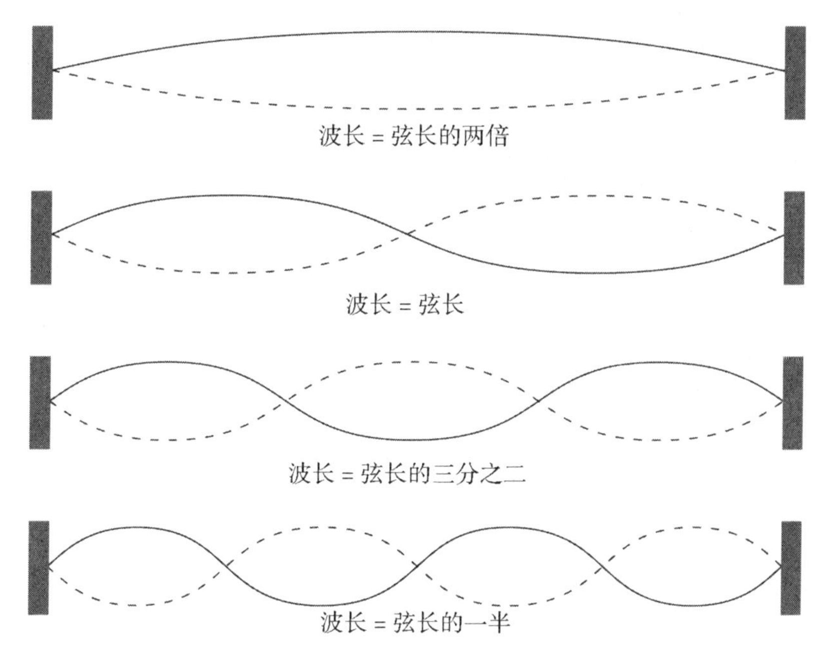

图9　两端拴住的弦及其驻波

如果把电子看做是环绕在原子核周围的驻波，而不是在轨道运行的粒子，那么这个电子就不存在加速度问题，也就不存在持续损失辐射，使它跌落到原子核中，致使原子坍塌的问题。玻尔只是为了保全他的量子化原子之说才引入的一个条件，被德布罗意的波-粒二元说给解释通了。德布罗意通过计算，发现玻尔的主量子数 n 所代表的，只是电子驻波可以围绕氢原子核存在的那些轨道。这也就是为什么在玻尔的模型中所有其他电子轨道都被禁止的原因。(图 10)

在德布罗意于 1923 年秋天以三篇短文总结出为什么所有粒子都应该被视为具有波-粒二元特性的时候，关于弹子球样的粒子和“虚拟关联波”之间的关系到底是一种什么性质，还是没能让人一下子明白。德布罗意的意思是不是说，它与冲浪者驾驭海浪的情形相像？后来人们确认了，这种解释是没有用的，电子，也包括所有其他粒子，它们的表现都与光子完全一样：它们既是波又是粒子。

德布罗意把他的想法以扩展的形式写了下来，于 1924 年春天把它当做自己的博士论文递交了上去。由于接受论文需要走一定的程序，还要经过考官阅读,德布罗意直到11月25日才能对他的博士论文进行答辩。四个考官中有三个都是索邦神学院的教授:让·佩兰,在对爱因斯坦的布朗运动理论进行测试时他是负责仪器的;查尔斯·莫甘(Charles Mauguin),他是研究晶体特性的著名物理学家;以及埃里·嘉当(Elie Cartan),他是个著名的数学家。四个人当中最后一名是外面请来的考官,保罗·朗之万。只有他一人真正懂得量子物理学和相对论。在正式递交他的论文之前,德布罗意找过朗之万,并请他给看看他得出的结论。朗之万同意了,而且后来还告诉一位同事:"我带着这位小兄弟的论文呢。在我看来颇具深远意义。"

图10　量子化原子中的电子驻波

路易·德布罗意的想法也许看起来有些天马行空,但朗之万并没有随手抛弃它们。他需要与另一个人商量一下。朗之万知道,爱因斯坦于1909年已经公开宣称过,对辐射现象的研究,未来将揭示出粒子和波融合的一种现象。康普顿的实验使差不多所有人都信服了,爱因斯坦关于光的看法是正确的。它的确看起来就像是一个粒子与电子相撞的现象。现在,德布罗意又提出了同样一种融合现象,波-粒二元性,而且适用于所有物质。他甚至还拿出了一个公式,把"粒子"的波长 λ 与它的动量 p 联系起来,$\lambda = h/p$,其中 h 是普朗克常数。朗之万向这位物理学家王子又要了一份这篇论文,把它寄给了爱因斯坦。“他把一张大帷幕掀起了一角。”爱因斯坦回信给朗之万说。

对于朗之万和其他几位考官来说,有爱因斯坦的评价就足够了。他们向德布罗意表示祝贺,说他“极具匠心地努力进行了一项必须进行的探索,以便解决物理学家们面临的种种难题”。莫甘后来承认,他“当时并不相信物质的颗粒还与波相联系这一物理上的客观现象”。而佩兰可以肯定的一点只是德布罗意“非常聪慧”,至于其他的,他一概不知。在爱因斯坦的支持下,他在32岁的年纪上已经不再只是路易·维克多·皮埃尔·雷蒙·德布罗意王子了,他为自己赢得了简洁地称自己为路易·德布罗意博士的权利。

有了一种想法是一回事,但还要看它能不能经得住测试。德布罗意在1923年9月很快意识到,如果物质具有波的特性,那么一束粒子就应该像一束光线那样散开来,它们应该是衍射的。在他那一年写的一篇短论文中,德布罗意预见,“穿过一个小孔的一群电子应该显示出衍射效应。”他试着劝说哥哥的私人实验室中那些技巧娴熟的实验科学家,把他的想法付诸测试,但未能如愿。由于要忙于其他项目,他们就认为这些实验太难实施了。由于是哥哥莫里斯始终不断地引导他“注意,辐射的颗粒及波形二元特性非常重要,其准确性不可否认”,使他觉得自己欠哥哥的已然太多了,所以就没有再紧抓住这件事不放。

然而,哥廷根大学的一名年轻的物理学家沃尔特·埃尔泽塞尔(Walter Elsasser)很快指出,如果德布罗意是正确的,那么一个简单的晶体就应该能使一束击中它的电子衍射出去:因为在晶体中,相邻原子之间的间隔应该比较小,足以让像电子那样大小的物体显示出其波状的特性。“年轻人,你坐到了一座金矿上了。”爱因斯坦听说了他建议要做的那些实验以后对埃尔泽塞尔说。那不是一座金矿,但却是比金矿还要贵重一点的东西:一份诺贝尔奖。但是就像在任何淘金热中的情况一样,开始动手之前不能等得太久。埃尔泽塞尔动手了,但还是有两个其他人抢在前头拿走了奖金。

在位于纽约的西部电力公司,也就是后来人们所知道的贝尔电话实验室工作的34岁的克林顿·戴维森(Clinton Davisson)一直都在研究,把一束电子打到各种金属目标上去之后会发生什么。1925年4月,一个奇怪的现象发生了。一瓶液化空气在他的实验室中爆炸了,打坏了他正在使用的一个装着镍靶标的真空管。空气使得镍生锈。在把镍加热以便将它清除的时候,戴维森偶然把这堆微小的镍晶体变成了几大块镍块,这些镍块造成了电子衍射。当他接着做他的实验时,很快发现,他得到的结果不一样了。由于没有想到他的做法已经使电子发生了衍射,因此他只是把这些数据记了下来并发表了。

“一个月以后的今天我们就会在牛津了,简直难以置信,不是吗?我们将会度过快乐的时光,亲爱的洛蒂,这将是我们的第二次蜜月,而且应该会比第一次更甜蜜。”戴维森在1926年7月给他妻子的信中这样写道。孩子们会待在家里由亲戚照料,戴维森夫妇正需要歇息一段,轻松地在英格兰游历一番,然后前往牛津,去参加英国科学促进协会的年会。正是在那里,戴维森惊讶地得知,有些物理学家相信,他所做实验的数据支持了某个法国王子的想法。他还从未听说过德布罗意,或是他提出的关于波粒二相性可以扩展到涵盖所有物质的想法。这样的人还不止戴维森一个。

很少有人读到过德布罗意的三篇短论文,因为它们是发表在法国杂志《简报》(*Compte Rendu*)上的。知道有那篇博士论文的人就更少了。回到纽约以后,戴维森和一个同事莱斯特·格莫尔(Lester Germer)立即着手查看电子是不是真的被衍射了。1927年1月,在他们还没有得到结论性证据说明物质被衍射,它的确表现得像波一样之前,戴维森根据新结果对衍射出来的电子的波长进行了计算,发现它们与德布罗意的波粒二相性理论所预见到的结果相匹配。戴维森后来承认,原来的实验其实是在给老板做的其他实验之余“做的一种副业”。当时他的老板在与一家竞争对手进行法律抗辩。

麦克斯·诺尔(Max Knoll)和恩斯特·拉斯卡(Ernst Ruska)很快于1931年利用电子的波状特性发明了电子显微镜。任何粒子,如果比白色光线的波长小一半左右,就无法吸收或反射光波,也就无法通过普通显微镜看到粒子。但是,电子却可以,因为它的波长比光线小100 000倍。第一台商用电子显微镜于1935年在英国开始生产。

与此同时,在苏格兰的阿伯丁,英国物理学家乔治·帕吉特·汤姆生(George Paget Thomson)正在做他自己的电子束实验,就像戴维森和格莫尔正在忙着做他们自己的实验一样。他也出席了在牛津召开的BAAS大会,听到了会上广为谈论的德布罗意所做的研究工作。汤姆生由于对电子的性质有着特殊的个人兴趣,因此立刻就开始进行实验,来探查电子的衍射现象。但他没有采用晶体,而是用了一种特别制作的薄膜,它们所给出的衍射现象,其特征与德布罗意所预言的完全一致。物质有时表现得如同一种波,在空间中弥漫成一片,而另一些时候又像个粒子,处在空间中单一的一个位置上。

真是奇妙的命运交织,物质的二元性质竟然在汤姆生家族中体现了出来。乔治·汤姆生于1937年与戴维森一起,由于发现了电子是一种波而被授予了诺贝尔奖。他的父亲 J. J. 汤姆生勋爵由于发现了电子是一种粒子而被授予了 1906 年诺贝尔物理学奖。

量子理论

量子物理学在四分之一个世纪的发展过程中,从普朗克的黑体辐射法则到爱因斯坦的光量子说,从玻尔的量子化原子到德布罗意的物质波粒二相性,一直都是量子概念与经典物理学之间不幸福的婚姻的产物。这种结合到了 1925 年时已经变得越来越紧张了。“量子理论越是取得更多的成功,它就显得越愚蠢。”爱因斯坦早在 1912 年 5 月就这样写过。这时所需要的是一种新的理论,一种适用于量子世界的新力学。

“量子力学是在 1920 年代中期发现的,”美国诺贝尔奖得主斯蒂芬·魏恩伯格(Steven Weinberg)说,“这是现代物理学自 17 世纪诞生以来,物理学理论中发生的最深刻的革命。”由于在进行这场打造了现代世界的革命中,年轻的物理学家们起到了奠定乾坤的作用,这段时期就被称为“小伙子的物理学”的年代。

照片 1　　1927 年 10 月 24—29 日第五次索尔韦会议，讨论新量子力学和与其有关的问题

后排从左到右：奥古斯特·皮卡德、E.亨里厄特、保罗·埃伦费斯特、E. 赫尔岑、T.德·东德尔、埃尔温·薛定谔、J.E.费斯哈费尔特、沃尔夫冈·泡利、沃纳·海森堡、拉尔夫·福勒、莱昂·布里渊。

中排从左到右：彼得·德拜、马丁·克努森、威廉·L.布拉格、亨德里克·克莱默斯、保罗·狄拉克、亚瑟·H.康普顿、路易·德布罗意、马克斯·玻恩、尼尔斯·玻尔。

前排从左到右：欧文·朗缪尔、麦克斯·普朗克、玛丽·居里、亨得里克·洛伦兹、阿尔伯特·爱因斯坦、保罗·朗之万、查尔斯·尤金·古治、C.T.R.威尔逊、欧文·理查森。

（照片由本杰明·库普里拍摄，索尔韦国际物理研究所，courtesy AIP Emilio Segre Visual Archives）

照片 2

麦克斯·普朗克,保守的理论物理学家,他在 1900 年 12 月发现黑体发出的电磁辐射分布的偏离现象,但他不愿意发动量子革命。

（AIP Emilio Segre Visual Archives, W.F.梅格斯收集）

照片 3

路德维希·玻耳兹曼，奥地利物理学家和最先倡导原子的人，1906 年自杀。

（维也纳大学，courtesy AIP Emilio Segre Visual Archives）

照片 4

从左到右："奥林匹亚科学院"：康拉德·哈比希特，莫里斯·索洛文，阿尔伯特·爱因斯坦。

(Underwood&Underwood/CORBIS)

照片 5

阿尔伯特·爱因斯坦于 1912 年,这是他在《物理学年鉴》(*Annus mirabilis*)发表了 5 篇文章(包括光电效应的量子解释和他的狭义相对论)7 年之后。

(Bettmann/CORBIS)

照片6　　1911年10月30日—11月3日，布鲁塞尔第一次索尔韦会议，关于量子论的最高级会议

从左到右坐着的：沃尔特·能斯脱、马塞尔—路易斯·布里渊、厄恩斯特·索尔韦、亨得里克·洛伦兹、埃米尔·华宝、让·佩兰、威廉·维恩、玛丽·居里、亨利·庞加莱。

从左到右站立的：罗伯特·B.戈尔德施密特、麦克斯·普朗克、海因里希·鲁本斯、阿诺德·索末菲、弗雷德里克·林德曼、莫里斯·德布罗意、马丁·克努森、弗里德里希·哈泽内尔、G.霍斯特莱特、E.赫尔芩、詹姆斯·金斯爵士、欧纳斯特·卢瑟福、海克·卡末林—昂内斯、阿尔伯特·爱因斯坦、保罗·朗之万。

（照片由本杰明·库普里拍摄，索尔韦国际物理研究所，courtesy AIP Emilio Segre Visual Archives）

照片 7

尼尔斯·玻尔，丹麦金童，将量子引进原子中。此照片摄于 1922 年，这一年他获得诺贝尔奖。

（Emilio Segre Visual Archives，W.F.梅格斯文集）

照片 8

欧纳斯特·卢瑟福，具有超凡魅力的新西兰人，他不断进取的风格鼓励玻尔在哥本哈根按照同样的方法创建了自己的研究所。卢瑟福学生中的 11 位获得了诺贝尔奖。

（API Emilio Segre Visual Archives）

照片 9

1921 年 3 月 3 日，理论物理研究所正式成立，这个研究所通常叫做玻尔研究所。

（尼尔斯·玻尔档案，哥本哈根）

照片 10

在 1930 年布鲁塞尔第六次索尔韦会议期间，爱因斯坦和玻尔走在一起，他们肯定是在讨论爱因斯坦的光盒，爱因斯坦暂居上风，这让玻尔担心，如果爱因斯坦的想法被证明是正确的，物理学就完蛋了。

（照片由保罗·埃伦费斯特拍摄，courtesy AIP Emilio Segre Visual Archives, 埃伦费斯特文集）

照片 11

在 1930 年第六次索尔韦会议之后的某个时间，爱因斯坦和玻尔在保罗·埃伦费斯特的家中。

（照片由保罗·埃伦费斯特拍摄，courtesy AIP Emilio Segre Visual Archives）

照片 12

路易·德布罗意王子，法国上流贵族家庭的一位成员，他敢于问一个简单的问题：如果光波的行为可以像粒子，那么像电子这样的粒子的行为可以像光波吗？

（courtesy AIP Emilio Segre Visual Archives，Brittle Books Collection）

照片 16

沃纳·海森堡,时年 23 岁,两年后他取得了量子理论历史上最重大的和影响最深远的成就——测不准原理。

(AIP Emilio Segre Visual Archives/Gift of Jost Lemmerich)

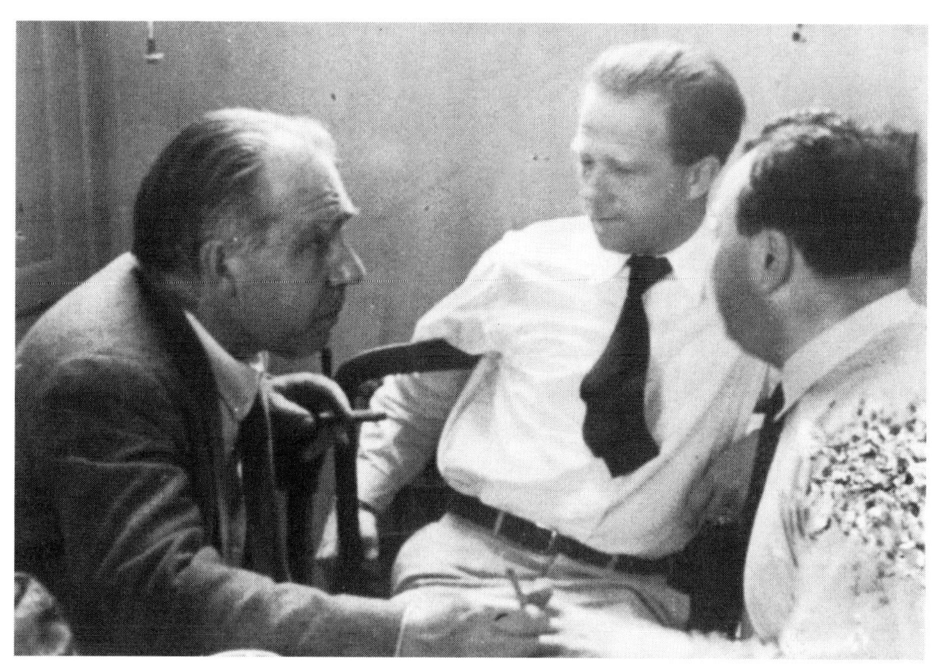

照片 17

20 世纪 30 年代中期,玻尔与海森堡和泡利在玻尔研究所午餐中间,一边吃一边进行深入的讨论。

(尼尔斯·玻尔研究所,courtesy AIP Emilio Segre Visual Archives)

照片 18

性格文静的英国人,保罗·狄拉克,他调和了海森堡的矩阵力学和薛定谔的波动力学。

(AIP Emilio Segre Visual Archives)

照片 19

埃尔温·薛定谔,他发现波动力学被描述为是“姗姗来迟的情欲大爆发”的产物。

(AIP Emilio Segre Visual Archives)

照片 20

从左到右:海森堡的母亲、薛定谔的妻子、狄拉克的母亲和狄拉克、海森堡、薛定谔在斯德哥尔摩火车站,1933 年。这一年薛定谔和狄拉克分享诺贝尔奖,海森堡获得延期的 1932 年的诺贝尔奖。

(AIP Emilio Segre Visual Archives)

照片 21
阿尔伯特·爱因斯坦坐在家中到处是书籍的书房里，普林斯顿，1954 年。
（Bettmann/CORBIS）

照片 22
玻尔在他书房黑板上画的最后一张图，那是在 1962 年 11 月他去世前一天的晚上画的，画的是爱因斯坦 1930 年的光盒。一直到最后，玻尔和爱因斯坦都进行着有关量子力学和现实世界性质的争论。
（AIP Emilio Segre Visual Archives）

照片 23
戴维·玻姆,他曾提出一个替代的哥本哈根解释,拒绝众议院非美活动委员会法庭开庭审问他是不是共产党成员。
(国会图书馆,纽约 World-Telegram and Sun Collection,courtesy AIP Emilio Segre Visual Archives)

照片 24
约翰·斯图尔特·贝尔,爱尔兰物理学家,他发现了爱因斯坦和玻尔没有发现的一个定理,能够决定他们两个对立的哲学世界观的对错。
(CERN, Geneva)

Part Ⅱ

Boy Physics

第二部分

小伙子的物理学

“现在的物理学又陷于一种非常混沌的状态;无论如何,对我来说它太复杂了。我真希望我从事的是喜剧演员或类似的职业,和物理毫不相干。”

——沃尔夫冈·泡利

“对于薛定谔理论的物理部分,我想得越多,我就越觉得它让人反感。薛定谔理论关于直观性的那部分叙述恐怕不完全正确,换句话说,恐怕是废话。”

——沃纳·海森堡

“如果这整个该死的量子跃迁真的就这样停滞不前了,我应该为曾经研究过量子理论感到悲哀。”

——埃尔温·薛定谔

Chapter 7
Spin Doctors

第 7 章
“旋转博士”发现自旋

“对这个领域的理解力、熟练的数学推导能力、对物理学深刻的洞察力、使问题明晰的能力、系统的表述、对语言的把握、对该问题的完整处理和对其评价,是任何一个人都会感到羡慕的。”毫无疑问,爱因斯坦为那个他刚刚审阅过的那篇“成熟的构思,宏伟的文章”感到震撼。让他难以相信的是,这份带有 394 个脚注的共 237 页的相对论文章,出自一位 21 岁的年轻物理学家之手。在应邀撰写这篇文章的时候,这位物理学家还只是一名年仅 19 岁的学生。他就是沃尔夫冈·泡利(Wolfgang Pauli)。泡利虽然为人刻薄,语言尖锐,以至于后来人们送了他一个绰号叫“上帝的鞭子”,但他同时又被认为是一位只有爱因斯坦可与之媲美的天才物理学家。他曾为其担任过助手的物理学家马克斯·玻恩说过:“的确,从纯科学的角度来看,他甚至比爱因斯坦还伟大。”(照片 13)

量子理论

沃尔夫冈·泡利(Wolfgang Pauli),于 1900 年 4 月 25 日出生在维也纳。那时的维也纳,一边安享着美好的时光,一边却还沉浸在 19 世纪末那种典型的焦虑情绪中。他的父亲与其同名,是一名内科医生,却放弃了医学投身科学,还把姓从 Pascheles 改为 Pauli(泡利)。由于担心排犹主义的浪潮会威胁到他的学术前途，他后来改信了天主教，直到这时，他的“转化”才算完成。他的儿子长大了，却对家族的犹太血统毫无察觉。小沃尔夫冈上大学时，被一位同学指出他必定是犹太人。对此，他大吃一惊。“我？不，不。没人告诉过我这个，我不信我会是犹太人。”在后来探望家人期间，他从父母那儿得知了真相。他的父亲认为作出这个同化的决定是正确的。在1922年，老沃尔夫冈从维也纳大学那里得到了一个让人眼红的教授职位，并在一个新成立的医药化学研究所担任所长。

泡利的母亲名叫贝莎（Bertha）。她是一位著名的维也纳记者和作家。她拥有庞大的社交圈子。这意味着沃尔夫冈和比他小6岁的妹妹赫莎（Hertha）对家中出现的文学家、科学家和医生早已习以为常。贝莎是一个和平主义者和社会主义者，这对泡利的影响非常大。第一次世界大战历时四年，这期间，泡利度过了他性格成型的青少年时期。一位朋友回忆说：“他对一战的厌恶情绪越来越强，以至于他对整个制度也产生了强烈的反抗情绪。”1927年11月，贝莎在她49岁生日的前两周去世了。在维也纳《新自由快报》（*Neue Freie Presse*）发布的一个讣告中，贝莎被描述为“奥地利妇女中少见的具有真正坚强个性的人”。

泡利在学术上具有独特的天赋，但远非一个模范学生。在他看来，学校的权威并非是不可挑战的。他开始通过私人物理补习这一方式来弥补课堂上所学的不足。不久，在某一次沉闷无比的授课让他感到百无聊赖时，他把爱因斯坦关于广义相对论的论文藏在课桌下开始偷偷地阅读。奥地利著名物理学家和哲学家恩斯特·马赫（Ernst Mach）是他的教父。这使得物理学在他年轻的生命中占有格外突出的地位。尽管泡利后来与爱因斯坦和玻尔等人一起工作并结下友谊，他始终认为与马赫的接触（他最后一次见到马赫是在1914年夏天）是“我学术生命中发生过的最重要的事情”。

1918年9月，泡利离开了被他称之为“精神沙漠”的维也纳。当时，奥匈帝国接近垮台，维也纳过去的荣耀正在褪色，维也纳大学也缺乏一流的物理学家，这正是他所悲叹的一点。世界上的任何地方他几乎都可以去，但他最后却去了慕尼黑，在阿诺德·索末菲（Arnold Sommerfeld）手下攻读博士学位。泡利来时，阿诺德·索末菲已经在慕尼黑大学研究了12年的理论物理学，他刚刚拒绝了维也纳那边提供的一个教授职位。从1906年开始，索末菲就着手创建一个研究所，并试图将其打造为理论物理学的“苗圃”。这个研究所在规模上不会像玻尔不久之后在哥本哈根创建的那个研究所那样大。它只有四个房间：索末菲的办公室、一个大讲堂、一个研讨室和一个小型图书馆。在地下室中还设有一个大型实验室。1912 年,就在这个实验室里,马克斯·冯·劳厄对 X 光是短波电磁波这一理论进行了检验和确认。这一事件迅速让“苗圃”赢得了人们的重视。

索末菲是一位杰出的导师。他总是可以掌握一些神秘的诀窍来为他的学生设置一些问题。这些问题既可以测试他们的能力,但又不会超出他们的能力。在指导过众多才华横溢的年轻物理学家之后,索末菲很快就发现泡利拥有罕有的天赋和卓越的前程。他不是一个特别容易对别人留下深刻印象的人,但却被泡利打动了。就在 1919 年 1 月,在泡利离开维也纳之前,他撰写的一篇关于广义相对论的论文刚刚得到出版。在索末菲的“苗圃”里,泡利这位刚入学的一年级博士生,还不满 19 岁,却已经被他人看做是一位相对论专家。

泡利很快就一炮打响。他有些担心,因为他对一些新的纯猜测性的想法常常给予一针见血的尖锐批评。因为他总是坚持毫不妥协的原则,以至于后来有些人称他为“物理学的良知”。他身材敦实,眼睛突出,看上去简直像是一个不折不扣的物理学“佛爷”,但他说话却尖酸刻薄,毫不饶人。每当他沉思时,总是无意识地前后摇晃。人们普遍认为,他对物理学直觉式的理解在他的同代人中无人能及,甚至连爱因斯坦都无法超越他。他对自己的研究工作比对他人的更为苛刻。有时泡利对物理学和某些物理问题的认识过于深入,以至于影响了他创造力的自由发挥。如果他的想象力和直觉能够得到更为自由的发挥,也许他能够做出更多的发现。事实上,那些在天资上稍逊于他的同事能够更为无拘无束地发挥他们的想象力和直觉,因此在科学发现上取得的成就比他更大。

只有在索末菲面前,泡利才会客客气气并始终保持着谦逊的态度。作为一位著名的物理学家,不论何时,只要泡利发现他从前的导师索末菲在场,这位被称为“上帝的鞭子”的物理学家总是会谦逊地回答“是,教授先生”和“不是,教授先生”。这让那些已经准备好迎接他尖刻批评的物理学家们惊讶不已。他们几乎不能相信,这就是那位曾经毫不留情地对一位同事说:“我并不在意你思维的迟钝,但我反对的是你发表文章的速度比你思考的速度还快。”曾经在另外一个场合,在谈到他刚刚读过的一篇论文时,他说,“它连错误都算不上。”他对任何人都不放过。当他还是一个学生时,就曾在坐满人的大讲堂里说:“你知道,爱因斯坦所说的还没那么蠢。”坐在前排的索末菲不会容忍其他学生发表这类言论。但另一方面,他也知道,他们中没有人会那么说。在评价物理学时,即使在爱因斯坦面前,泡利也非常自信、毫无拘束。

很显然,索末菲极为器重泡利,一个明显的标志就是索末菲请他帮忙为《数学科学百科全书》写一篇关于相对论的专业论文。索末菲答应完成《德国大百科全书》第五卷物理部分的编辑工作。他原本想请爱因斯坦来完成相对论部分的内容,在遭到拒绝后,他决定自己来写,但又发现几乎没有时间去完成这项工作。于是他找到了泡利,请后者来帮忙完成。当索末菲看到泡利的初稿时,他认为"这篇文章是如此的深刻和成熟,不需要我再提出任何的修改意见"。这篇文章不仅对狭义相对论和广义相对论的基本思想作出了精妙无比的解释,还针对当时所有关于相对论的研究文献进行了一番才华横溢的综述。在长达几十年的时间里,这篇文章都是该领域的经典文献之一,并得到了爱因斯坦的衷心赞扬。泡利写这篇文章是在 1921 年,正是他获得博士学位两个月之后。

在他的学生时代,泡利喜欢泡在咖啡馆或是其他类似的地方欣赏慕尼黑的夜生活,然后回到他的住所继续工作到深夜。第二天早上他几乎不怎么去上课,到将近中午时分才起床。但是索末菲的课他却很少漏掉,其结果就是他被量子物理学的神秘深深吸引住。"当我第一次听到玻尔关于量子理论的基本假定时,就像其他习惯于传统思维方式的物理学家一样,我也惊呆了。"30 多年后,泡利回忆起这一段时,曾这样说。但是他迅速地克服了这种情绪,并着手准备撰写博士论文。

索末菲给泡利布置了一项任务,就是让他把玻尔的量子定律和他自己的改良理论应用于电离氢分子。在这种氢分子中,构成分子的两个氢原子中的一个电子已经被剥离出来。不出所料,泡利给出了一个在理论上无懈可击的分析。唯一的问题是他的结论和实验数据不符。理论和实验之间的差距让早已习惯成功接踵而来的泡利非常失望。然而,人们认为他的论断已经成功证明了玻尔-索末菲量子原子已经达到其极限值这一点。量子物理学和传统物理学之间的结合方式总是不尽如人意,现在泡利已经证明玻尔-索末菲模型连电离氢分子的研究问题都解决不了,更不用说是去研究更为复杂的原子。1921 年 10 月,在获得博士学位之后,泡利离开慕尼黑去了哥廷根,在那里为理论物理学家玻恩教授担任助手。

马克斯·玻恩时年 38 岁。他是量子物理学未来发展史上的关键人物。6 个月之前,他刚刚从法兰克福来到哥廷根大学所在的小镇上。他在德国布雷斯劳长大,当时那儿还是普鲁士西里西亚省的省会。最初吸引玻恩的是数学,而不是物理。就像泡利的父亲一样,他的父亲古斯塔夫(Gustav)是一位受过高等教育的医生和学者。玻恩被布雷斯劳大学录取时，作为胚胎学教授的父亲建议儿子不要过早地选定专业。遵照父亲的建议，玻恩在上完物理学、化学、动物学、哲学和逻辑学之后，才决定专门研究天文学和数学。他后来还曾在海德堡大学和苏黎世大学学习过。他毕业于1906年，并获得了哥廷根大学的数学博士学位。

紧接着他开始了为期一年的义务兵役，却因为犯了哮喘很快就结束了。随后他上了剑桥大学，作为一名高年级学生在那里待了6个月。其间，他还去听了J. J. 汤姆生的讲课。玻恩后来回到了布雷斯劳开始实验工作。但不久他就发现，即便只是作为一名合格的实验人员，他都不具备条件，因为他既没有耐心也没有技术。在那之后，玻恩转行学了理论物理学。经过努力，在1912年他成为了蜚声世界的哥廷根大学数学系的一名无薪水讲师。在那里，人们认为"对于物理学家来说，物理学太难了"。

通过运用数学技巧，玻恩成功地解决了一连串的问题。大部分的物理学家都还不知道这些技巧。在1914年，柏林大学破例向他提供了一个教授职位。就在第一次世界大战爆发前不久，另一位新来者到达了德国的科学中心，他就是爱因斯坦。很快，对音乐的爱好让这两人结下了深厚的友谊。当战争来临时，玻恩被召去服兵役。担任了一段时间的空军报务员，自那以后至战争结束，他一直在部队进行火炮方面的研究。幸运的是，由于部队驻地就在柏林附近，这样他就能够参加大学的研讨班、德国物理学会的集会以及在爱因斯坦家举办的音乐晚会。

一战结束后，1919年春，马克斯·冯·劳厄——当时还是法兰克福大学的一名普通教授——向玻恩提议他俩互换工作职位。1912年，劳厄发现了晶体的X射线衍射现象，并因此获得了1914年的诺贝尔物理学奖。他希望和普朗克一起工作。后者曾担任过他的博士导师，深受他的敬重和景仰。在爱因斯坦的支持下，玻恩"肯定地接受"了这一提议，因为这个互换意味着他得到了一个正教授的职位，可以独立地进行研究工作。不到两年，他又去了哥廷根大学，主持该大学理论物理学研究所的工作。这个研究所只有一个助手、一个兼职秘书和一个小房间。但玻恩决心以这种艰苦的环境为起点，将研究所发展壮大，来同索末菲在慕尼黑主持的研究所一争高下。他将沃尔夫冈·泡利列为他希望搜罗到的优先人选之一，并认为其是"近年来物理学领域涌现的最杰出天才"。玻恩之前曾经试着说服泡利加入他的研究所，却遭到了拒绝，因为泡利希望留在慕尼黑完成他的博士学位。这一次玻恩成功了。

“泡利现在担任我的助手；他极为聪明，非常能干。”玻恩在给爱因斯坦的信中这样写道。很快他发现，他雇用的这名助手有他自己的行事方式。泡利也许是才华横溢的，但是他会花很多时间去深入地思考问题，并总是习惯于工作到深夜，很晚才上床睡觉。每当玻恩无法赶去上11点的课时，他只能让女仆在十点半去叫醒泡利，以便让泡利去代他上课。

很显然，从一开始泡利就只是名义上的“助手”。玻恩后来承认，尽管泡利的生活豪放不羁，从不守时，但他从这个“小毛孩”那儿学到的东西仍然要比泡利从自己这儿学到的还要多。1922年4月，泡利去了汉堡大学担任助教。他的离去让玻恩黯然神伤。离开几乎无法忍受的安静小镇生活，回到大城市喧闹的夜生活，并不是泡利迅速离去的唯一原因。无论是解决哪一类物理问题，泡利为了寻求逻辑上天衣无缝的论据，总是非常看重自己的物理直觉，而玻恩更喜欢求助于数学，并让数学来主导研究工作。

两个月后，也就是1922年6月，泡利回到哥廷根大学来听著名的玻尔系列演讲，并第一次遇见了这位伟大的丹麦人。玻尔对泡利印象尤为深刻，他问泡利是否愿意到哥本哈根为其担任一年的助手，并帮助他编辑一些正要用德语出版的文章。这个邀请让泡利大吃一惊。“我接受了他的邀请，这种初生牛犊不怕虎的勇气只有在年轻人身上才能看到。‘我几乎没想过将来你对我的那些科学上的要求会给我造成任何困难，但是要学一门像丹麦语那样的外语远远超出了我的能力范围。’1922年秋天去了哥本哈根后，我上述的两个论点都被证明是错误的。”他后来认为，这也是他生命中的一个新阶段的起点。

在哥本哈根大学，除了担任玻尔的助手之外，泡利还试图去解释“反常”塞曼效应。玻尔-索末菲模型无法解释原子光谱的这一特性。如果原子处于强磁场中，那么原子的光谱线就会出现分裂。洛伦兹的研究不久就表明，传统的物理学认为，一条谱线会分裂为两条或三条线：这种现象被称为“正常”塞曼效应，而玻尔的原子模型无法解释这一现象。[54] 幸运的是，索末菲设定了两个新量子数，经过改良的量子原子可以解决这一问题。它涉及到一系列的新定律，电子以三个“量子数”n、k 和 m 为基础，从一个轨道（或能级）跃迁到另一个轨道（或能级）。这三个量子数分别反映了轨道的大小、形状和指向的方向。但是很快人们就发现，氢光谱中的红色阿尔法线的分裂比预计的要小。有些谱线实际上分解成四重线或更多线，而不仅仅是两条或三条。情况越来越糟糕了。

虽然因为额外的谱线无法用现有的量子物理学或经典物理学来解释，所以叫做“反常”塞曼效应，事实上这种“反常”效应远比“正常”效应普遍。对于泡利来说，这正是由于“迄今为止那些物理原理自身存在的缺陷所导致的”。他认为自己有必要去纠正这种糟糕的状况，但却没有能力为这种现象给出一个合理的解释。“迄今为止我都是完全错误的。”在1923年6月给索末菲的信中，他这样写道。泡利后来承认，这个问题一度让他焦头烂额，非常绝望。

一天，研究所的另一名物理学家在哥本哈根街头散步时碰到了他。“你看起来闷闷不乐。”这位同事对他说。泡利回答说：“如果一个人解释不了‘反常’塞曼效应，他怎么可能高兴得起来？”利用特别规则来描述原子光谱的复合结构，对于泡利来说简直是一种无法忍受的行为。他想要为这种现象找到一种更为深刻和基本的解释。他认为，问题的部分症结在于玻尔的化学元素周期表理论中涉及到的假定。这个假定是否确切地描述了原子内电子的正确排列？

到了1922年，物理学界认为，玻尔-索末菲模型中的电子是在三维的“外壳”中运动的。这些不是实际的壳，而是原子内部的能级，电子就围绕这些能级聚集在一起。玻尔的这个新电子壳层模型建立在一个重要的基础之上，即那些所谓的惰性气体（氦气、氖气、氩气、氪、氙和氡）具有稳定性。[55]它们的原子序数分别为2、10、18、36、54和86。要想使任何惰性气体原子离子化，需要较高的能量来剥离电子并将它变成一个正离子。此外，这些惰性气体原子还很难和其他的原子通过化学反应形成化合物。因此，这些原子的电子组态极其稳定并且是由“闭合的壳”组成的。

惰性气体的化学特性与元素周期表上排在它们前面的元素氢及包括氟、氯、溴、碘和砹在内的卤族元素形成了鲜明的对比。这些元素的原子序数分别为1、9、17、35、53和85，所有这些元素很容易形成化合物。与化学上不活跃的惰性气体不同的是，氢和卤族元素可以同其他原子结合，因为在此过程中它们获得了另一个电子，这样它们最外层的电子壳中的单空位就被填满。通过这种方式形成的负离子，具有一个完整的或是称为“闭合”的电子壳层，并获得惰性气体原子那样的非常稳定的电子排布。同卤族元素相似的是，碱金属，如锂、钠、钾、铷、铯和钫，在形成化合物时很容易丢失电子，这样就形成了正离子，并具有惰性气体那样的电子分布。

这三组元素的化学特性在某种程度上导致玻尔得出这样一个假定，即元素周期表中的每个元素的原子，是由前一个元素通过在其外电子壳层中增加一个电子的方式形成的。元素周期表中每一行的最后一个元素都是惰性气体元素，该元素的外电子壳层是满的。只有闭合壳层外的电子，也就是价电子，才能参与化学反应，因此带有同样数量价电子的原子具有类似的化学特性，并在元素周期表中排在同一列。卤族元素的外壳都有 7 个电子,只需要加一个电子就能形成闭合壳层,形成只有惰性气体才具有的电子组态。反之,碱金属都只有一个价电子。

1922 年 6 月,玻尔在哥廷根作系列演讲的时候,泡利听到的就是玻尔的这些想法的一个大概。索末菲对壳层模型这个提法赞不绝口,他认为这是"自 1913 年以来原子结构学的最大进步"。如果他可以用数学的方式对元素周期表中的每一排元素进行重建,将它们以数字 2、8 和 18……的形式表现出来,他告诉玻尔,这将是"物理学上最大胆想法的实现"。的确,新的电子壳层模型并没有严密的数学推理来作为支撑。甚至卢瑟福都想告诉玻尔,他正在努力"搞明白你是如何得出这个结论的"。不过,作为一位有名望的物理学家,玻尔的想法必须得到重视,特别是在他于 1922 年 12 月的诺贝尔颁奖典礼上,宣布原子序数为 72 的未知元素——后来被称为铪——不属于稀土元素组之后,因为他这个关于铪的判断后来被证明是正确的。然而,玻尔的壳层模型背后并没有精密的结构原理或标准来给予支持。它不过是一次巧妙的"即席创作"。其基础就是一系列的化学数据和物理数据。这些数据可以在某种程度上解释元素周期表中各种元素分类的化学特性。它最大的成功之处在于对铪的正确判断。

当泡利因为与研究所的合同期满而离开哥本哈根时,他还在为反常塞曼效应和电子壳层模型的不足之处感到焦虑。1923 年 9 月,他返回了汉堡。接下来的那一年,他从助手升任无薪助教一职。由于去哥本哈根很近,只需要坐上一小会儿火车再搭船横跨波罗的海,泡利还是经常会回玻尔的研究所去看看。最后,他得出一个结论,只有当对一个既定的壳中的电子数量作出限制时,玻尔的模型才能解释反常塞曼效应这一现象。否则,它就会得出与原子光谱结果相反的结论,似乎没有什么可以阻止任何原子中的所有电子去具有同样的能态和同样的能级。1924 年末,泡利发现了一个基本组织原理,即"泡利不相容原理"。这个原理为玻尔凭经验想出的电子壳层原子模型所未能解释的现象提供了合理的解释。

剑桥大学有一位名叫埃德蒙多·斯托纳(Edmund Stoner)的研究生,35 岁了,仍在卢瑟福手下攻读博士学位。1924 年 10 月,他的论文《原子能级中的电子分布》刊发在《自然科学》杂志上。这篇文章认为,碱金属原子的最外面的电子或价电子可以选择的能态,和在周期表中紧随该元素其后的第一个惰性气体的最后闭合壳层中的电子数量一样多。例如,锂的价电子可以具有 8 个能态中的任何一个,这个数量恰好和氖气闭壳层中的电子数目是相同的。斯托纳的想法意味着,一个既定的主量子数 n 对应着一个玻尔电子壳层。当这个电子壳层所包含的电子数目达到了它可能可以达到的能态数量的两倍时,这个电子壳层就是完全充满的,也就是“闭合”的。这给了泡利很大的启发。

如果原子中的每个电子具有一定的量子数 n、k 和 m,并且各组数字代表了不同的电子轨道或能级,那么根据斯托纳的说法,比如说 $n=1$、2 和 3 时,可能形成的能态的数量将为 2 个、8 个和 18 个。第一个壳 $n=1$、$k=1$、$m=0$。这就是三个量子数可能具有的唯一值,并且它们代表了能态(1,1,0)。但是按照斯托纳的说法,如果第一个壳包含 2 个电子,那么它就会闭合,其可用的能态就是 1 个。如果 $n=2$,那么就会出现 $k=1$ 和 $m=0$,或 $k=2$ 以及 $m=-1,0,1$ 这两种情况中的任一种。因此在第二个壳中,可能会具有四组量子数。这个数量也就是价电子和其可以具有的能态数量:(2,1,0)、(2,2,-1)、(2,2,0)、(2,2,1)。因此,壳 $n=2$ 饱和时可以容纳 8 个电子。壳 $n=3$ 可以具有 9 种能态:(3,1,0)、(3,2,-1)、(3,2,0)、(3,2,1)、(3,3,-2)、(3,3,-1)、(3,3,0)、(3,3,1)、(3,3,2)。[56]使用斯托纳的定律,壳 $n=3$ 最多可以包含 18 个电子。

泡利已经看过了 10 月份发行的《自然科学》杂志,但他没注意到斯托纳的论文。索末菲在他的《原子结构和谱线》第四版教科书的序言中提到斯托纳的文章后,尽管泡利并不喜欢运动,他还是马上跑到图书馆去把这篇文章找出来读。泡利意识到,对于一个既定的 n 值来说,一个原子中的可用能态的数目 N,相当于量子数 k 和 m 可以具有的可能值,并且等于 $2n^2$。斯托纳的定律为元素周期表中每一排的元素给出了正确的数列 2、8、18、32……。可是,为什么闭合壳层中的电子数目是 N 或 n^2 值的两倍?泡利找到了答案——第四个量子数必须指定给原子中的电子。

与 n、k 和 m 这几个数字不同的是,泡利的新数字只能有两个值,因此他把它称为二值性(*zweideutigkeit*)。正是这个“二值性”(two-valued)使电子能态数量增加一倍。之前只有一个单能态,带有一组三个量子数,n、k 和 m,现在有二个能态:n、k、m、A 和 n、k、m、B。这些能态解释了反常塞曼效应的费解的光谱线分裂。具有“二值性”的第四个量子数帮助泡利发现了不相容原理,自然界中一个伟大的规律:一个原子不能容纳运动状态完全相同的电子。

一个元素的化学特性,不是由原子中的电子总数来决定的,而仅仅是由价电子的分布来决定的。如果原子中所有的电子拥有最低能级,那么所有的元素都将具有同样的化学特性。

正是泡利的不相容原理,解决了玻尔的新原子模型中电子壳层的占用问题，并解释了为什么这些电子壳层不会全部聚集在最低的能级水平上的现象。不相容原理为元素周期表中的元素排列和惰性气体的电子壳层闭合提供了根本解释。然而，即便是这样，泡利还是在他刊发于1925年3月21日《物理学杂志》上的论文中承认："就原子中电子组的闭合和光谱的复合结构之间的联系这一点，我们还尚未能够为这一原理给出更为精确的理由。"

为什么需要四个量子数，而不是三个来确定原子中电子的位置？这是个神秘的现象。自从玻尔和索末菲提出经典的模型理论以来，人们已经普遍认为，原子中的电子围绕原子核做三维轨道运动，因此需要三个量子数来描述其运动。泡利的第四个量子数的物理基础又是什么呢？

1925年夏季快结束的时候，两名荷兰研究生塞缪尔·古德斯米特和乔治·E.于伦贝克意识到，泡利提出的"二值性"的特性不仅仅是另一个量子数。三个已有的量子数 n、k 和 m 分别确定了轨道中电子的角动量、轨道的形状及其空间定向。与之不同的是，"二值性"是电子的固有特性，古德斯米特和于伦贝克将此特性称之为"旋转"。[57]这个名字取得不怎么好，容易让人联想起旋转物体的影像。但是电子"旋转"是一个纯粹的量子概念，可以解决原子结构理论中一些仍然困扰着人们的问题，同时可以为不相容原理从物理学角度提供证明。

量子理论

乔治·E.于伦贝克(George Uhlenbeck)，时年24岁，在罗马为一位荷兰大使的儿子担任家庭教师。他从莱顿大学获得物理学学士学位后，于1922年9月开始这个工作。他不希望成为父母的经济负担，因此担任家庭教师对他来说是一个绝佳的机会，以便他在攻读硕士学位时能够实现经济上的自立。自从正式课程结束之后，他所需要的知识大部分都是从书本中自学而来，只有在夏季才返回大学。1925年6月当他回到莱顿大学时，他不知道该不该继续攻读博士学位。于是他去拜访保罗·埃伦费斯特。在爱因斯坦选择再次去苏黎世大学执教后，亨德里克·洛伦兹于1912年辞去了他在莱顿大学的物理学教授职位，并指定埃伦费斯特为他的继任者。

埃伦费斯特1880年出生于维也纳。他曾是伟大的玻耳兹曼的学生。他的俄罗斯妻子塔莎娜(Together)是一位数学家。他们合作发表了一系列统计力学领域的重要论文，同时埃伦费斯特还相继在维也纳、哥廷根和圣彼得堡等地教授物理学。在作为洛伦兹继承人的20多年期间，埃伦费斯特将莱顿大学发展成为理论物理学的一个中心地，与此同时，他自己也成为该领域最重要的人物之一。他的出名之处在于可以毫不费力地将物理学中的艰深领域解释清楚，而不是因为他自己的任何原创理论。他的密友爱因斯坦后来称他为"我们这个行业中最好的老师"和一个"热情地专注于人——尤其是他的学生——的发展和命运"的人。正是对学生的这种关注，使得埃伦费斯特向正举棋不定的于伦贝克发出邀请，并为他提供了一个为期两年的助教职位。当时于伦贝克正准备攻读博士学位。事实证明，他对于这个邀请是无法抵抗的。只要一有机会，埃伦费斯特总是希望他手下年轻的物理学家能够合作研究，于是将于伦贝克介绍给了他的另外一名研究生塞缪尔·古德斯米特(Samuel Goudsmit)。

古德斯米特比于伦贝克小一岁半，当时已经发表了数篇原子波谱领域的论文，且广受好评。1919年于伦贝克来到莱顿大学后不久，古德斯米特也来了。于伦贝克称古德斯米特18岁时发表的第一篇论文是"最为狂妄的自信的表现"，但却是"相当可信的"。尽管于伦贝克存有这样的疑问，与一个像古德斯米特这样的天才横溢的年轻人合作可能会吓到其他人，但绝不会吓到于伦贝克。"物理学，"古德斯米特在生命临终前回忆说，"不是一种职业，而是一种召唤，就像诗歌创作、作曲或画画。"然而，他选择物理学的唯一原因却是他在学校时享受到了科学和数学的乐趣。正是埃伦费斯特为少年时期的古德斯米特点燃了对于物理学的真正热情。他为学生布置的作业涉及到分析和发现原子光谱的精密结构顺序。虽然古德斯米特并不是最勤奋的学生，他却具有一种与生俱来的神秘本领，那就是从经验数据中发现规律。(照片15)

于伦贝克从罗马回到莱顿后，古德斯米特每周在阿姆斯特丹花上三天时间在塞曼的光谱实验室工作。"和你在一起的问题就是我不知道该问些什么，你就知道谱线。"埃伦费斯特曾作过这样的抱怨。当时他正为给古德斯米特出考卷而焦急，因为那次考试已经推迟很久了。尽管埃伦费斯特担心于伦贝克在光谱学方面的天赋可能会影响到他作为物理学家的全面发展，他还是要求古德斯米特向于伦贝克讲授原子光谱的理论。在于伦贝克了解到最新的发展情况之后，埃伦费斯特希望这对合作伙伴对碱族元素的双重谱线进行研究——由于外部磁场的作用力出现的光谱线分裂。"他什么都不懂，他问的那些问题我从来没问过。"古德斯米特这么说。尽管存在这些不足之处，于伦贝克还是通晓经典物理学领域的，正是这个让他提出了一些让古德斯米特难以解答的深层次问题。正是在埃伦费斯特的激励和鼓舞之下,这两位年轻物理学家的组合才得以形成。这种组合确保了他们都能从对方身上学到东西。

1925 年的整个夏季,古德斯米特把他所有的谱线知识都教给了于伦贝克。有一天,他们讨论的是不相容原理。在古德斯米特看来,这个原理不过是给不合理的原子光谱这团乱麻带来一些秩序的另一个特定规则罢了。然而,于伦贝克却立即产生了某个想法,而这个想法之前却被泡利放弃了。

电子可以上下、前后和左右运动。这些不同的运动方式中的任意一个都被物理学家称为"自由度"。因为每个量子数都与电子的某个自由度相对应,于伦贝克认为泡利提出的新量子数必定意味着电子还有一个自由度。对于伦贝克来说,第四量子数意味着电子必须处于旋转状态。然而,在经典物理学中,旋转是一种三维运动。因此,如果电子以同样的方式自旋,就像地球绕着轴线转动一样,根本不需要第四个数的存在。泡利争论说,他提出的新量子数指的是某些"无法从经典物理学角度描述"的东西。

在经典物理学中,角动量和日常旋转可以指向任何方向。于伦贝克提出的是量子旋转——"二值"旋转:向"上"旋转或向"下"旋转。他将这两种可能的自旋态描述为电子绕原子核做圆周运动时沿一条垂直轴顺时针或逆时针旋转。在此过程中,电子会产生它自己的磁场,就像亚原子磁棒。电子会和外部磁场保持按相同方向或相反方向排列起来。最初,人们认为,如果一对电子中一个"向上"旋转,并且另一个"向下"旋转,那么任何电子轨道都可以容纳一对电子。然而,这两种自旋方向具有非常相似的但却不相同的能量,导致形成两个稍有不同的能级,进而导致出现碱族元素的双重线谱线——原子光谱中两条紧密排列的谱线,而不是一条。

于伦贝克和古德斯米特证明,电子自旋为 $+1/2$ 或 $-1/2$。这个值满足泡利关于第四量子数为"二值"的限制条件。[58]

到 10 月中旬时,于伦贝克和古德斯米特已经写出了一份只有一页纸篇幅的论文,并把它交给了埃伦费斯特。埃伦费斯特建议将论文上按照字母顺序的排名颠倒过来。因为古德斯米特已经发表了几篇颇受好评的原子光谱论文,埃伦费斯特担心读者们会认为于伦贝克只是个第二作者。古德斯米特同意了这个建议,因为"旋转"是于伦贝克想到的。但是对于这个概念本身合理与否的问题,埃伦费斯特并没有把握。他给洛伦兹写了封信,希望后者"就这个充满智慧的想法做个判断并给点建议"。

洛伦兹当时已届 72 岁高龄,早已退休并居住在荷兰哈莱姆,但他还是每隔一周去莱顿大学讲授一次课。某个星期一的早上，在课后，于伦贝克和古德斯米特遇见了他。“洛伦兹并没有泼我们的冷水，”于伦贝克回忆道，“他有点儿谨慎，说我们的想法很有趣，他会好好想想。”一周或两周后，于伦贝克得到了洛伦兹的结论，同时收到了厚厚一摞纸，上面写满了算式，结论就是反对他们所提出的旋转概念。洛伦兹指出，自旋电子表面上的一个点将比光速还快。而这早就被爱因斯坦的狭义相对论否定了。这时又发现了另一个问题，碱族元素双重线的间隙（使用电子自旋这一概念）预测的结果是测定值的两倍。于伦贝克叫埃伦费斯特不要向外寄出论文。太迟了，他已经给某个期刊寄去了。“你们都很年轻，犯点错没关系。”埃伦费斯特安慰他说。

11 月 20 日，这篇论文被发表了，玻尔对它抱有深深的怀疑。12 月，在莱顿有一个为纪念洛伦兹获得博士学位 50 周年而举行的庆典活动，玻尔也去参加了。当他乘坐的列车缓缓驶入汉堡时，泡利正等在车站站台上。他问玻尔，对于电子自旋这个概念有什么看法。这个概念“非常有趣”，玻尔这样说道。这个毫无新意的评价意味着，在他看来，电子自旋这个概念是错误百出的。他问道，在带正电荷的原子核的电场中运动的电子怎么能受到磁场的作用，要知道只有在这种磁场的作用下才能产生某种精细结构。当玻尔抵达莱顿的时候，有两个人正在车站急不可耐地等待着他：爱因斯坦和埃伦费斯特。他们想知道玻尔对于电子自旋这一概念到底是怎么看的。

玻尔大致叙述了他在磁场这方面的不同意见。当埃伦费斯特说爱因斯坦已经借助相对论解决了这一问题时，他非常惊讶。玻尔后来承认，爱因斯坦的解释，“彻彻底底地把问题说清楚了”。他现在确信，任何关于电子自旋的遗留问题不久都将得到解决。洛伦兹的反对意见是建立在经典物理学的基础之上的，在这方面他是专家。然而，电子自旋是一个量子概念。因此，这个问题并不像它一开始表现的那么严重。英国物理学家莱威林·托马斯（Llewllyn Thomas）解决了第二个问题。他证明，正是由于在计算绕原子核做相对轨道运动的电子时出现了误差，才出现双重线分离中的二倍的额外系数。“自那以后，我就深信不疑，我们在这一问题上遇到的不幸困境即将结束。”在 1926 年 3 月，玻尔这样写道。

在玻尔回国的途中，他遇到了更多的物理学家，他们都渴望听听他对量子自旋的看法。当他乘坐的列车在哥廷根停下时，沃纳·海森堡和帕斯库尔·约当（Pascual Jordan）一起，早已等候在车站站台。海森堡几个月前刚刚结束作为玻尔助教的任期。玻尔告诉他们，电子自旋是一个伟大的进步。然后他继续前行,去柏林参加为纪念普朗克于1900年12月14日为德国物理学会所作的那场著名演讲而举办的25周年活动。那一天,普朗克在德国物理学会宣读了《关于正常光谱的能量分布定律的理论》,这一天也成了量子论的诞生日。泡利早已在车站等候多时,他是专门从汉堡赶过来再一次向这位丹麦人提问的。正如泡利曾担心过的,玻尔已经改变了看法,现在他全心全意地支持电子自旋这个概念。在试图说服玻尔放弃支持这一概念而未能成功之后,泡利将量子自旋称为“哥本哈根的新异端邪说”。

一年前,他曾经反对过电子自旋这个想法。当时,一位21岁的德裔美国人拉尔夫·克罗尼格(Ralph Kronig)首先提出了这一概念。在获得哥伦比亚大学的哲学博士学位之后,克罗尼格曾花了两年时间陆续访问了欧洲一些最顶尖的物理研究中心。1925年1月9日他到达了图宾根,接下来就在玻尔的研究所待了10个月。他对反常塞曼效应很感兴趣。当阿尔弗雷德·朗德(Alfred Landé)告诉他泡利第二天会来时,他非常兴奋。在他将论文寄去发表之前,他去找朗德谈了他对不相容原理的看法。朗德曾经师从索末菲,并担任过玻尔在法兰克福的助教,深受泡利的尊重。朗德给克罗尼格看了泡利于当年11月份写给他的一封信。

在泡利的一生中,他曾写过数千封书信。随着他声名的远扬,和他通信的人越来越多。他的信得到了人们的高度赞誉,并广为传阅和学习。对于玻尔这样亲眼见识过泡利那尖酸刻薄却智慧过人的头脑的人来说,泡利给他来信真可算是一件大事了。他会把信塞到他的夹克上衣口袋里,一连好几天都带在身上,逢人就拿出来展示,即使那人只是对泡利分析的问题略有兴趣。在给泡利回信的时候,玻尔会进行一番假想中的对话,好像泡利就坐在他面前抽着烟斗一样。“也许我们所有的人都害怕泡利,但我们并没有怕他怕得不敢承认这个事实。”有一次他曾经开玩笑地当众这样声称。

克罗尼格后来回忆说,当他在读泡利写给朗德的信的时候,他的“好奇心被激发了”。泡利在信中声称,有必要将原子内部的各个电子都用一组四个量子数来加以标志,并简要陈述了这样做的好处。克罗尼格马上就开始考虑,该如何从物理学的角度来解释第四个量子数,并产生了电子绕轴自旋这一想法。他很敏锐地意识到电子自旋这一概念所面临的各种困难。然而,他也发现这一概念是“一个让人着迷的想法”。接下来的时间里,克罗尼格一直在研究这个理论,并进行着数学计算。他所计算出的内容很大程度上也就是于伦贝克和古德斯米特将在11月所宣布的内容。当他向朗德解释这一发现时,两个人都迫不及待地等待着泡利的到来,并期望着得到他结论性的赞许。当泡利毫不留情地对电子自旋这一概念加以嘲笑时,克罗尼格大吃一惊。泡利说:“这绝对是一个很聪明的想法,但事实并不是这样的。”泡利对这个概念所持的反对态度是如此旗帜鲜明,朗德试着去接受这个打击:“是的,如果泡利这么说,那么一定是我们弄错了。”于是灰心丧气的克罗尼格放弃了这一想法。

后来,当电子自旋这个概念迅速得到人们的肯定时,无法抑制愤怒的克罗尼格于 1926 年 3 月给玻尔的助教亨德里克·克拉莫斯(Hendrik Kramers)去了一封信。他提醒克拉莫斯,他才是第一个提出电子自旋概念的人,并且是因为泡利对他的论文给予了嘲笑才没有发表它的。“以后我必须更加相信我自己的判断,少听别人的。”他这样悲叹道。但这个教训太迟了。收到克罗尼格的信后,克拉莫斯感到非常不安,他把这封信给玻尔看了。毫无疑问,玻尔想起了当初克罗尼格在哥本哈根时,曾同他和其他人讨论到电子自旋这个概念。当时,玻尔也对此表示反对。玻尔向克罗尼格去了一封信,表示了他的惊愕和深深的遗憾。“如果不是为了嘲笑那些只会教训人的物理学家,我根本不会提到这件事,他们总是对自己观点的正确性抱着一种活见鬼的确信无疑,并且还为此得意扬扬。”克罗尼格这样回复他。

克罗尼格是一个敏感的人,即使他有种自己的想法被人夺走了的感觉,他还是要求玻尔不要将这件遗憾的事情公之于众,因为“古德斯米特和于伦贝克很可能会为此感到不高兴”。他知道他们两人完全是无辜的。然而,古德斯米特和于伦贝克还是知道了这件事。后来,于伦贝克公开地承认他和古德斯米特“显然不是第一个提出电子量化自旋概念的人,并且毫无疑问,拉尔夫·克罗尼格在 1925 年春天就知道了我们的主要想法是什么,他主要是由于遭到了泡利的否定才没有发表他的研究结果”。一位物理学家告诉古德斯米特,这件事情说明:“神从不犯错的特点,并没有让地球上那些他自己任命的代理人继承下来。”

私下里,玻尔认为克罗尼格“是个傻瓜”。如果他确信自己的想法是正确的,那么他就应该将它发表,而不要管别人是怎么想的。“发表或灭亡”是一条科学界不应该忘记的定律。克罗尼格想必已经在心里得出了类似的结论。他因为未能成为提出电子自旋概念的第一人而感到失望,其中还夹杂着对泡利的抱怨。这些情绪在 1927 年底终于烟消云散。当时年仅 28 岁的泡利被任命为苏黎世联邦工学院理论物理学教授。他邀请克罗尼格担任他的助教。克罗尼格当时正在哥本哈根。克罗尼格答应接受这一邀请后,泡利给他写了封信,信中说道,“以后无论我说什么,都要用详细的论据来反驳我。”

1926 年 3 月,导致泡利反对电子自旋这一概念的所有问题都已经得到解决。“现在我别无选择,只有完全投降了。”他在给玻尔的信中如是写道。数年后,大多数物理学家猜想古德斯米特和于伦贝克已经得到了诺贝尔奖——毕竟,电子自旋是 20 世纪物理学上一个原创性的概念,一个全新的量子概念。但是,泡利-克罗尼格这一事件的发生,使得诺贝尔委员会对给他们俩颁发诺贝尔奖这件事采取了一种尽量回避的态度。泡利始终为当初反对克罗尼格提出的想法感到内疚。同样,他因为发现了不相容原理而于 1945 年获得诺贝尔奖,而古德斯米特和于伦贝克却没能获得这一殊荣他也感到内疚。“我年轻的时候真愚蠢啊!”他后来曾这样感叹道。

1927 年 7 月 7 日,于伦贝克和古德斯米特几乎同时获得了博士学位,前后不到一个小时。向来考虑周到的埃伦费斯特同样是一个对约定俗成不屑一顾的人,他是故意这样安排的。他同时已经在密歇根大学为他们两个人找好了工作。古德斯米特在晚年提到这一件事时曾说,在当时几乎没有什么位置的情况下,在美国的这个工作“对我而言比诺贝尔奖还要有意义得多”。

古德斯米特和于伦贝克率先提供了确凿的证据来证明,现有的量子理论在适用性方面已经无法得到突破了。理论工作者无法再使用传统物理学来继续前进,除非将现有物理学的某部分内容“量化”,因为在传统物理学中没有能够与电子自旋的量子概念相匹配的东西。泡利和来自荷兰的“自旋博士”们的发现,为“旧量子理论”的成就画上了一个句号。一种危机感弥漫开来。物理学的现状是“从方法论的观点得出的,是一个可悲的假设、原理、定理和计算技巧的大杂烩,而不是一个合理的、一致的理论”。进步往往是建立在巧妙的猜测和直觉的基础之上,而不是依靠科学推理。

“那个时候的物理学又陷入了非常混沌的状态;无论如何,对我来说它太复杂了,我真希望我从事的是喜剧演员或类似的职业,和物理毫不相干……”1925 年 5 月泡利这样写道。大约 6 个月之后,他发现了不相容原理。“现在我却真希望玻尔可以用一个新的想法来拯救我们。我非常急切地恳求他这样做,并就他所给予我的友善和耐心表示了我的致敬和谢意。”然而,玻尔并没有“为我们目前理论上的困境”找到出路。那个春天,似乎只有一个量子魔术师可以用魔法将我们翘首以待的“新”量子理论——量子力学——召唤出来。

Chapter 8
The Quantum Magician

第 8 章
德国神童的量子魔术

当时人人都期待着有人能写出一篇关于运用量子理论对运动学和机械关系重新加以解释的论文,甚至有些人已经在希望自己能写出这样的论文。《物理期刊》杂志的编辑在 1925 年 7 月 29 日就收到了这样一篇论文。在导言中,也就是那位科学家称之为“摘要”的部分,作者大胆地提出了他雄心勃勃的计划:“为理论量子力学建立一个基础,这个基础将仅仅建立在原则上可以观察的各种量的关系上。”就在论文的第 15 页,他的这个目标实现了,沃纳 · 海森堡为将来的物理学奠定了基础。这位年轻的德国神童到底是谁? 为什么在其他人都失败了的情况下唯独他能成功?

理量
论子

沃纳 · 卡尔 · 海森堡(Werner Karl Heisenberg),于 1901 年 12 月 5 日出生于德国维尔茨堡。当他父亲被任命为慕尼黑大学拜占庭语言学教授席位时,他是德国在该领域唯一获得教授席位的人。全家搬到了巴伐利亚州的首府慕尼黑。对于海森堡和比他大近两岁的哥哥埃尔文(Erwin)来说,慕尼黑北部郊外施瓦宾高级社区里的一个宽敞的公寓现在成为了他们的家。他们就读于大名鼎鼎的马克希米廉斯中学,40 年前,麦克斯 · 普朗克曾经在那里上过学,他们的祖父当时还是这所学校的校长。如果该校的工作人员一开始还会想着,以比起对其他学生来说更为温和的态度来对待校长的孙子,那么他们很快就发现根本没必要这么做。“他能很快地看到事物的本质,并且绝不会把时间耽搁在细枝末节的地方。”沃纳的一年级老师对他是这么评价的,“他在语法和数学上的思维过程非常敏捷迅速,并且一般都不出错。”(照片16)

在8月份,他那当了一辈子教师的父亲,会想出各式各样的智力游戏来考沃纳和埃尔文。特别的是,他始终鼓励兄弟俩去玩数学游戏和去解决问题。就在兄弟俩争先恐后地去解决这些问题的过程中,很明显沃纳在数学上更有天分。大约12岁的时候,他开始学习微积分,并请求父亲从大学图书馆借来数学书。他的父亲认为这是一个提高儿子语言理解能力的好机会,他开始为儿子借来一些希腊语和拉丁语书籍。正是从这个时候开始,沃纳迷上了希腊哲学著作。紧接着第一次世界大战开始了,海森堡舒适而安定的生活结束了。

战争结束了,德国陷入了政治和经济混沌中,巴伐利亚和慕尼黑尤为如此。1919年4月7日,激进的社会主义者宣布巴伐利亚成立“苏维埃共和国”。就在那些社会主义人士等待着柏林调来军队并重建已经遭到废黜的政府之时,那些反对革命的人也组成了军事组织。海森堡和一些朋友加入了其中的一个组织。他的主要职责是写写书面报告和跑跑腿。“我们的冒险活动几周后就结束了,”海森堡后来回忆道,“于是枪声渐渐消失,兵役日益变得单调无味。”5月份的头一个星期结束时,“苏维埃共和国”遭到了无情的打击,一千多人丧生。

残酷的战后现实让像海森堡这样的中产阶级青少年,只能通过纷纷加入青年组织来拥抱早前时代所具有的浪漫理想,例如“探路者”组织。它是一个类似于“童子军”的组织。其他希望获得更多自主的人,建立了他们自己的团体和俱乐部。海森堡就领导了一个类似的组织,这个组织的成员全都是他们学校的低年级学生。他们将自己的团体命名为“海森堡团队”。他们会去巴伐利亚的乡下远足和露营,并讨论将由他们这一代创建的新世界。

在1920年的夏天,因为获得了一项有名的奖学金,海森堡怀着一种轻松自在的心情从中学毕业了。他想要去慕尼黑大学学习数学。可是他的面试非常糟糕,因此他失去了这个机会。失望的海森堡找到父亲寻求建议。父亲为儿子安排了一场与老朋友阿诺德·索末菲的见面。虽然“这个留着威武的深色胡子的小个子敦实男人看起来非常严肃”,海森堡并不感到畏惧。他感到,虽然索末菲的外表严肃,但这是一位“真正关心年轻人”的人。奥古斯特·海森堡已经告诉了索末菲,他的儿子对相对论和原子物理学特别感兴趣。“你的要求太高了,”索末菲告诉沃纳,“你不可能从最难的部分入手,并希望其他部分会自动地被你掌握。”索末菲总是希望给人以鼓励,并且培养一些有天赋的年轻人。于是,他的态度温和下来:“也许你知道一些东西;也许你什么都不知道。我们会知道的。”

索末菲允许这位18岁的年轻人参加科研讨论班。这个讨论班本来是为更高年级的学生设置的。海森堡是幸运的。在未来的几年中,玻尔在哥本哈根的研究所、玻恩在哥廷根的研究所以及索末菲的研究所,将形成量子研究的“金三角”。当海森堡参加他的第一堂研讨班时,他“注意到了坐在第三排的一位黑头发的学生,脸上还长着青春痘”。他就是沃尔夫冈·泡利。

在海森堡第一次访问研究所,索末菲带他四处参观时,就将他介绍给这位健壮的维也纳人了。在带海森堡离开泡利所在的房间后,索末菲马上告诉他,刚才他见到的这位男孩是自己最有天赋的学生。索末菲还建议他可以从泡利那里学到很多东西。牢记着这些话的海森堡选择了一个紧挨着泡利的位置坐下了。

“他看起来像不像一个标准的轻骑兵军官?”索末菲走进教室的时候,泡利低声地说。从这时候开始,他们俩就建立了一种持续终生的职业上的合作关系,但这种关系从未能进一步发展为亲密的私人关系。这只是因为他们属于两种截然不同的类型。比起泡利来,海森堡更为安静、友好、含蓄而中肯。他天性浪漫,酷爱和朋友们一道远足和露营。泡利则更为钟爱歌舞表演、酒馆和咖啡店。当泡利还在床上酣睡时,海森堡已经完成了半天的工作。但泡利还是对海森堡产生了强大的影响,并且他从不放过任何机会去讽刺海森堡,“你是个不折不扣的傻瓜。”尽管他说这话只是闹着玩的。

泡利曾经建议海森堡不要过多地谈论爱因斯坦的理论,而是选择量子原子作为一个更有潜力的领域来研究。当时泡利正在撰写他那篇才华横溢的相对论评论。“在原子物理学中,我们还有大量的实验结果有待解释,”他告诉海森堡,“某个地方出现的自然的证据,似乎在另一个地方又得到了反驳,迄今为止,甚至还不能对牵涉其中的关系进行部分连贯的描述。”泡利认为,有可能在未来的数年中,所有人还会继续在“泥潭中摸索”。海森堡听从了他的建议,他被无可救药地吸引到了量子这一研究领域中来。

索末菲很快就给海森堡指派了一项原子物理学方面的“小任务”。他要求海森堡对磁场内光谱线分裂的一些新的数据做个分析,并建立一个公式来重现这种光谱线分裂。泡利警告海森堡说,索末菲希望的是,通过对这些数据进行分析来发现新的定律。对于泡利来说,这是一种近似于“数字迷信主义”的态度。但他又承认,“没有人能够给出更好的建议。”当时人们还没有发现不相容原理和电子自旋。海森堡对于量子物理学领域中既定的条条框框一无所知,这使得他可以无所顾忌地在别人不敢涉足的方面去探索,而那些人由于受到一些更为谨慎合理的方法的局限,反而不敢这样做。于是,海森堡建立了一个似乎可以用来解释反常塞曼效应的理论。由于海森堡最初的一个版本被索末菲驳回,当索末菲最终同意他发表论文时,海森堡如释重负。虽然后来海森堡的这个理论被证明是错误的,他这第一篇科学著作还是为他赢得了欧洲那些顶尖物理学家们的注意,玻尔就是其中的一个。

1922 年 6 月,在哥廷根,玻尔和海森堡第一次碰面。当时索末菲带了几个学生去听玻尔关于原子物理学的系列讲座。让海森堡印象深刻的是,玻尔在用词上非常精确:"他的每一个句子都经过了精心的表述,都揭示了一长串的哲学基本思想,带有某种暗示,但绝不会表露无遗。"有这种感觉的不止他一个人。其他人也感觉到,玻尔更多是借助直觉和灵感,而不是详细的计算来得出结论的。在第三次讲座的结尾,海森堡站起身来,指出玻尔在讲座中曾称赞过的某篇已发表的论文中存在着一些疑点。在问答阶段结束后,大家开始互相讨论起来。玻尔找到了海森堡,问他是否愿意在晚一点的时候陪他一起散散步。他们花了大约三个小时徒步走到了附近的一座山上,海森堡后来写道:"我真正的科学事业是从那个下午开始的。"他第一次发现"量子理论的创立者之一正因为该理论的未解之处而感到忧心忡忡"。当玻尔邀请他去哥本哈根待一个学期时,海森堡突然发现,他的未来"充满了希望和新的可能"。

去哥本哈根的事情必须等上一段时间。索末菲马上就要动身去美国。他已经安排好了,在他不在的这段时间里,让海森堡去哥廷根跟随马克斯·玻恩学习。虽然海森堡看起来"像一个单纯的农家男孩,短短的金发,清澈明亮的眼睛,迷人的神情",玻恩很快就发现,他并不像看起来的那样简单。他"和泡利一样天赋过人",在给爱因斯坦的一封信中,玻恩这样描述海森堡。当海森堡回到慕尼黑后,他完成了湍流方面的博士论文。索末菲之所以选择这一课题,是为了拓宽海森堡的知识面,以便他更好地了解物理学。在口试期间,海森堡却无法很好地回答一些很简单的问题,例如某台望远镜的分辨率是多少。这差点让他没能拿到博士学位。海森堡甚至也解释不清楚电池组的工作原理,这让实验物理学教授威廉·维恩非常沮丧。他想要给这位崭露头角的理论家不及格,但后来还是和索末菲达成了协议。海森堡能如愿得到博士学位,可是只能得一个Ⅲ级分,这是倒数第二差的分数。泡利毕业时获得的分数是Ⅰ级。

海森堡觉得受到了羞辱。当天晚上,他把行李打好包,连夜坐火车离开了。

他一刻也不能忍受再在那儿待下去,于是逃往了哥廷根。“那天早上,他突然出现在我面前,比我们约定的时间提早了很多,脸上还带着窘迫的表情,我大吃一惊。”玻恩后来回忆道。海森堡不安地讲述了他口试的情况,担心玻恩会因为他糟糕的表现而拒绝让他担任助教。玻恩非常渴望巩固哥廷根在理论物理学上日益壮大的声望,他很有信心地认为海森堡将恢复状态,并且将自己的想法告诉了他。

玻恩坚信,物理学必须得到彻底的重建。量子定律和经典物理学的融合正是玻尔-索末菲量子原子模型的核心。这一核心必须由一个逻辑上一致的新理论来取代。玻恩将它称为“量子机制”。对于试图解决原子学说课题的物理学家们来说,这些并不陌生。然而,它标志着某个信号,即在 1923 年,物理学家们当中出现了一种不断高涨的危机感,那就是物理学家们无法跨过原子的界限。泡利已经大声地向任何愿意听他说话的人宣布,无法解释反常塞曼效应这一现象说明“我们必须创建某些基本的东西”。在会见他之后,海森堡认为玻尔是最有可能取得突破的人。

1922 年秋季,泡利到了哥本哈根,担任玻尔的助教。他和海森堡保持着定期的通信,互相告知他们各自研究所的最新进展。和泡利一样,海森堡也在研究反常塞曼效应。就在 1923 年圣诞节前夕,他给玻尔去信,谈到了他最近的研究工作,于是玻尔邀请他去哥本哈根待上几周。1924 年 3 月 15 日,海森堡站在了玻尔研究所门前。这座位于漂布塘路(Blegdamsvej)17 号的三层小楼,是一个有着红色屋顶的新古典风格建筑。在楼的入口处,他看见了一块醒目的牌子:“理论物理学研究院”。它的另一个为人熟知的名字叫做玻尔研究所。

海森堡很快发现,这座建筑物只有一半的面积,也就是地下室和一楼,是用于物理学研究的,其余部分是用来生活起居的。玻尔和他那人数日益膨胀的家庭住在装修雅致的公寓里,这个公寓占据了大楼的整个第二层。女仆、看守人和贵宾住在顶楼。在一楼,带有六长排木制座椅的演讲厅旁边,是一个藏书丰富的图书馆以及玻尔和助教的办公室。还有一个规模适中的接待工作室。虽然名字叫做研究院,这座楼只在二楼有两个小实验室,主要的实验室在地下室里。

这个研究所正苦于无法为六名长期职员和十多位来访学者提供足够的空间。玻尔已经计划对空间进行拓展。接下来的两年中,研究所买下了毗连的地块并建造了两座新楼。这样一来,空间增加了一倍。玻尔和他的家庭腾出了原先居住的公寓,搬进了隔壁一个宽敞的屋子。在扩建的同时,老建筑也得到了彻底的翻新,设计了更多的办公空间、一个饭厅和一个位于顶楼的独立的新三房公寓。在后来的日子里,泡利和海森堡就经常待在这个公寓中。

有一件事情是这个研究所里面没人想错过的，那就是早晨邮差的到来。收到父母和朋友的来信总是让人高兴的，但是来自分布在各地的同事们的来信和期刊杂志的来函，总是能够为他们带来物理学新领域中最新的重要新闻。然而，并非所有的事情都是和物理学相关的，尽管他们的大部分谈话确实涉及到这些话题。生活还有很多其他的内容，比如举行音乐晚会、进行乒乓球比赛、出门远足旅行和去电影院观看最新的电影。

海森堡来的时候抱有很高的期望。但是他对在研究所度过的头几天却感到了失望。他原本期望着，只要迈过一道门槛就可以同玻尔在一起进行研究工作，可来这儿后，他却几乎看不到玻尔的人影。他已经习惯了在同龄人中显得出类拔萃，却突然发现自己面对的是一群和他同样优秀的年轻物理学家们。他感到有些胆怯了。他们都可以说几门语言，而他除了德语外却所知有限，有时需要费力地用德语来和别人交流。酷爱和朋友们一起去乡间远足的他，认为这个研究所的每个人都有一种他不曾熟悉的世俗气。然而，最让他感到沮丧的是，他发现他们对于原子物理学的了解都比他多得多。

当他试着去忽视这些打击他自尊心的事情时，海森堡不知道自己是否能够得到和玻尔一起工作的机会。有一天，当他正坐在自己的房间里时，突然有人敲门，紧接着玻尔大步走进来。玻尔道歉说，最近没有来找他是因为太忙了，然后提议两人一起去做个短途徒步旅行。玻尔解释说，海森堡随时可以来找他聊天，时间长短不是问题，也绝不会让他一个人孤独地待在研究所里。有什么比两人一起走路和交谈更好的方式来了解对方呢？这是玻尔最喜欢的消遣方式。

第二天一早，他们搭乘电车去了城市的北郊，并开始徒步旅行。玻尔了解了海森堡的童年和他记忆中10年前爆发的那场战争。在他们一路北进的时候，他们没有谈论物理学，而是聊了聊战争的利弊、海森堡所参与的青年运动和德国的情况。在客栈住了一晚后，他们又去了玻尔在齐斯维勒的乡间小屋。第三天，他们返回了研究所。这次100英里(161公里)的步行达到了玻尔和海森堡所预期的效果。他们很快就了解了彼此。

他们谈到了原子物理学，可是当他们最后回到哥本哈根时，强烈感染海森堡的是玻尔这个人，而不是玻尔这个物理学家。“当然，我非常享受在这儿度过的时光。”在给泡利的信中他这样写道。他以前从未遇到过一个像玻尔这样的人，几乎可以与他无所不谈。尽管索末菲也非常关心研究所里每个人的生活，他还是像传统的德国教授那样，和他的下属保持着一定的距离。而在哥廷根，海森堡不敢和玻恩讨论跨越学科的范围。同玻尔，他就可以无所顾忌地交谈。他所不知道的是，正是因为那个他似乎永远只能紧随其后的泡利，他才得到了玻尔如此热情的接待。

一直以来，泡利都对海森堡所做的事情深感兴趣。这一对曾经的合作伙伴始终保持着通信联系，告知对方自己最新的想法。当泡利得知海森堡将要在哥本哈根过几周的消息时，他已经回到了汉堡大学。他给玻尔去了一封信，称海森堡为一位“杰出的天才”，并将“极大地推进科学的发展”。对于他这样一位以刻薄的智慧而闻名的人来说，他对海森堡的评价让玻尔印象深刻。但泡利确信，在那一天到来之前，海森堡的物理学知识必须通过一种更为连贯的哲学方法来得到巩固。

泡利认为要解决困扰原子物理学的问题，在实验结果和现有理论发生冲突时，必须停止任意设立特定假设的这种做法。这样做只会掩盖而非真正解决问题。尽管泡利非常了解相对论，他还是热情地仰慕着爱因斯坦，并且他还非常欣赏爱因斯坦使用几个指导原则和假设来设立该理论的方法。泡利认为，在原子物理学中也可以使用这种方法。他想要效法爱因斯坦先建立基础的哲学机制和物理机制，进而研制出所需的正式的数学“螺母”和“螺栓”来巩固这个理论。到了 1923 年，试图找出这种方法的泡利已经绝望了。虽然他尽量避免引入那些无法得到合理解释的假设，他还是未能为反常塞曼效应找到某个一致的和合乎逻辑的解释。

“非常希望你能够以有益的方法带动原子学说的前进，解决一些我不能解决的问题，为了这些问题我已经徒劳无功地折磨自己很久了，对于我来说它太难了。”在给玻尔的信中他这样写道，“我还希望海森堡能带回来一套哲学思想方法。”年轻的德国人海森堡刚刚到达哥本哈根的时候，玻尔就已经通过泡利的来信对他的基本情况了解得差不多了。在为期两周的访问期间，当玻尔和海森堡在研究所旁的费莱德公园溜达时，或在傍晚边喝酒边聊天时，他们讨论的焦点是物理学的原理而不是任何特定的问题。多年以后，海森堡将他于 1924 年 3 月在哥本哈根的那段日子形容为“来自上天的礼物”。

“当然，我很想念他，（他是一个迷人、正直、非常聪明的人，在我心里非常的可亲可爱），但是他的利益比我的要重要，同时你的想法对我来说非常关键。”在给玻尔的信中，玻恩这样写道。当时，海森堡得到邀请，可以在哥本哈根再待上一段时间。由于玻恩马上要去美国参加即将到来的冬季学期辩论会，海森堡可能需要到来年的 5 月才能回到玻恩的研究所继续担任他的助教。1924 年 7 月底，海森堡已经成功地完成了他的任教资格论文，并获得了在德国大学教书的资格。海森堡绕道巴伐利亚进行了一次为期三周的远足旅行。

当他于1924年9月17日回到玻尔的研究所时,他还只有22岁,但已经单独发表或与人合作发表了十几篇量子物理学方面的论文。他还需要学习很多知识,并且他知道玻尔就是那个可以教他的人。“从索末菲教授那里我学到了乐观主义,在哥廷根我学到了数学,从玻尔那里我学到了物理学。”他后来曾这样说道。在接下来的7个月里,海森堡从玻尔那里充分领教到了该如何处理那些困扰量子理论的问题。虽然索末菲和玻恩同样面临着量子理论的不相容和其他难题,他们俩却没有玻尔这样苦恼。他几乎无法让注意力转移到谈论其他的东西上去。

得益于这些高强度的讨论,海森堡“认识到了让某个实验的结果和其他实验的结果相吻合是多么困难的一件事”。康普顿所做的实验就是其中之一。在这个实验中,X射线被轻元素的电子散射后出现的效应,支持了爱因斯坦的轻量子理论。德布罗意把爱因斯坦关于光的波粒二相性的思想推广到包括所有物质,这就让事情变得更为复杂了。玻尔已经向海森堡讲授了他的全部知识,他对这位年轻的学生抱有一种伟大的期望:“现在所有一切都交给海森堡了——找到解决问题的方法。”

到1925年4月底,海森堡回到了哥廷根。他感谢玻尔的好客,并且“对我必须在未来悲惨地独自前行感到悲哀”。不过,通过与玻尔的讨论,以及与泡利不间断的通信联系,他学到了一个非常重要的教训,那就是必须找到一个基本的方法。当海森堡试图去解决氢谱线强度的研究这一长期存在的问题时,他认为他知道那可能会是什么。玻尔-索末菲量子原子可以解释氢谱线的频率,而不是它们的亮度。海森堡的想法就是将可以观察得到的和无法观察到的区分开来。电子绕氢原子的原子核运动的轨道是看不见的。因此,海森堡决定放弃电子绕原子核轨道运动的想法。这是一个大胆的举动,但他已经决定这样做了。因为他早已经对试图去描绘无法观察到的事物这种举动感到深恶痛绝了。

当还是一个慕尼黑少年时,海森堡就被物质的最小颗粒可以被简化为某种数学形式的想法深深吸引了。几乎就在同时,他偶然发现在一本教科书中有一幅插图,这幅图让他大为吃惊。这幅图解释了一个碳原子和两个氧原子是如何形成二氧化碳分子。在图中,原子被描画成带有钩扣的东西,这样它们就可以结合在一起。海森堡发现,量子原子内部的电子做圆周运动这一观点同样具有深远的意义。现在,他不再试图去将原子内部的事情形象化。他决定对任何不可见的东西忽略不计,只将注意力集中在那些可以在实验室里计算出的量。电子从一个能级跃迁到另一个能级时会发出或吸收光，与这些光有关的谱线的频率和强度就是可以计算的量。

在海森堡采用这个新策略一年多之前，泡利已经明确对电子轨道的有用性表示怀疑了。“对我而言，最主要的问题似乎在于：**对于处于静止状态中的电子的确定轨道能够研究到哪一步**（*to what extent may definite orbits of electrons in stationary states be spoken of at all*）。”1924 年 2 月，他在给玻尔的一封信中特地用斜体书写来强调这句话。尽管泡利此刻正稳步前进在发现不相容原理的路上，并且对电子壳层的闭合深感兴趣，他却在 12 月给玻尔的另一封信中对自己之前提出的这个问题作出了回答：“我们绝不能把原子绑在我们偏见的链条上——在我看来，普通力学意义上电子轨道的存在也属于一种假设——但是恰恰相反，我们必须根据我们的经验来改造我们的观念。”他们必须停止妥协，停止试图将量子概念限制在经典物理学那熟悉而舒适的框架中的这种做法。物理学家必须挣脱桎梏。海森堡就是第一个这样做的人。他本着实用主义的态度，推行了实证论者的信条，那就是科学应该以看得见的事实为基础，并努力去以可观测到的量为基础建立某种理论。

量子理论

1925 年 6 月，海森堡从哥本哈根回到哥廷根已经有一个多月了，他在这里的生活糟糕透了。他非常努力地想要在氢谱线强度的计算工作上获得一些进展，在给父母的一封信中他也提到了这一点。他抱怨道：“这里的每个人都在做其他的事情，没有人做一些值得去做的事。”一场严重的枯草热病让他的精神更为低迷。“我的眼睛看不见任何东西，我那会儿的状态糟糕透了。”他后来这样说。无法适应这种情况，他必须离开一段时间，富有同情心的玻恩给他放了两个星期的假。6 月 7 日，一个星期天，海森堡搭乘夜间的火车来到了靠海的库克斯港口。他达到那里时，正值清晨。又累又饿的他走进了一间旅馆，吃了点早餐，然后登上了一艘渡船，驶向了黑尔戈兰岛，这是北海中一个与世隔绝的废石岛屿。原先属于英国人，后来德国人在 1890 年用在东非的桑给巴尔岛从英国人手中把它换了过来。它距离德国大陆 30 英里（48.3 公里），面积不到 1 平方英里（2.59 平方公里）。这儿的空气中不会夹杂有让人过敏的花粉，海森堡希望在这儿享受迎面而来的海风，并获得宁静。

“在我到这儿的时候,我那肿胀的脸看起来一定很吓人;总之,我的女房东看了我一眼,她就得出一个结论,那就是我和别人打了一架,她还向我保证会精心照料我。”海森堡70岁的时候,他这样回忆道。这座独特的岛屿是由红色的砂岩石形成的,旅社就位于它南部边缘的高地上。从他二楼房间的阳台望出去,位于低处的村庄、海滩和远处深色的海洋,共同构成了一幅迷人的风景。玻尔曾经说过:“如果眺望一下大海,就可以领悟什么叫做无限。”在接下来的日子里,他有时间去好好思索一下这句话的含义。正是在这种沉思的心境中,他阅读歌德的作品,每天在小景点附近散步、游泳。通过这些方式,他得到了放松。很快,他就感觉好多了。再也没有了那些让他分神的事务,海森堡的思想再一次转移到了原子物理学的各种问题上。但是,在黑尔戈兰岛上,他感受到的不是焦虑,虽然最近焦虑一直在折磨着他。在一种松弛和悠闲的状态下,他很快就放弃了他从哥廷根带来的那些数学上的困扰,而是集中精力试图去解开谱线强度的谜底。

在他试图为原子的量子化世界寻找新机制的同时,海森堡把注意力集中在当电子发生能级间的瞬时跃迁时,产生的谱线的频率和相对强度上。他没有其他的选择;它是原子内部发生的情况中唯一可观测到的数据。即使所有关于量子跃迁的研究都会在人们的脑海中唤起某个图像,电子并不会发生跨越空间的“跃迁”,它在能级之间移动时,就像一个淘气的男孩从一堵墙上跳到墙下面的人行道上一样。它仅仅是某一刻在某个位置,片刻之后又突然出现在另一个位置,而不曾在两个位置之间某个点停留过。海森堡认同这样一种看法,即所有那些看得见的事物或与之相关的事物,都与两个能级之间电子的量子跃迁的神秘和魔力息息相关。每一个电子绕原子核旋转的微型太阳系永远消失了。

在黑尔戈兰岛这个与花粉绝缘的避难所中,海森堡想出了一个记账的方法,来追踪所有可能出现在不同的氢能级之间的电子跃迁或转变。他能够想到用来记录与某一对能级有关的每个可观测的量的唯一方法就是使用数列:

$$
\begin{matrix}
\nu_{11} & \nu_{12} & \nu_{13} & \nu_{14}\cdots & \nu_{1n} \\
\nu_{21} & \nu_{22} & \nu_{23} & \nu_{24}\cdots & \nu_{2n} \\
\nu_{31} & \nu_{32} & \nu_{33} & \nu_{34}\cdots & \nu_{3n} \\
\nu_{41} & \nu_{42} & \nu_{43} & \nu_{44}\cdots & \nu_{4n} \\
\vdots & \vdots & \vdots & \vdots & \vdots \\
\nu_{m1} & \nu_{m2} & \nu_{m3} & \nu_{m4}\cdots & \nu_{mn}
\end{matrix}
$$

上面这一组就是谱线可能出现的全部频率。理论上来说，当电子在两个不同的能级之间跃迁的时候，可以发射出这些谱线。如果电子从能级 E_2 量子跃迁到下一个能级 E_1，就会发射一条光谱线，其频率通过数组来指定。ν_{12}频率的光谱线只能在吸收光谱中找到，因为它与能级 E_1 中的某个电子有关，这个电子吸收了一个量子的能量，足以让它跃迁到能级 E_2。当任何二个能级之间发生电子跃迁，这两个能级分别为 E_m 和 E_n（m 大于 n），将会发射频率为 ν_{mn}的光谱线。并非所有的频率 ν_{mn}都可以得到精确的观测。例如，测量频率 ν_{11}是不可能的，因为它是从能级 E_1 到能级 E_1 的"转换"中发射的光谱线的频率，这在物理学上是不可能发生的。因此 ν_{11}等于零，正如当 $m=n$ 时所有可能的频率均为零一样。所有非零频率 ν_{mn}的组合，都是某个特定元素的发射光谱中实际存在的谱线。

通过计算不同能级之间的跃迁率，可以构成另一个数组。如果从能级 E_m 到 E_n 的某一特定跃迁发生的概率 a_{mn}很高，那么该跃迁比一个概率较低的跃迁发生的几率更大。产生的频率为 ν_{mn}的光谱线将比概率较低的转换更加强烈。海森堡意识到，在进行一些灵活的理论计算之后，根据跃迁概率 a_{mn}和频率 ν_{mn}可以推出分别对应牛顿力学中的所有可观测的量（例如位置和动量）在量子世界中的对应物。

首先，海森堡开始思考电子的轨道。他想象出一个原子，其中的某个电子远远地绕原子核作圆周运动，如同冥王星绕太阳而不是绕水星作圆周运动。这是为了防止电子由于辐射能量螺旋式地跌入原子核，这就是玻尔提出的静止轨道概念。然而，根据经典物理学，在这样一个夸大的圆周运动中，电子的轨道频率，即它每秒钟产生的完整的圆周运动的次数，等于它发射的辐射的频率。

这并非天马行空，而是对对应原理——玻尔在量子和经典物理学领域之间架起的概念桥梁——的巧妙运用。海森堡所假设的电子轨道如此之大，以致它涵盖了划分量子和经典理论领域的边界。在这片边界上，电子的轨道频率等于它所发射的辐射频率。海森堡知道，原子中这样一个电子类似于一个假想的能够产生所有光谱频率的振子。25 年前，麦克斯·普朗克已经采用过一个类似的方法。然而，当普朗克使用蛮力和特定假设得出某个他已经知道是正确的公式时，海森堡则在对应原理的指引下踏上经典物理学所熟悉的领域。一旦振子开始启动，他就能够计算出振子的属性，例如它的动量 p、离开平衡位置的位移 q 和它的振动频率。频率为 ν_{mn}的光谱线将通过一系列单个振子中的某一个来发射。海森堡知道一旦他设计出量子物理学和经典物理学的交汇领域的物理学,他就可以往前推进,去探索原子的未知内部。

在黑尔戈兰岛上的某一个夜里,海森堡终于成功地解决了所有的问题。这个理论完全是由可观察到的数据得来的,看起来似乎可以再现任何情景,但是这样是否会违反能量守恒定律?如果会,那么这个理论将被证明是不正确的。他继续研究,以证明他的理论无论是从物理学角度还是从数学角度都是一致的。他既兴奋又紧张。当他在检查算式时,这位24岁的物理学家开始出现了一些简单的算术错误。直到凌晨三点,海森堡才放下手中的笔。在确信他的理论并未违反基本的物理学定律中的任何一个时,他非常高兴。心花怒放,却又顾虑重重。"一开始,我非常警惕,"后来他在回忆时这样说,"我有一种感觉,那就是,通过原子现象的表面我正望到一个异常美丽的内部,一想到我不得不探究的这个数学结构性质的绚丽宝藏竟这样慷慨地展现在我的面前,我感到头晕目眩。"睡是睡不着了,因为他太激动了。当黎明到来之时,海森堡走向岛的南端,好几天来,他一直希望能爬到伸出海面的一块大石头上。受到这一巨大发现的鼓舞,他"不怎么费力地"爬上了那块石头,"等待着太阳的升起"。

夜晚过去了,在寒冷的冬日中,海森堡从最初的陶醉和乐观渐渐平静下来。他的新物理学看来似乎只是借助于一个有些陌生的乘法才能解释得通,但在这个乘法中,X乘以Y不等于Y乘以X。对普通数字来说,它们按照什么样的顺序来相乘并不重要:4×5和5×4的结果是一样的,都等于20。数学家把这种在乘法中顺序无关紧要的特性称为交换律。数字遵守乘法的交换律,于是$(4\times5)-(5\times4)$始终为零。这是一条每个孩子都学过的数学定律。当海森堡发现把这两个排列相乘时,答案会随着它们在乘法中排列顺序的不同而不同,他深感不安。$(A\times B)-(B\times A)$并不总是为零。

由于他始终无法弄懂这个被迫使用的特殊乘法,在6月19日,一个星期五,海森堡回到了欧洲大陆,直接去了汉堡找到了沃尔夫冈·泡利。几个小时后,从这位曾对他进行过最严厉批评的物理学家那儿得到了鼓励后,海森堡去了哥廷根,开始对他的发现进行加工和书面整理。仅仅两天后,期待着做出更快进展的他,给泡利去了一封信,信中说"试图建立一种量子力学,但进展很缓慢"。日子一天天过去,他没有成功地将他的新方法运用于氢原子,他的挫折感也随之越来越强。

无论他还对哪个方面存有疑问,有一点他是肯定无疑的。在任何算式中,只有"可观察量"之间的关系,或者那些即使事实上无法进行测量的,但在原理上也可测量的量是容许的。他赋予他的方程式中所有的量的可观察性为一个假定的状态,并将他的“微薄的努力”用于“消灭无法观测到的轨道概念,并用其他合适的替代物来更换”。

“现在我自己的研究工作进展得并不是特别顺利。”6 月底,海森堡在给父亲的信中这样写道。一周多以后,他已经完成了那篇开创了量子物理学新时代的论文。由于还不太确定自己这篇论文的价值和实际意义,他把这篇论文给泡利送了一份。由于海森堡 7 月 2 日计划在剑桥大学发表演讲,时间很匆忙,因此他很抱歉地请泡利在二到三天内阅读并归还论文。由于承诺了其他事项,他不可能在9 月底前回到哥廷根。他希望“要么在这最后的几天趁我还在的时候完成或是把它烧掉”。泡利收到论文后“非常高兴”。他给一位同事写了封信,信中说这篇论文带来了“一份新的希望,给生命带来了新的乐趣”。“虽然这并不能解开谜团,”泡利接着说,“但我认为现在这方面的研究又可以向前推进了。”然而,是马克斯·玻恩在正确的方向上迈出了关键的一步。

对于海森堡从北海那个小岛回来之后所做的一切,玻恩毫不知情。因此,当海森堡把论文给他看并要求他判断是否值得发表时,玻恩有些吃惊。由于已经被他自己正在进行的那些研究工作弄得疲惫不堪,玻恩把论文放在了一边。几天后,当他坐下来阅读那篇论文,并对海森堡所描述的“一篇疯狂的论文”作出判断的时候,他马上就被深深地吸引了。他意识到,海森堡所犹豫不决的正是他正在试图提出的观点。难道这就是不得不采用一个奇特的乘法规则的结果吗?在论文的结尾,海森堡甚至还在探索:“使用可观测量之间的关系去确定量子力学数据的方法——例如这里所提出的方法——是否大体上能够被认为是令人满意的,或这个方法在解决建立理论量子力学当下这个复杂问题上是否过于粗糙,只能通过对该方法进行一个更为彻底的数学研究来作出判断。”

这个神秘的乘法定律代表了什么?这个问题让玻恩如此困扰,以至于在接下来的日子里,他几乎很少想其他的事情。他被这样一个事实困扰着,那就是里面有些东西让他觉得似曾相识,但他想不出那到底是什么。“海森堡最近的那篇论文很快就要发表了,表现得非常具有迷惑性,但是无疑是真实和深刻的。”在给爱因斯坦的信中,玻恩这样说道。即使他仍然无法解释那个奇特乘法的根源。[59]在称赞他研究所里那些年轻的物理学家,特别是海森堡的同时,玻恩承认:“仅仅是跟上他们的想法,有时就要我付出很大的努力。”在全身心进行数天的思索之后,付出终于有了回报。一个早上,玻恩突然想起在他还是学生时曾听过的一次演讲——很久以来他已经忘了这个演讲了——并意识到海森堡已经不经意地发现了矩阵乘法。其中,X 乘以 Y 并不一定等于 Y 乘以 X。

在听到他那奇特的乘法规则的神秘之处已经得到破解之后,海森堡抱怨说“我甚至不知道什么是矩阵”。矩阵无非是一系列数字被放在一系列的排列中,就像海森堡在黑尔戈兰岛所建立的数组一样。早在19世纪中叶,英国数学家亚瑟·凯利(Arthur Cayley)已经算出如何进行矩阵的加、减和乘。如果 A 和 B 两个都是矩阵,那么 $A\times B$ 和 $B\times A$ 可能得出不同的结果。正如海森堡的数组一样,矩阵未必是可交换的。虽然它们是在数学领域已经得到证实的特性,矩阵却是海森堡那一代理论物理学家所不熟悉的领域。

一旦玻恩准确地找到了奇特乘法的原因,他就清楚他需要帮助海森堡将原始的方案变成一个连贯的理论框架,该理论框架将包含原子物理学的方方面面。他知道有个人非常适合这个任务,这个人在量子物理学和数学方面都很精通。碰巧,这个人也要去汉诺威,玻恩也要去那儿参加一个德国物理学会在那里举办的会议。到达后,玻恩马上找到沃尔夫冈·泡利。玻恩叫泡利,也就是他从前的助手,与他合作。“是的,我知道你喜欢沉闷和复杂的形式主义。”泡利拒绝了。他不想加入玻恩的计划:“你那无用的数学公式只会把海森堡的物理思想破坏掉的。”玻恩感到自己无法一人承担此项任务,于是绝望的他找到了另一名学生寻求帮助。

在选择22岁的帕斯库尔·约当这件事情上,玻恩无意中找到了一个完美的合作者来完成任务。1921年,约当进入汉诺威理工高等学校打算学习物理学,后来却发现物理课的教学水平相当低,于是转而学习数学。一年以后,他转学到哥廷根学习物理。可是他很少去听课,因为物理课开始的时间太早了,早上7点或8点开始。后来他遇到了玻恩,在他的监督下,约当第一次开始认真地学习物理。“他不只是我的教师,在我的学生时代把我引入物理学那宽广的世界——他的讲课将阐述知识和开阔视野完美地结合到了一起。”在后来谈到玻恩时,约当这样形容。“但我想要声明的是,他同样是除了我父母之外对我影响最深最持久的人。”

在玻恩的指导下,约当很快开始专心于原子结构的问题。约当带着几分不安,还有轻微的口吃,在他们一起讨论最新的原子学说论文时,约当非常感激玻恩的耐心。碰巧的是,他也去了哥廷根听了玻尔的讲座,就像海森堡一样,受到了他的演讲和接下来那些讨论的鼓舞。在1924年完成博士论文后,约当在其他地方工作了一段比较短的时间,后来,玻恩请他去合作研究谱线宽度的问题。

约当“尤为聪明机敏,可以比我更为迅速和自信地思考”。在1925年7月给爱因斯坦的信中,玻恩这样写道。

当时约当已经听说过海森堡那篇论文了。在海森堡于7月底离开哥廷根之前,他给一小群学生和朋友作了一次讲话,谈到了他试图以可观察到的特性之间的关系为基础来建立量子力学。当玻恩让约当一起合作时,面对这个可以将海森堡原有的思想发展成一个系统的量子力学理论的机会,约当欣然接受。玻恩不知道的是,在他将海森堡的论文投向《物理期刊》的时候,约当得益于其深厚的数学基础已经非常精通矩阵理论了。将这些方法运用到量子物理学后,仅仅在两个月内,玻恩和约当就为一门新的量子力学——也可以叫做矩阵力学——奠定了基础。[60]

一旦玻恩发现,海森堡的乘法规则实际上就是矩阵乘法的再现,他很快地发现了一个矩阵公式,将位置 q 和动量 p 使用一个算式联系起来,并且这个算式包括了普朗克的常数:$pq-qp=(ih/2\pi)I$。在这里,I 就是数学家们所说的单位矩阵。有了它,方程式的右边就可以写成一个矩阵。正是得益于这个使用了矩阵数学方法的基本方程,所有量子力学的内容在接下来的几个月中得到了建立。玻恩为他“用非交换符号书写物理定律第一人”这一称号而感到骄傲。但是它“只是一种猜测,并且我试图去证明它的努力失败了”,他后来这样回忆道。看了公式后没几天,约当就提出了严密的数学推导。难怪玻恩不久就告诉玻尔,他认为如果不算上海森堡和泡利的话,约当“是年轻人里面最有天赋的一个”。

8月份,玻恩带着全家去瑞士过暑假,而约当则待在哥廷根继续工作,以便9月底能够发表论文。在这篇论文变成铅字之前,他们送了一份给海森堡。当时后者还在哥本哈根。“给你,我从玻恩那里拿到的这篇论文,我根本就看不懂。”海森堡一边把论文递给玻尔,一边这样对他说,“这里面都是矩阵,我一点都不知道它们是什么。”

海森堡并不是唯一一个不熟悉矩阵的人,但他开始兴致勃勃地学习这门新数学了,于是在他还没离开哥本哈根的时候,就已经掌握了足够的知识来与玻恩和约当进行合作。10月中旬,海森堡按时回到了哥廷根帮助撰写那篇知名的三人合作论文的定稿。在这篇论文中,他、玻恩和约当给出了第一个逻辑上一致的量子力学表述。它就是人们探索已久的新原子物理学。

然而,仍然有人对海森堡最初的工作表示保留意见。爱因斯坦给保罗·埃伦费斯特去信说:“在哥廷根,他们相信这个(我却不信)。”玻尔认为它“也许是关键的一步”,但“还无法利用这个理论来解决原子的结构问题”。虽然海森堡、玻恩和约当一直在专心地研究这个理论,泡利却在忙着使用这个新理论来解决原子的结构问题。在11月初期,这篇“三人合作论文”还在撰写过程中的时候,他已经成功地把矩阵力学运用在一项令人目眩的杰作上了。泡利为新物理学所做的恰恰正是玻尔为老量子理论所做的——复制氢原子的线谱。对于海森堡来说,雪上加霜的是,泡利还计算了斯塔克效应——外部的电场对光谱的影响。“我自己已经有点不高兴了,我无法成功地从新理论中将氢光谱推导出来。”海森堡回忆道。泡利第一个为新量子力学提供了坚实的辩护。

量子理论

论文的名字就是《量子力学的基本方程》。玻恩在波士顿都快一个月了,他本来计划在美国作五个月的讲课旅行,结果在12月的某个早上,当他打开邮箱时,他收到科学生涯中“最大的一个惊喜”。当他读着一位名叫P. A. M. 狄拉克的剑桥大学高年级研究生写的论文时,玻恩意识到这篇论文的“各方面都完美极了”。更为引人注目的是,不久玻恩发现,早在三人论文完成的9天前,狄拉克就已经把他的论文送到了英国皇家学会,这篇论文包含了量子力学的所有内容。狄拉克是谁?他是怎么做到的?玻恩很想知道。(照片18)

1925年,保罗·阿德里恩·毛里斯·狄拉克(Paul Adrien Maurice Dirac)才23岁。他的父亲查尔斯(Charles)是个讲法语的瑞士人,他的母亲佛罗伦萨(Florence)是英国人。他在三个孩子中排行第二。他的父亲是一个喜欢威压和控制的人,当他1935年去世后,狄拉克写道:“我现在觉得自由多了。”在他的成长过程中,他那担任法语教师的父亲要求在他在场时必须保持缄默。这种精神上的创伤,让狄拉克成为了一个少言寡语的人。“我父亲规定,我同他对话时只能讲法语。他认为对我来说,这是学习法语的好方法。因为我发现无法很好地用法语表达自己,于是我只好保持沉默,而不是改用英语来表达。”由于狄拉克童年和青春时期内心深处感受到的不快乐,导致他形成了对沉默的偏好,这成为了一段传奇性的故事。

虽然对科学很感兴趣,在1918年,狄拉克还是在他父亲的建议下,进入布里斯托尔(Bristol)大学学习电气工程。三年以后,尽管毕业时获得了一等名誉学位,他却找不到一份工程师的工作。英国战后的经济持续萧条,他的职业前景看起来如此黯淡,狄拉克在母校继续免费学习了两年的数学。他本来想去剑桥大学,但剑桥给他提供的奖学金不足以支付他在那儿学习的所有费用。然而,在 1923 年,在获得数学学位和一笔政府奖学金后,他最后还是去了剑桥攻读博士学位。他的导师是拉尔夫·福勒(Ralph Fowler),英国物理学家卢瑟福的女婿。

狄拉克对爱因斯坦的相对论理解非常深入。当相对论于 1919 年在全世界声名大噪的时候,他还只是一名工程设计学生,但他却几乎一点都不知道玻尔 10 年前就已经发表了的量子原子理论。直到去剑桥大学之前,狄拉克还始终认为原子是"纯粹推测出来的事物",几乎不值得去研究。到剑桥后不久,他就改变了主意,并着手弥补过去损失的时间。

一名蓄势待发的剑桥理论物理学家过着安静的、与世隔绝的生活,对于内向而害羞的狄拉克来说是再合适不过了。在剑桥大学,研究生基本上是在他们的宿舍或在图书馆独自工作。虽然其他人可能会与这种缺乏与人交流的生活做一下斗争,而待在房间独自思考的狄拉克却非常享受这种被"遗弃"的滋味。即使在星期日,当他通过到剑桥郡乡下去散步这种方式来得到放松时,狄拉克也喜欢独自一人。

就像他在 1925 年 6 月第一次遇到玻尔时一样,狄拉克无论是说话还是写文章,用词都非常谨慎。他在作专题演讲时,如果听众没有弄明白某一点并且要求他给出解释时,狄拉克往往会逐字逐句地重复他之前所说过的话。玻尔曾经去过剑桥大学,并就量子理论的问题作过演讲。他的个人风格而不是他的观点给狄拉克留下了深刻印象。"我所想要的是可以用方程式来表示的陈述,"他后来说道,"而玻尔的研究很少能提供这类陈述。"相反,海森堡从哥廷根来作专题演讲的时候,已经花费了几个月来做这种物理学的研究工作,而且狄拉克将会发现这种研究工作非常刺激。但是他不是从海森堡那儿听说的,海森堡在谈到原子光谱学的时候没有提到这种研究工作。

是拉尔夫·福勒提醒狄拉克关注海森堡的工作,并给了他一本即将发表的德语版论文的付印前清样。在他短暂的访问期间,海森堡曾经住在福勒的家里。当他们俩在一起讨论了他最新的想法后,福勒就要求看一下论文的复印版本。当福勒收到这篇论文的时候,他根本没有时间去彻底地研究它,于是就把它给了狄拉克并征求他的意见。当狄拉克在 9 月初阅读这篇论文的时候,他发现它很难读懂,也不知道它到底在哪方面做出了突破。又过了一个星期,狄拉克突然意识到 $A \times B$ 不等于 $B \times A$ 这个事实就是海森堡的新方法的核心内容,并且“是解开整个谜团的关键”。

狄拉克通过区分他所谓的 q 数字和 c 数字，区分不可互换的量（AB 不等于 BA）与可以互换的量（$AB=BA$），建立了一个数学理论，这个理论也让他发现了这个公式 $pq-qp=(ih/2\pi)I$ 。狄拉克证明，量子力学不同于经典力学。变量 q 和 p 表示粒子的位置和动量，它们不能彼此互换，却遵守他已经发现的公式。他的发现与玻恩、约当和海森堡毫无关系。在1926年5月，他获得了哲学博士，他的学位论文就是他首先发表的那篇关于量子力学的论文。当时，物理学家们开始觉得轻松一点了。之前他们面临着矩阵力学的时候，觉得这门学科难以运用并且无法检验，即使运用它能得到正确的答案。

“海森堡-玻恩概念让我们都透不过气来，并且给所有那些具有理论倾向的人留下了深刻的印象。”在1926年3月，爱因斯坦这样写道，“但我们并没有陷入呆滞的听天由命，现在在我们这些懒人身上有一种异常的压力。”这是一位奥地利物理学家将他们从麻木中唤醒了。这位物理学家一边谈着恋爱，一边还抽时间创建了另外一个截然不同版本的量子力学。在这个版本中，不会出现爱因斯坦口中所称道的海森堡的“靠魔法进行计算”。

Chapter 9
'A Late Erotic Outburst'

第 9 章
"迟来的情欲大爆发"

"我甚至不知道矩阵是什么。"当从别人嘴里听到他那个奇特的乘法规则的起源时,海森堡发出这样的悲叹,而他的新物理学的核心部分就是这个乘法规则。很多物理学家听到矩阵力学的时候,都会做出这样的反应。然而,就在几个月之内,薛定谔为他们提供了另外一个选项,这个选项也因此得到了他们的热切欢迎。薛定谔的朋友,伟大的德国数学家赫尔曼·外尔(Hermann Weyl),后来将他那令人惊讶的成就称为"一次姗姗来迟的情欲大爆发"。薛定谔一生中艳遇不断。1925 圣诞节期间,这位 38 岁的奥地利人在瑞士滑雪胜地阿罗萨(Arosa)进行着一次秘密约会,同时还发现了波动力学。后来,在他逃离纳粹德国后,他首先去了牛津大学,然后又去了都柏林。然而,因为他和妻子还有一个情妇同居一室,这导致他声名败坏。

"他的私生活对我们这些中产阶级分子来说显得格格不入,"1961 年薛定谔去世后,玻恩在数年以后曾这样形容,"但是所有这些都不重要。他是个非常讨人喜欢的人,独立、有趣、随和、友好且慷慨,并且他有一个极为完美和高效的大脑。"

量子理论

埃尔温·鲁道夫·约瑟夫·亚历山大·薛定谔(Erwin Rudolf Josef

Alexander Schrödinger)，于1887年8月12日出生于维也纳。他的母亲想给他取名为沃尔夫冈，以作为对歌德的纪念，但最后却允许她丈夫给儿子取名，以纪念一位幼年夭折的兄长。正是由于这个兄弟的去世，薛定谔的父亲才不得不继承了一个生意兴旺的家族油布厂，从而断绝了他在维也纳大学学习化学后成为一名科学家的希望。薛定谔知道，他在第一次世界大战之前之所以能够享受那种舒适悠闲的生活，只是因为他的父亲牺牲了他个人献身科学神坛的愿望。(照片19)

甚至在薛定谔学会读写之前，他就已经开始通过向一个成年人口授的方式来记录一天的活动。早熟的他11岁之前都在家接受家庭教师的教育，后来他进了一所古典中学(Akademisches Gymnasium)。几乎从薛定谔进校的第一天起，一直到8年以后他离开，他在学校都是佼佼者。他看来似乎并没有非常用功，却一直是班上的第一名。一位同班同学回忆起他的时候，说"薛定谔具有非凡的理解力，特别是在物理学和数学方面，这样他就可以在不完成家庭作业的情况下，很快地直接理解课堂上所有的内容并知道如何运用"。事实上，在家的时候，他非常专心地学习。

就像爱因斯坦一样，薛定谔非常反对机械式学习和强迫记住无用的事实。不过，他喜欢希腊语和拉丁语语法的严格逻辑。他的外婆是英国人，因此他很早就开始学习英文，他说英语几乎和说德语一样流利。后来他学习了法文和西班牙语，不管在何种场合，都能用这两种语言进行演讲。他精通文学和哲学，还热爱戏剧、诗歌和艺术。薛定谔正是那种能让沃纳·海森堡感到自惭形秽的人。有一次，有人问保罗·狄拉克是否会弹奏某种乐器，狄拉克答复说他不知道。他从未尝试过去弹奏乐器。薛定谔也从来没有，他和他父亲一样，不喜欢音乐。

1906年从古典中学毕业后，薛定谔希望能进入维也纳大学在玻耳兹曼手下学习物理学。悲惨的是，这位具有传奇色彩的理论家在薛定谔开始上课的前几周刚刚自杀。薛定谔灰蓝色的眼睛和往后梳的头发给周围的人留下了深刻的印象，尽管他的身高只有5英尺6英寸(1.67米)。他在古典中学学习期间就已经出类拔萃，人们现在对他有了更高的期望。他没有让大家失望，在一个接一个的考试中名列全班第一。令人惊讶的是，尽管他对理论物理学很有兴趣，他却在1910年5月以一篇题为"论潮湿空气中绝缘体表面的导电性"的论文获得了博士学位。这项实验研究表明，不同于泡利和海森堡，薛定谔非常适应实验室的环境。23岁的薛定谔博士将于1910年10月1日去军营报到服兵役,在此之前他有一个夏天的自由时间。

在奥匈帝国,所有身体正常的年轻人都被要求服满 3 年的兵役。但是作为一名大学毕业生,他可以选择一年的军官训练,这样就可以在预备役中得到任命并继续服役。当他于 1911 年回归平民生活的时候,薛定谔得到了一个在维也纳大学给实验物理学教授当助手的工作。他知道他不适合做实验员,但是从没有为这次的经历而后悔。"我属于那种靠直接观察得出认识并作出测量的理论家。"他后来这样写道,"在我看来,像这样的理论家越多越好。"

1914 年 1 月,年仅 26 岁的薛定谔成为了一名无薪讲师。就像在其他地方一样,在奥地利理论物理学领域的机会是很少的。他所期待的通往教授席位的道路似乎长路漫漫又困难重重。于是他考虑着放弃物理学。后来在那一年的 8 月份,第一次世界大战爆发了,他被召去打仗。从最初开始他就运气不错。作为一名炮兵指挥官,他在意大利前线的筑垒阵地服役。在他各种各样的布哨中,他所面临的唯一真正的危险就是无趣。后来他开始收到一些书籍和科学期刊,这些都有助于缓解生活的单调乏味。"这能算是生活吗:睡觉、吃饭、玩纸牌?"在第一批书本抵达之前,他在日记中这样写道。哲学和物理学是让薛定谔免于陷于完全绝望的唯一事物:"我不再询问战争何时结束?但是,它会结束吗?"

当他于 1917 年春天被转移回到维也纳,在维也纳大学教授物理学和在一所防空学校教授气象学时,他得到了解脱。薛定谔的战争结束了,正如他后来写的,"毫发无伤,也没生病,变化不大。"至于在生活的其他方面,战后初期的日子对于薛定谔和他的父母而言,生活是艰难的,因为家族企业遭到了毁灭。哈普斯堡皇室帝国(Habsburg Empire)土崩瓦解,胜利的盟军一直切断着该国的粮食供应,情况不断恶化。1918 到 1919 年的这个冬天,在维也纳,成千上万的人忍饥挨饿,饱受冰冻之苦。他们几乎没有钱去购买黑市上的食物,薛定谔一家往往被迫去本地的赈济所吃饭。1919 年 3 月后,封锁得到了解除,皇帝流亡到国外,情况开始慢慢好转。第二年,薛定谔得到了耶拿大学的一份工作,他的生活得到了救助。这份工作的薪水正好足够他迎娶 23 岁的安妮玛丽·贝特尔(Annemarie Bertel)。

4 月份到达耶拿(Jena)后,这对夫妻在那里待了整整六个月,后来在 10 月份薛定谔破例被任命为斯图加特理工高等学校的教授。在经历了过去几年的拮据之后,他在经济上宽裕一些了。在 1921 年春天,基尔、汉堡、布雷斯劳和维也纳等地的大学全都希望聘用一位理论物理学家。那时薛定谔已经赢得了较高的声望,这些大学都认为他是合适的人选并认真地考虑聘用他。最后,他接受了布雷斯劳大学提供的教授职位。

在34岁的时候,薛定谔可能已经实现了每名学者的抱负;然而,在布雷斯劳,他拥有这一头衔,却并没有得到相应的报酬。于是当苏黎世大学向他伸出橄榄枝的时候,他离开了布雷斯劳。1921年10月到达瑞士以后不久,薛定谔被诊断患有支气管炎,也许会发展成肺结核。围绕他的未来的谈判,以及两年前他父母的去世,都让他付出了代价。"我的状况实际上如此之差,我无法得出任何理智的想法。"后来他告诉沃尔夫冈·泡利。在医生的叮嘱下,薛定谔去了阿罗萨的疗养院。在接下来的9个月里,他都待在这个离达沃斯不远的、阿尔卑斯山上的高海拔休养所里休养。在这个时候,薛定谔并非完全无事可干,而是仍然干劲十足、满怀热情地发表了几篇论文。

随着时间的流逝,他开始疑惑他到底能否作出重大的贡献,让他自己跻身于当代一流的物理学家之列。1925年初,他37岁了,早就庆祝过30岁的生日,据说这个生日是一位理论家创造生涯的分水岭。除了对自身作为一名物理学家的价值充满怀疑之外,夫妻双方的风流韵事也让他的婚姻很不顺利。那一年底,薛定谔的婚姻比任何时候都充满危机,但是他却做出了一个将确立他在物理学神殿中地位的重大突破。

薛定谔对原子和量子物理学领域的最新进展,比以往任何时候都要关注。在1925年10月,他读到了爱因斯坦在当年的早些时候完成的一篇论文,文中一处脚注中注明内容来自德布罗意的关于波粒二相性论文,这个脚注引起了他的注意。如同大部分的脚注一样,实际上这些脚注常常遭到人们的忽略。由于爱因斯坦对这篇论文赞许有加,薛定谔对它产生了兴趣。他想方设法得到了这篇论文的复印版本,却不知道那位法国王子所撰写的论文早在两年前就发表了。几星期以后,就在11月3号,他给爱因斯坦去信:"几天前,我饶有兴趣地读到了德布罗意的巧妙论断,后来我终于想明白了。"

其他的人也开始注意到了这篇论文,但是在没有任何实验的支持的情况下,几乎没有人能像爱因斯坦和薛定谔那样理解德布罗意的想法。在苏黎世,每两个星期,苏黎世大学的物理学家就会与苏黎世联邦工学院(ETH)的物理学家们碰面,进行联合讨论。瑞士联邦工学院的物理学教授彼得·德拜(Pieter Debye)主持这项会议,他让薛定谔就德布罗意的研究工作发表讲话。在同事的眼里,薛定谔是一个卓有成就且知识渊博的理论家,在他所发表的40多篇论文中,涉及到了放射性、统计物理、广义相对论和色原学说等各种跨度极大的领域。薛定谔作出了坚实的贡献,但这些贡献并不引人注目。在这些论文中,有一部分综述文章得到了很高的评价,这表明薛定谔在对其他人的研究工作进行吸收、分析和组织方面具有很强的能力。

11月23日,“薛定谔清楚地叙述了德布罗意是如何将波和粒子联系起来的,以及他是如何通过要求整数波应该沿着固定的轨道形成来得出尼尔斯·玻尔和索末菲的量化定律的。”[61] 当时,一名21岁的学生菲利克斯·布洛赫(Felix Bloch)也在场。在波粒二相性没有通过实验得到确认的情况下(1927通过实验得到证明),彼得·德拜发现这个理论完全是牵强附会并且“非常幼稚的”。波物理学——任何波,包括声音和电磁,即使是沿着小提琴弦移动的波——都具有可以描述的方程式。在薛定谔的概述中,没有出现“波等式”;德布罗意从来没有试图去为他的物质波推导出一个“波的方程式”。爱因斯坦在读了这位法国亲王的文章之后,也没有试图去推导出一个这样的方程式。德拜的观点“当时听起来毫无价值,似乎根本没有给人留下深刻印象”,布洛赫50年后仍然记得这些。

薛定谔知道德拜是正确的:“如果有波,就一定会有波的方程式。”几乎同时,他就决定为德布罗意的物质波推出这个被遗漏的方程式。在休完圣诞节假期回来之后,薛定谔在新年初举行的第一次讨论会上宣布:“我的同事德拜认为,我们需要有一个波动方程;那么,我已经发现了一个!”在会议休息期间,薛定谔已经掌握了德布罗意的最初想法,并将它们发展成了一个完整的量子力学理论。

薛定谔清楚地知道从哪里开始以及他必须做些什么。德布罗意已经通过对玻尔原子中容许的电子轨道进行复制来测试了他的波粒二相性,在这些轨道中,只有整数的电子驻波长度才符合定律。薛定谔知道,他找到的这种神秘的波动方程必须能够复制带有三维驻波的氢原子的三维模型。氢原子将成为他需要发现的波动方程的决定性的实验。

在这场“打猎”开始后不久,薛定谔认为他已经“捕获”了这样一个方程式。然而,当他将其应用到氢原子的时候,这个方程式却给出了错误的答案。失败的原因在于,德布罗意在创立和陈述波粒二相性的时候,是按照爱因斯坦狭义相对论的理论来进行的。紧跟德布罗意的脚步，薛定谔在寻找波动方程时，目标也是找出一个形式上“相对”的方程式，并且他成功了。同时，于伦贝克和古德斯米特已经发现了电子自旋的概念，但直到 1925 年 11 月底之前，他们的论文还没有出版。薛定谔已经发现了相对论的波动方程，但并不令人惊奇的是，它不包括电子自旋，因此没能和实验数据相吻合。[62]

圣诞节休假马上就要到了，薛定谔开始集中力量去发现波动方程，而不去考虑相对论。他知道这样一个方程式将不适用于以接近光速的高速运动的电子，在这种情况下，相对论无法被忽略不计。但是对于他的目的来说，这样一个波动方程却行得通。然而不久，出现了另外一件让他分心的事。他和妻子安妮再次遇到了他们婚姻的低谷。这一次比之前所持续的时间都要长。尽管存在着婚外情并且他们也谈到了离婚，两个人似乎都无法也不愿永久地离开对方。薛定谔想要出去几周散散心。最后不管他到底给了妻子什么借口，他还是离开了苏黎世，去了他钟爱的阿尔卑斯山的那如同仙境般的休养地阿罗萨，在那和一位前情人幽会。

薛定谔非常高兴能够回到这熟悉而舒适的黑薇谷别墅（villa Herwig）区。正是在这儿，他和安妮度过了之前的两个圣诞节假期，但是在接下来的两周期间，薛定谔几乎没有时间去感到内疚，他和他那位神秘的情人在一起快活。不管他的情人在此期间可能多么地让他分心，薛定谔还是设法继续寻找他的波动方程。“在那个时候，我正在同一个新的原子理论作斗争。”12 月 7 日他这样写道，“我要是对数学了解得更多就好了！对于此事我非常乐观，我还料想，如果我能解决这个问题……那该是一个多么美妙的方程啊！”在他的生命中，这个“姗姗来迟的情欲大爆发”期间，紧接着的是为期六个月的不断喷涌的创造力。受到他那位不知名的“缪斯女神”的鼓舞，薛定谔发现了那个波动方程，但是它是否就是他所寻找的那个呢？

薛定谔的波动方程并不是“推导”出来的，从逻辑严格的经典物理学无法推导出这个方程。相反，他是从德布罗意的波粒子公式和经典物理学沿用已久的方程式中建立起波动方程的。德布罗意的波粒子公式将粒子的波长同粒子的动量联系起来。听起来虽然简单，但薛定谔费尽了九牛二虎之力才得以率先将它变成书面文字。正是在此基础上，他在接下来的几个月里建立了波动力学的整体结构。但是，他首先得证明它就是波动方程。当应用到氢原子上时，它能否得出正确的能级值？

在 1 月份回到苏黎世之后，薛定谔发现，他的波动方程确实可以复制出玻尔-索末菲氢原子的一系列能级。比能够应用于圆周运动的德布罗意的一维电子驻波更为复杂的是，薛定谔的理论得出了电子轨道的三维模拟。它们的相关能量是按照部分和一批薛定谔波动方程可接受解产生的。被坚决摒弃的是玻尔-索末菲量子原子所要求的特别附加物——之前所有不协调的修修补补，现在都自然地镶嵌在薛定谔的波动力学框架内。即使是电子在轨道间的神秘的量子跃迁，都好像是被这种从一个允许的三维的电子驻波到另一个驻波之间的平稳和连续转变所消除了。《作为一个特征值的量化问题》这篇论文于1926年1月27日被投到了《物理学年鉴》期刊，[63]并于3月13日得到发表。这篇论文给出了薛定谔版本的量子力学和它在氢原子上的应用。

在长达50年的科学生涯中，薛定谔每年发表的研究报告的数量达到了40页。1926年，他发表了总共256页的论文，在论文中，他论证了波动力学如何能够成功地解决一大批原子物理学问题。他还提出了一个随时间变化的波动方程版本。这个版本可以解决随时间而变化的"系统"，其中包括涉及到原子辐射的吸收和发射以及辐射散射的过程。

2月20日，第一篇论文正在准备交付印刷时，薛定谔第一次使用了波动力学这个叫法，来描述他的新原理。矩阵力学摒弃了可观察性，与严峻的冷冰冰的、一点暗示也不给的枯燥的矩阵力学截然不同的是，薛定谔让物理学家们可以拥有一个熟悉而可靠的备选方案，这个方案可以用比海森堡那个极为概要的表述更为接近19世纪物理学的术语来对量子世界进行解释。薛定谔并没有使用神秘的矩阵，而是采用了微分方程，每个物理学家的数学"工具箱"中都会有这样一个工具。海森堡的矩阵力学向这些物理学家提出了"量子跃迁"和"间断性"的概念，但在他们极力想了解原子的内部运转时，却什么也没有描述。薛定谔告诉物理学家们，他们不再需要"压抑直觉，仅仅凭着一些抽象概念——比如转换概率、能级和类似的东西——来进行研究"。毫不令人惊奇的是，他们衷心地欢呼着波动力学的问世，并且很快就争先恐后地对它表示支持。

论文的复印版本寄给薛定谔时还带着出版社的赞语。一收到论文，他就把它们送给那些他最重视的同事们。普朗克在4月2日给他回了信，告诉他已经读过了这篇论文，而且自己像个"急切的孩子一样，听到了这个谜团被解开了，并且这个谜团已经困扰了他很长时间了"。两周以后，薛定谔收到了来自爱因斯坦的一封信，他告诉他"能得出您这个想法的人是一个真正的天才"。"您和普朗克的认可对我来说，比半个世界对我的认可还重要。"薛定谔在回信中这样说道。爱因斯坦确信，薛定谔已经做出了一个重要的进步，"就像我确信海森堡-玻恩的方法会误导人一样。”

其他人则花了较长时间才完全理解薛定谔这一“姗姗来迟的情欲大爆发”。索末菲最初认为波动力学“完全疯了”,后来他改变了主意并且宣布:“虽然矩阵力学的真实性是不容置疑的,它的处理却是极其复杂并且非常抽象的,几乎令人害怕。薛定谔现在已经帮我们解了围。”还有很多其他人也松了一口气。他们学会并开始使用波动力学中所包括的对他们来说更为熟悉的想法,而不是必须同海森堡和他的哥廷根同事所创立的那种抽象而怪异的方程式作斗争。“薛定谔的方程式让我们大大松了一口气。”年轻的“旋转博士”乔治·于伦贝克这样写道,“现在我们不用去记那些奇怪的矩阵数学了。”相反,埃伦费斯特、于伦贝克和莱顿大学的其他人都花了几周的时间,“每次在黑板前一站就是几个小时”,就是为了学会这个波动力学的“壮丽分枝”的所有内容。

泡利虽然和哥廷根的物理学家们关系亲密,但他了解薛定谔所做的工作的意义,并且被深深地打动了。泡利在成功地将矩阵力学运用到氢原子时,已经发动了他所有的脑细胞。后来,每个人都为他处理这个问题的速度和熟练性大为惊叹。泡利 1 月 17 日把论文寄去《物理期刊》的时候,仅仅比薛定谔寄出他的第一篇论文早了 10 天。当泡利看到波动力学使得薛定谔可以相对轻松地解决氢原子的问题时,他大吃一惊。“我相信它是最近发表的论文里面最为重要的一篇,” 他告诉约当,“仔细读完它,一定要投入。”在不久之后的6 月份,玻恩将波动力学描述为“量子定律的最深刻形式”。

海森堡告诉约当,由于玻恩的“变节”,明显赞同波动力学,他“不是很高兴”。因为他觉得,虽然他承认薛定谔的论文“不可思议,非常有趣”,运用了更为熟悉的数学方程式,海森堡仍坚信当回到物理学层面时,他的矩阵力学才是最好的描述原子级别上的事物的运动方式。“海森堡从一开始就不认同我的观点,那就是您的波动力学在物理上比我们的量子力学更加重要。”1927 年 5 月,玻恩对薛定谔这样透露道。当时它几乎不是一个秘密了。海森堡也不希望掩饰他的想法。这里面牵涉到太多的利益。

1925 年,当春天过去,夏天来到了的时候,量子力学仍然没有得到建立,这个理论对于原子物理学来说,就相当于牛顿力学在经典物理学上的地位。一年后,有两个互相对立的理论,它们之间的区别就好像粒子和波之间的区别。当用来解决同一个问题时,它们给出的答案是一样的。如果矩阵和波动力学之间有任何联系的话,那么这种联系到底是什么呢? 这正是薛定谔在完成他的第一篇里程碑式的论文后就开始思考的一个问题。经过两周的研究之后,他发现这两者之间没有任何联系。薛定谔在给威廉·维恩的信中写道："因此，我自己已经放弃了进一步研究的打算。"他几乎没有感到失望，他自己承认，"在我自己的理论还没有头绪的时候，矩阵演算对我来说早就已经变得无法忍受了。"但是他无法停止探索，直到3月初他终于发现了这个联系。

这两个理论在形式和内容方面都表现得是如此不同，一个运用了波动方程，而另一个使用的是矩阵代数；一个描述的是波，而另一个描述的是粒子，但它们在数学上却是等价的。难怪它们两个能给出完全相同的答案。这两种量子力学的形式互不相同，但作用是一样的。很快地，同时拥有两种形式就体现出了它们的优势。对于物理学家遇到的大部分问题而言，薛定谔的波动力学提供了更为轻松的办法去得出答案。可是对于另外一部分问题来说，比如涉及到旋转的问题，海森堡的矩阵方法就更能发挥作用。

任何可能的针对这两个理论孰是孰非的争论甚至还没开始，就已经结束了。随后，人们的注意力从数学形式体系这一方面转移到了物理阐述上来。这两个理论在技术上可能是相同的，可是数学背后的物理客观现实却大不一样：薛定谔的波和连续性相对于海森堡的粒子和间断性。两个人都确信自己的理论反映了物理客观现实的真正本质。但不可能两个理论同时正确。

量子理论

一开始，当薛定谔和海森堡两人就对方对量子力学的解释是否正确开始互相质疑时，他们之间并不存在私人的恩怨。但不久之后，这种敌对情绪就开始高涨。总而言之，无论是在公众场合，还是在他们的论文当中，两人都在想方设法地控制自己的这种情绪。但是，在他们的书信中，就没有这种约束和掩饰的必要了。当薛定谔最初试图证明波动力学和矩阵力学的等价性遭遇失败之后，他感到了一丝解脱，也许根本就不存在这种等价性，因为"如果我以后必须告诉年轻的学生们矩阵计算代表了原子的本质，一想到这个就让我不寒而栗"。在他的一篇名为《论海森堡-玻恩-约当量子力学和我的量子力学之间的关系》的论文中，薛定谔煞费苦心地将波动力学和矩阵力学区分开来。"我的理论来自德布罗意的启发，得到了爱因斯坦的评价，他的评价虽简短，却卓有远见。"他这样解释。"我的理论和海森堡的绝不存在任何亲缘关系。"薛定谔得出这个结论，"因为在矩阵力学中缺乏可视性，我觉得这对我是一种障碍，甚至可以说我很反感这一点。”

对于薛定谔试图在原子领域中重建的这种连续性,海森堡在评价时的言辞就没那么谨慎了。在他看来,在原子领域中,间断性占统治地位。“我越是想到薛定谔理论的物理部分,我就越是感到厌恶。”6 月份他对泡利这样说,“薛定谔对他的理论的直观性的叙述‘也许并不完全正确’,换句话说,简直就是废话。”而在两个月前,海森堡的态度还稍微缓和。当时他将波动力学描述为“不可思议,非常有趣”。但是那些了解玻尔的人承认,海森堡说这话时正是使用的这位丹麦人所钟爱的语气。当他实际上不同意某个观点或想法时,他总是称之为“有趣”。越来越多的同事放弃了矩阵力学,转而使用较为容易的波动力学,这让海森堡产生了一种日渐增长的挫败感。他最终发脾气了。当玻恩开始使用薛定谔的波动方程时,他几乎无法相信这一事实。盛怒之下,海森堡把他称做“叛徒”。

海森堡可能是对薛定谔理论的不断普及心怀嫉妒,但是在薛定谔的理论被发现之后,波动力学领域中的下一个伟大的突破正是海森堡实现的。海森堡可以对玻恩的做法感到生气,但是海森堡同样为薛定谔的方法在应用于原子问题时的方便简单所吸引。1926 年 7 月,他运用波动力学解释了氦分子的光谱现象。[64]为了防止别人看出来他大量地运用了对手的公式,海森堡指出这纯粹是权宜之计。这两个原理在数学上具有等价性,这一事实意味着他能运用波动力学的同时,忽略薛定谔用这个理论描绘的“直觉性图画”。然而,甚至在海森堡寄出他的论文之前,玻恩就已经发现概率是波动力学和量子现实性的核心内容,并运用了薛定谔的“调色板”在同一张画布上描绘出了一幅截然不同的图像。

薛定谔并非试图去描绘一幅新的图像,而是企图重建一个旧的。对他来说,在原子内不存在不同能级之间的量子跃迁,只有从一个驻波到另一个驻波的平稳的、连续的转变,辐射是一些外来的谐振现象的产物。他认为,波动力学允许重建一幅对物理现实性的、经典的、“直觉性”的图像,这种现实性意味着连续性、因果性和决定论。玻恩并不同意这一观点。“薛定谔的成就只剩下了一些纯数学的东西,”他告诉爱因斯坦,“他的物理学是可悲的。”玻恩运用波动力学描绘了一幅客观存在的、超现实主义的图像,这幅图像具有间断性、非因果性和可能性,取代薛定谔试图成为一个像牛顿那样的大师。这两幅客观现实的图画,有赖于对所谓的、在薛定谔波动方程中由希腊字母 ψ 代表的波函数做出的不同的解释。

薛定谔从一开始就知道,他这个版本的量子力学存在一个问题。根据牛顿的运动定律,如果电子的位置和速度在某个时段是已知的,那么在理论上可以精确地确定一段时间后它的位置。然而,要想确定波的位置比确定粒子的位置要难得多。将一块石头投入池塘,会在水面上产生涟漪。水波的确切位置在哪儿?与粒子不同的是,波不会限定在单个地方,而是不断地通过介质传递能量。就像“墨西哥人浪”中的人群一样,水波正是在水面上忽沉忽浮的单个的水分子群。

所有的水波,不管大小如何、形状怎样,都可以通过方程式来描述,这个方程式可以以数学的形式来描绘它们的运动,正如牛顿的方程式可以描绘粒子的运动一样。波动函数 ψ 代表了波本身,而且描述了在一定时刻波的形状。池塘水面上波纹的波动函数确定了在 t 时刻 x 点的水波波动的规模,即所谓的波幅。当薛定谔为德布罗意的物质波寻找波动方程时,波函数还是未知的部分。为某一特定的物理势态——例如氢原子——解这一方程,就可以得出波函数。然而,薛定谔发现有一个问题很难回答:是什么在做波动?

就水波或声波来说,很明显,是水分子或空气分子。在19世纪,光分子曾经让物理学家们困惑不已。他们被迫去援引那神秘的“以太”作为光运动的必要介质,直到人们发现光是一种电磁波,做波动的正是连锁电磁场。薛定谔相信,物质波和那些人们更为熟悉的波形一样真实地存在着。然而,电子波运动是通过什么介质进行的?这个问题就如同问薛定谔的波动方程中波函数代表的是什么一样。在1926年夏天,有人写了一首风趣的小诗,对薛定谔和他的同事们所面临的情况做了一个总结:

> 埃尔温用他的 ψ
> 计算起来真灵通。
> 但 ψ 真正代表什么:
> 没人能够说得清。[65]

薛定谔最后提出,例如,当电子经过空间运动时,它的波动函数和它的电荷像云一样的分布状态有着紧密的联系。在波动力学中,波动函数不是一个能够直接测量的量,因为它就是数学家所称的复数。4+3i 就是一个例子。它由两部分组成:一个“实的”和另一个“虚的”。4 是一个普通的数字,并且是复数 4+3i的“实”部。“虚”部 3i 不具备物理意义,因为 i 是 -1 的平方根。将一个数字和它自身相乘后能得到另外一个数字,那么这个数字就被称为另一个数字的平方根。4 的平方根是 2,因为 2 ×2 等于 4。没有一个数字与自身相乘后能够等于 -1。虽然 1 ×1 =1, -1 × -1 还等于 1,因为根据代数定律,负负得正。

波动函数是不可见的,它是一些难以确定的东西,无法测量。然而,复数的二次方是一个实数,和某种实际上能够在实验室测量的事物有关。[66] 4 +3i 的二次方是 25。[67] 薛定谔相信,一个电子的波动函数的二次方,$|\psi(x,t)|^2$,是在时刻 t 对位于 x 点的模糊不清的电荷密度的测量。

在薛定谔试图挑战粒子存在这一观点时,作为对波动函数的解释的一部分,他引入了“波包”(wave packet)的概念来代表电子。他提出,尽管有大量实验证据支持粒子这一观点,但电子只是看起来像粒子但事实上不是粒子。薛定谔认为,粒子形状的电子只是幻想。实际上只存在波。粒子电子的任何表现,都是由于一组物质波被加入到一个波包中。那么运动中的电子只不过是一个波包。这个波包像送出的一次脉搏,随着腕部的抖动,沿一根一头绷紧和另一头被握住的绳子向前运动。像粒子的波包似乎需要许多不同波长的波,这些波互相干涉,在波包之外彼此抵消。

如果放弃粒子的概念,将所有事情简化为波,就可以消除物理学的间断性和量子跃迁现象,那么对于薛定谔来说这是一个值得付出的代价。然而,不久他的解释就遇到了困难,因为它在物理学上说不通。首先,电子形成的波包开始散开,当人们发现组成波包的波在空间上散开,以至于如果要把在实验中所检测到的粒子形状的电子和它们扯上关系的话,它们必须比光速更快。(图 11)

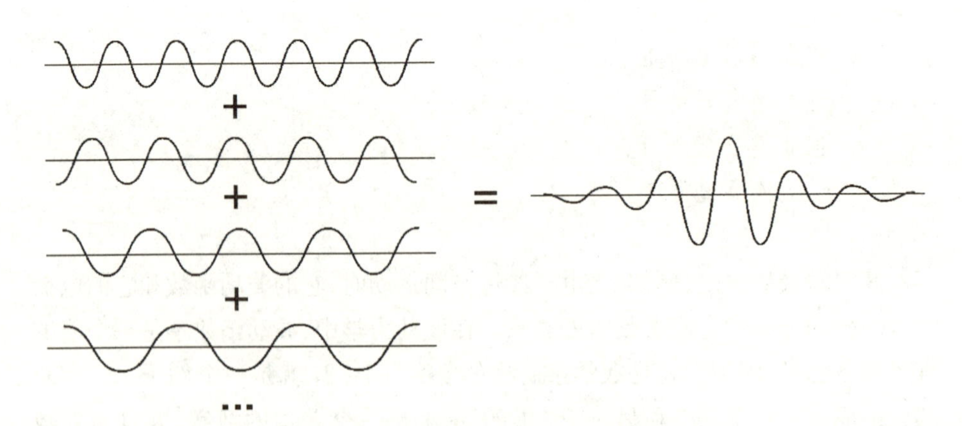

图 11　由一组波叠加形成的波包

尽管薛定谔试了很多方法,他还是无法防止波包的分散。因为它是由波长和频率各不相同的波组成的,波包在经过空间时,不久就开始散开成为单个的波,并以不同的速度传播。每次一个电子作为一个粒子被检测到的时候,它都会几乎同时聚集到一起,并在空间中的某一点局部化。其次,当人们试图将波动方程运用到氦及其他原子时,作为薛定谔数学基础的客观现实性,就消失在一个抽象的、多维的、不可视的空间中。

电子的波动函数包括了所有的称之为单个的三维波。可是氦原子的两个电子的波动函数不能被解释为存在于普通三维空间的两个三维波。相反,通过数学计算,发现单个的波存在于一个奇怪的 6 维空间中。在元素周期表上,每从一个元素移到下一个元素时,电子的数目就增加一个,就需要另外一个三维空间。如果在元素周期表中排第 3 位的锂需要一个 9 维空间,那么铀就必须被容纳在一个 276 维的空间中。拥有这么多抽象的多维空间的波不可能是那种真实存在的、薛定谔所希望的重建连续性和消除量子跃迁的物理波。

薛定谔的解释也不能说明光电效应和康普顿效应。有一些问题还没有答案:波包怎么能带有电荷?波动力学能否体现量子旋转?如果薛定谔的波动函数并不代表日常的三维空间中真正的波,那么它代表的是什么呢?正是马克斯·玻恩给出了答案。

玻恩在美国待了五个月。那是 1926 年 3 月,在他快要离开的时候,薛定谔发表了他的第一篇关于波动力学的论文。4 月份,当玻恩回到哥廷根的时候,他读到了这篇论文。和其他人一样,他为这篇论文深深地感到"惊叹"。在他离开的这段时间里,量子物理学的领域已经发生了翻天覆地的变化。突然不知何故,玻恩很快意识到,薛定谔已经建立了一套理论,而这套理论具有"非凡的力量"。他很快就承认了"波动力学作为一个数学工具的优越性",因为它在解决"基本的原子问题"——氢原子时具有相对简便性。毕竟,连泡利这样惊人的天才都曾经花了大工夫,试图运用矩阵力学来解救氢原子的问题。玻恩当时可能大吃了一惊,可是他在薛定谔的论文问世前就早已经熟悉了这种物质波的观念。

"爱因斯坦在给我的一封信里面,让我注意德布罗意不久之前发表的论文,可是我太专注于自己的思考,以至于没有仔细地去研究它。"玻恩 50 多年之后承认。1925 年 7 月,他已经抽空学习了德布罗意的研究,并给爱因斯坦去信,告诉他"物质波动说可能具有非常伟大的意义"。玻恩告诉爱因斯坦,他也热心起来,并已经开始"想想德布罗意的波"。可是就在那个时候,他把德布罗意的观点推到一边，并开始试图去理解海森堡给他的那篇论文中出现的奇怪的乘法规则。现在，差不多一年以后，玻恩解决了波动力学遇到的一些问题，可是他付出的代价却远比薛定谔牺牲粒子这个代价高得多。

对玻恩来说，薛定谔所提倡的对粒子和量子跃迁概念加以摒弃这种做法难以让人接受。在哥廷根时，他时常在原子碰撞实验中见证他所称的“粒子概念的多产”。玻恩接受薛定谔的形式主义的丰富性，但不能接收这位奥地利人的解释。“完全放弃薛定谔所描绘的，旨在重建经典的连续介质理论的物理图像，只保留它的形式，并用一个新的物理内容来填充这个形式是必要的。”玻恩在1926年末这样写道。当玻恩提出了一个对波动函数的新的解释时，由于他已经确信“粒子无法被简单地取消”，因此他找到了一个办法，利用“概率”将它们和波结合起来。

在美国期间，玻恩一直在研究将矩阵力学运用于原子碰撞。当他回到德国突然发现了薛定谔的波动力学后，他重新开始这一主题，并发表了两篇影响深远的论文。这两篇论文的题目都是“碰撞现象的量子力学”。第一篇论文，只有4页纸，发表于7月10日的《物理期刊》上。10天后，他完成并寄出了第二篇论文。较之前一篇，这一篇更为深思熟虑和精简洗练。[68]虽然薛定谔放弃了粒子存在这一观念，玻恩却试图“拯救”它们，并提出了一个对波动函数的解释。这一解释向基本的物理学宗旨——决定论——提出了挑战。

牛顿学说的宇宙是纯粹决定论的，不存在概率。在决定论中，粒子在任何给定时间点上具有明确的动量和位置，作用于粒子的力确定了它的动量和位置在不同时间中变化的方式。像詹姆斯·克拉克·麦克斯韦和路德维希·玻耳兹曼这样的物理学家，想要说明由许多粒子组成的气体的特性时，他们唯一的方法就是运用概率和统计描述。这种被迫使用统计分析的无奈之举，其原因在于要追踪数目如此之大的粒子的运动是非常困难的。在一个决定论的宇宙中，概率是人类无知的结果。在这个宇宙中，每件事物根据自然的法则有条不紊地进行。如果任何体系的现状和对它起作用的力量是已知的，那么未来它的状况就是已经确定的。在经典物理学中，决定论和因果性之间的联系，就是每个结果都有一个原因这一观念。

就像两个台球互撞，当电子“砰”地碰上原子的时候，它几乎可以往任何方向移动。然而，在玻恩发表了一个惊世骇俗的言论的时候，他争论说，就是在这里，相似性不起作用了。就原子碰撞而言，物理学无法回答“碰撞后的状态是怎么样的”这一问题，只能回答“碰撞后的效果可能会是怎样的”。“这里，决定论的问题就凸显出来了。"玻恩承认说。不可能精准地确定电子在碰撞后所处的位置。他说,物理学所能做到的最好的,就是计算出电子散射时经过某个角度的概率。这是玻恩的"新物理内容",并且这些都取决于他对波动函数的解释。

波动函数本身没有物理现实性;它存在于那神秘的、梦幻般的可能发生领域。它涉及到抽象的可能性,就像电子在与原子碰撞后可能散射的角度存在很多可能性一样。在可能性和概率性之间存在着一个有差异的现实世界。玻恩认为,波动函数的二次方是一个实数而不是复数,存在于概率的世界中。例如,根据波动函数的平方,不会得出电子的实际位置,只能得出它可能处于某个位置的可能性,也就是它可能在某处而不是在其他地方的几率。[69]例如,如果电子在 X 位置的波动函数值是它在 Y 位置的波动函数值的 2 倍,那么在 X 点发现它的可能性为在 Y 点发现它的可能性的 4 倍。可能在 X 点、Y 点或其他地方发现电子。

尼尔斯·玻尔不久后就论证,在做出观察或测量之前,像电子这样存在于微观物理学中的物体,并不存在于任何地方。在两次测量之间,除了存在于波动函数的抽象可能性之中,它并不存在于其他地方。只有在进行观察或测量,当一个可能的状态成为"实际"状态时"波函数消失",所有其他可能性的概率变为零。

对于玻恩来说,薛定谔的波动方程描绘了一个概率波。没有真正的电子波,只有抽象的概率波。"从我们的量子力学的角度来看,在某一个单独的情况下,不存在一个量可以直接决定碰撞的结果。"玻恩写道。并且他承认,"在原子世界中我自己倾向于放弃决定论。"然而,"粒子的运动遵循概率规则,"他指出,"概率本身是遵循因果规律的。"

在玻恩发表那两篇论文之间,他花了很长时间去完全领会他在物理学领域引入的新型的概率,那就是"量子概率",由于缺乏一个更好的术语来形容,只好用了这个术语,它不是从理论上来说可以被消除的、传统的、未知事物的概率,而是原子客观存在的内在特性。例如,在放射性样品中,即使单个原子必然衰变是一个必然性,依然无法预测单个原子什么时候可能衰变。这一事实不是因为人们的无知,而是因为决定放射性衰变的量子定律的概率性质的结果。

薛定谔反对玻恩的概率解释。他不认为电子或 α 粒子和原子的碰撞是"完全偶然的",也就是说,是"完全不可决定的"。否则,如果玻恩是对的,那么也没有办法避免量子跃迁,于是因果性再一次受到了挑战。在 1926 年 11 月,他给玻恩去信:“然而,我有这种印象,那就是你及其他人,那些从根本上同意你观点的人,都被那些概念施了魔咒(如能态、量子跃迁等等),在最近十几年里这些概念都在我们的思维中牢牢扎了根;因此,你无法做出公正的判断,来试图摆脱这种思维方式。”薛定谔从未放弃他对波动力学的解释,并且从未停止实现原子现象的可视性。“我无法设想,一个电子会像跳蚤一样蹦来蹦去。”他曾说过的这句话,给人留下了深刻的印象。

苏黎世并不位于哥本哈根、哥廷根和慕尼黑所形成的金色的量子三角形区域内。1926 年上半年,随着波动力学这门新物理学像野火般迅速传播到欧洲所有的物理学群体中,许多人都渴望能够听到薛定谔亲自解释他的理论。当阿诺德·索末菲和威廉·维恩邀请他去慕尼黑作两场讲演时,薛定谔欣然接受。第一场讲座于 7 月 21 日在阿诺德·索末菲的“周三专题座谈会”按例行程序进行,反响良好。而第二场于 7 月 23 日在德国物理学会巴伐利亚分部举办,得到的反响却不如第一场。当时,海森堡的大部分时间里都在哥本哈根为玻尔担任助手,他已经及时回到了慕尼黑来听薛定谔的讲座,之后准备去徒步旅行。

就当海森堡第二次坐在那人头涌动的大讲堂内时,他安静地听着,直到薛定谔那场名为“波动力学的新结果”的讲话结束为止。在随后的问答互动期间,他越来越激动,最后他无法再保持沉默。当他起身说话的时候,全场所有的人都盯着他。他指出,薛定谔的理论无法解释普朗克的辐射定律、弗兰克-赫兹实验、康普顿效应以及光电效应。所有这些,如果没有间断性和量子跃迁,都无法得到解释。而这两个概念正是薛定谔想要弃之不用的。

在薛定谔做出回答之前,听众中有些人已经在表示他们对那位 24 岁年轻人的评论感到不满了,恼怒的维恩也站起来,打断了他的讲话。后来海森堡告诉泡利,“那位老物理学家,几乎要把我给扔出房间。”实际上,这位“老物理学家”维恩和海森堡还颇有些渊源。当年海森堡还在慕尼黑大学上学时,他在博士论文答辩口试时,在回答那些涉及到实验物理学内容的问题时表现得极为糟糕,当时维恩也在场。“年轻人,薛定谔教授一定会在适当的时候解决这些问题。”维恩这样对海森堡说,并向他示意让他坐下。“你一定知道我们可以避开所有那些关于量子跃迁的废话。”薛定谔丝毫没有表现出狼狈,他回答说他对解决这些遗留的问题充满信心。

后来,海森堡不停地悲叹说,目睹整个事件的索末菲已经"臣服于薛定谔的数学那无法抵挡的力量之下了"。不得不退出会场让海森堡感到信心动摇,灰心丧气。在战斗开始之前,海森堡需要重新集合人马。"几天前,我在这里听了薛定谔的两场讲座。"他给约当写信,"并且我像石头一般坚定地相信,薛定谔所提出的量子力学中的物理概念是完全错误的。"他已经知道,由于"薛定谔的数学代表了一个伟大的进步,因此一个人的确信是不够的"。在他试图打断薛定谔的讲话却被迫退出会场这一灾难性的事件发生之后,海森堡从量子物理学的前线发了一个急件给玻尔。

在读了海森堡所说的"慕尼黑事件"之后,玻尔邀请薛定谔到哥本哈根去作专题演讲,并参与"一些研究所里工作人员的小范围讨论,我们可以讨论一些原子理论中未解决的问题"。1926 年 10 月 1 日,薛定谔走下火车的时候,玻尔正在站台上等着他。值得注意的是,这是他们的第一次见面。

在互致问候后,双方的战斗差不多就马上开始了,并且根据海森堡所说,"每天从清晨直到深夜为止"。在接下来的几天中,薛定谔无时不刻都必须面对玻尔持续不断的询问。他把薛定谔安置在自家的客房,以获得最多的共处时间。虽然一般情况下,玻尔都是一个最为和气体贴的主人,在他试图说服薛定谔并让其相信自己是错误的愿望下,玻尔的表现,即使在海森堡看来,都像是一个"无情的、狂热的、不准备做出丝毫让步或是承认自己可能是错误的人"。每个人都为那些涉及到新物理学概念的信念而激动地辩护着,这些信念都是他们自己所深信不疑的。双方都针锋相对,不准备做出丝毫让步,每个人都无情地抨击对方观点中的任何缺点或漏洞。

在一次讨论期间,薛定谔称"量子跃迁的全部观点纯粹是幻想"。"但是并不能证明不存在量子跃迁。"玻尔反驳道。他继续说,它所证明的,恰恰是"我们不能想象它"。双方的情绪很快就激动起来。"你不能真的对量子理论的整个基础部分都加以怀疑吧!"玻尔叫道。薛定谔承认还有很多地方需要进一步加以解释,但是玻尔也"没能发现对量子力学的令人满意的物理解释"。随着玻尔的继续施压,薛定谔最终大发雷霆:"如果这他妈的量子跃迁真的存在的话,我会很遗憾涉足量子理论的研究。""但是我们其他的人都非常感谢你所做过的工作,"玻尔回答道,"你的波动力学在数学简明方面作出了很大的贡献,它代表了量子力学上的一个巨大进步,超越了之前的所有形式。"

在这无情的讨论持续了几天之后,薛定谔病倒了,卧床不起。玻尔的妻子费尽了心思来悉心照料他们这位客人,玻尔同时还坐在床边上继续他们的辩论。“但是,薛定谔先生,你一定能看见……”他确实看见了,但是,是通过他自己长期以来带着的那副“眼镜”,并且他不会用玻尔所规定的那副眼镜来把自己的这一副换下。两个人无法达成一致,如果说还有机会的话,这机会也微乎其微。彼此都不能说服对方。“不可能存在真正的互相理解,因为在那时,双方都无法提供对量子力学的一个完整而连贯的解释。”后来海森堡这样写道。薛定谔不接受量子理论代表与经典现实性的完全决裂。就玻尔而言,在原子领域不可能再回到人们熟悉的轨道和连续路径的观念上去。不管薛定谔是否愿意,量子跃迁必定会为大家所接受。

薛定谔一回到苏黎世后,就在给维恩的一封信中详细叙述了玻尔的“非常了不起的”解决原子问题的方法。“他完全相信,用通常意义的言辞都不可能理解量子理论解释,”他告诉维恩,“因此这场对话几乎立即变成了哲学问题,并且不久你就不再知道你是否还站在他所抨击的立场,或实际上你是否是在批评他所维护的立场。”尽管他们在理论上存在区别,玻尔和海森堡——“尤其是”海森堡——都表现出了一种“令人难忘的、友好的、细心的和有礼貌的风度”,并且全都“非常亲切、彬彬有礼”。在远离哥本哈根,经过几周的休息后,让薛定谔感到那段时光不是那么严酷。

量子理论

1926 年圣诞节的前一周,薛定谔和他的妻子到了美国。在此之前,他接受了来自威斯康星大学的邀请,去作一个系列演讲,并可以获得 2 500 美金的可观收入。后来他去了美国各地,作了差不多 50 场演讲。当他于 1927 年 4 月回到苏黎世后,薛定谔已经拒绝了好几个工作职位了。他在“觊觎”着一个更好的位置,那就是普朗克在柏林的职位。

普朗克于 1892 就被指定担任教授职位,他即将于 1927 年 10 月退休,成为一个名誉教授。当时,海森堡年仅 24 岁,过于年轻担任不了这样一个德高望重的职位。阿诺德 · 索末菲是首选,但他已经 59 岁,已经决定在慕尼黑安家。现在,要么是薛定谔要么是玻恩来接替这一位置。薛定谔被任命为普朗克的继位人,正是由于发现了波动力学才帮助他获得了这一位置。在 1927 年 8 月,薛定谔搬到了柏林,在那里他发现有个人和他一样,对玻恩的波动函数概率解释感到不满,那个人就是爱因斯坦。

爱因斯坦于 1916 年率先将概率引入量子物理学。当时他对电子从一个原子能级跃迁到另一个能级时的光量子的自发发射进行了解释。10 年后,玻恩对波动函数和波动力学提出了一个解释,这个解释可以说明量子跃迁的概率特性。但有一个代价是爱因斯坦不想付出的,那就是放弃因果性。

1926 年 12 月,在给玻恩的一封信中,爱因斯坦已经表达了他对放弃因果性和决定论的日渐忧虑。他说:"当然,量子力学给人留下了深刻印象。但是我内心的一个声音告诉我,它还不是真正的东西。理论说了很多,实际上并没有让我们离'旧理论'未解开的秘密更近一点。无论如何,我确信上帝不玩骰子(意即他认为世界是决定论的、可知的)。"随着战线的逐渐形成,爱因斯坦无意中为一个令人瞠目结舌的突破提供了灵感,这个突破是量子历史上最伟大的和意义最深远的成就——测不准原理。

Chapter 10

Uncertainty in Copenhagen

第 10 章

哥本哈根测不准原理

沃纳·海森堡站立在黑板前,他的笔记零散地放在他面前的书桌上,他非常紧张。这位了不起的25岁的物理学家有一千个理由觉得紧张。那一天是星期三,1926年4月28日,并且他即将在柏林大学举办的著名的物理学讨论会上讲授矩阵力学。不管慕尼黑或哥廷根在物理学上做出了什么成绩,在海森堡的眼里,只有柏林才可以当之无愧地被称为"德国物理学的堡垒"。他的眼睛扫向听众,最后停留在前排就坐的四个人的脸上。这四个人都获得过诺贝尔奖:马克斯·冯·劳厄、沃尔特·能斯脱、麦克斯·普朗克和阿尔伯特·爱因斯坦。

当海森堡给出了"对当时最为破例的理论概念和数学基础作出了清楚的描述"(根据他自己的评价)后,"生平第一次见到这么多著名物理学家"的紧张很快就消失了。演讲结束后,听众陆续离开。爱因斯坦邀请海森堡回到他的房间。两人一起慢慢走向哈伯兰大街,花了半个小时。其间,爱因斯坦问到了海森堡的家庭、教育和早期的研究。只有当他们俩舒舒服服地坐在爱因斯坦的房间里后,真正的谈话才开始,海森堡后来回忆道,当爱因斯坦问起"我最近的研究工作的哲学基础时","你假设原子内部存在电子,你这么做可能是对的。"爱因斯坦说道,"但是你拒绝考虑它们的轨道,即使我们可以在云室中对电子的轨迹进行观察。我将非常愿意听听更多有关您做出这种奇怪假设的理由。"这正是他曾经期望过的,一个将这位47岁的量子大师争取过来的好机会。

"我们无法观察原子内部的电子轨道,"海森堡回答道,"可是在发射期间,原子的辐射可以让我们推出电子的频率和对应的波幅。”对他谈论的主题非常热心,他解释说:“因为一个好的理论必定是以可直接观察到的量为基础,我认为把我自己限制在这里更为合适,按照它的原样,将它们处理为电子轨道的代表。”“但你并不是真的这么认为,”爱因斯坦抗议说,“难道只有可观察到的量才能进入物理理论吗?”这个问题正好指向了海森堡的新力学的基础。“难道这不正是你在处理相对论时的做法吗?”海森堡反问道。

“一个诡计不能用两次。”爱因斯坦微笑说。“也许我确实运用了这种推论方法,”他承认,“但它同样没有意义。”虽然大体而言,记住我们实际观察到的可能会有启发作用,他辩解道,“但试图仅仅凭可观察到的量去建立一种理论是完全错误的。”“在现实中,实际情况恰恰相反。是理论决定了我们能观察什么。”爱因斯坦指的是什么?

差不多一个世纪前,在1830年,法国哲学家奥古斯特·康德曾经说过,虽然每个理论毫无疑问都是以观察为基础的,为了进行观察,思维也同时需要理论。爱因斯坦试着去解释说观察是一个复杂的过程,涉及到在理论中所用的对现象的假设。“被观察的现象在我们的测量仪器中导致了一些必然事件,”爱因斯坦说道,“结果,在仪器中发生了更多的过程,最后通过复杂的路径在我们的头脑中产生了感觉印象,并帮助我们在意识中形成结果。”爱因斯坦认为,这些结果取决于我们的理论。“并且,在你的理论中,”他告诉海森堡,“你十分明确地假定,光从振动原子发射到分光镜或到人眼的全部机制就像人们通常假定的那样,也就是基本上符合麦克斯韦的定律。如果情况不是这样,你也许无法观察到你所谓的那些可观察到的量。”爱因斯坦继续讲道,“因此,你所主张的仅仅引入可观察量只是你对你所试图制定的理论的某一特性的假设。”“爱因斯坦的态度使我大吃一惊,尽管我发现他的观点是具有说服力的。”海森堡后来承认。

在爱因斯坦还是一名专利办事员的时候,他已经研究过了奥地利物理学家恩斯特·马赫的工作。对于恩斯特·马赫来说,科学的目标不是洞察客观存在的本质,而是去描述实验数据这一“事实”,越简练越好。每个科学概念都是要根据它的工作定义,即如何进行测量的规范来理解的。正是在这一原则的影响下,爱因斯坦对绝对时空这一既定的概念提出了挑战。但是很久以前,他就摒弃了马赫的方法,因为,正如他告诉海森堡的,它“忽视了世界是实际存在的以及客观事实是我们感觉印象的基础这一事实”。

当海森堡离开房间时,他为自己无法说服爱因斯坦感到失望,他需要做出决断。再过三天,5月1日,他就要到哥本哈根去开始担任玻尔助教和大学讲师这双重职务。然而,莱比锡大学刚刚为他提供了一个普通的教授职位。海森堡知道,对于一名像自己这样年轻的物理学家来说,这是一个惊人的荣誉,但他是否应该接受?海森堡告诉了爱因斯坦他所面临的两难选择。爱因斯坦建议他去给玻尔当助手。第二天,海森堡给他的父母写了一封信,告诉他们,自己拒绝了莱比锡大学所提供的职位。“如果我能够继续写出好的论文,”他向自己和他的父母保证,“我会收到其他的邀请,要不然我也不配这个职位。”

量子理论

“海森堡现在在我这儿,而且我们都忙着讨论量子论的新发展和它所代表的伟大的前景。”玻尔于1926年5月中旬给卢瑟福写信说道。海森堡住在玻尔的研究所里一间“舒适的带有斜墙的顶楼小公寓里”,可以望见哥本哈根下议院(Faelled)公园。玻尔一家已经搬进了隔壁一座舒服宽敞的别墅。海森堡经常前去拜访,不久他就觉得“在玻尔家像在自己家一样”。研究所的扩充和翻新所花费的时间比预计的要长得多,玻尔已经精疲力竭了。他体力不支,患上了严重的流感。在接下来的两个月玻尔静养身体期间,海森堡成功地运用波动力学对氦线谱进行了解释。

玻尔恢复健康后,做他的邻居成了一件好坏参半的事情。“傍晚8点或9点后,玻尔会突然来到我的房间,他说:‘海森堡,你认为这个问题怎么样?’我们就会开始谈了又谈,我们常常一直谈到深夜12点或凌晨1点。”或者他可能会邀请海森堡到别墅去谈话,一直到晚上很晚,还会喝上几杯。

除了在玻尔那里工作之外,海森堡每周还在丹麦大学上两堂理论物理学课。他比他的学生大不了多少岁,他们中有的人不敢相信“他是如此聪明,看起来像一个刚从技工学校出来的聪明的木匠学徒”。海森堡很快就适应了研究所的生活节奏,他的新同事们喜欢在周末航海、骑马和徒步旅行。但在1926年10月薛定谔来访后,这种活动的次数就越来越少了。

在矩阵力学或者波动力学的物理解释上,薛定谔和玻尔没有能够达成任何共识。海森堡注意到玻尔是怎样“万分焦急地”“想要弄清事情的真相”。在随后的几个月中,玻尔和他年轻的学徒所谈到的全都是量子力学的解释,他们试图让理论和实验统一起来。“玻尔常常深夜来到我的房间,对我讲那些折磨着我们俩的量子理论上的困难。”后来海森堡这样说。其中,最让人头疼的是波粒二相性。正如爱因斯坦曾告诉埃伦费斯特的:“一边是波,另一边是量子!两者的客观存在就像石头一样真实。但是魔鬼却由此作了一首押韵的诗。”

在经典物理学中,有些东西可能是粒子或是波,但不能两者都是。海森堡用粒子发现了他的量子力学版本,而薛定谔用的却是波。即使证明了矩阵力学和波动力学在数学上是相当的,也没有能对波粒二相性的了解更深入一些。全部问题的关键在于,用海森堡的话来说,就是没有人能回答这个问题:“电子现在是波还是粒子?如果我进行各种各样的实验,它的形状又会是什么样的?”玻尔和海森堡越是努力地思考波粒二相性,情况似乎变得越糟。“就像化学家试图将他的药物从某种溶液中浓缩出来一样,”海森堡回忆道,“我们试着去提炼出这个迷局的解药。”在他们俩这样做的过程中,有一种紧张的氛围日益加剧着,每个人都想采用一个不同的方法以解决困难。

在寻找量子力学的物理解释的过程中,理论揭示的是在原子级别客观存在的本质,海森堡全身心地投入到粒子、量子跃迁和间断性的研究中。对他来说,粒子在波粒二相性中起主导作用。他不想让步去把任何与薛定谔的解释有关——哪怕是关系不大——的东西容纳进来。让海森堡害怕的是,玻尔想要“两个都试一下”。与年轻的海森堡不同的是,他并不拘泥于矩阵力学,并且从来没有被任何数学形式体系所奴役住。海森堡最重要的出发点始终是数学,玻尔却并没有局限于这个出发点,并试图去理解数学后面的物理学。在摸索量子概念的过程中,比如波粒二相性,他更关注的是理解一个概念的物理内容,而不是它背后的数学。玻尔认为必须找出一个方法来,以便在对原子过程进行完整叙述时,能够容许粒子和波的共同存在。对他来说,将这两个互相矛盾的观念调和起来,是可能对量子力学进行连贯的物理解释的一把“钥匙”。

自薛定谔发现波动力学以来,人们认为量子理论大多会误事。人们需要的是单一的表述,特别是由于两个表述在数学上是相当的。保罗·狄拉克和帕斯库尔·约当,在互相不知情的情况下,都在一个秋天提出了这样一种形式。狄拉克在 1926 年 9 月到达哥本哈根,准备在那里待上半年。他证明,矩阵力学和波动力学恰恰是一个更为抽象的量子力学方程式的特殊情况,这个方程式被称为变换理论。现在缺乏的就是对这个原理的一个物理解释,并且找到它是要付出代价的。

“我们的谈话往往持续很长时间,一直到午夜,却还无法得出一个令人满意的结论,尽管我们努力了几个月,还是没成功。”海森堡回忆道,“我们俩都疲惫不堪,相当紧张。”玻尔决定暂时不想这件事,在 1927 年 2 月去挪威滑雪胜地

Guldbrandsdalen 度了四周假。他的离开让海森堡非常高兴,这样他就“可以不受干扰地思考这些令人绝望的复杂问题了”。没有哪个问题比云室中电子的径迹更紧迫了。

当玻尔于 1911 年在剑桥研究生圣诞晚会上遇到卢瑟福的时候,这位新西兰人对最近的 C. T. R. 威尔逊做出的云室发明所给予的盛赞,给他留下了深刻的印象。威尔逊设法在一个小的玻璃室中制造了云。这个玻璃室包含着充满水蒸气的气体。让空气扩展来冷却气体,导致蒸汽在灰尘粒子上冷凝成很小的水滴,就产生了云。不久以后,威尔逊就能够在从玻璃室中把灰尘清除干净的情况下制造出云。他能给出的唯一解释就是,云是由玻璃室内空气中存在的离子的凝结作用形成的。然而,还有另一种可能性。穿过玻璃室的辐射能将空气中原子中的电子剥离出来,形成离子,从而留下一道极小的水滴痕迹。不久科学家们就发现正是辐射造成了这种现象。威尔逊看来似乎为物理学家们提供了一个工具,可以用于观察放射性物质中发射的 α 粒子和 β 粒子的径迹。

粒子们按照明确的路径运动,而波,因为它们是散开的,所以不遵循明确的路径。然而,在量子力学中,并不存在在云室中清楚可见的粒子径迹。这个问题似乎难以解决,但是海森堡确信,应当存在这种可能性,即在云室中可观察到的量与量子理论之间建立某种联系。“尽管它看来似乎很难”。

一天,当他在研究所的小阁楼里工作到很晚时,海森堡的思想开始游荡,他在思考云室中电子轨迹这一难题的时候,想到矩阵力学认为云室中不存在电子轨迹。突然,他脑中回响起了爱因斯坦曾对他说过的话,“是理论决定了我们所能观察到的现象。”在确信自己即将要发现些什么东西之后,海森堡需要理一下思绪。虽然早已过午夜时分,他仍然去了邻近的一个公园散步。

他几乎感觉不到寒冷,开始集中精力思考云室中留下的电子轨迹的准确特征。“我们一直在随便地说,云室中的电子路径可以观察到,”后来他这样写道,[70]“但是也许我们实际上观察到的只是很小的一部分。也许我们仅仅看到了一系列断断续续的和不清楚的电子通过的点。事实上,我们在云室中看见的是单个的水滴,当然比电子大得多。”海森堡认为,并不存在连续的完整路径。他和玻尔提出的问题是错误的。需要回答的问题是:“电子的位置是可以被确定的,并且它是以既定的速度运动的,量子力学是否能体现这一事实?”

马上回到房间后,海森堡就开始运算他早已熟知的方程式。量子力学显然已经限定了人们可以知道和观察到哪些事物。可是,这个理论是如何决定什么能够而什么不能够被观察到呢?答案就是测不准原理。

海森堡已经发现,在任何假定的时间里,量子力学都无法就粒子的位置和动量给出准确的判断。只能准确地测出电子的位置或其运动的速度,而不能同时测出这两个量。这正是人们为了精确地确定这两个量而向大自然付出的代价。在公平交易的量子游戏中,对某个量测量得越精确,那么另一个量就越不可能被精确地测出。如果海森堡是对的,那么测不准原理指的就是,在原子的领域中,没有任何实验能够成功地超越这一限制。当然,不可能去证明这一理论,但是海森堡确定一定是这样的,因为涉及任何此类实验的步骤"必须要满足量子力学的定律"。

在随后的几天内,他对测不准原理(the uncertainty principle)——或者用另一种他更喜欢的叫法"不确定性原理"(the indeterminacy principle)——进行了实验。在他的头脑中,他进行了一个接一个的假想的"思想实验",在这些试验里,也许可以用测不准原理所说的不可能的精确度,同时对位置和动量加以测量。反复的计算证明,测不准原理是正确的,某个特殊的理想实验使海森堡确信,他已经成功地证明了"它就是决定了我们能与不能的理论"。

海森堡有一次与一个朋友讨论电子轨迹概念所面临的困难。他的朋友说可以建造一台显微镜,以便观察到原子内部的电子轨道。然而,这样一个实验现在不可能进行,因为依据海森堡的观点,"即使最好的显微镜也无法跨过测不准原理的门槛。"所有他必须做的,正是通过试图确定移动中电子的精确位置来从理论上去证明电子轨迹的存在。

要"看见"一个电子,需要一种特殊的显微镜。普通显微镜运用可见光来照亮物体,然后将反射光集中起来,形成一个影像。可见光的波长比电子的波长要大得多,因此可见光的波长不能被用于确定电子的精确位置,当可见光冲过电子的时候就像波浪冲过卵石一样。需要的是一台运用 γ 射线来精确定位的显微镜,这是一种波长极短频率极高的光。亚瑟·康普顿在 1923 年已经对击打电子的 X 射线进行了研究,并且发现爱因斯坦的光量子存在的真凭实据。海森堡想象,就像两个台球互撞,当 γ 射线光子击打电子的时候,由于电子的反作用,它散射到显微镜中。

然而,由于 γ 射线光子的冲击,电子的动量上有一个非连续的推进而不是一个平稳的过渡。既然物体的动量是它的质量乘以它的速度,它的速度方面的任何变化都会造成它动量方面的相应变化。[71]当光子击打电子时,它对电子的速度造成了冲击。将电子动量的不连续变化减到最小程度的唯一方法,就是减少光子的能量,从而减轻碰撞对电子的冲击。要想做到这一点,必须使用具有较长波长和较低频率的光。然而，这种波长上的变化意味着无法对电子进行精确定位。想要将电子的位置测量得越精确，对它动量的测量就将越不确定或不精确，反之亦然。[72]

海森堡证明，如果 Δp 和 Δq（此处 Δ 代表希腊字母 delta〈德尔塔〉）是已知动量和位置的“不精确性”或“不确定性”，那么 Δp 乘以 Δq 就总是大于或等于 $h/2\pi$：$\Delta p\Delta q\geqslant h/2\pi$，这里的 h 就是普朗克的常数。[73]这就是测不准原理的数学表达式，或是对位置和动量“同时测量的不精确性”的数学表达式。海森堡还发现，另一个“不确定性关系”涉及到另一对不同的所谓的共轭变量，那就是能量和时间。如果 ΔE 和 Δt 是在时刻 t 测量某个系统能量 E 时的不确定性，那么 $\Delta E\Delta t\geqslant h/2\pi$。

最初，有一些人认为测不准现象是由于实验中所使用的仪器所具有的技术缺陷造成的。他们认为，如果能对仪器加以改进，那么不确定性就会消失。这种误解产生的原因，在于海森堡运用了思想实验说明测不准原理的意义。然而，思想实验是虚构的实验，是在理想条件下使用完美的设备。海森堡发现的不确定性是客观现实性的本质特点。他认为，由普朗克常数的大小所设定的，和测不准关系对原子级别可观察量所强加的限制不可能改进。比起“不确定”这种描述，“不可知的”也许是对他这个了不起的发现的一个更为恰当的描述。

海森堡认为，正是对电子位置进行测量这一举动，导致不可能同时对动量进行准确判断。就他而言，原因看起来似乎是简单的。为了对它进行定位，常常借助光子来“看见它”。当被光子击打时，电子就受到了不可预见的干扰。海森堡认为，正是这个在测量行为期间发生的不可避免的干扰导致了测不准。[74]

他认为，量子力学基本等式为这个解释提供了支持：$pq-qp=-ih/2\pi$，这里，p 和 q 是粒子的动量和位置。正是自然界固有的不确定性导致了非可换性——即 $p\times q$ 不等于 $q\times p$ 这一事实。如果进行两个实验，先确定电子的位置，然后测量它的速度（因此可以得出它的动量），可以得到两个准确的值。将这两个值相乘，得到一个结果 A。然而，如果将实验的顺序颠倒，先测量速度，再测量位置，可能导致一个完全不同的结果 B。在两种情况下，第一次测量结果会影响到第二次测量的结果。如果在每次实验中都没有不相同的干扰，那么 $p\times q$ 可能等于 $q\times p$。这样 $pq-qp$ 可能等于零，将不会有不确定性，也不会有量子世界。

海森堡很高兴这几部分形成了连贯的整体。他的量子力学版本是建立在矩阵的基础上的，这些矩阵代表了可观察到的量，例如位置和动量，两者是不可互换的。他发现一个奇怪的定律,使得两组数字排列相乘的顺序构成了他的新力学的数学方案的主要成分。自那时以来,这个定律背后的物理原因一直是一团谜。现在他已经解开了这个谜底。海森堡认为,它就是“只有 $\Delta p\Delta q \geqslant h/2\pi$ 所规定的不确定性”,才“导致了”$pq - qp = -ih/2\pi$ 这一关系的有效性。他声称,正是不确定性使得这个等式可能存在,而不必要求改变 p 和 q 这两个量的物理含义。

测不准原理已经暴露了量子力学和经典力学之间的一个深层次的差别。在经典力学中,物体的位置和动量都可以大体上同时得到确定,而且还可以具有任何程度的精确度。如果在任何既定的时刻,都可以精确地了解物体的位置和速度,那么它在过去、现在和将来的路径都可以精确地描绘出来。海森堡说:“在传统物理学中,原子进程也可以得到精确的确定这种观念已经深入人心。然而,当人们试图去同时测量一对共轭变量时,这些概念的局限性就暴露无遗:位置和动量或是能量和时间。”

对于海森堡来说,测不准原理是观察云室中的电子轨迹和量子力学之间的桥梁。他在理论和实验之间搭建桥梁的同时,还假定“在自然界中只有这种实验的情况,能用量子力学的数学形式表示”。他确信,如果量子力学认为它无法发生,那么它就是无法发生。“量子力学的物理解释仍然充满内在的不一致,”在海森堡关于测不准原理的论文中,他这样写道,“表现在对连续性和不连续性以及粒子和波的争论中。”

由于人们认为,自牛顿以来的经典物理学的基础“在原子层面上只能不精确地拟合大自然状态,才导致了这种令人遗憾的状态”。他认为,如果对电子或原子的位置、动量、速度和路径等概念,能够做出更加准确的分析,那么就可能消除“迄今为止在量子力学的物理解释内存在的非常明显的矛盾”。

在量子领域,“位置”指的是什么?海森堡的回答就是,只不过是设计用来测定在既定的时刻“电子在空间里的位置”的特定试验的结果。否则这个词就没有意义。对他来说,如果缺少一个实验来测量电子的位置或动量,那么电子就不可能具有明确的位置或明确的动量。对电子位置的测量才能保证一个电子具有一个位置,而对其动量的测量就能保证一个电子具有一个动量。在进行测量实验之前,一个电子具有明确的位置或动量这种观点毫无意义。海森堡已经采用了通过测量定义概念的方法,这是效仿恩斯特·马赫的做法,正是哲学家们所称的操作主义。但是这并不仅仅是对旧概念的重新定义。

海森堡研究了“电子路径”这一概念,同时头脑中牢牢地记住电子穿过云室时留下的轨迹。路径是完整的、连续的一系列位置，电子在时空中运动时相继通过这些位置，根据他的新标准，为了观察到电子的路径，就要测量电子在每个相继点的位置。然而，在测量电子位置时，用 γ 射线光子击打电子会对电子造成干扰，因此它的未来的径迹无法得到准确预测。就绕原子核做轨迹运动的原子中的电子来说，一个 γ 射线光子具有足够的能量来将其撞离原子，并且在它的“圆周轨道”中只有一个点得到测量，因此为人所知。既然根据测不准原理，无法对电子的位置和速度加以精密测量，而正是这两者确定了电子在原子中的路径或它的圆周运动。海森堡认为，唯一确定的是沿着路径的某一个点，“因此这里所指的‘路径’没有可定义的意思”。正是测量本身决定了测量的是什么。

海森堡认为，没有办法去了解在两次连续的测量之间发生了什么：“当然，如果说电子就在两次观察到的点之间的某处，并且因此电子必定描述了某种路径或圆周运动，这种说法是很有诱惑力的，即使也许不可能知道是什么路径。”不管有无诱惑力，他认为电子径迹是经过空间的、连续的、完整的路径这种传统观念是无法得到证明的。云室中观察到的电子轨迹只是“看起来”像一条路径，但是实际上无非是一系列在它的痕迹上留下的水滴。

在海森堡发现测不准原理之后，他拼命地试图去理解一种问题，即那种可能通过实验来回答的问题。经典物理学的一条不言自明的基本宗旨就是，一个运动的物体在一定时刻同时具有一个准确的位置和准确的动量，不管它是否是通过测量得出的。海森堡断言，电子的位置和动量无法被绝对准确地得到测量这一事实说明，电子不同时具有准确的“位置”和“动量”值。在研究时认为电子具有一个“轨迹”是毫无意义的。推测无法得到观察和测量的客观存在的本质是无意义的。

量子理论

在随后的几年里他不断地强调，当他回忆起他同爱因斯坦在柏林时的谈话的那一刻，他认为那一刻是他发现测不准原理之路的关键节点。在哥本哈根的一个冬夜，他的发现之旅终于走到了终点。然而，在他的发现之旅中，其他人曾经陪他一道走过了其中的几段路。对他影响最大、帮助最多的伙伴不是玻尔，而是沃尔夫冈·泡利。

1926 年 10 月的哥本哈根，当薛定谔、玻尔和海森堡还深陷在激烈的讨论中时,远在汉堡的泡利则静静地进行着电子的碰撞分析。在玻恩的概率解释的帮助下,他发现了他在给海森堡的一封信中所称的“黑点”(dark point)。泡利已经发现,当电子互撞时它们的各自的动量“必须被看做是受到控制的”,并且它们的位置是“不受控制的”。如果动量方面发生变化,就会同时伴随有位置方面的变化,但这种变化是不能确定的。他已经发现无法“同时”确定动量(q)和位置(p)。“我们可以通过 p 这个角度来观察世界,也可以通过 q 这个角度来观察世界,”泡利强调,“但是如果我们同时采用这两个角度,那么我们就会看不清楚。”泡利的研究到此为止,但是当海森堡发现测不准原理前的几个月,在他和玻尔正尽力克服波粒二相性和物理解释的问题时,泡利所称的“黑点”却一直在海森堡的脑海之中时隐时现。

在 1927 年 2 月 23 日,海森堡给泡利写了一封长达 14 页的信,对他在测不准原理上的发现作了一个概括。比起其他人,这位绰号为“上帝的鞭子”的维也纳人提出的中肯意见更让他信赖。“量子理论的黎明到来了。”泡利答复道。脑海中残留的所有疑问都消失了,在 3 月 9 日,海森堡已经把他信的内容变成了一篇论文,准备发表。只是在这个时候,他才给当时还在挪威的玻尔去信:“我相信我已经成功地解决了动量 p 和位置 q 的精确度的问题。我已经写了一篇相关的论文,昨天寄给了泡利。”

海森堡既没有给玻尔送一份论文的复印件,也没有向他透露研究工作的细节。这是一个他们的关系变得紧张的信号。“我想在玻尔回来之前得到泡利的答复,因为我再次感到,玻尔回来的时候,他可能会对我的解释感到生气。”他后来这样解释道,“因此我首先想得到一些支持,并看看别人是否喜欢这个研究结果。”在海森堡寄出信五天以后,玻尔返回了哥本哈根。

玻尔度完为期一个月的假期恢复了精神,他先是忙着处理紧急的研究所事务,之后才来得及仔细地阅读海森堡那篇关于测不准原理的论文。当他们见面并讨论到这篇论文的时候,他告诉海森堡,这篇论文不怎么正确,后者瞠目结舌。玻尔不仅不同意海森堡的解释,还指出了 γ 射线显微镜理想实验的分析中的一个错误。在海森堡还是慕尼黑大学的一名学生时,他就已经被证实不太擅长实验室工作了。只是在索末菲的干预下,才获得了博士学位。后来,后悔莫及的海森堡就开始研读显微镜学科,但他马上就会发现,他还有许多要学习的东西。

玻尔告诉海森堡,将电子动量的不确定性的原因归咎于由于和伽马光子的碰撞电子所经受的非连续性反冲,这样做是不正确的。玻尔认为,导致电子的动量无法得到精密测量的原因,不是动量变化的非连续的和无法控制的本质,而是无法对变化进行精确测量这一事实。他解释道，只要光子在碰撞后经过显微镜孔的分散角度是已知的，根据康普顿效应，动量方面的变化就可以得到高度精确的计算。然而，不可能固定光子是从哪一点进入显微镜的。玻尔认为，这就是电子动量的不确定性的根源。当电子与光子碰撞时，电子的位置是不确定的，因为任何显微镜的有限孔径限制了它的分辨率，因此也限制了它对微观物理中的任何物体精确定位的能力。海森堡没有成功地考虑到所有这些事情，但更糟的还在后头。

玻尔认为，要想对思想实验进行正确的分析，必须先对漫射的光量子进行波函数描述。对于玻尔来说，因为他将薛定谔的波包和海森堡的新原理结合起来，辐射和物质的波粒二相性是量子不确定性的核心。如果电子被视为一个波包，那么要想得出它的准确位置，就需要把它限制在局部，不能扩散。这种波包是由一群波的叠加组成的。波包越是局部化或越是境界分明，就越是需要更多种类的波，这就涉及到更大的频率范围和波长。单一的波具有一个明确的动量，但是一群波长不同的重叠波无法具有一个明确的动量，这也是既定的事实。同样，对波包的动量确定得越是精确，它的分波就越少，它就越为分散，从而增大了它的位置的不确定性。同时对位置和动量进行精密测量是不可能的，玻尔证明了测不准关系可以从电子的波动模型中推导出来。（图 12）

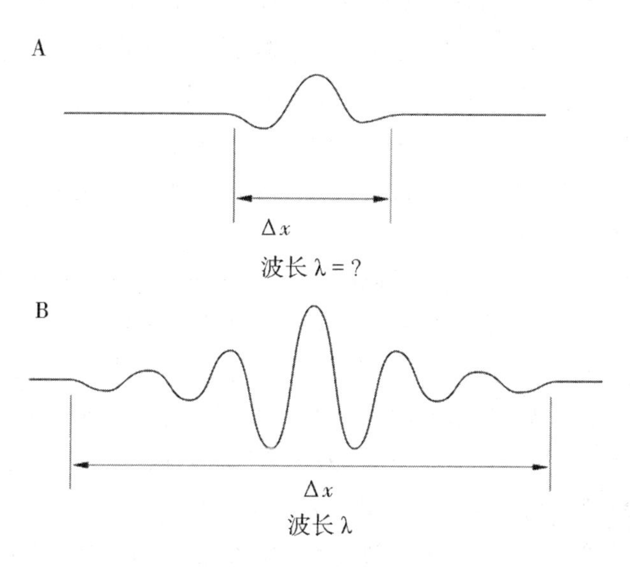

图 12　(A)波的位置能得到精确确定，但波长不行(动量也一样)；
(B)波长能得到精确测量，但位置不行，因为波是散开的。

让玻尔烦恼的是,海森堡已经采用的这种方法仅仅是以粒子和不连续性为基础。玻尔认为,波函数描述是不可以略掉的。他将海森堡没能将波粒二相性包括在内,视为一个深层次的概念上的缺点。“我不知道到底该对玻尔的反驳说些什么,”海森堡后来说道,“因此那场讨论结束时,大家的普遍印象就是,现在玻尔再次证明了我的解释是不正确的。”他大发雷霆,玻尔为他这位年轻学生的反应感到心神不宁。

他们俩的房间门对门,位于底楼的办公室也仅仅一梯之隔。接下来的几天,玻尔和海森堡尽力避免碰见对方,后来他们再次见面,讨论了那篇关于不确定性的论文。玻尔希望,在经过了几天的冷静之后,海森堡可能找到改写这篇论文的理由。但后者拒绝这样做。“玻尔试图解释说它不是正确的,我不应该发表这篇论文,”海森堡后来说道,“我记得,后来这次讨论以我的泪流满面而结束,因为我真的无法承受来自玻尔的压力。”对他来说,仅仅只是按玻尔要求的改动一下,就关系到很多东西。

海森堡作为物理学神童的声望,有赖于他年仅24岁时就发现的矩阵力学。薛定谔的波动力学的日渐流行,对他的这一惊人成就已经造成了压力,甚至可以说是起到了负面影响。不久以后,海森堡就开始抱怨,很多论文都只是用波动力学的语言重新加工了一下,而那些论文的结果最初都是使用矩阵力学的方法得到的。虽然海森堡也使用过波动力学作为一种便利的数学工具来计算氦光谱,但是他心中抱有一个希望,那就是推翻薛定谔的波动力学以及这位奥地利人关于已经重建连续性的声明。在海森堡发现了测不准原理,并且以粒子和不连续性为基础对测不准原理进行了解释后,他认为他已经关上了真理之门,并给它上了锁。现在的他泪流满面,心中充满了挫败感,试图阻止玻尔重新打开这扇真理之门。

海森堡相信,在原子领域中到底是粒子还是波、是不连续性或连续性占主导这个问题与他的将来息息相关。他想要尽快发表他的论文,以此来挑战薛定谔关于矩阵力学是不可观察的,因此是站不住脚的这种主张。薛定谔不喜欢不连续性和以粒子为基础的物理学,就如同海森堡厌恶以连续性和波为基础的物理学一样。现在有了测不准原理这一样武器,以及他视为量子力学的正确解释的观点,海森堡开始了进攻。在他论文的一处脚注中,他是这样写的:“薛定谔将量子力学描述为一种令人害怕的甚至讨厌的、抽象的以及缺乏直观性的形式理论。薛定谔的理论使得人们可以对量子力学定律从数学层面上(从物理的程度上)加以掌握,的确给它再高的评价也不过分。在关于物理解释和原理的问题上,一方面爱因斯坦和德布罗意的论文已经给我们指出了一些方向,另一方面,玻尔和量子力学(即矩阵力学)也给我们指出了一些方向,在我看来,现在流行的波动力学实际上已经使我们偏离了这些方向。”

1927 年 3 月 22 日,海森堡向《物理期刊》寄去了他题为《论量子理论运动学和力学的感性内容》的论文。这个杂志是量子物理学家们最喜欢的杂志。[75]“我和玻尔吵了一架。”两周后他给泡利写信说道。“通过对某个方面或另一些方面夸大其词,”海森堡抗议说,“人们可以讨论来讨论去,却毫无新意。”他曾经认为,他已经一劳永逸地解决了薛定谔和他的波动力学,现在他却面对着一个更为不折不挠的对手。

理量
论子

海森堡在哥本哈根忙着探究测不准原理的结果时,玻尔却在挪威那白雪皑皑的山坡上提出了互补性。对他来说,这不仅仅是一个理论或者原理,而是迄今为止在描述量子世界奇特本质时被遗漏的一个必要的概念框架。玻尔认为,互补性能容纳波粒二相性的自相矛盾的性质。电子和光子、物质和辐射的波和粒子性质,是同一个现象的互相排斥却又互补的两个方面。波和粒子是一枚硬币的正反两面。

互补性巧妙地回避了必须运用两个根本不同的经典的描述——波和粒子——来描述一个非经典的世界这个问题所面临的困难。玻尔认为,在对量子客观现实性加以完整叙述时,粒子和波都是不可缺少的。任何单方面的描述都只具有一部分的正确性。光子描绘了一个光的图像,而波则描绘了另一幅图像。两个图像的地位是并列的。但是为了避免矛盾,应该加上一定的限定条件。观察者只能在一个既定的时间看到它们中的一个。没有一个实验能同时显示粒子和波。玻尔认为“在不同的情况下获得的证据,不能在单一的图画内进行理解,到那时一定要被视为补充的,因为只有把所有的现象综合起来才能得出对象的所有信息”。

玻尔注意到不确定关系中的某些关系,即 $\Delta p\Delta q \geqslant h/2\pi$ 和 $\Delta E\Delta t \geqslant h/2\pi$,他这个刚萌生的想法得到了证明。而海森堡由于受到了对波和连续性的排斥心理的影响,则没有注意到这个。普朗克-爱因斯坦方程 $E = h\nu$ 和德布罗意公式 $p = h/\lambda$ 体现了波粒二相性。能量和动量这些特性通常与粒子相关,而频率和波长两个都是波的特性。每个方程式都包含了一个类似粒子和类似波的变量。在同一个方程式中,这种粒子和波特性的结合到底意味着什么,这个问题让玻尔头疼。毕竟,粒子和波是两个完全不同的物理实体。

就当他对海森堡的显微镜理想实验的分析进行纠正时,他发现了对于不确定关系来说同样如此。这个发现让他在对测不准原理进行解释时,说明了两个互补的但是互相排斥的传统的概念,不管是粒子和波或是动量和位置,都可以在量子世界里毫无矛盾地同时得到运用。[76]

不确定关系同时意味着,必须在玻尔所称的以能量和动量(不确定关系中的 E 和 P)守恒定律为基础的"因果性"描述以及一个"时空"描述,在这种情况下,空间和时间(q 和 t)都会遵循这个描述。这两个描述是互相排斥但也是互补的,这样才能解释所有可能的实验会得出的结果。让海森堡沮丧的是,玻尔将测不准原理仅仅视为一个特殊的定律,这个定律揭示了对比如位置和动量这样的可观察量组成的互补对,或是同时进行测量时内在的限定性。

还有另一个意见上的分歧。尽管测不准原理导致海森堡对原子领域里"粒子"、"波"、"位置"、"动量"和"轨迹"这样的传统概念所适用的范围提出了质疑,玻尔认为,对"实验材料的解释从根本上有赖于传统的观念"。虽然海森堡坚持认为应该对这些概念进行操作上的定义,通过测量来加以解释,玻尔认为它们的意义已经通过它们将怎样应用于传统的物理学得到了确定。"每个对自然过程的描述,"他在 1923 年写道,"必须基于传统理论所引入和定义的观念。"不管测不准原理提出了什么限定条件,这些传统理论是无法被取代的,一个简单的理由是因为,在实验室中检验理论,所有的实验数据以及对这些数据的讨论和解释,都一定要使用传统物理学的语言和概念来进行表达。

海森堡建议,既然在原子能级上,人们已经发现传统物理学不适用,为什么还要保留这些概念呢?"为什么我们不能简单地说,我们已经无法非常精确地运用这些概念,因此会产生这种不确定关系,所以我们不得不舍弃这些概念呢。"在 1927 年春天,他这样争论道。就量子而言,"我们必须认识到我们的用词不合适。"如果用词不合适,那么对于海森堡来说,唯一明智的选择就是退回到量子力学的形式中去。他认为,毕竟,"没有比新的数学方案再好的了,因为这个方案可以告诉我们,可能会发现些什么以及不能发现什么。"

玻尔并没有被他说服。他指出,对量子世界的每个信息单元的收集,都是通过进行实验来实现的,而该实验的结果表现出来的形式,只是遮光屏上一次短暂的灯闪,盖革计数器的一声咔嗒声,或是电压计上针的移动。于是实验人员将这些记录下来。这种仪器属于物理学实验室的普通仪器,但是它们是将量子能级上的某种情况放大、测量和记录的唯一方法。正是一个实验室设备和微观物理的物体、一个 α 粒子或一个电子之间的相互影响,才触发了盖革计数器的一声咔嗒声或导致了电压计上指针的移动。

任何此类相互作用都涉及到至少一个量子能量的交换。玻尔认为,这种交换的结果便是,“无法在原子对象的特性和该对象和测量工具之间的相互作用之间进行严格的区分,而这种区分正是被用来对这种交换所发生的外部环境进行描述”。换句话说,在传统的物理学中,观察者和被观察对象之间有着严格的区分,但在量子物理学中,就无法对测量仪器和被测量的对象进行这种区分。

玻尔坚定地认为,正是正在进行的这个实验,揭示了物质的一个电子或辐射的一束光的粒子或波方面的特性。既然粒子和波是某个基本现象的互补的却又互相排斥的两个方面,那么任何实际或虚构的实验都不能同时揭示这两面。当科学家建立起设备来研究光干涉时,如同在著名的杨氏双狭缝干涉实验中(Young's famous two-slits experment),人们观察到了光所具有的明显的波动性。而在一个研究光电效应的实验中,人们将一束光照在金属表面上时,人们观察到的将是光作为粒子的性质。光到底是波还是粒子,这个问题毫无意义。玻尔认为,无从得知光“到底”是什么。在量子力学中,唯一值得问的一个问题是,光表现出的是波的特性还是粒子的特性。答案就是,有时它表现出波的特性,有时又表现出粒子的特性。这取决于所做实验的类型。

玻尔认为选择哪种实验非常关键。海森堡指出,以电子为例,进行测量以确定某个电子的精确位置这一行为本身,就导致了无法同时对电子的动量进行精密测量。玻尔同意其中存在着物理干扰。“确实,我们惯常的对物理现象的传统的描述是完全以一个观念为基础的,即涉及到的现象可能被观察到而不会受到任何明显的干扰。”在他 1927 年 9 月的一次演讲期间他说。这个陈述意味着,这种干扰是由对量子世界中的现象进行观察这一行为所引起的。一个月后,在他的一篇论文草案中,他的这种思想表达得更为明确了。他写道:“对原子现象进行观察不可能不产生实质性的干扰。”然而,他相信这种不可还原的和无法控制的干扰的起源,不在于测量行为本身,而在于实验者必须选择波粒二相性的一方面来进行测量。玻尔认为,不确定性就是大自然对做出这个选择索要的代价。

在 1927 年 4 月中旬,玻尔试图在互补性提供的概念框架内,对量子力学做出一个一致的解释。同时,他应海森堡的要求,向爱因斯坦寄出了一份有关不确定性的论文。在附函中,他写道,这篇论文是“对量子理论的普遍性问题讨论的一个非常重要的贡献”。尽管他们两人之间的辩论还在继续,并且时常变成激烈的争论,玻尔还是告诉爱因斯坦,“海森堡以一种非常了不起的方式表明,他的不确定关系不仅可能用于量子理论的实际进展,还可以用于判断哪些内容是可以看得见的。”接着他又大概罗列出了自己刚刚萌发的一些想法,这些想法将有助于“解决与这个概念相关的量子论的难点,确切地说,就是用于对自然界的习惯性描述,并且这些描述总是来源于传统理论”。由于某些未知的原因,爱因斯坦并没有给他回信。

如果海森堡希望能够得到爱因斯坦的回复,那么当他在慕尼黑过完复活节回到哥本哈根后,他必定会感到失望。对于一直经受着向玻尔的解释低头这一压力的海森堡来说,一次休假是非常必要的。“因此我已经进入了一场维护矩阵和反对波的战斗。”5 月 31 日海森堡写信给泡利说。正是在这一天,他那篇长达 27 页的论文发表了。“在这种斗争的激情中,我常常批评玻尔批评我的工作过于严厉,并且,在无意中用这种方式伤害了他。当我现在回想起这些讨论的时候,我非常能够理解玻尔对此感到生气的心情。”两周前,他向泡利最后承认玻尔才是正确的,他也因此对之前发生的这一切感到了懊悔。

γ 射线散射到假想的显微镜的光圈中,正是动量和位置的不确定关系的基础。“因此 $\Delta p\Delta q\approx h$ 关系实际上自然地产生了,但不是我所想的那样。”[77] 海森堡接着承认,如果使用薛定谔的波描述,“有几点”更容易得到处理。但是他仍然绝对相信,在量子物理学中“只有不连续性是有意义的”,并且怎么强调它们都不为过。现在放弃发表并撤回那篇论文还不晚,但还不到那一步。“不管怎样,论文的所有结果是正确的,”他告诉泡利,“并且我与玻尔这部分的结果是一致的。”

作为一个妥协,海森堡加了一篇后记。它是这样开头的:“在前述论文的结论之后,玻尔进行了更多最新的研究,这些研究的结果对本文中所尝试的一些对量子力学的分析进行了本质的深化。”海森堡承认玻尔已经让他注意到了一个他曾忽视了的关键点——不确定性是波粒二相性的结果。在最后,他对玻尔表示了感谢。随着论文的发表,持续数月的争论和“私人之间很深的误解”,尽管并没有被完全遗忘,还是被牢牢地推到了一边。不管它们的区别是什么,正如海森堡后来所说的,“现在的关键问题就是通过某种方式给出事实,不管这种方式有多么新鲜,但是能够被所有的物理学家理解和接受。”

“我非常惭愧,我曾让人觉得我是个忘恩负义之徒。”就在泡利访问哥本哈根之后不久的 6 月份,海森堡给玻尔去信道歉。两个月之后,他仍然充满悔恨,他向玻尔解释:“他几乎每天都在回想这些是怎么发生的,并为这件事已经无法挽回感到羞愧。”他之所以匆匆地发表这篇论文，将来的就业前景是他所考虑的一个决定性的因素。当他拒绝了莱比锡大学所提供的教授职位而选择了哥本哈根时，海森堡确信如果他继续写出“好的论文”，那么大学就会纷纷向他发出邀请。在不确定性论文发表之后，他收到了工作邀请。由于担心玻尔会有其他想法，他急忙向玻尔解释说，他并没有主动联系大学，因为他们最近一直在忙着讨论不确定性的问题。还不满 26 岁，海森堡就成为了德国最年轻的教授，他接受了莱比锡大学向他再次发出的邀请。6 月底他离开了哥本哈根。当时在玻尔研究所的生活已经回归正常，玻尔继续痛苦而缓慢地口述着那篇互补性及其对量子力学解释的意义的论文。

自 4 月份以来，他就一直在努力地做这件事。并且当时研究所里一位 32 岁的瑞典人奥斯卡・克莱恩（Oskar Klein），也应玻尔的请求在帮他做这件事。当时不确定性和互补性的争论正进入白热化阶段，玻尔从前的助手亨德里克・克拉莫斯警告克莱恩说：“不要被卷入这场争执，我们俩都太友善温和，不适合参与这种争斗。”当海森堡最初得知玻尔在克莱恩的帮助下正在撰写一篇关于“存在波和粒子”的论文时，他给泡利写了一封信，信中他以不无贬损的口吻说：“当一个人开始就是那样的时候，他当然可以每件事情都那样做。”

玻尔写了一篇又一篇的草稿，题目也从“量子理论的哲学基础”换成了“量子假说和原子理论的近期发展”。他非常努力地试图完成这篇论文，这样他就可以在即将到来的大会上宣读这篇论文。但是原本定好的草稿却变成了另外一篇草稿。在目前的情况下，也只能这样。

量子理论

国际物理学大会于 1927 年 9 月 11 日到 20 日在意大利的科莫举办。这次大会是为了纪念电池的发明者，意大利人亚历山德罗・伏特逝世一百周年。在会议如火如荼的进行当中，玻尔仍然还在继续他的编注工作，直到他作演讲的那一天——9 月 16 日——的到来。在卡尔杜齐研究所的那些迫不及待地等着听玻尔发言的听众中，就有玻恩、德布罗意、康普顿、海森堡、洛伦兹、泡利、普朗克和索末菲等人。

在玻尔第一次给出了他的互补性理论框架的概述后，他接着对海森堡的测不准原理以及在量子理论中测量的作用进行解说。虽然他说话的声音清晰柔和，但一些听众已经无法跟上他所吐出的每一个字了。玻尔将所有这些元素都结合起来,包括玻恩对薛定谔的波动函数所做的概率解释,这样所有这些要素就构成了对量子力学的新的物理认识的基础。在后来,物理学家可能会将这种观点的融合,称为"哥本哈根解释"。

玻尔的演讲是一个顶点,后来海森堡将它描述为"对哥本哈根量子理论解释所涉及的所有问题所做的彻底的研究"。甚至从一开始,这位年轻的量子"魔术师"对丹麦人给出的回答感到不安。"我记得和玻尔一起讨论,一直到深夜,我差不多都绝望了,"后来海森堡写道,"在讨论结束时,我一个人在附近的公园散步,我一遍又一遍地问自己一个问题:在这些原子实验中,也许大自然真的是像它向我们所呈现的那样荒谬?"对这个问题,玻尔做了一个明确的肯定。人们将测量和观察放在了一个过于重要的位置上,以至于让所有试图去发现自然界的规律或任何因果联系的努力都无功而返。

正是海森堡在他的不确定性论文中率先书面提出了放弃科学中心宗旨的其中之一:"但是在因果关系规律的准确表述中是哪里出了错,'当我们准确地了解了现在,我们就能够预测未来,'这不是结论,而是假设。甚至从理论上而言,我们也无法知道现在的所有细节内容。"比如,在不能同时知道电子的精确的初始位置和速度的情况下,只能对它未来的位置和速度做一个"可能性多大"的概率计算。因此,无法预测对某个原子过程进行任何单个观察或测量的确切结果。只有在一系列的可能性之中对某个假定结果出现的概率做出一个准确预测。

建立在牛顿设置的基础之上的传统的宇宙是决定论的、精确的宇宙。即使在爱因斯坦的相对论对它进行改造之后,如果某个物体——比如粒子或行星——在任何既定时间的精确位置和速度已知的话,那么基本上它在所有时间上的位置和速度都可以得到完全确定。在决定论中,所有的现象都能被称做时空中一个因果关系的发展。而在量子宇宙中,就没有传统决定论的容身之地。"因为所有的实验都必须服从量子力学定律,因此服从 $\Delta p\Delta q \approx h$ 等式,"在他的不确定性论文的最后一段,海森堡大胆地断言,"量子力学确立了因果性的最后的败局。"任何试图重建因果性的努力都将是徒劳无功和毫无意义的,就像相信在海森堡所称的"感知的统计世界"背后还存在一个"真实的"世界这种残存的信念一样毫无意义。玻尔、泡利和玻恩也持有这种观点。

有两名物理学家没有参加这次在科莫举办的大会,他们的缺席受到了人们的关注。他们就是薛定谔和爱因斯坦。在几周之前,薛定谔刚刚搬到柏林,去接替普朗克的位置,正忙着安顿下来。爱因斯坦则是因为拒绝进入法西斯势力执掌下的意大利。玻尔还需要等一个月,才能和这两人在布鲁塞尔再见。

Part Ⅲ
Titans Clash Over Reality

第三部分

巨人就“世界本质”的冲突

“没有量子世界。只有一个抽象的量子力学描述。”

——尼尔斯·玻尔

“我仍然相信可以建立一个现实世界的模型，也就是说，可以建立一个理论来反映出事物的本身，而不是仅仅只能反映出事件发生的概率。”

——阿尔伯特·爱因斯坦

Chapter 11

Solvay 1927

第 11 章
1927 年,索尔韦聚会

“现在,我可以给爱因斯坦写信了。”亨得里克·洛伦兹在 1926 年 4 月 2 日这样写道。那天的早些时候,这位物理学界元老得到了比利时国王的私人接见。洛伦兹一直在为爱因斯坦当选上国际物理研究所科学委员会(由实业家厄恩斯特·索尔韦创立)而征求王室的同意,现在他成功了。爱因斯坦曾称赞洛伦兹机智过人,极其聪明。洛伦兹还就邀请德国物理学家参加将于 1927 年 10 月举办的第五次索尔韦会议一事得到了国王的批准。

“陛下表达了这样的观点,战争结束已经 7 年了,人们被战争唤起的仇恨情绪应该逐渐平息了,在将来民族之间相互更好地了解是绝对必要的,而科学将有助于这一进步。”洛伦兹报告说。国王清楚,德国于 1914 年不顾比利时的中立地位,对其进行了残忍的践踏,这种记忆现在在人们的脑海中依然历历在目,他认为“有必要强调,鉴于德国曾对物理学作出了巨大的贡献,所以不应该忽视他们”。但是自从战争结束以来,德国人就遭到了国际科学界的忽视和隔离。

“唯一得到邀请的德国人是爱因斯坦,而且还是出于国际化的考虑。”在 1921 年 4 月第三届索尔韦会议举办之前,卢瑟福这样告诉他的一位同事。因为德国人遭到了会议的排斥,于是爱因斯坦决定不接受邀请,而是去美国作了一次演讲旅行,目的是为了在耶路撒冷创建希伯来大学而筹集资金。两年后他说,他将谢绝任何邀请他参加第四届索尔韦会议的提议,因为这个会议一直在排斥德国人的参与。“在我看来，不应该将政治带到科学事务中去，”他给洛伦兹写信这样说道，“个人也不应该为他们碰巧所属的国家政府的所作所为承担责任。”

因为身体不适，玻尔无法出席1921年的索尔韦会议，他也谢绝了1924年会议的邀请。他担心去参加会议可能会给人造成他也默许将德国人排除在会议之外这一做法。当洛伦兹在1925年成为国际联盟知识合作委员会的主席后，他认为在近期内取消禁止德国科学家参加国际会议的可能性微乎其微。[78]令人意外的是，在同年10月，这一禁令被取消。

在位于马焦雷湖北部的瑞士小城洛迦诺的一座优雅的宫殿中，法、德、意、比、捷、波等七国签订了《洛迦诺公约》，许多人都希望这份公约能够确保欧洲将来的和平。洛迦诺是瑞士阳光最明媚的地方，选择在这儿开会让人产生乐观的情绪。[79]在花费数月就会议的安排进行了紧张的外交协商之后，德国、法国和比利时的密使们就它们战后的边界问题达成了一致。《洛迦诺公约》为德国于1926年9月加入国际联盟铺平了道路，之后，德国科学家被拒绝登上国际舞台的历史结束了。当外交的棋盘上的这最后一步尚未走完时，比利时国王答应了让德国科学家参加索尔韦会议。洛伦兹给爱因斯坦去信，请他参加第五次索尔韦会议，并希望他能够接受被选进会议委员会负责筹划此次会议。爱因斯坦表示同意，在接下来的那个月，参会人员名单得到确定，议事日程得到安排，令人心动的邀请函也悉数寄出。

所有那些被邀请的人分为三个群体。第一个群体是科学委员会的成员：亨得里克·洛伦兹（主席）、马丁·克努森（秘书长）、玛丽·居里、查尔斯·尤金·古治、保罗·朗之万、欧文·理查森和阿尔伯特·爱因斯坦。[80]第二个群体包括一名科学秘书、一位来自索尔韦家族的代表和来自布鲁塞尔自由大学的三名教授，这些人得到了礼节性的邀请。美国物理学家欧文·朗缪尔（Irving Langmuir），他将于会议期间访问欧洲，届时也将作为委员会的客人出席会议。

邀请函上注明，“这次会议将专注于新量子力学及其相关问题”。这一宗旨在被邀请的第三个群体人员名单上得到了反映，他们包括：尼尔斯·玻尔、马克斯·玻恩、威廉·L. 布拉格、莱昂·布里渊（Léon Brillouin）、亚瑟·H. 康普顿、路易斯·德布罗意、彼得·德拜、保罗·狄拉克、保罗·埃伦费斯特、拉尔夫·福勒、沃纳·海森堡、亨德里克·克拉莫斯、沃尔夫冈·泡利、麦克斯·普朗克、埃尔温·薛定谔和C. T. R. 威尔逊。

量子理论的大师和量子力学的少壮派们都将在布鲁塞尔齐聚一堂。在物理学家们看来，这次会议就像是一个神学会议，将大家召集到一起来解决一些在教义上存在争议的问题。索末菲和约当是未被邀请的人员中地位最重要的两个人。在会议期间，将宣读五篇报告：威廉·L.布拉格，《X射线反射的强度》；亚瑟·康普顿，《辐射实验与电磁定理之间的不一致》；路易斯·德布罗意，《量子的新动力学》；马克斯·玻恩和沃纳·海森堡，《量子力学》；薛定谔，《波动力学》。会议的最后两个会期将集中进行有关量子力学的广泛的一般性讨论。

议事日程上少了两个人的名字。爱因斯坦曾被邀请宣读报告，但他认为自己还“不够资格”。他告诉洛伦兹：“这样做的理由是因为在量子理论的现代发展中我涉足不深，而要宣读报告必须要做到这一点。部分原因是我基本上不具备接受的天赋来充分跟上量子理论暴风雨般的进步，在某种程度上还因为我不赞成那种纯统计性的思维方式，而新的理论正是建立在这种思维方式上的。”爱因斯坦在会议上没有提交报告，这不是一个容易做出的决定，因为爱因斯坦曾经想要“为布鲁塞尔作出一些有价值的贡献”，但是他承认：“现在我已经放弃了那种希望。”

事实上，爱因斯坦一直在密切地关注着新物理学的“暴风雨式的进展”，并且间接地鼓励和促进着德布罗意和薛定谔的研究工作。然而，从一开始，他对量子力学是否是对客观现实性的一致和完整的叙述存在怀疑。玻尔的名字也没有出现在宣读论文的人员名单当中。同样，他在量子力学的理论进展上也没有发挥直接的作用，而是通过与像海森堡、泡利和狄拉克这些研究量子力学的人进行讨论这种方式来发挥他的影响。

所有这些被邀请参加第五次索尔韦“电子和光量子”会议的人都知道，这次会议就是为了解决当时最为紧迫的问题而专门举办的。更多的是哲学问题而不是物理问题：譬如量子力学的意义。新物理学揭示了客观现实性的什么本质？玻尔认为他已经找到了答案。对许多人来说，来到布鲁塞尔的玻尔就像是量子世界的国王，而爱因斯坦则是物理学的主教。玻尔急切地“想知道爱因斯坦对量子力学最新进展的看法，在我们看来，最新的发展离爱因斯坦当初天才地处理问题的方式已相距很远”。爱因斯坦的看法对玻尔至关重要。

正是怀着一种极大的期盼，在上午10点，世界上绝大多数的最顶尖的量子物理学家们，聚集在了列奥波尔德公园内的生理学研究所，等待着第一个会期的开始。那一天是1927年10月24日，星期一，一个灰蒙蒙的阴天。为了这次会议的召开，人们已经花了18个月时间准备。举办这次会议需要取得国王的许可，并需要等到德国人被排除在世界会议之外这一局面的改变。

在洛伦兹作为科学委员会主席和会议主席发表简短的欢迎致辞后，继续进行这一会议的任务落到了威廉·L. 布拉格的身上。他是曼彻斯特大学的物理学教授，现年 37 岁。1915 年，年仅 25 岁布拉格和他的父亲威廉·H. 布拉格一起被授予诺贝尔奖。他们父子俩率先根据对 X 射线谱的研究，提出了晶体衍射理论。由他来报告与晶体 X 射线反射有关的最新数据，以及通过这些结果如何能够更好地了解原子结构，是再合适不过了。在布拉格的陈述之后，洛伦兹邀请听众提出问题和意见。根据议事日程的安排，每个报告之后都留有充分的时间以便大家进行彻底的讨论。洛伦兹利用他那流利的英语、德语和法语来帮助那些不怎么会说外语的人。布拉格、海森堡、狄拉克、玻恩、德布罗意和这位荷兰人自己都参与了讨论，直到第一次会期结束，大家休会去吃午餐。

在下午的会期中，美国人亚瑟·康普顿作了报告，他提出辐射电磁定理无法对光电效应或者 X 线被电子散射后波长增加这一现象做出解释。虽然几周前他刚刚被授予 1927 年的诺贝尔奖，谦逊的他还是没有把这种现象称为康普顿效应，事实上大家都这样认为。在詹姆斯·克拉克·麦克斯韦的 19 世纪伟大的理论失败之处，爱因斯坦的光量子(*后更名为“光子”*)成功地将理论和实验结合到了一起。布拉格和康普顿给出的报告目的是促进理论概念的讨论。在第一天结束的时候，除了爱因斯坦，所有的“主力选手”们都发了言。

在星期二早上，布鲁塞尔自由大学为所有的与会人员举办了一个轻松的招待会。下午，大家再次聚在一起，路易斯·德布罗意将宣读他题为“量子的新动力学”的论文。他用法语发言。首先他概述了自己将波粒二相性扩展到物质的研究成果，以及薛定谔如何天才般地将其发展成为波动力学。然后，他谨慎地承认，玻恩的观点很大程度上反映了真理，随后提出一个替代薛定谔的波动函数概率解释的方法。

在“导波理论”中——德布罗意后来这样称呼它——电子实际上既是作为粒子又是作为波存在着的。这和“哥本哈根解释”正好相反。他们认为电子要么是具有粒子的性质，要么是具有波的性质。这取决于实验的类型。德布罗意认为，粒子和波的特性是同时存在着的，粒子就像冲浪运动员一样，乘波而来。在波的带领或“导航”下，粒子从一个位置到另一个位置，它在物理上是真实存在的，而玻恩那抽象的概率波则不然。玻尔和他的伙伴们决定维护“哥本哈根解释”的权威性，而薛定谔仍然固执地想要推广他对波动力学的看法，德布罗意的导波提议则遭到了抨击。当德布罗意征求爱因斯坦的意见并希望从这个唯一可能保持中立的人那里得到支持时，爱因斯坦却保持了缄默，这让德布罗意非常失望。

10 月 26 日，星期三，量子力学的两个竞争版本的支持者们在会议上相继发言。在早上的会议期间，海森堡和玻恩发表了一份联合报告。它被分成四个大的部分：数学形式体系、物理解释、测不准原理和量子力学的应用。

他们做出的陈述，就像书面报告一样，是两个人合作完成的。玻恩资格老，作了介绍并陈述了第一和第二部分，余下的部分则交给了海森堡。他们是这样开始的：“原子物理学和传统的物理学之间本质的区别是不连续性，量子力学是以这一直觉知识为基础的。”接下来他们对仅仅坐在离他们几尺远的台下的同事们表示了感谢。他们指出，量子力学实质上是“普朗克、爱因斯坦和玻尔所创建的量子论的直接延续”。

在对矩阵力学、狄拉克-约当的变换理论和概率解释进行解说之后，他们谈到了测不准原理和“普朗克常数 h 的实际意义”。他们指出，“普朗克常数 h 完全是通过波-粒二相性得出的，对自然规律中存在的不确定性的普遍测量”。实际上，如果没有物质和辐射的波粒二相性，就不会有普朗克的常数，就不会有量子力学。最后，他们作了一个激动人心的陈述：“我们认为量子力学是一个完整的理论，不需要再对它的基本物理和数学假设进行任何修改。”

这种说法意味着无论将来出现任何进展，都不会改变这个理论的基本特点。任何自称完成了和最终确定了量子力学的说法，都是爱因斯坦无法接受的。对他来说，量子力学的确是一个给人深刻印象的成果，但还不是一个完整的理论。他决定不接受这种说法，也没有参加随后的讨论。其他人也没有提出异议，只有玻恩、狄拉克、洛伦兹和玻尔作了发言。

保罗·埃伦费斯特发现爱因斯坦对玻恩和海森堡关于量子力学是一个完整的理论这一大胆说法并不认同，并且在笑，就匆匆写了一张纸条递给了他，上面写道：“别笑！在炼狱中有一个专门留给量子理论教授的区域，在那里他们将不得不每天十几个小时听取经典物理学的讲座。”“我笑只是因为它们的幼稚。”爱因斯坦回答道，“谁知道几年后谁能笑到‘最后’呢？”

午餐后，薛定谔上台用英语宣读了他的波动力学报告。他说，“目前，在波动力学的名下有两种理论，它们密切相关，但又不同。”实际上只有一个理论，但是它分成了两个部分。一部分涉及到日常的三维空间中的波，而另一部分涉及到一个高度抽象的多维空间。薛定谔解释说，问题在于，对于除了移动的电子之外的其他物体来说，只是一个存在于某个三维以上空间的波。尽管氢原子的单个电子能够被容纳在一个三维空间中，而带有两个电子的氦原子则需要六维空间。不过，薛定谔又说，这个多维空间——人们称之为构型空间——只是一个数学工具，最终无论描述的是什么，不管是多电子撞击或是沿原子核作圆周运动，这个过程都发生在某个时间和空间中。他承认："然而，实际上，这两个概念还没有形成一个完整的统一体。"接下来，他对这两个概念做了概述。

虽然物理学家们发现运用波动力学更为简单，但是顶尖的理论家们并不会赞成薛定谔对粒子的波动函数的解释，照他的说法，这个波动函数代表了粒子电荷和质量的云状分布状态。看到玻恩的另一种概率解释得到了广泛的接受，薛定谔并没有退缩。他强调了自己的观点，并对人们所接受的"量子跃迁"这一观念提出了质疑。

从他收到在布鲁塞尔大会上发言邀请的那一刻起，他就敏锐地觉察到可能会与哥本哈根的"矩阵家"们发生冲突。讨论以玻尔提问开始，玻尔问道，在薛定谔报告后一部分提到的"难点"的说法是不是意味着他刚才所说的结果是不正确的。薛定谔非常圆满地处理了玻尔的质询，却发现玻恩又对另一个计算结果的正确性提出了疑问。他有些生气，回答说，这个结果是"完全正确和严密的，玻恩先生提出的异议是毫无根据的"。

在接下来的几个人发完言之后，轮到海森堡发言。他说："薛定谔先生在他的报告结尾说，他作出的讨论给我们带来了希望，那就是当我们的了解深化时，我们就有可能将通过多维理论获得的结果在三维空间中进行解读。在薛定谔先生的推算中，我一点也没看出这种希望存在的理由。"薛定谔争辩说他的"实现三维构想的希望并非虚无缥缈"。几分钟后，讨论结束了，程序的第一部分"报告宣读"结束了。

后来这些物理学家们发现，位于巴黎的法国科学院选择了10月27日星期四来纪念法国物理学家奥古斯丁·菲涅耳去世一百年。改变日期已经来不及了。人们决定，将索尔韦会议休会一天半，于是那些希望参加仪式的人就可以去巴黎，并在索尔韦会议的高潮——将持续最后两个会期的大范围的一般性讨论——到来时回到比利时。包括洛伦兹、爱因斯坦、玻尔、玻恩、泡利、海森堡和德布罗意在内的20人去了巴黎，向那位卓越的法国科学家表示敬意。

在那些乱糟糟的用德语、法语和英语发出的声音要求获得洛伦兹的批准上台发言时，保罗·埃伦费斯特突然起身，走到黑板前，在上面写道：“上帝让地球上所有的语言互不相同。”当他回到座位上的时候，他的同事们发出阵阵笑声，他们意识到埃伦费斯特刚才不仅指的是圣经中提到的巴别塔。一般性讨论的第一个会期于10月28日星期五下午开始。首先由洛伦兹作了开场白。他试图把思想集中到因果性、决定论和概率这些问题上来。量子事件有因果关系吗？或者，正如洛伦兹所说的：“我们能不能既坚持决定论又不把它当成一种信仰呢？一定要将非决定论抬到准则的高度吗？”[81]他不再提出自己的想法，而是邀请玻尔发言。当他谈到“量子物理中摆在我们面前的认识论问题”时，在场的所有人都很清楚，玻尔是在努力使爱因斯坦确信哥本哈根方法的正确性。

当会议记录在1928年12月用法语出版后，当时包括后来许多人都误以为玻尔的发言是官方的报告。当有人要求玻尔将他的评论包括在编辑版本中时，玻尔要求将他在科莫的演讲的一个扩充版本（已经于当年的4月发表）重印，以代替他的评论。玻尔就是玻尔，他的要求得到了许可。[82]

玻尔认为波粒二相性是自然界的本质特点，波粒二相性只是在互补性的范围内才可以得到解释。测不准原理暴露了经典概念的适用性的限制，而互补性则强化了测不准原理的基础。然而，玻尔接着解释道：“要想明确地传达探测量子世界的实验结果，不仅需要实验装置，还要用一种通过传统物理学的词汇得到提炼的合适的语言来表达观察本身。”爱因斯坦在台下静静地听着他的发言。

在1927年2月，当玻尔在进行互补性研究的时候，爱因斯坦已经在柏林就光的本质作了演讲。他认为，为了替代光的量子理论或光的波动理论，现在需要的是“两个概念的综合”。这是一个他早在差不多20年就首先表达过的观点。长久以来他就希望看到某种形式的“综合”。爱因斯坦现在听到玻尔想借助互补性将这两个观念强行分离开来。要么是波，要么是粒子，这取决于选择做何种实验。

科学家们在进行实验的时候，总是事先假定他们只是自然界的被动观察者，可以在不对自然界造成干扰的情况下对事物加以观察。在物体和学科之间、在观察者和被观察物之间存在着严格的区分。依据哥本哈根解释，在原子领域这是不正确的。玻尔发现了他称之为新物理学的“精髓”，那就是“量子假设”。

他引入这个术语,是为了捕捉在自然界中由于量子的不可分性而造成的不连续性。玻尔认为,量子假说导致观察者和被观察物之间没有了明确的分离。在玻尔看来,当研究原子现象时,测量设备和被测量物之间的相互作用意味着“普通物理意义上独立的客观现实性既不能独立于被观察的现象也不能独立于观察者”。

在没有观察的情况下,玻尔认为,客观现实性并不存在。依据哥本哈根解释,一个微观物理的物体没有本征性质。在对电子进行观察或测量确定它的位置之前,电子根本不存在于任何位置。在它被测量之前没有速度或其他物理属性。在测量中间问电子的位置在哪和速度多大是没有意义的。由于量子力学不承认有独立于测量设备的物理现实存在,只有在测量行动中电子才成为“真实”的。没有观察到的电子不存在。

“认为物理学的任务是要找出自然界是什么的想法是错误的。”玻尔后来争论说,“物理学所关心的是对自然界我们能够描述什么,如此而已。”他认为科学只有两个目标,“扩展我们的经验范围,并将其简化成秩序”。“我们所说的科学,”爱因斯坦曾经说过,“其唯一的目的就在于确定事物的本质。”对于他来说,物理学是一种企图理解客观存在的现实性的本质的努力,这种现实性独立于观察而存在。他说,正是在这种意义上,“我们才能谈论物理现实”。有了哥本哈根解释的支持,玻尔对物理现实“是”什么不感兴趣。他感兴趣的是关于这个世界我们彼此之间能谈论些什么。如同海森堡后来指出的,不同于日常世界的物体的是,“原子或基本粒子本身并不是真实的;它们构成了潜在的或可能出现的世界,而不是一个由事实构成的世界。”

对玻尔和海森堡来说,从“可能”到“现实”的转换发生在观察行为期间。独立于观察者的基本的量子现实不存在。对于爱因斯坦来说,相信一个独立于观察者的客观现实的存在是探讨科学的最基本的前提。在爱因斯坦和玻尔之间将要开始的辩论中,关键问题就是物理学的灵魂和现实性的本质。

量子理论

在玻尔发言以后,又有其他三人作了发言。这时,爱因斯坦向洛伦兹示意,他不想再沉默,他要发言。“尽管意识到我对量子力学本质的认识不够深,”他说,“但是我想要在这里给出一些一般性的评论。”[83]玻尔刚才表明,量子力学“使得对可观察到的现象进行解释这一做法不再是可能的”。爱因斯坦并不同意这一点。在量子领域的微观物理世界,已经划下了一条界线。爱因斯坦知道他有这个义务去证明哥本哈根解释是不一致的,从而证明玻尔和他的支持者们所发布的量子力学是一个完整理论的这一声明是错误的。他采取了他最钟爱的战术策略——在头脑实验室(in the laboratory of the mind)中进行假设的思想实验。(图 13)

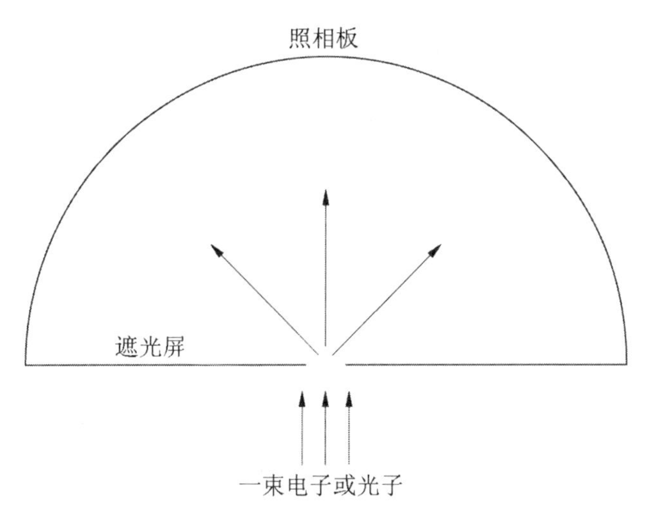

图 13　爱因斯坦的单缝衍射思想实验

爱因斯坦走向黑板,画了一条线代表了一块有一小条缝的遮光屏。就在遮光屏后他画了一条半圆的曲线代表一个胶片。借用这个草图,爱因斯坦对他的实验进行了概述。当一束电子或光子击打遮光屏时,一些电子或光子将穿过狭隙并碰撞半球面胶片。由于这条缝很狭窄,穿过它的电子将像波一样向各个可能的方向散射。爱因斯坦解释说,为了满足量子理论的要求,从狭缝向外朝着照相板前进的电子应像球面波一样传播。然而,电子实际上是作为单个粒子打在板上的。爱因斯坦说,有关这个思想实验,有两种截然不同的观点。(图 14)

依据哥本哈根解释,在进行任何观察之前,并且打击照相板的次数按同样方式计数,则在照相板的每一点检测一个单个电子的概率为非零。尽管像波一样的电子散布在一个很大的空间区域,但是只要在点 A 检测到一个特定的电子,此刻在照相板上的 B 点或任何别的地方发现这个电子的概率就马上变成零。因为哥本哈根解释认为,量子力学给出该实验中单个电子的完全描述,所以每个电子的行为可用一个波函数来描述。

爱因斯坦说,问题就在于此。如果在进行观察之前,在整个半球面胶片上都可能找到电子,那么在电子打在板的 *A* 点的这一时刻,在 *B* 点或其他地方的概率就会瞬间受到影响。这种瞬间的波函数消失意味着某种类型的因果关系传播是超光速的,这是违背他的狭义相对论的。如果在 *A* 点发生的事件是在 *B* 点发生的另一事件的原因,那么在它们之间必定有一个时间流逝使信号以光速从 *A* 点传播到 *B*。爱因斯坦相信,由于哥本哈根的解释违背这一后来称之为局域性的要求,因此它是不一致的,量子力学不是一个过程的完整理论。爱因斯坦提出了另一种解释。

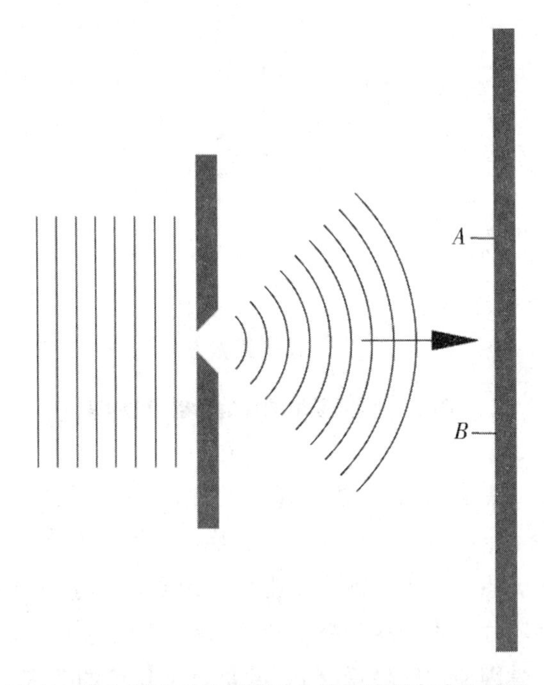

图 14　玻尔后来对爱因斯坦的单缝衍射实验的再现

每个通过狭缝的电子在打击照相板之前,沿着很多可能轨迹中的一条前行。然而,爱因斯坦表示,球面波并不与单个电子相对应,而是和“电子云”相对应。量子力学并没有给出单个进程的任何信息,而只是涉及到它所称的进程的“集合体”信息。尽管这个集合体中的单个电子沿着它的明确的轨迹从裂缝移动到照相板,但波动函数并不代表单个电子,而是代表了电子云。因此,波动函数的乘方 ψ^2,并不代表在 *A* 点发现某个特定电子的概率,而是代表在该点发现集合体中任一成员的概率。爱因斯坦认为,这是一个“纯粹统计”的解释,通过这个解释他想说明，和照相板发生撞击的大量电子的统计分布产生了特有的衍射模式。

玻尔、海森堡、泡利和玻恩并不十分确定爱因斯坦想表达的是什么。他没有清楚地说明他的目标：表明量子力学是不一致的，因此它也是一个不完善的理论。当然，他们认为，波动函数瞬间消失了，但是它是一个抽象的概率波，而不是一个真正的在普通的三维空间中运动的波。也不可能在爱因斯坦基于对单个电子运动的观察所概述的两个观点之间作出抉择。在两种情况中，都是电子穿过狭缝并撞击照相板上的某一点。

“我觉得自己处境艰难，因为我无法理解爱因斯坦到底想要说什么，”玻尔这样说道，“毫无疑问是我的错。”值得注意的是，他接着说道，“我不知道什么是量子力学。我想我们是在处理一些数学方法，这些方法适用于描述我们的实验。”他没有对爱因斯坦的分析作出回应，只是接着重申了他自己的观点。但是在这场量子“棋”赛中，丹麦大师玻尔后来在一篇论文中，对他在当晚和1927年会议的最后一天所给出的答复进行了详细叙述。这篇论文写于1949年，是为了庆祝他的对手的70岁生日。

根据玻尔的说法，在爱因斯坦分析他的思想实验时，默认地假定了遮光板和照相板在空间和时间上都有明确的位置。然而，玻尔坚持说，这就意味着两者的质量是无限的，因为只有这样，当电子穿过狭缝并出现时位置和时间才没有不确定性。结果，电子的动量和能量是不可知的。玻尔争辩说，这是唯一可能的情景，由于测不准原理暗示我们，电子的位置知道得越精确，它当前的动量的任何测量就越不精确。在爱因斯坦的思想实验中，遮光板要无限重才能使电子的空间和时间是确定的。然而，这种精确性的获得是有代价的：电子的动量和能量完全不能确定。

玻尔认为，更现实的是遮光板不是无限重的。尽管遮光板很重，当电子通过裂缝时遮光板仍然会有移动。尽管这种移动小到在实验室中无法检测，但是在抽象的理想化的思想实验中这种测量却没有问题，只需使用非常精确的测量设备。因为遮光板移动，在衍射的过程中电子在空间和时间的位置是不确定的，也引起动量和能量相应的不确定。然而，与一个无限大的遮光屏相比，这个有限的遮光屏将导致我们对受到散射的电子打在照相板的位置作出更为精确的预测。玻尔认为，在测不准原理设定的限定条件中，量子力学是对单个事件所能达到的最完整的描述。

玻尔的回答没能说服爱因斯坦。他希望玻尔能够考虑在粒子穿过遮光屏上的狭缝时,对遮光屏和粒子(不管这个粒子是一个电子还是一个光子)之间的动量和能量的转移进行控制和测量的可能性。他接着表示,粒子接下来的状态可以得到确定,这个精确度比测不准原理所限定的要大。爱因斯坦说,粒子穿过狭缝时,它将偏离,它朝向照相板的轨迹可以用动量守恒定律确定。这条定律要求相互作用的两个物体(粒子和遮光屏)的总动量保持不变。如果粒子向上偏转,那么屏幕必须向下移动,反之亦然。

由于玻尔引入了可移动屏幕为其辩护,因此爱因斯坦进一步修改了想象的实验,他在可移动屏幕和照相板之间插入一个双狭缝遮光屏。(图15)

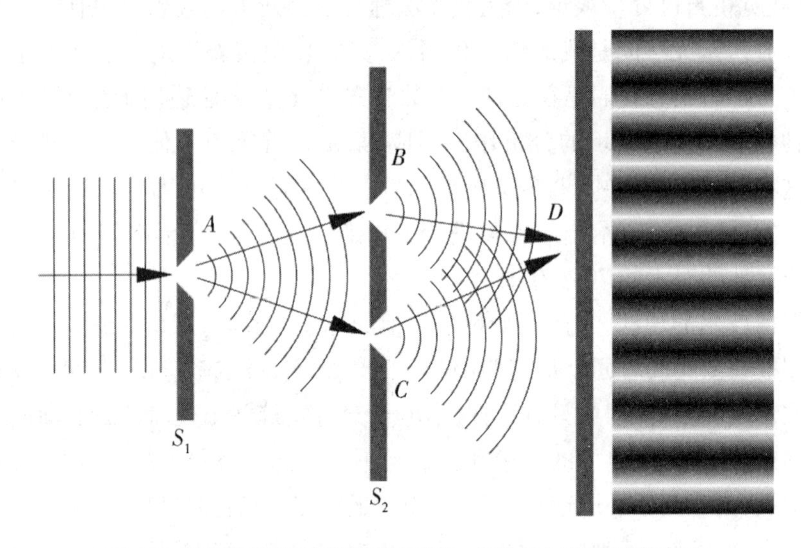

图15　爱因斯坦的双狭缝思想实验,右边是得出的干涉条纹

爱因斯坦降低光线的强度,直到只有一个粒子通过第一个遮光屏 S_1 的裂缝和第二个遮光屏 S_2 的双狭缝中的一个裂缝,然后打击照相板。由于每个粒子在它打击的地方留下了不可磨灭的斑点,一些异常现象发生了。随着更多的粒子留下它们的斑点,开始出现的随机的斑点慢慢改变,按照统计规律形成典型的亮暗相间的干涉条纹。尽管每个粒子仅对单个斑点负责,但它通过某种统计的规则对总体的干涉模式产生决定性的影响。

爱因斯坦说,通过控制和测量粒子和第一个屏幕之间的动量转移,有可能确定粒子是偏向第二个屏幕的上面的裂缝还是下面的裂缝。根据粒子打在照相板的位置和第一个屏幕的动量,有可能跟踪粒子通过了两个裂缝中的哪个裂缝。显然,爱因斯坦设计的实验有可能同时确定一个粒子的位置和动量,而且精度比测不准原理所允许的要高。在这个过程中，他似乎还对哥本哈根解释中的另一个基本原理进行了反驳。玻尔的互补性框架断定，电子或光子的粒子特性或波特性可以在任何既定的实验中显示出来。

在爱因斯坦的论证中，必定存在一个错误，于是玻尔着手去找出这个错误，并勾画出需要用来进行实验的设备。他集中考虑的仪器是第一个遮光屏。玻尔意识到，粒子和遮光屏之间的动量转移的控制和测量关键，在于遮光屏垂直移动的能力。在粒子穿过裂缝时，要观察遮光板是向上移动还是向下移动，才能确定粒子是通过第二个遮光板的上面的裂缝还是下面的裂缝，然后打击照相板。

尽管爱因斯坦曾经在瑞士伯尔尼专利局工作过很长时间，但他没有注意到实验的细节。玻尔知道量子这个“魔鬼”藏在细节当中。他用一个通过一对弹簧固定到支架上的遮光屏来充当第一个遮光屏，这样就可以对粒子穿过裂缝时发生的动量转移所导致的遮光屏的垂直运动进行测量。测量装置非常简单：一个附着于支架的指针，一个刻在遮光屏上的刻度。这些装置非常粗糙，但却具有足够的敏感度，这样就可以对一个虚构的实验中遮光屏和粒子之间的任何单独的相互作用进行观察。（图 16）

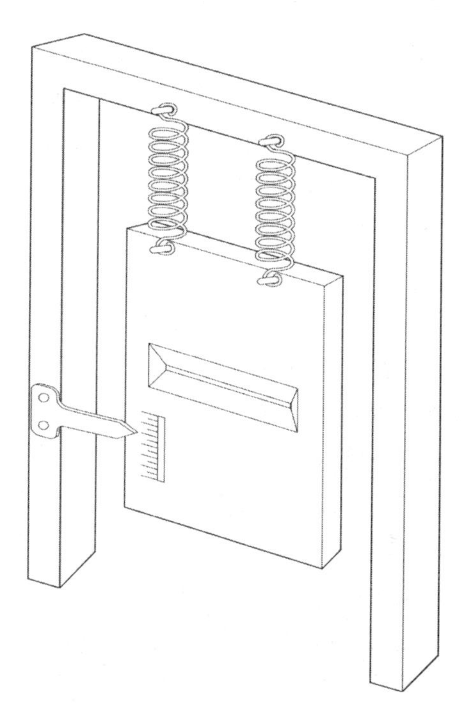

图 16　玻尔设计的可移动的第一层遮光屏

玻尔认为，如果遮光屏已经以某个未知的速度移动，而这个速度大于任何由于粒子穿过裂缝时与粒子的相互作用而导致的速度，那么就不可能确定动量传递的程度以及粒子的径迹。另一方面，如果可以控制和测量从粒子到遮光屏的动量转移，测不准原理意味着遮光屏和裂缝的位置同时也存在着不确定性。无论屏幕的垂直移动动量测量得多么精确，根据测不准原理，它的垂直位置的测量就会相应地不精确。

玻尔接着说明，第一个遮光屏的位置的不确定性破坏了干涉图案的形成。例如，照相板上的 D 点是一个相消干扰点，干涉图案上的一个暗点。第一个遮光屏的垂直位移将导致 ABD 和 ACD 这两个路径的长度发生变化。如果新长度相差半个波长，那么就不会产生相消干扰，而是会产生相长干扰且在 D 点上形成亮点。

为了对第一个遮光屏 S_1 的垂直位移的不确定性加以调节，需要根据它所有可能的位置计算出一个"平均数"。这导致产生的干涉介于总的相长干涉和总的相消干涉这两个极端之间的某处，从而导致照相板上形成一个冲蚀图像。对从粒子到第一个遮光屏之间的动量转移加以控制，就可以对粒子通过第二个遮光屏上的裂缝时的径迹得到记录；然而玻尔认为，这会对干涉模式造成破坏。他得出结论，爱因斯坦"所建议的动量传递的控制将导致遮光屏 S_1 位置有个变化范围，将排除所讨论的干涉现象的出现"。玻尔不仅捍卫了不确定原则，也捍卫了这样一个信念：对于一个微观物理对象，波和粒子的两个方面不能同时出现在一个实验中，不管是想象的实验或不是想象的实验。

玻尔的辩驳是基于这样一个假定，如果精确控制和测量转移到 S_1 的动量以确定粒子的方向，就会引起 S_1 位置的不确定。玻尔解释说，问题在于读 S_1 上的刻度。为了读刻度就需要照明，就会引起光子从屏幕上散射，使动量转移无法控制。因此无法精确测量粒子通过裂缝时从粒子向遮光板转移的动量。消除光子影响的唯一方法是根本不照明刻度，这样也就不能读数。玻尔使用了一个同样的概念"干扰"，而之前在海森堡使用这一概念来解释显微镜理想实验中不确定性的根源时，玻尔还曾对此提出过批评。

双狭缝干涉实验中还存在另一个奇异的现象。如果两个裂缝有一个有能关闭的快门，那么干涉条纹就消失了。只有两个裂缝都打开时干涉才发生。可这是为什么呢？一个粒子只能通过一条缝。粒子怎么"知道"另一条缝是开还是合？（图 17）

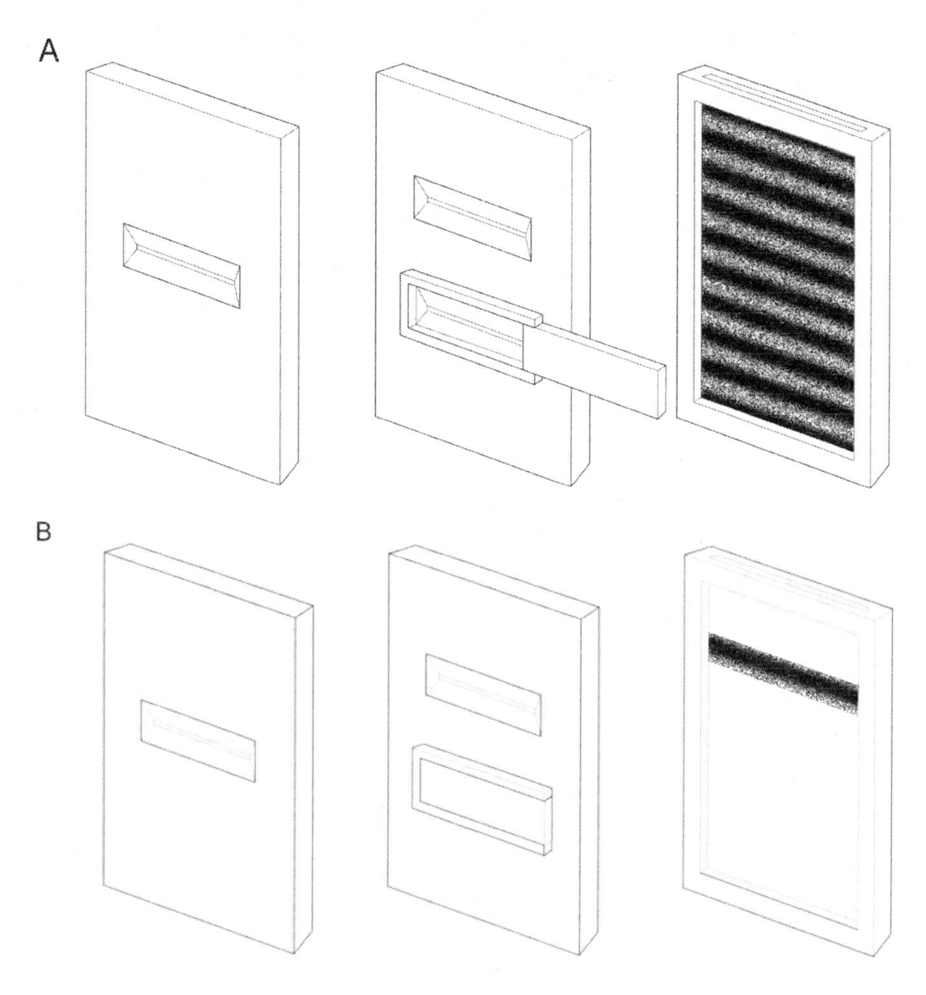

图 17　双狭缝干涉实验

(A)两条缝都是开的;(B)一条缝是闭合的。

玻尔已准备好答案。当一个粒子具有明确的路径时这种事情不会发生。正是因为电子没有确定的路径才出现干涉条纹,尽管它是一次一个通过双狭缝屏幕的粒子,而不是波。这种量子模糊使一个粒子"尝试"各种可能的路径,因此它"知道"一个裂缝是开的还是关的。不管裂缝是开的还是关的,都影响粒子将来的路径。

如果在两条裂缝的前面放一个检测器,查看粒子要通过哪个裂缝,似乎就可能关闭另一个裂缝而不影响粒子的轨迹。当后来实际进行这种“延迟选择”实验时,没有出现干涉条纹,而是出现一个放大的裂缝图像。在试图测量粒子的位置以确定它要通过哪个裂缝时,它原始的路线被扰乱了,因此不能产生干涉条纹。

玻尔认为,物理学家必须选择,要么“跟踪粒子的路径”,要么“观察干扰效果”。如果双狭缝中的缝 S_2 闭合,那么物理学家知道粒子在碰撞照相板前会穿过哪条缝,可能就不会产生干涉图案了。玻尔认为:“这种选择使我们能够避免做出荒谬的结论,即电子和光子的行为依赖于屏幕 S_2 上一条裂缝的存在,而实际上并没有电子通过这条裂缝。”

对玻尔来说,双狭缝干涉实验是一个在互相排斥的实验条件下出现互补现象的“典型范例”。他争辩说,由于现实世界的量子力学性质,光既不是粒子,也不是波。它是两者,有时表现为粒子,有时表现为波。在任何给定场合,光的性质是粒子还是波取决于所问的问题,取决于进行实验的类型。确定一个光子通过 S_2 屏幕上哪个裂缝的实验是一个需要“粒子”来回答的问题,因此没有干涉条纹。爱因斯坦无法接受的是玻尔的观点中缺少了独立的客观现实,而不是概率的存在(上帝掷骰子)。因此他认为,量子力学不能像玻尔所宣称的那样成为自然界的基本理论。

“爱因斯坦的关心和批评,为我们提供了非常重要的动力,我们开始对有关原子现象的描述的情况从各个方面再次加以检查。”玻尔回忆道。他强调说,主要的争论点是“研究对象和测量设备之间的区分,用经典的术语就是研究的现象是在什么条件下出现的”。在哥本哈根解释中,测量设备是和研究的对象密不可分地连接在一起的:不可能分离。

解释虽然在微观物理学中,物体比如电子,受量子力学定律的支配,仪器却遵守传统的物理学的定律。然而在爱因斯坦的挑战下,玻尔必须退步。他将测不准原理运用在肉眼可见的物体上,第一个遮光屏 S_1。通过这样做,玻尔强行将日常世界中的大尺寸元素运用到量子领域,因为他无法在传统的和量子世界中找到一个“分界线”,宏观和微观之间的界限。这不是最后一次,玻尔在他和爱因斯坦的量子象棋比赛中走了一步疑云重重的棋。谁能胜出,尚无结局。

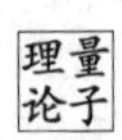

在一般性讨论期间，爱因斯坦仅仅又发了一次言，当时他只问了一个问题。德布罗意后来回忆“爱因斯坦除了对概率阐述提出一个非常简单的反对之外，几乎没有说什么话”，并且后来“他陷入了沉默”。然而，毕竟所有与会者都下榻于大都会（Metropole）旅馆，一次最为激烈的论战还是在旅馆内装饰高雅的餐厅里发生了，而不是在生理学研究所的会议室里。海森堡回忆道：“玻尔和爱因斯坦都非常激动。”

作为一名贵族，德布罗意只会讲法语，这让人非常惊讶。他必定看到了爱因斯坦和玻尔在餐厅中非常投入地交谈，海森堡和泡利等人在周围关注地听着。因为他们说的是德语，德布罗意并没有意识到他们其实正处于海森堡所称的一场“决斗”中。爱因斯坦不愧是举世公认的思想实验大师，他在去吃早餐时，就已经想好了一个新的方案来挑战测不准原理和受到众人追捧的哥本哈根解释的一致性。

喝着咖啡，吃着羊角面包，爱因斯坦和玻尔开始了分析。在前往生理学研究所的路上，他们继续进行着分析。海森堡、泡利和埃伦费斯特跟在旁边。他们一边走一边说。在上午的会议开始之前，他们已经对各种假设进行了探查和说明。“在会议期间，特别是在会议中间休息的时候，我们这些年轻人，通常是泡利和我，会试着去分析爱因斯坦的实验。”海森堡后来说道，“并且在午餐时间，玻尔和其他来自哥本哈根的人之间一直在进行讨论。”下午的晚些时候，在他们进行了进一步的讨论之后，这种同心协作的努力将产生一个反驳的论据。在大都会旅馆共进晚餐时，玻尔向爱因斯坦解释，为什么他那最新的思想实验没有能够打破测不准原理所规定的限定性。海森堡说，每一次爱因斯坦都没能从哥本哈根派的回答中找出破绽，但是他们知道，“在他内心里，他并没能被说服”。

海森堡后来回忆说，几天后，“玻尔、泡利和我知道现在我们可以确信我们的理论根据了，并且爱因斯坦已经知道量子力学的新解释是不那么容易被驳倒的。”可是爱因斯坦拒绝屈服。他说：“上帝不玩掷骰子。”虽然这句话并不是他对哥本哈根解释进行的驳斥的核心所在。“可似乎还轮不到我们来告诉上帝，他应该怎样去支配这个世界。”在某个场合，玻尔这样答道。“爱因斯坦，我真为你感到惭愧，”保罗·埃伦费斯特半开玩笑地说道，“你对新量子理论提出了反驳，就好像你的对手对相对论提出反驳一样。”

对于1927年在索尔韦发生的这场爱因斯坦和玻尔之间的私人对抗，唯一不偏不倚的目击者是埃伦费斯特。“爱因斯坦的态度引起了某个小圈子内的热烈讨论,其中包括埃伦费斯特,多年以来他一直是我们共同的密友。”玻尔回忆道,“他积极地参与到其中,并且帮了我们不少忙。”索尔韦会议结束后几天,埃伦费斯特给他在莱顿大学的学生写了一封信,信中生动地描述了布鲁塞尔正在发生的事情:“玻尔完全是鹤立鸡群。开始大家根本不懂(玻恩也在其中),然后一步一步战胜所有人。可怕的玻尔再次自然地施展魔力。(可怜的洛伦兹,为完全无法理解对方意思的英国人和法国人担任翻译。他对玻尔的观点作出了总结。并且玻尔的回答虽然彬彬有礼,却带有绝望的意味。)每天晚上的凌晨1点钟,玻尔会走进我的房间,只对我说**一个字**(ONE SIGNLE WORD),他会一直待到凌晨3点钟。我感到很高兴,在玻尔和爱因斯坦谈话时,我就在现场。就像一局棋。爱因斯坦总是能给出新的例证……来打击**测不准原理**(UNCERTAINTY RELATION)。玻尔经常会从哲学的烟云中找到工具来粉碎一个又一个例证。爱因斯坦就像那个带弹簧的玩偶盒中的杰克,每天早上都能蹦出新的点子。哦,这一点真是有趣。可是我几乎是完全支持玻尔反对爱因斯坦的。”然而,埃伦费斯特承认“在我们和爱因斯坦达成一致之前,我是无法感到解脱的”。

玻尔后来说,在1927年的索尔韦,和爱因斯坦之间的讨论是在“一种最为风趣的气氛”中进行的。然而他敏感地注意到,“在我们的态度和所持观点之间存在着很大的区别,因为量子现象显然和经验相矛盾,如果不放弃连续性和因果关系就无法理解。爱因斯坦也许比别人更不愿放弃这种想法,只有放弃这种想法才能与在探索新的知识领域中一天一天积累起来的有关原子现象各种各样的证据保持一致。”玻尔暗示:“正是由于爱因斯坦的巨大成功,才使他固执地停留在过去。”

量子理论

在布鲁塞尔参会者的心中,第五次索尔韦会议是以玻尔成功地说明哥本哈根解释的逻辑的一致性结束的,但是他却没能说服爱因斯坦,让后者相信它是对一个“完整的圆满的理论”唯一的解释。在爱因斯坦回家的路途中,他和包括德布罗意在内的一小群人到巴黎作了一次旅行。“要坚持,”临别前,他这样告诉这位法国王子,“你的路子是对的。”可是,德布罗意因为在布鲁塞尔没有得到众人的支持而感到心灰意冷。不久他就改弦易辙,接受了哥本哈根解释。

回到柏林后,爱因斯坦感到精疲力竭、心情抑郁。两周不到,他就写信给阿诺德·索末菲说,量子力学“作为一个统计定律理论来说也许是正确的,可是作为一个单独的基本过程来说,却是一个不完整的概念”。

虽然保罗·朗之万后来认为,在1927年的索尔韦会议上,“观念的混乱达到了顶峰”,对于海森堡来说,这次精英的集会是确立哥本哈根解释的正确性的一个决定性的转折点。“我对这个科学结果在各个方面都感到满意。”会议结束时,他这样写道,“玻尔和我的观点已经得到了普遍接受;至少人们不再提出严肃的反对,即使是爱因斯坦和薛定谔也是如此。”就海森堡而言,他们已经胜利了。“通过使用过去的术语,并通过不确定关系对它们加以限制,我们就能澄清一切,并且仍然可以得到一个完全一致的描述。”差不多40年之后,他这样回忆道。当有人问他话中的“我们”指的是谁时,海森堡答复说:“我可以说,在那时,‘我们’指的实际上就是玻尔、泡利和我自己。”(照片17)

在海森堡于1955使用“哥本哈根解释”这一术语之前,玻尔从未这样做过,别人也没有。然而随着一小群人的开始使用,这个术语很快流传开来,以至于对大部分的物理学家来说,“量子力学的哥本哈根解释”成为了量子力学的同义词。这种迅速的传播和接受有三方面的原因。首先是玻尔和他的研究所在其中所起的关键作用。在他还是一名年轻的博士后学生时,玻尔在曼彻斯特的卢瑟福实验室待过。受到那段经历的鼓舞,玻尔以同样的精力和敢闯敢拼的精神设法创建了自己的研究所。

“玻尔的研究所很快成为量子物理的世界中心。把那句古老的罗马谚语改一下就成了,‘条条大路通往漂布塘路17号(玻尔的研究所所在地)’。”俄罗斯人乔治·伽莫夫(George Gamov)回忆道。他于1928年的夏季到过该所。爱因斯坦任所长的德皇威廉理论物理学院只停留在纸面上,并且他喜欢这种方式。爱因斯坦通常独自工作,后来有一个助手帮他进行计算工作,而玻尔却培养了许多年轻的科学家。率先崭露头角和占据权威位置的是海森堡、泡利和狄拉克。尽管也是年轻人,正如拉尔夫·克罗尼格后来回忆说,其他的年轻物理学家不敢反对他们。克罗尼格就是其中之一,由于受到泡利的嘲笑,他没有公布电子自旋的想法。

第二个原因是,在1927索尔韦会议前后,一些教授职位空缺出来了。那些帮助建立新物理学的人几乎填满了这些位置。他们所领导的研究所很快就开始吸引来自包括德国在内的全欧洲最优秀最聪明的学生。作为普朗克在柏林的接班人,薛定谔已经得到了最有威望的位置。索尔韦会议后不久,海森堡到达莱比锡,接受教授职位,同时也担任理论物理学研究所主任。在六个月内,1928 年 4 月,泡利离开汉堡,来到苏黎世理工学院担任物理学教授职位。帕斯库尔·约当的数学能力对矩阵力学的发展起到了至关重要的作用,他接替了泡利在汉堡的位置。不久以后,通过定期拜访玻尔研究所并进行副手和学生的互换,海森堡和泡利将莱比锡和苏黎世建成了量子物理学的中心。克拉莫斯已经在荷兰乌得勒支大学任教,而玻恩也在哥廷根大学,哥本哈根解释不久就成为了量子力学的教条。

第三个原因是,尽管玻尔和他的年轻伙伴们之间还存在分歧,面对所有对哥本哈根解释的质疑,他们始终保持着统一战线。唯一的例外是保罗·狄拉克。1932 年 9 月他被任命为剑桥大学卢卡斯数学教授,这个位置曾经是艾萨克·牛顿的。狄拉克从未对哥本哈根解释产生过兴趣。对他来说,没有什么意义,也不是当务之急,不会得出什么新的方程。据说,他称自己为数学物理学家,尽管无论是他同时代的海森堡和泡利,还是爱因斯坦和玻尔都从来没有这样称呼过自己。他们无一例外都是理论物理学家,就像洛伦兹,他是公认的这群人里的元老,他于 1928 年 2 月去世。爱因斯坦后来写道:“对我个人而言,他对我的意义比我生命中遇到的所有其他人都要重要。”

不久,爱因斯坦自己的健康情况就不容乐观了。1928 年 4 月,在一次对瑞士的短期访问途中,当他带着手提箱爬上一座陡峭的小山时,突然倒下了。起初人们认为他是心脏病发作,但是随后医生发现他的心脏肿大。后来爱因斯坦告诉他的朋友麦克尔·比索(Michele Besso),他已经感觉到“不祥的征兆”,随后他又加了一句,“当然一个人也不可能一再推迟‘他的死期’。”妻子艾尔莎对此保持了高度警惕,一回到柏林,朋友和同事对他的访问受到了严格的限定。她再度成为爱因斯坦的“看门人”和护士。在爱因斯坦当年因为广义相对论研究而过度劳累以致病倒时,她也曾担当起这样的角色。这时候艾尔莎需要帮助,于是雇请了一位朋友的离了婚的姐妹海伦·杜卡丝(Helen Dukas)来帮忙照顾爱因斯坦。时年 32 岁的她成为了爱因斯坦信任的秘书和朋友。

当爱因斯坦恢复健康后,玻尔撰写的一篇论文也以三种语言发表了:英语、德语和法语。英文版本的题目是“量子假说和原子理论的近期发展”。这篇论文发表于 1928 年 4 月 14 日。论文中有一个脚注这样写道:“本论文的内容实质上与 1927 年 9 月 16 日在科莫为纪念沃尔特而举办的庆典上发表的那篇关于量子理论现状的演讲相同。”事实上,比起他在科莫或是布鲁塞尔的讲座,玻尔这次的论文是对他关于互补性和量子力学的观点的一次更为精练和深入的解说。

玻尔送了一份复印件给薛定谔,后者答复道:“如果你想要描述一个系统,例如通过确定它的 p(动量)和 q(位置)来描述一个质点,那么你发现这种描述的精确度是有限的。”薛定谔认为,因此现在所需要的是引入一种不会受到这些限定性限制的新概念。他总结道:“然而,要创造这个概念组合无疑是非常困难的,因为就像你所着重强调的那样,新创造涉及到我们最深层次的认知:空间、时间和因果性。”

玻尔回了信,对薛定谔这种“不是完全不同情的态度”表示了感谢,可是他并不认为量子理论需要“新概念”,因为旧的经验概念看起来与“人类视觉化手段的基础”有着密不可分的联系。玻尔重申了他的立场,问题不在于对经典概念的应用范围或多或少地人为加以限制,而是在对观察的概念进行分析时出现的一个无法逃避的互补性特点。在信的结尾,他鼓励薛定谔同普朗克和爱因斯坦一起讨论一下他这封信的内容。当薛定谔将他与玻尔通信的事情告诉了爱因斯坦之后,爱因斯坦答复道:“海森堡-玻尔的安神理念或安神宗教是如此微妙的人为的作品,它提供给信徒一个舒适的枕头让他们酣睡,很难把他们叫醒,就让他们躺在那儿吧。”

在病倒四个月之后,爱因斯坦的身体仍然虚弱,但是不用再终日困在床上了。为了恢复健康,他在波罗的海岸边寂静的小镇沙博伊茨租了一间房子。在那里他阅读荷兰哲学家斯宾诺莎的文章,并享受着远离城市喧嚣的生活。等到他身体恢复得足够强壮,可以回到办公室后,已经过去了差不多一年了。在那里他会工作一整个上午,然后回去吃午餐,休息到下午三点。“其余时间他总是在工作,”海伦回忆说,“有时候工作整个通宵。”

在1929年复活节假期期间,泡利去柏林看望爱因斯坦。他发现爱因斯坦“对现代的量子物理学的看法非常保守”,因为他仍然相信在一个现实世界中,自然现象是按照自然规律呈现的,与观察者无关。在泡利的访问之后不久,爱因斯坦接受了普朗克亲手颁发给他的普朗克奖章。当时,爱因斯坦非常明白地表达了自己的观点,“我无比地羡慕年轻一代的物理学家所取得的成就,这些物理学家的名字将与量子力学永远联系在一起,并且他们相信那个理论反映了深层次的事实。”他告诉观众,“但我认为,一个局限于统计规律的理论将是一个暂时的理论。”爱因斯坦已经开始他孤独的统一场论寻求之旅,他认为这个理论将证明因果性和独立于观察者的现实性的存在。与此同时,他将继续挑战正在成为量子正统派的哥本哈根解释。当1930年他们重逢在布鲁塞尔的第六次索尔韦会议时,爱因斯坦向玻尔展示了一个虚构的光盒。

Chapter 12

Einstein Forgets Relativity

第 12 章
爱因斯坦忘记相对论

玻尔愣了。爱因斯坦笑了。

在过去的三年中,玻尔已经对爱因斯坦在 1927 年 10 月索尔韦会议上提出的假想实验再次进行了研究。每个实验都是设计用来证明量子力学是不一致的,可是他已经发现了在每一个实验中爱因斯坦的分析都存在缺陷。不满足于既得的成就,在玻尔试图找出哥本哈根解释的缺陷时,他设计出了他自己的一些思想实验。这些思想实验涉及到狭缝、遮挡板、时钟等等的组合。他发现他的解释无懈可击。可是像爱因斯坦在第六次索尔韦会议上向他描述的那个简单而巧妙的思想实验,玻尔却从未想出过。

1930 年 10 月 20 日开始的第六次索尔韦会议会期长达 6 天,主题是物质的磁性。会议流程和上次一样:一系列有关磁性的特邀报告,每个报告后跟着进行讨论。玻尔已经继爱因斯坦之后加入了九人科学委员会,因此两人都自动获得了会议邀请函。在洛伦兹去世后,法国人保罗·朗之万已经同意担负起难度极高的委员会主席和会议主席的双重职责。会议邀请了 34 位物理学家,狄拉克、海森堡、克拉莫斯、泡利和索末菲均名列其中。

作为一次物理精英的大会,这场会议仅次于 1927 年的第五次索尔韦会议。共有 12 名已经获得或后来获得诺贝尔奖的物理学家出席该会议。正是在这次会议的大背景下,爱因斯坦和玻尔就量子力学的意义和现实性的本质,展开了“第二回合”的较量。爱因斯坦在到达布鲁塞尔时,已经想好了一个新的思想实验。这个实验将给测不准原理和哥本哈根解释带来致命的打击。而玻尔却没有想到在某一次正式会议后有这样一个“埋伏”等着他。

爱因斯坦让玻尔想象一个充满光的盒子。盒子的一面壁上有一个带有遮挡板的孔。这个遮挡板可以通过一个连接到盒内时钟的机构打开或闭合。这个时钟与在实验室中的另一个时钟是同步的。称出盒子的重量。将时钟调整到在某一个时间打开遮挡板。打开的时间很短,但是足以让单个光子放出。爱因斯坦解释道,我们现在知道了光子是何时离开盒子的。玻尔听着他的说话,毫不在意,因为爱因斯坦提出的每件事都看起来很直截了当,无须争议。测不准原理只适用于成对的互补变量——位置和动量或能量和时间。它并没有对一对互补变量中的任何一个变量的测量精度加以任何限制。就在那个时候,面带一丝微笑的爱因斯坦吐出了一句至关重要的话:再次称盒子的重量。一瞬间,玻尔意识到他和哥本哈根解释遇上了大麻烦。

为了算出单个光子中有多少光已经逸散,爱因斯坦运用了他的一个漂亮的发现,这个发现在他还是伯尔尼专利局的一个办事员的时候作出的。能量就是质量,质量也是能量。这是他在研究相对论时无意中作出的一个惊人发现。有一个简单而最为有名的等式:$E=mc^2$。E 代表能量,m 代表质量,c 代表光速。

通过对光子逸散前后的盒子进行称重,很容易就可以算出质量上的差别。虽然这种极为微小的差异是不可能运用1930年那时候的设备测量出来的。在思想实验的领域中,这是小孩子的把戏。使用 $E=mc^2$ 来将短缺质量的量转换成一个相等的能量数,就有可能准确地计算出逸散光子的能量。通过与光盒内控制遮挡板的时钟同步的位于实验室的另一个时钟,就可以得知光子逸散的时间。看来爱因斯坦已经设想了一个可以同时准确测量光子的能量和它逸散时间的实验。这正是海森堡的测不准原理认为无法办到的。

“玻尔惊呆了。”比利时物理学家里昂·罗森菲德(Léon Rosenfeld)回忆道。这位比利时人最近刚刚开始与玻尔开展了一项长期合作。“他一下子想不出有什么解决方法。”虽然玻尔对爱因斯坦这一最新的挑战感到忧心忡忡,泡利和海森堡却不以为然。“啊,好,没事,会没事的。”他们这样安慰玻尔。“整个晚上,玻尔都极为闷闷不乐,一会走到这个人身边,一会又走到那个人身边,试图让他们相信这个实验不可能是正确的。如果爱因斯坦是对的,那么物理学就将不复存在。”罗森菲德回忆说,“但是他无法作出任何辩驳。”

罗森菲德并没有收到1930年索尔韦会议的邀请函。他当时是去布鲁塞尔见玻尔。他从未忘记这两个量子对手那天晚上回到大都会(Metropole)旅馆的情景。“高大威严的爱因斯坦一言不发地走着,脸上带有几分讽笑,玻尔在他旁边小跑着,非常激动,徒劳无益地恳求说,如果爱因斯坦的装置有用,那就说明物理学走到了尽头。”对爱因斯坦来说,这既不是结束也不是开始。这不过是证明了量子力学是不一致的,因此它也不是玻尔所宣称的完整圆满的理论。他的最新的思想实验只是为了挽救目的在于独立于观察去认识现实世界的物理学。

当时留下了这样一张照片:爱因斯坦和玻尔走在一起,可是步调稍微有些不一致。爱因斯坦走在前面一点,好像想要逃走一样。玻尔张着嘴,急急忙忙地想跟上他。他的身子向爱因斯坦那边倾斜着,绝望地想让爱因斯坦听到他说的话。尽管玻尔的大衣搭在左臂上,他还是用左手的食指做着手势,他在强调正努力表达的观念。爱因斯坦的手放在身体侧面,一只手抓着手提箱,一只手夹着一根可能代表胜利的雪茄。他在听玻尔说话的时候,小胡子没能藏住他的微笑,这个笑暴露了他内心的想法,那就是他认为他占了上风。罗森菲德说,那天晚上,玻尔看上去就像“一只刚被暴打了的狗”。(照片10)

玻尔度过了一个不眠之夜,一直在研究爱因斯坦思想实验中的每个细节。他拆开了这个虚构的光盒,试图发现他所希望存在的缺陷。即使是一个思维试验,爱因斯坦仍然既没有构思这个光盒的内部工作原理,也没有构思该如何对它称重。玻尔绝望地试图理解这个装置,以及必须进行的那些测量步骤,并画了一个他称之为“伪现实”的实验装置示意图来帮助自己理解。

考虑到必须在遮挡板打开之前对光盒进行称重,然后要在光子逸散后对光盒称重,玻尔决定集中考虑称重这一步骤。他越来越焦虑,时间也在流逝,他选择了能想到的最简单的方法。他将光盒悬挂在被固定到一个支架上的弹簧上。为了把它变成一个称重的标尺,玻尔将一个指针连接到了光盒上,这样它的位置可以在一个附着于垂直臂(类似于吊车的吊架)刻度上读出来。为了保证秤盘上指针位于零点,玻尔将一个小秤锤悬挂到了盒子的底部。在设计中没有什么怪异的地方,玻尔甚至把用来将框架固定到基部的螺母和螺栓都计算在内。并画了一张控制孔(光子通过该孔逃逸)的打开和闭合的钟表机构的示意图。(图18)

光盒的初始重量完全由选择的使指针指向零的附加重量决定。在光子逸散之后,光盒变轻了,于是被弹簧向上拉起。为了将指针复位到零点,所连接的重量必须被一个稍微重一点的重量替代。对于实验者能花多长时间来更换重量没有时间限制。重量的区别就是由于光子逸散产生的减重,并且从等式 $E = mc^2$ 可以准确地计算出光子的能量。

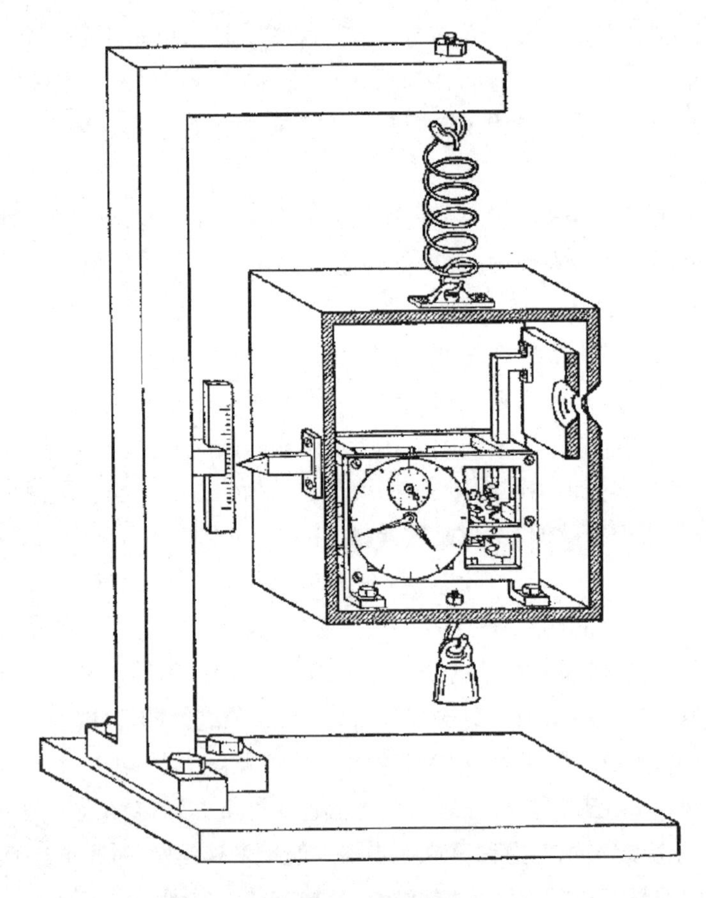

图 18　玻尔对爱因斯坦 1930 年提出的光盒进行了再现
(尼尔斯·玻尔档案室,哥本哈根)

从他在 1927 年索尔韦会议使用的论证,玻尔认为,任何对光盒位置的测量将导致它的动量产生内在的不确定性,因为读刻度需要照亮刻度。测量它的重量这一举动将导致动量不可控制地向光盒发生转移,因为指针和观察者之间光子的交换会导致光子的移动。提高位置测量准确度的唯一方法,就是通过花较长的时间去进行光盒的平衡以及对指针在零点进行定位。然而，玻尔认为这将导致光盒的动量产生相应的不确定性。光盒的位置测量得越精确，对它动量的测量就将具有越大的不确定性。

不同于1927年索尔韦会议的是，爱因斯坦这次“攻击”的是能量-时间的不确定关系，而不是位置-动量关系。就是现在，在凌晨的某个时间，玻尔突然看到了爱因斯坦思想实验的缺陷。他重新逐步进行了分析，直到他满意地发现爱因斯坦实际上已经犯了一个几乎令人难以置信的错误。玻尔得到了解脱，于是上床睡了几个小时。他知道当他醒来的时候，就是他边吃早餐边享用胜利的时候。

爱因斯坦急于要击败哥本哈根关于量子现实性的观点，却忘记了考虑他自己发现的广义相对论理论。他忽视了光盒内时钟的引力对时间测量的影响。广义相对论是爱因斯坦最伟大的成就。“那时，这个理论在我看来似乎是人类对自然界思考的最伟大成就，并且它现在依然是最为让人惊愕的哲学思想、物理直觉知识和数学技巧的结合。”马克斯·玻恩这样说。他称它为“伟大的艺术品，只能远远地欣赏和艳羡”。当广义相对论所预测过的光线弯曲于1919年得到证实后，它成为了全世界报纸的头条话题。J. J. 汤姆生告诉一家英国报纸，爱因斯坦理论是“一个全新科学思想的新大陆”。

重力的时间膨胀就是这些新思维的其中之一。一个房间内两个相同的和同步的时钟，一个被固定到天花板上，另一个被固定到地板上，时间相差的部分在十亿个十亿分之三百($300/10^{18}$)中将步伐不一致，因为地板上的时间过得比天花板上的时间慢。原因就在于引力。根据广义相对论、爱因斯坦的引力理论，时钟滴答的速度取决于它在重力场内的位置。同样，一个在重力场中移动的时钟走的速度比一个固定的时钟要慢。玻尔意识到，这意味着对光盒称重会影响到盒内时钟的计时。

光盒在地球重力场中的位置受到对指针所指标尺刻度进行的测量这一行为的影响而发生了改变。这个位置的变化将改变时钟的速度，并且它就不再与实验室中的时钟同步。因此，它就不可能对遮挡板打开以及光子逸散出盒子的时间作出精确的测量。由 $E=mc^2$ 得知，对光子的能量测量得越精确，就越无法确定重力场内的光盒的位置。由于重力能够影响时光的流速，这种位置的不确定性就导致人们无法准确地判断遮挡板打开以及光子逃逸的时间。通过这一系列的不确定性，玻尔表明爱因斯坦的光盒实验无法同时精确地测量光子的能量和它逃逸的时间。[84]海森堡的测不准原理被证明依然正确，由此量子力学的哥本哈根解释也是正确的。

当玻尔下楼吃早餐时,他看起来再也不像是前一天晚上那样“像一只被暴打过的狗”。当爱因斯坦听完玻尔的解释,了解到他这一次提出的质疑,就像三年前提出的那个一样,同样遭到失败之后,现在轮到他自己目瞪口呆,沉默不语了。接下来又有人对玻尔的反驳提出了质疑,因为他在处理肉眼可见的元素,例如指针、标尺和光盒时,就好像它们全都是量子物体,因此也受到了测不准原理所规定的限制条件的影响。对肉眼可见的物体使用这种方式来处理,与他所强调的实验室设备应该以传统的方式来处理这一点背道而驰。可是玻尔从来就没有非常明白过,到底微观和宏观之间的界限该从哪里划起,因为归根到底,每个传统的物体不过是原子的集合体。

尽管最后还是有人持保留意见,爱因斯坦最终也像当时物理学界的其他人一样,接受了玻尔的辩论。于是他停止了试图去推翻测不准原理以证明量子力学在逻辑上是不一致的这一工作,转而将精力集中到去证明该原理是不完善的。(照片 11)

1930 年 11 月,爱因斯坦在莱顿进行了有关光盒的讲课。之后有一名听众反驳说,量子力学内部并不存在矛盾之处。“我知道,在这一点上没有什么问题。”爱因斯坦答道,“但是,在我看来,它包含了一定的不合理性。”尽管这样,在 1931 年 9 月,他还是再次推荐海森堡和薛定谔获得诺贝尔奖。在两次索尔韦会议上和玻尔及其助手斗争了两个回合之后,在爱因斯坦的推荐信中有一句话是这样写的:“在我看来,这个理论毫无疑问包含了某些最高真理。”[85] 然而他“内心的声音”在低语,量子力学是不完善的,并非像玻尔所希望大家认为的那样是“圆满的”。

量子理论

在 1930 年索尔韦会议结束时,爱因斯坦到伦敦旅行了几天。他作为贵宾出席了 10 月 28 日举办的一场募捐晚宴。这场晚宴的举办地点设在萨瓦旅馆,由罗斯柴尔德男爵主持,目的是为东欧的穷苦犹太人募捐。这次活动吸引了差不多一千人。他们都衣着光鲜,爱因斯坦欣然身着白色领结和燕尾服出席。在这种他称之为“猴子喜剧”的活动中,他做了自己该做的,目的只是为了让那些达官贵人们慷慨解囊。萧伯纳不愧是宴会大师。

虽然萧伯纳有时候会抛开准备好的台词即兴发挥，已届74岁高龄的他还是献上了一场精彩的表演，一开始就抱怨他必须谈论“托勒密和亚里士多德、开普勒和哥白尼、伽利略和牛顿、万有引力和相对论以及现代的天文物理学，以及那些鬼知道的东西……”接下来，他展示了他那一贯的机敏才智，对任何事物都用三句话做总结。“托勒密造了一个宇宙，持续了1 400年。牛顿也造了一个宇宙，持续了300年。爱因斯坦已经造了一个宇宙，我不知道这个会持续多长时间。”客人们笑了，爱因斯坦笑得最大声。在将牛顿和爱因斯坦的成就进行了比较之后，萧伯纳以一句祝酒词结束了发言：“为我们这个时代最伟大的人——爱因斯坦——干杯！”

接下来，爱因斯坦应该如何表示是一个困难的任务。但是在场合需要的情况下，爱因斯坦也表现出杂耍人的天赋。他向萧伯纳表示了感谢，“你把我说成像神话般的人，这些话让我终生难忘，也让我如坐针毡。”他赞美了犹太人、“具有高尚精神以及强大正义感”的异教徒们以及那些“为促进人类社会的发展和将人类从屈辱的压迫中解救出来而献出生命”的人们。“致在座的所有人，”他知道这句话将激起在场人的同情，并称“我们民族的存在和命运与其说是取决于外界因素，还不如说是取决于忠于道德传统的我们。正是这样，我们才能面对极为恶劣的外部条件而数千年繁衍生息”。“在生命的奉献中，牺牲是至高无上的。”爱因斯坦又加了一句。他满怀希望说的这些话，对于几百万人来说，不久就将经受考验。即将到来的纳粹党人暴风雨的乌云正在头顶聚集。

9月14日，也就是6周前，纳粹党在国民议会选举中赢得了640万张选票。纳粹党人的票数让许多人目瞪口呆。在1924年5月，纳粹党赢得过32个职位，但在同年12月的选举中，又减少到仅仅14个职位。在1928年5月，他们的成绩更差了，才赢了12个职位和81.2万张选票。这个结果似乎向人们证实，纳粹党不过是又一个极端保守主义的激进团体。现在，还不到两年，他们已经将他们选票的份额增加了8倍，成为了国民议会中第二大党，拥有107个议员职位。

并不是只有爱因斯坦一个人认为，“希特勒的得票只是一种征兆，不一定就是反犹太人的仇恨，也许只是由经济不景气和被误导的德国年轻人中的失业现象所引起的短暂的怨恨。”然而，纳粹党的支持者中，只有大约四分之一是第一次投票的年轻人。在那些年长的脑力工作者、小店主、小商人、北方信奉新教的农民、工匠和工业中心外部的非专业工人中，纳粹党得到的支持最多。导致

1928 年选举和 1930 年选举之间德国的政治形势发生决定性变化的,是 1929 年 10 月开始的华尔街金融风暴。

在起源于纽约的金融冲击波的影响下,德国遭受的打击最惨重。过去的五年中,支持它脆弱的经济复兴的是来自美国的短期借款。美国的金融机构由于不堪亏损和混乱要求立即偿还现有贷款。结果是德国的失业人数从 1929 年 9 月的 130 万猛增到 1930 年 10 月的 300 多万。当时,爱因斯坦认为纳粹党无非是一个“共和国的幼稚病”,不久就会过去。然而,这场病却消灭了一个已经疾病缠身的魏玛共和国,这个国家已经是名存实亡,废弃了议会民主,改用法令统治。

“我们在倒退回一个糟糕的时代,”西格蒙德·弗洛伊德在 1930 年 12 月 7 日那一天悲观地写道,“我应该忽视它,我老了,这不关我的事,可我还是忍不住为我的七个孙子感到悲哀。”5 天前,爱因斯坦已经离开了德国去位于帕萨迪纳(Pasadena)的加州理工学院待上两个月。玻耳兹曼、薛定谔和洛伦兹都在这所学校执教,这让它迅速成为了全美国顶尖的科学中心。当他的船在纽约码头靠岸时,爱因斯坦被劝说向岸边等待的记者们举行一个 15 分钟的记者招待会。“你对阿道夫·希特勒有什么看法?”一名记者大叫道。“他是靠德国的饥饿上台的。”爱因斯坦答道,“一旦经济情况好转,他将不再受到人们的重视。”

一年后,1931 年 12 月,当他再次出发前往加州理工学院时,德国正处于更严重的经济萧条和更大的政治动乱中。“我今天决定,我将放弃我在柏林的职位,终生做一只候鸟。”当穿越大西洋时,爱因斯坦在他的日记中这样写道。虽然住在加利福尼亚,爱因斯坦有一次偶然遇见了亚伯拉罕·弗莱克斯纳(Abraham Flexner),后者当时正在新泽西州的普林斯顿建立一个独特的研究中心:高等研究所(the Institute for Advanced Study)。手握 500 万美元的捐款,弗莱克斯纳想要建立一个完全地献身于科研的“学者社团”,不受教学任务的干扰。偶然遇见了爱因斯坦后,弗莱克斯纳一分钟都没有耽搁,就马上邀请爱因斯坦加入。这位世界上最有名望的科学家最终答应了他的请求。

爱因斯坦同意一年在该院过上 5 个月,其余时间则在柏林度过。“我并没有抛弃德国。”他这样告诉《纽约时报》,“我永久的家仍然是在柏林。”五年的合约将开始于 1933 年秋天,因为爱因斯坦已经和加州理工学院签订了另外一个合约。他是幸运的,因为在他第三次造访帕萨迪纳(加州理工学院所在地)的时候,希特勒在 1933 年 1 月 30 日被任命为德国总理。德国的 50 多万犹太人大批的出离慢慢开始了,到 6 月之前只剩下 2.5 万人。爱因斯坦安全地待在加利福尼亚。他没有明白地表示出来，可是他的言行举止显得好像他还会适时地返回德国。他给普鲁士学会去信询问薪水，可是已经暗自作出了决定。“在希特勒看来，我不敢踏上德国的土地。”在2月27日给一位朋友的信中，他这样写道。当天，国民议会着火了。这个信号代表了举国纳粹恐怖的第一波的开始。

就在纳粹党发动暴力的同时，3月5日的国民议会选举中，1 700万德国人投票支持纳粹党。5天后，在爱因斯坦按照原计划离开帕萨迪纳的前夕，他接受了一次采访，宣布他对德国纳粹恐怖活动的看法。“只要我还有选择，我将住在一个能保障公民自由、宽容和平等的国家。公民自由意味着能够自由地口头或书面表达一个人的政治信仰；宽容意味着对别人的信仰表示尊重，不管他们信仰什么。在现在的德国不具备这些条件。”他的话在全世界范围内得到报道，德国的媒体纷纷对他表示谴责，以竞相表达对纳粹政权的效忠。“爱因斯坦的好消息——他不回来了！”德国《柏林新闻报》的头版头条报道了这个消息。这篇文章措辞激烈，称“这个自大虚荣的人，怎么敢在不知道这儿究竟是怎么回事的情况下对德国乱加评价——对于那些在我们的眼中从来就不是德国人的人以及宣称自己是犹太人且除此之外什么也不是的人来说，他永远无法理解这儿的事情”。

爱因斯坦的评论让普朗克感到左右为难。3月19日他给爱因斯坦去信，讲到了他对“在这个动荡艰难时期出现的关于您公开和私人政治性质的言论的形形色色的谣言”“深感沮丧”。普朗克抱怨道：“这些报告使得那些对您尊重敬仰的人无法再支持您。”他责备爱因斯坦给他的“伙伴和同行们”造成了这样一个困难的局面。当他的船于3月28日在比利时的安特卫普靠岸时，爱因斯坦要求乘车去位于布鲁塞尔的德国大使馆。在那里他交出了他的护照，第二次放弃了他的德国国籍，并向普鲁士学会递上了一封辞职信。

他一边思考着该做些什么、该去哪里，一边和妻子艾尔莎搬进了比利时海岸边某个风景胜地的一栋别墅。到处流传着爱因斯坦的生命处于危险之中的谣言，于是比利时政府指派了两名警卫人员来保护他的安全。在柏林，当普朗克得知爱因斯坦辞职的消息之后，如释重负。这是和普鲁士学会断绝关系的最体面的方式，并且“同时把他的朋友们从巨大的伤心和痛苦之中解救了出来”，在他给爱因斯坦的信中，他这样写道。在希特勒领导下的新德国，几乎没有人准备站在爱因斯坦这一边。

在1933年5月10日，身着纳粹党卍字记号的学生和大学教师们举着火把，从菩提树大道一直游行到柏林大学的大门对面的歌剧院广场，把从市图书馆和书店的书架上抢来的约2万本书付之一炬。4万人围观了这一切的发生,火苗吞噬了"非德意志"和"犹太人—布尔什维克"的著作,这些著作的作者包括马克思、布莱希特(Brecht)、弗洛伊德、左拉、普鲁斯特(Proust)、卡夫卡和爱因斯坦。这种焚书的场景在德国所有的一流大学中一再重演,普朗克等人意识到了这种行为背后的信号,却几乎没有做任何反抗。焚书行为只是纳粹对"堕落的"艺术文化的攻击的开始,可是一件更为重要的事情已经发生在了当时的德国犹太人身上,那就是排犹主义通过立法实际确定了下来。

一条针对约200万名政府雇员的《恢复职业公务员法》于1933年4月7日得到通过。该法的出台是为了针对纳粹的政敌、社会主义者、共产党员和犹太人。第三条中臭名昭著的《雅利安条款》规定,任何非雅利安血统的人不得任职公务员。根据该法,只要一个人的父母或祖父母的其中之一不是雅利安人,那么他就不算是雅利安人。自从1871年获得解放,62年之后,德国犹太人又一次沦为受法律歧视的对象。自那以后,纳粹就开始了对犹太人的迫害。

大学也属于政府机构,不久之后,一千多名大学教师,包括313名教授在内,都被解职或被迫辞职。在1933年之前创立的各种物理学团体中,差不多有四分之一的人被迫过上了背井离乡的生活,其中包括一半人数的全德理论物理学家。到了1936年,超过1 600名学者已经遭到驱逐,他们中的三分之一是科学家,包括20名已经获得或后来获得诺贝尔奖的科学家:11名物理学家、四名化学家和五名医学家。[86]在形式上,这条新法律不适用于那些一战之前被雇用的人员,或是一战老兵以及父亲或儿子在一战中阵亡的人。可是随着纳粹对公务员不断的清洗,并宣称要将更多的人清除出公务员队伍,1933年5月16日,时任威廉皇帝协会主席的普朗克去拜见了希特勒。他认为他可以将德国科学界受到的影响控制在一定范围内。

难以置信的是,普朗克居然对希特勒说:"犹太人分很多种,有些对人类是非常重要的,有些人是没用的。"还说"必须加以区分"。"你说的不对。"希特勒说,"犹太人就是犹太人;所有犹太人都像荔枝一样团结在一起。只要哪里有一个犹太人,其他各种各样的犹太人就会蜂拥而至。"在出师不利的情况下,普朗克连忙变换策略。他争辩说,对犹太科学家不加区分地驱逐将伤害到德国的利益。希特勒听到这句话勃然大怒:"我们的国家政策是不会废止或修改的,就算是对科学家也一样。""如果开除犹太科学家会导致当代德国的科学停滞不前,那么我们也可以几年内不需要科学!"[87]

在1918年11月,德国刚刚战败后,普朗克曾将普鲁士科学院那些垂头丧气的科学家们召集起来。他说:“如果敌人夺走了我们祖国所有的防卫和能力,如果严重的国内的危机已经影响到了我们,并且也许更为严重的危机在等待着我们,还有一样东西是国外或国内的敌人不能从我们身上拿走的:那就是德国科学在世界上所占有的地位。”普朗克的长子在一战中阵亡,所有这些付出必定要有回报。由于和希特勒的谈话被生硬地打断,这件不祥的事情让他明白,纳粹党即将做成一件其他人都没有成功的事情:破坏德国的科学研究。

两周前,纳粹物理学家和诺贝尔奖获得者约翰尼斯·斯塔克就已经被任命为德国物理技术研究所的所长。不久以后,斯塔克在“雅利安物理”工作中就掌握了更大的权力,因为他专门负责分配政府的研究基金。掌握了这种权力之后,他决心报仇雪恨。1922 年他从维尔茨堡大学的教授职位上辞职,尝试经商。他不喜欢犹太人,固执己见又喜欢吵架,除了和也是纳粹分子的诺贝尔奖获得者菲利普·莱纳德关系近一点之外,实际上他和其他物理学家的关系都不好。莱纳德长期以来也是所谓的“德意志科学”的主要支持者。当斯塔克在办企业失败后想要回到学术界时,没有任何人想给他提供一个职位。他之前已经对爱因斯坦的“犹太物理学”表示了怨恨和反对,并对现代理论物理学表示了轻视。斯塔克决心要操纵所有物理学教授职位,并四处活动让那些支持“德意志物理学”的人得到这些职位。

海森堡一直都想成为索末菲在慕尼黑的接班人。1935 年,斯塔克将海森堡称为“爱因斯坦幽灵的幽灵”,并召集了一批人来联合反对他和理论物理学。1937 年 7 月 15 日,这场反对活动达到了最高潮。那一天,党卫军期刊《黑人军团》发表了一篇论文,其中海森堡被贴上了“白犹太人”的标记。接下来的一年中,他试图撕掉这个标记,如果甩不掉这个标记,他就面临着被隔离和除名的危险。他找到了党卫队队长海因里希·希姆莱,正好他是海森堡家的熟人。希姆莱为海森堡进行了开脱,却并没有让他成为索末菲的继位者。党卫军还告诫他,将来他应该“在确认科学研究结果时,要让听众明确区分研究者的个人特性和政治特点”。海森堡被迫将科学家与科学区分开来。他不会再在公众场合提到爱因斯坦的名字。

哥廷根物理学家詹姆斯·弗兰克和马克斯·玻恩因为是一战老兵的缘故,被免于执行《雅利安条款》,但是这两个人都不愿意行使这个权利,他们认为这样做等于是和纳粹同流合污。当弗兰克递交辞呈时,有 42 名同事对他表示了遣责。他们认为,他所称的“我们有犹太血统的德国人正在被当做外国人和祖国的敌人”是为反德国的宣传煽风点火。玻恩并不打算辞职,却发现自己的名字出现在地方报纸上登出的被停职的公务员名单之列。“我在哥廷根通过12年辛苦的工作所建立的一切都土崩瓦解了。”后来他这样写道，“对我来说，这就像是世界末日一样。”他一想到“站在学生们面前，而这些学生不管出于什么原因已经将我视为外人，或生活在那些如此就轻易妥协的同事们当中”，就不寒而栗。

虽然是被停职而不是被解雇，玻恩一开始并没有感到自己作为犹太人受到了格外的歧视，他这样对爱因斯坦承认道。但是现在，他“完全意识到了这一点，不仅因为我们被认为是这样，而且因为压迫和不公正导致了我的愤怒和反抗”。玻恩希望迁往英国，“因为英国人在接受难民方面好像是最为豪爽和慷慨的。”他的愿望实现了。剑桥大学为他提供了一个为期3年的讲师的职位。因为他担心自己可能是占据了应该属于一个英国物理学家的位置，所以在英国人向他再三保证这个位置是专门留给他的之后，他才欣然接受。他是为数不多的、在物理学上的成就得到国际认可的幸运者之一，而那些年轻一代的物理学家就没有这么幸运了，爱因斯坦称他为他们感到“心痛”。但是即使是玻恩这样具有世界名望的物理学家们，在很长一段时间里都无法确定他们的未来会是怎么样的。在与剑桥大学的合同期满后，玻恩在印度的班加罗尔度过了6个月。他曾认真地考虑过接受莫斯科的一个职位，后来在1936年他得到了一个在爱丁堡大学教授自然哲学的职位。

海森堡曾试图让玻恩相信他是安全的，因为“只有很少的人受到了法律的影响——你和弗兰克当然不会”。他像别人一样，希望事情最终将平静下来，并且“政治革命的发生不要伤害哥廷根物理学”。可是伤害已经产生了。纳粹党花了几个星期就将哥廷根大学这个量子力学的摇篮，一所伟大的学府，变成了一个二流的机构。纳粹教育部长询问哥廷根最有名望的数学家大卫·希尔伯特(David Hilbert)：“你的研究所真的因为犹太人和他们的朋友的离开受到了这么大的影响？是不是真的。”希尔伯特回答说：“受到影响？不，部长先生，它并没有受到影响，它不过是已经不存在了。”

关于德国正在发生的那些事情的消息不胫而走，科学家和他们的专业机构很快就积极地投入到帮助同事们逃离纳粹压迫的救援行动中。他们为这些人提供金钱帮助和工作，个人和私人基金会向新设立的救援组织提供赠与和捐款。在英国，由卢瑟福任主席的“学者救援委员会”成立于1933年5月，它作为一个过渡点为逃亡的科学家、艺术家和作家们提供临时工作和帮助。许多人最初逃到瑞士、荷兰或法国，在短暂的停留后，最终选择了奔赴英国和美国。

在哥本哈根,玻尔的研究所为许多物理学家提供了临时的帮助。在1931年12月,丹麦皇家科学与文学会选择了玻尔作为“荣誉之屋”(Aeresbolig)的下一任居住者。这栋房子是由卡尔斯堡啤酒的创立者建造的。玻尔作为丹麦一等公民的身份,意味着他在国内外获得了更大的影响力,并且他可以运用这种影响力来帮助其他人。在1933年,他和弟弟哈罗德帮助成立了“丹麦救援流亡知识分子委员会”。通过同事和学生们的帮助,玻尔得以设立新的职位来让避难的科学家们获得工作,或让这些人填补空缺的职位。是玻尔帮助詹姆斯·弗兰克于1934年4月在哥本哈根得到了一个为期3年的访问教授职位。约一年后,詹姆斯·弗兰克在美国得到了一个终身职位。当时,美国和瑞典是许多最初到达丹麦的科学家们的最后目的地。只有一个人不用担心工作,他就是爱因斯坦。

在9月初,由于日渐担心他在比利时的人身安危,爱因斯坦出发前往英国。在接下来的一个月里,他在诺福克海岸旁的一座小屋里深居简出。不久,有关保罗·埃伦费斯特的消息就打破了这儿海边生活的宁静。埃伦费斯特16岁的儿子瓦斯里(Vassily)患有唐氏综合征,住在一家阿姆斯特丹医院。他去探望儿子时,由于和妻子的关系疏远,一时陷入绝望而自杀。埃伦费斯特也朝瓦斯里打了一枪。听到这个消息后,爱因斯坦震惊了。万幸的是,子弹只击中了瓦斯里一只眼睛,这个男孩活了下来。

埃伦费斯特自杀的消息,极大地扰乱了爱因斯坦的心绪。在不久后的一场募款大会上,他发表了一次讲话,把自己内心的想法表达了出来。在他的演说中,强调了难民们的不幸生活。这场募款大会是于10月3日在皇家艾伯特音乐厅进行的,由卢瑟福担任主持。人们非常渴望能一睹这位伟人的风采,以至于那晚的会议现场水泄不通。爱因斯坦操着带有外国口音的英语,成功地对一万名观众发表了演说。应组织者的要求,他一次都没有提到过“德国”这两个字。因为“逃亡者援助理事会”认为:“眼下这个时候,我们提出的问题不只是牵涉到犹太民族;现在许多受苦的或是受到威胁的人,都是和犹太人毫无关系的种群。”四天之后,在10月7日的晚上,爱因斯坦出发前往美国。由于接下来的5个月他都在高等研究所工作,他再也没有回到过欧洲。

正当他坐在从纽约前往普林斯顿的汽车途中时,爱因斯坦收到了来自亚伯拉罕·弗莱克斯纳的一封信。这位研究所的主任要求他不要出席任何公众活动,并为着他自己的人身安全起见慎重行事。弗莱克斯纳所说的原因是在美国发现了“一帮不负责任的纳粹分子”对爱因斯坦造成了威胁。但是,他真正关心的问题是爱因斯坦在公众面前发表的声明,可能会对他刚成立不久正处于发展期的研究所的名声造成负面影响,并由此影响到外界对它的捐款,而这种捐款正是研究所重要的资金来源。几周后,爱因斯坦发现,弗莱克斯纳对自己的限制和越来越多的干扰让他感到窒息。有一次,他甚至想把自己的新地址改为"普林斯顿,集中营"。

爱因斯坦给研究所的理事们写信,抱怨弗莱克斯纳的所作所为,并要求他们保证他能拥有"不受打扰和有尊严的工作,不必每走一步都会受到干扰,这种干扰是有自尊的人无法忍受的"。如果他们无法保证,那么他将必须和他们"讨论如何采取一种有尊严的方式来切断自己和研究所之间的关系"。爱因斯坦获得了随心所欲的权利,但却付出了很高的代价。他以后将无法对研究所的运作发挥任何真正的影响。有一次,薛定谔想要到研究所来担任某个职位,爱因斯坦对此表示了支持,这一举动实际上已经决定了薛定谔没有获胜的希望。

薛定谔本来不必离开柏林,但他这样做了,只是为了坚持原则。他在牛津大学的马格达伦学院待了不到一周的时间,在 1933 年 11 月 9 日,他收到了一些意外的消息。该学院的院长乔治·戈登(George Gordon)通知薛定谔并宣称,《泰晤士报》打电话来说,他将获得当年的诺贝尔奖。"我认为你可以相信这事。对于他们没把握的事情,《泰晤士报》从来不会声张。"戈登骄傲地说,"然而对我来说,我确实吃了一惊,因为我认为你已经得过奖了。"

薛定谔和狄拉克一起获得了 1933 年的诺贝尔奖,而海森堡则独自获得了 1932 年的诺贝尔奖。狄拉克的第一个反应就是拒绝领奖,因为他并不在意名声。卢瑟福说服他,如果不领奖将产生更大的轰动之后,他才领奖。虽然狄拉克半真半假地考虑过拒绝那笔诱人的奖金,玻恩却因为瑞典科学院对他的忽略,受到了深深的伤害。(照片 20)

"我对薛定谔、狄拉克和玻恩怀有着一种负罪感。"在给玻尔的信中,海森堡这样说道,"薛定谔和狄拉克都完全有资格独自获得诺贝尔奖,至少像我一样,并且我将很高兴和玻恩一起拿这个奖。"此前,他在回复玻恩的祝贺信中说,"当初是你、约当和我三个人在哥廷根合作,结果却是我一个人获了奖,这让我感到非常沮丧,并且我几乎都不知道该给你说些什么。""海森堡矩阵用他的名字来命名总而言之并不十分恰当。因为在当时,他实际上一点都不知道矩阵是什么。"20 年后,玻恩对爱因斯坦抱怨道:"他一个人享用了我们三个人的合作成果,例如诺贝尔奖和类似的一些东西。"他承认"过去 20 年来,我一直无法摆脱一种不公正的感觉"。玻恩最终于 1954 年因为他"在量子力学领域的重要工作，特别是他对波动函数的统计分析”获得了诺贝尔奖。

普林斯顿大学在艰难起步之后，到 1933 年 11 月底，开始对爱因斯坦产生了吸引力。“普林斯顿是一个非常美妙的小地方，一个精巧别致的小镇，有很多小型的半神半人站在支柱上。”在他给比利时的伊丽莎白女王的信中，他这样描述道，“然而，通过对一些特殊的规定置之不理，我已经能够为自己创造一个适合进行科学研究的不受干扰的环境了。”在 1934 年 4 月，爱因斯坦向世界公开宣布，他将无限期地在普林斯顿待下去。这名“候鸟”已经发现了一个适合度过余生的地方。

爱因斯坦向来就是一个局外人，从他还是伯尔尼专利局的一名小职员的时候开始，即使是在物理学上也是如此。然而，长期以来他却一直走在前面带路。在他向玻尔和哥本哈根解释提出新的挑战时，曾经也是抱着这样的期望。

Chapter 13
Quantum Reality

第 13 章
量子现实的巨大冲突

罗伯特·奥本海默(Robert Oppenheimer)是一个在美国本土成长起来的一流的理论物理学家,1935 年 1 月,31 岁那年,他曾写道:"普林斯顿是一个疯人院。爱因斯坦是一个十足的疯子。"12 年后,在他指导原子弹的建造之后回到高等研究所,负责看管这个"疯人院",在孤立和无助的荒凉中独唱独奏,闪烁发光。爱因斯坦承认,他对量子力学的批评态度使他在普林斯顿这个地方被认为是一个"老白痴"。

年轻一代的物理学家所共有的观点是,不想再探讨量子论,他们同意保罗·狄拉克的看法,认为量子力学解释了大部分的物理学问题和全部的化学问题。一些老人为量子论的意义争论,他们认为没有什么意义,因为这个理论取得了实际的巨大的成功。20 世纪 20 年代末,当原子物理学的一个问题接一个问题都解决之后,注意力从原子转移到分子。20 世纪 30 年代早期,剑桥的詹姆斯·查德威克(James Chadwick)发现了中子,罗马的恩里科·费米(Enrico Fermi)和他的团队,关于中子冲击原子核诱发的核反应的工作,开拓了核物理的新领域。[88] 1932 年,约翰·克罗夫特(John Cockcroft)和欧内斯特·沃尔顿(Ernest Walton)、查德威克一起在卢瑟福的卡文迪什实验室工作,构建了第一个粒子加速器,并用它击碎原子核分裂原子。

爱因斯坦可以从柏林搬到普林斯顿,但物理学没有他也照样前进。他很清楚这一点,但他感到,他有权利继续探讨他所感兴趣的物理学。1933 年 10 月,爱因斯坦来到这个研究所,在问及他的新办公室需要什么设备时,“一张桌子、一把椅子和铅笔。”他回答道,“哦,还有一个大纸篓,这样我就能把我的错误扔进去。”爱因斯坦的确有很多错误,但他在寻求他的圣杯——统一场论的过程中从不气馁。

正像麦克斯韦在19世纪将电、磁和光统一成能够包容一切的理论结构一样,爱因斯坦想把电磁理论和广义相对论统一起来。对于他来说,这种统一是下一步将实现的,是必然会发生的。那是在1925年,他做了多种尝试构造这样的理论,但是都以失败告终,全都扔到字纸篓中。在量子力学发现之后,爱因斯坦相信,统一场论会产生量子力学这个副产品。

在1930年索尔韦会议之后的岁月中,玻尔和爱因斯坦只有很少的直接接触。在1933年9月保罗·埃伦费斯特自杀后,一条有价值的通讯通道中断了。在一篇感人的纪念埃伦费斯特的文章中,爱因斯坦描述了他的朋友“想理解量子力学的内心斗争和这个50多岁的人越来越不能适应和面对的新思想。他说他不知道有多少这篇文章的读者能充分了解这个悲剧”。

有很多读了爱因斯坦这篇颂词的人,误认为他是在哀叹自己的困境。现在他也55岁左右了,他知道他被看做一个过去年代的遗迹,拒绝和不能生活在量子力学的世界中。但他也知道,使他和薛定谔与其他大多数同僚隔离的原因是:“几乎所有其他的同僚看问题的方式,不是从实际到理论,而是从理论到实际。他们一旦接受了一个概念,就再也不能从这个概念的笼罩中解脱出来,而只是在其中以一种奇怪的方式转来转去。”

尽管相互之间存有疑虑,总是有年轻的物理学家渴望与爱因斯坦一起工作。弥敦道·罗森(Nathan Rosen)是其中之一,一个25岁的纽约人于1934年从麻省理工学院(MIT)来到这里,担任他的助手。在罗森来此的几个月之前,俄罗斯出生的39岁的鲍里斯·波多尔斯基(Boris Podolsky)已经加入这个学院。他曾在1931年与爱因斯坦第一次见面,合作发表了一篇文章。爱因斯坦想发表另一篇文章。这将成为他与玻尔争论的新阶段,因为它向哥本哈根解释发出了新的攻击。

在1927年至1930年的索尔韦会议期间,爱因斯坦试图避开测不准原理,转向证明量子力学是不一致的、不完整的。因为玻尔在海森堡和泡利的帮助下,成功地否定了爱因斯坦所有的思想实验,捍卫了哥本哈根解释。在此之后,爱因斯坦承认,尽管量子力学在逻辑上是一致的,但不是像玻尔声称的那样是一个最后的理论。爱因斯坦知道,他需要新的策略来证明量子力学是不完全的,它不能完全抓住物理的现实性。

在 1935 年初的头几周内,爱因斯坦在他的办公室会见鲍里斯·波多尔斯基和罗森,说出他的想法。波多尔斯基的任务是写最终的文章,而罗森的任务是做大部分必要的数学计算。正如后来罗森回忆的:“爱因斯坦给出了概括的观点和说明了它的意义。”这篇文章只有 4 页长,叫做爱因斯坦-波多尔斯基-罗森论文,或后来众所周知的 EPR 论文,是在 3 月底完成和寄出的。题目为“量子力学所描述的物理现实性可以认为是完全的吗?”5 月 15 日发表在美国《物理评论》(*Physical Review*)杂志上。EPR 对此问题的回答是一个挑战性的“否”! 爱因斯坦不想在 EPR 论文打印出版之前,就在公众中搞得沸沸扬扬。

1935 年 5 月 4 日,星期六,《纽约时报》在第 11 页登载了一篇文章,引人注目的标题是“爱因斯坦攻击量子论”:“爱因斯坦教授攻击量子力学这个重要的科学理论,他曾是这个理论的始祖,他的结论是:这个理论尽管是‘正确’的,但它是不‘完善’的。”三天后,《纽约时报》登载了一篇爱因斯坦的声明,表示他的不满。尽管没有门外汉谈及这篇论文,爱因斯坦还是指出:“我始终不变的习惯是,仅在适当的平台上讨论科学问题,我反对在长期的出版刊物中事先发表有关这类问题的公告。”

在发表的文章中,爱因斯坦、波多尔斯基和罗森从区分现实性和对现实性的物理理解开始,“任何严肃的物理理论,必须重视客观现实性和物理概念的差别。客观现实性是不依赖任何理论的,而物理概念是用以说明理论的。这些概念的目的是要与客观现实性取得一致,通过这些概念,我们为我们自己描绘客观现实性。”在测定任何特定物理理论是否成功时,EPR 认为必须确定无疑地回答两个问题:该理论是正确的吗? 该理论给出的描述是完整的吗?

EPR 认为:“一个理论的正确性,由理论的结论是否与人们的经验相符来检验。”当物理学中的“阐述”与实验和测量结果一致时,每个物理学家都应该接受这个理论的阐述。到目前为止,在实验室进行的实验和量子力学的理论预计之间还没有冲突。它似乎是正确的理论。然而,对于爱因斯坦来说,要想一个理论是正确的这还不够,不仅要与实验相符,还必须是完整的。

不管“完整”这个术语的意义是什么,EPR 提出了一个物理理论完整的必要条件:“物理现实性中的每个元素必须在该物理理论中有一个配对物。”这个 EPR 要求的完整性准则,定义了一个所谓的“现实性元素”,以便进行讨论。

爱因斯坦不想陷入哲学的流沙中,它吞噬了太多的试图定义“现实性”的人。在过去,很多试图确定是什么构成现实性的人都没有成功。EPR 巧妙地避开“现实性的全面定义”，认为这是不必要的，而用他们认为是“充分的”和“合理的”准则来指定“现实性元素”：“如果一个系统未受任何干扰，我们能够确定地预计一个物理量的值（概率为100%），那么就存在一个物理现实性元素与此物理量相应。”

爱因斯坦试图通过证明客观存在有量子论没有抓住的“现实性元素”，以反驳玻尔的量子力学是完整的论断。爱因斯坦将与玻尔和他的支持者争论的焦点，从量子力学的内部一致性，转移到现实性的性质和理论的作用上。

EPR宣称：一个理论是完整的，就必须在理论元素和现实性元素之间有一对一的关系。一个物理量的现实性的充分条件，如动量，是在系统不受干扰的情况下能确定地预测它。如果存在一个物理现实性元素，它是一个理论没有考虑到的，那么这个理论就是不完整的。这种情况就像一个人在图书馆里发现一本书，在他想借这本书时，图书管理员告诉他，在图书馆的目录中没有这本书。由于种种迹象说明，这本书的确是目录中的一部分，那么唯一的解释是图书馆的目录是不完整的。

根据测不准原理，要想精确测量微观物体或系统的动量，就不能同时精确测量它的位置。爱因斯坦想要回答的问题是：不能测量它的精确位置，是否就意味着电子就没有精确的位置呢？哥本哈根解释回答说：在没有测量去确定电子的位置前，电子没有位置。EPR试图证明，存在物理现实性元素，如电子有确定的位置，而量子力学不能包容这一点，因此它是不完整的。

EPR试图通过一个思想实验来支持他们的论证。A和B两个粒子在瞬间接触之后，沿相反方向离去。测不准原理不允许在任何给定时刻同时测量每个粒子的位置和动量。然而，它允许精确地同时测量A和B两个粒子总动量和它们的相对距离。

EPR思想实验的关键是避免直接观察粒子B，使它不受干扰。即便A和B相距几个光年，在量子力学的结构框架内，并不禁止测量A的动量，从而在B不受干扰的情况下，得出有关B的精确动量的信息。在精确测量粒子A的动量时，通过动量守恒定律，它间接地，然而是同时地精确测量了B的动量。因此根据EPR的现实性准则，B的动量一定是一个物理现实性元素。类似地，因为A和B的分开的物理距离是已知的，通过测量A的精确位置，就可能无须直接测量推出B的位置。因此EPR认为，B的位置也一定是一个物理现实性元素。看来EPR给出了一个确切测定B的动量或位置的精确值的方法，对粒子A进行测量，而不让粒子B受到干扰。

根据其现实性准则,EPR辩称,他们从而证明了粒子 B 的动量和位置二者都是“现实性元素”,即 B 可以同时有精确的位置和动量值。因为量子力学通过测不准原理排除了一个粒子同时有这两种性质,所以这些“现实性元素”在该理论中没有配对物。[89]因此 EPR 得出结论,量子力学描述的物理现实性是不完整的。

爱因斯坦的思想实验的设计,不是用来同时测量粒子 B 的位置和动量的。他承认,直接测量一个粒子的这些性质中的任何一个,都会引起不可复归的物理干扰。两粒子思想实验的构造是想证明位置和动量这样的性质是可以同时共存的,即一个粒子的位置和动量都是“现实性元素”。如果粒子 B 的这些性质可以不通过观察(测量)B 确定,那么 B 的这些性质一定是作为现实性元素独立于观察(测量)存在的 。粒子 B 所有的位置是真实的,它所有的动量也是真实的。

EPR 知道可能的反对意见是:“两个或更多的物理量,‘仅当它们可以被同时测量或预计时’,才可以被看做是同时发生的现实性元素”。然而,这就使得粒子 B 的动量和位置的现实性,依赖在粒子 A 上进行的测量过程,而粒子 A 可以离开粒子 B 几个光年,并且绝不会以任何方式干扰粒子 B。EPR 认为“任何合理的现实性定义是不允许这种情况发生的”。

EPR 论证的中心是爱因斯坦的局部性假定,即不存在某种神秘的、瞬时的远距离作用。局部性假定排除了在某一空间地区发生的事件,在瞬间、超光速地影响另一地区的另一事件的可能性。对于爱因斯坦来说,光速是任何物体从一个地方传播到另一个地方的速度极限,是不可超越的。对于相对论的发现者来说,在对粒子 A 进行的测量,不可能在瞬间影响远距离的粒子 B 所具有的独立的物理现实性元素。

EPR 论文一发表,在整个欧洲一流的量子力学先驱中引起了一片惊慌。在苏黎世的泡利表现得极为激烈,他在写给莱比锡的海森堡的信中说:“爱因斯坦再一次公开抨击量子力学,甚至发表在 5 月 15 日的《物理评论》上(还有波多尔斯基和罗森也跟着起哄)。”他继续写道,“正如我们都知道的,这种事情无论何时发生,都是一场灾难。”但泡利承认,并且只有他能承认,“如果一个低年级的学生能提出这样的异议,我会认为他是非常聪明的和有前途的。”

泡利以量子传教士的热情,呼吁海森堡立即进行反驳,以防止在同行的物理学家中间产生任何混淆或摇摆不定,以应对爱因斯坦的最新挑战。泡利承认,由于他考虑要给学生上课,而要阐明让爱因斯坦难以理解的量子理论所要求的这些事实,需要用很多笔墨,因此他要海森堡出面。最后是海森堡草拟了一份对 EPR 文章的回答,并寄给泡利一个副本。但是,海森堡迟迟没有发表他的文章,因为玻尔已经开始着手捍卫哥本哈根解释了。

莱昂·罗森菲尔德(Léon Rosenfeld)当时在哥本哈根,他回忆说:“EPR 的冲击对我们来说就像晴空闪电,它对玻尔的影响十分显著。”玻尔立即放弃其他一切工作,他相信,彻底地检查 EPR 思想实验,将揭示爱因斯坦在哪儿出了错。他会向他们说明“谈论这个问题的正确方式”。欣喜之余,玻尔开始向罗森菲尔德口授答复的草稿。但很快,他就开始犹豫了。“不,这不行,我们必须再尝试一遍。”玻尔喃喃自语。“因此,沉默持续了一段时间,人们对‘EPR’争论的精妙未曾预料,越来越感到惊奇。”罗森菲尔德回忆说。有时候玻尔会转向我,问道:“他们是什么意思,你明白吗?”过了一会儿,越来越激动的玻尔认识到,爱因斯坦给出的论点既机灵又微妙。对 EPR 文章的反驳将比他开始想的要难,他宣布:“他睡觉也要想这个问题。”第二天,他平静下来。他告诉罗森菲尔德:“他们这样做是聪明的,但关键是要做得对。”接下来的六周,白天和晚上,玻尔不做别的事情,专注这个问题。

在玻尔完成对 EPR 的答复之前,他在 6 月 29 日就写了一封信,发表在《自然》杂志上。题为“量子力学和物理现实性”,简要阐述了他的反驳观点。《纽约时报》再次嗅到一场争论要开始了。7 月 28 日刊载了一篇文章,文章的标题是“玻尔和爱因斯坦在较量/他们开始了一场有关现实性基本性质的争论”。“爱因斯坦-玻尔论战开始了,就在这一周最新出版的英国科学刊物《自然》杂志上,”这篇文章告诉它的读者,“玻尔教授向爱因斯坦教授提出了初步的挑战,并且玻尔教授还承诺,在《物理评论》上即将发表的文章中,他将更充分地给出他的论据。”

玻尔有意选择了和爱因斯坦相同的论坛,他的 6 页答复在 7 月 13 日收到,标题也是“量子力学的物理现实性描述可以认为是完整的吗?”该文于 10 月 15 日发表,玻尔的回答是肯定的。然而,玻尔找不出 EPR 的论据有什么错,只好缓和地辩驳说:爱因斯坦的量子力学不完整的证据是不充分的,还不足以下这样的结论。玻尔的策略是利用量子力学悠久而辉煌的历史,开始对哥本哈根解释进行辩护,他完全拒绝爱因斯坦认为量子力学是不完整的最重要的概念:物理现实性准则。玻尔相信,他已经发现了 EPR 定义的弱点:需要进行测量“而不以任何方式干扰系统”。

玻尔曾经依赖干扰来反驳爱因斯坦以前的思想实验,证明由于测量行动引起不可控制的干扰,无法精确测量另一个量,由此得出不可能同时知道一个粒子的精确动量和位置。现在玻尔公开地退让了一步,不说测量行动会引起不可避免的干扰,从而影响位置的精确测量,而是利用他所说的,“当现实性准则用于量子现象时,这个准则本质上是含糊不清的。”玻尔清楚地知道,EPR 不寻求挑战海森堡的测不准原理,因为 EPR 的思想实验不是设计用来同时测量一个粒子的位置和动量的。

玻尔承认:“在 EPR 的思想实验中,所研究的系统没有力学干扰问题。”这是一个重大的公开让步,几年前,当他和海森堡、亨德里克·克拉莫斯和奥斯卡·克莱恩围坐在他的齐斯维勒(Tisvilde)乡间别墅的火炉周围时,他也曾私下作过一个让步。“难道不奇怪吗?”克莱恩说,“难道爱因斯坦接受在原子物理中偶然性的作用就这么难吗?”这是因为“我们对一个现象进行观察时不可能不对该现象产生干扰”,海森堡说,“由于我们的观察所产生的量子效应对于要观察的现象,自动地产生一定程度的不确定性。”“爱因斯坦拒绝接受这一事实,尽管他完全清楚这个事实。”玻尔对海森堡说,“我不能完全同意你的意见。”“无论如何,”玻尔继续说,“我发现所有这样的断言,如观察在所观察的现象中引进了不确定性,是不精确的和误导的。大自然告诉我们‘现象’这个词不能用于原子过程,除非我们也规定涉及的实验安排或观察工具是什么。如果明确定义了一个特定的实验安排,并随后进行了特定的观察,我们才能公然谈论一个现象,而不是观察产生的干扰。”然而,在索尔韦会议之前,在会议中和会议之后,在玻尔的文章中贯穿始终的是测量行动会干扰被观察的对象,这是玻尔反驳爱因斯坦思想实验的核心。

由于玻尔感到来自爱因斯坦不断地追问哥本哈根解释的压力,他放弃了他以前对“干扰”的依赖,因为他知道,拿电子来说,这意味着处于一种状态的电子可以受到干扰。玻尔现在强调的是,任何要测量的微观物理对象和进行测量的仪器形成一个不可分割的整体,即“现象”。这就排除了由于测量行动所引起的物理干扰。这就是为什么玻尔相信 EPR 的现实性准则是模糊不清的。

遗憾的是,玻尔对 EPR 的回答也不十分清楚。几年之后,在 1949 年,当玻尔重读这篇文章时,他承认表达得不十分充分。玻尔试图澄清在 EPR 文章中的本质上模糊不清的地方，他提到，“他对 EPR 的反驳在于，在处理不能明显区分物体本身的行为和它们与测量设备的相互作用的现象中物体的物理属性。”

玻尔不反对 EPR 根据测量粒子 A 得到的知识来预测粒子 B 的可能测量的结果。一旦粒子 A 的动量被测量了，正如 EPR 所阐述的，就有可能精确预计粒子 B 的动量的类似测量结果。然而，玻尔认为，这并不意味这个动量是粒子 B 的现实性的一个独立的元素。仅当对粒子 B 进行了“实际的”动量测量，才能说粒子 B 具有动量。仅当粒子 A 与测量它的设备相互作用了，A 粒子的动量才成为“真实的”。在测量作用之前，粒子 A 不存在未知的真实状态。玻尔认为，不进行这样的确定一个粒子位置或动量的测量，断言这个粒子实际具有位置和动量是没有意义的。

对于玻尔来说，在定义 EPR 的现实性元素中，测量仪器起关键作用。因此，一旦一位物理学家调整好设备，以便测量粒子 A 的精确位置，并由此确定地计算粒子 B 的位置时，就排除了测量粒子 A 的动量的可能性，从而也排除了推论粒子 B 的动量的可能性。

在玻尔向 EPR 作出让步，承认粒子 B 没有受到直接干扰的同时，他争辩说，它的“物理现实性元素”必须由测量设备的性质和对 A 进行的测量来定义。

对于 EPR 来说，如果 B 的动量是一个现实性元素，那么对 A 进行的测量不会影响 B。只能允许计算粒子 B 所具有的独立于任何测量的动量。EPR 的真实性准则假定，如果 A 和 B 互相之间不施加物理力，那么，无论哪一方发生什么，都不会“干扰”另一方。然而，按照玻尔的说法，因为 A 和 B 在分开之前曾经相互作用，它们就永远作为一个系统的一部分纠缠在一起，不能单独处理为两个分开的粒子。因此，测量 A 的动量实际上等于对 B 进行了直接的同样的测量，使得 B 立即有了完全明确的动量。

玻尔同意对粒子 A 的观察不对粒子 B 造成“机械的”干扰。和 EPR 一样，他也排除了远距离的任何物理力，无论是推还是拉的可能性。如果粒子 B 的位置和动量的现实性是由对粒子 A 进行的测量确定的，那么似乎就存在某种远距离的瞬态“影响”。这就违背了局部性，即 A 和 B 是彼此独立存在的。而这两个概念，都是 EPR 论据和爱因斯坦现实性与观察无关的观点的核心。然而，玻尔坚持：粒子 A 的测量或多或少对粒子 B 产生了瞬间的“影响”。他没有详述这个神秘的影响的性质，只是说：“会对有关的系统将来行为预测的可能类型的定义条件本身产生影响。”玻尔最后说，“因为这些条件构成了对任何可附加‘物理现实性’的现象进行描述的固有元素，因此我们认为，EPR 作者得出量子力学的描述本质上是不完整的结论是没有根据的。”

爱因斯坦嘲笑玻尔的“妖术力”和“幽灵般的相互作用”。他后来写道：“上帝的把戏似乎很难看透，但我一分钟也不能相信上帝在掷骰子，或使用‘心灵感应的’设备（因为目前的量子理论要他相信有这样的设备）。”他告诉玻尔，“物理学应该代表时间和空间的现实性，不存在远距离的幽灵般的作用。”

EPR论文表达了爱因斯坦的观点：量子力学的哥本哈根解释和物体现实性的存在是矛盾的。爱因斯坦是对的，玻尔也知道这一点。玻尔争辩说：“没有量子世界，只有抽象的量子力学描述。”根据哥本哈根解释：粒子没有独立的现实性，在它被观察之前不具有性质。后来美国物理学家约翰·阿奇博尔德·惠勒（John Archibald Wheeler）简明扼要地总结了这个观点：任何基本的现象，只有在它成为被观察的现象时才成为真实的现象。在EPR之前的一年，帕斯库尔·约当同意哥本哈根的观点，没有独立于观察的现实性，并由此得出合乎逻辑的结论：“我们自己产生测量的结果。”

“现在我们不得不重新开始了，”保罗·狄拉克说，“因为爱因斯坦证明量子力学行不通。”起初，他相信爱因斯坦给了量子力学一个致命的打击。但是不久，像大多数物理学家一样，狄拉克承认，在与爱因斯坦的争辩中，玻尔又一次以胜利者的姿态出现。因为量子力学早已证明它的价值，所以很少有人会有兴趣仔细地考察玻尔对EPR论点的答复，而且按玻尔自己的说法，这个答复也有些含糊。

就在EPR文章发表后不久，爱因斯坦收到薛定谔的来信：“我非常高兴你在刚刚发表的文章中明显地抓住了量子力学教条的尾巴。”在对EPR文章一些更细的地方进行分析之后，薛定谔对他自己花了很多时间创建的理论有所保留，他说：“我的解释是，我们没有与相对论一致的量子力学，即所有的影响仅以有限的速度传播。我们仅有经典的绝对力学的类推……该分离的过程是根本不能被传统的理论所包容的。”正当玻尔极力陈述他的答复时，薛定谔相信，在EPR的论点中的可分离性和局部性起了关键的作用，这意味着量子力学对现实性的描述是不完整的。

薛定谔在信中使用了“纠缠”（*verschränkkung*）这个术语，它描述在EPR实验中的两个开始时接触，然后分开的这两个粒子之间的相互关系。他像玻尔一样承认，由于有了相互作用，现在有的不是两个单粒子系统，而是一个双粒子系统。因此一个粒子的任何改变都会影响另一个粒子，不管分开它们的距离有多大。“任何预计‘纠缠的发生’显然只能回到这样一个事实，即两个物体在早些时候是在真实的一个系统的意义上形成的,它们曾是相互作用的,彼此仍有千丝万缕的联系。”薛定谔在这一年的下半年正式发表的文章中写道:“如果两个分开的物体进入一个相互影响的状态,然后又分开,我们所说的两个物体的‘纠缠’就有规律地发生了。”

尽管薛定谔不像爱因斯坦那样热衷于局部性,但他不准备拒绝它,他为了解开纠缠提出了一个论点。对每一个分开的粒子 *A* 或 *B* 所做的测量都打破了纠缠,两者再次彼此独立。他得出结论说:“对分开系统所做的测量不会直接相互影响,否则就不可思议了。”

薛定谔在阅读爱因斯坦 6 月 17 日的来信时一定非常惊讶。爱因斯坦写道:“原则上,我绝对不相信在量子力学意义上的物理学的统计基础,尽管我知道在形式上它非常成功。”薛定谔已经知道爱因斯坦的这一看法,但爱因斯坦公然声称:“不加节制地沉溺于这种认识论的状态应该结束。”就在他说这些话时,爱因斯坦知道人们会怎样说他,“然而,毫无疑问你们会嘲笑我,并认为,最终,一个十足的年轻的异教徒变成了一个年老的狂热者,一个十足的年轻的革命者成了一个年老的反动派”。

他们的信件是先后寄出的。在爱因斯坦发出他的信后两天,他收到薛定谔论有关 EPR 文章的信,并立即回复。“我真正想说的还没有很好地说出来,”爱因斯坦解释道,“相反,可以说,我的要点被那些深奥的难理解的知识埋没了。”波多尔斯基写的 EPR 论文没有爱因斯坦用德文发表的文章那样清晰的风格。让他不高兴的是,可分离性的基本作用在这篇文章中没有表达得十分清楚,即一个物体的状态不能依赖于对另一个在空间上隔开的物体所做的测量类型来决定。爱因斯坦希望可分离性原则成为 EPR 一个清楚的论点,而不是像最后一页所看上去的那样,好像是事后才产生的想法。他希望得出,可分离性和量子力学的完整性是矛盾的,不可能两者都是对的。

“实际的困难在于,物理学是一种类型的形而上学,”他告诉薛定谔说,“物理学描述现实性;只有通过物理描述我们才能知道它。”“物理学完全是对现实性的描述,”爱因斯坦写道,“但是这种描述可能是完整的或不完整的。”为了说明他的意思,他要薛定谔想象两个封闭的盒子,其中一个含有一个球。打开盒子的盖,并向里面看是“进行观察”。在向第一个盒子的里面看之前,这个盒子含有球的概率是 1/2,换句话说,有 50% 的可能性在这个盒子里面有球。这个盒子打开之后,概率或者是 1(球在盒子里),或概率为 0(球不在盒子里)。但是,爱因斯坦说,在现实世界中,这个球始终是在两个盒子的一个盒子里。因此，他问道，“球在第一个盒子里的概率是 1/2”的说法是现实情况的完整描述吗？如果不是，那么完整的描述应该是“球在第一个盒子里，或者球不在第一个盒子里”。如果在盒子打开之前这种说法被认为是完整的描述，那么这种描述应该是“两个盒子中有一个没有球”。球存在于哪一个盒子中，只有在打开一个盒子时才能知道。爱因斯坦总结说：“用这种方式出现了经验世界的统计特性，或者它的规律的经验系统。”因此他提出问题，盒子打开之前的状态能完全用概率 1/2 来描述吗？

为了做出结论，爱因斯坦引进“分离原理”，即第二个盒子和其中的内容是独立于在第一个盒子中所发生的任何事情。因此，根据他的看法，答案是“否”。指定第一个盒子含有球的概率为 1/2 是现实情况的不完整描述。是玻尔违背了爱因斯坦的分离原则，进而在 EPR 的思想实验中引起“远距离的幽灵般的作用”。

1935 年 8 月 8 日，爱因斯坦沿着他的球在盒子中的思路，给出一个火药爆炸的情景，要薛定谔相信量子力学是不完整性的，因为这个理论在具有确定性的地方只给出概率。他要薛定谔考虑一小桶不稳定的火药，将在下一年的某个时刻自发地爆炸。开始时，波函数描述的是一个完全确定的状态，即一桶未爆炸的火药。但是一年之后，这个波函数“描述的是一种未爆炸系统和已爆炸系统的混合”。“无论解释得多么美妙，这个波函数不能成为事物真实状态的适当描述，”爱因斯坦对薛定谔说，“因为在现实世界中，在爆炸和未爆炸之间没有中间物。”火药桶要么爆炸，要么不爆炸。爱因斯坦说，这个粗略的宏观例子展示了在 EPR 实验中碰到的同样的“困难”。

在 1935 年 6 月和 8 月之间，在爱因斯坦和薛定谔之间交换的雪片似的信件，鼓舞着薛定谔仔细研究哥本哈根解释。他们之间对话的成果，形成了由三部分组成的论文，发表在 11 月 29 日和 12 月 13 日之间。薛定谔说，他不知道是将“量子力学的当前境遇”这篇文章称为一篇“报告”好，还是称为“全面的供认”好。无论那种情况，它都含有一段关于受到持续冲击的猫的命运的描述：

“一只猫被关在一个铁笼里，笼里还有以下恶魔般的设备（要确保不能让猫直接抓到这些设备）：在一个盖革计数器中有一小点放射性物质，放射性是如此之小，以致大约在一个小时的过程中只有一个原子蜕变，也可能有同样的概率不发生蜕变；如果发生蜕变的话，通过蜕变将松开一个锤子，这个锤子打碎一小瓶氰氢酸。如果保持这个系统一个小时不变，我们会说，如果此间没有原子蜕变，猫仍然活着。只要有一个原子蜕变就会将猫毒死。该整个系统的波动函数对整个系统的表达是,在笼子里活猫和死猫各占一半,混合在一起。”

根据薛定谔的看法和常识,猫要么是死的,要么是活的,取决于是不是有放射性蜕变。但根据玻尔和他的同事,亚原子领域是一个《爱丽丝漫游记》仙境那样的地方:因为只有观察行动才能决定是不是有蜕变。只有观察才能决定猫是死的还是活的。在此之前,猫是处在量子炼狱之中,一种不死不活的叠加状态之中。

尽管爱因斯坦责备薛定谔选择在德国杂志上发表这篇文章,因为当时留在德国的科学家都要忍受在纳粹的统治下生活,但他还是高兴的。爱因斯坦告诉薛定谔,“这个猫的例子,说明我们完全同意目前这个理论的特征。”一个包含活猫和死猫的波函数“不可能认为它描述一个真实的状态”。几年后,在1950年,爱因斯坦不经意地摧毁了这只猫,因为他忘了是他设计了爆炸的火药桶。在写信给薛定谔谈论当代的物理学家时,他无法隐藏他的灰心,因为这些物理学家坚持“量子理论描述了现实,甚至是完全描述了现实”。爱因斯坦告诉薛定谔:“这种解释被你的放射性原子 + 盖革计数器 + 放大器 + 装满的火药 + 盒子中的猫这个系统巧妙地驳倒了,在这个例子中,系统的波函数既包括活着的猫,又包括炸得粉碎的猫。”

薛定谔著名的有关猫的思想实验,也突出了在测量仪器和被测量的对象之间在何处划分界限的困难,测量仪器是日常的宏观世界的一部分,而测量的对象是量子微观世界的一部分。对于玻尔来说,在经典世界和量子世界之间没有明确的“界限”。玻尔为了解释他的在观察者和被观察者之间存在牢不可破的联系的观点时,给出了一个盲人拄拐棍的例子。玻尔问道,这个盲人和他生活的看不见的世界之间的间隔在哪里?盲人和他的拐棍分不开,拐棍是他身体的延伸,因为他用拐棍得到周围世界的信息。世界是在盲人拐棍的尖端开始的吗?不,玻尔说。盲人的触觉通过拐棍尖端感知世界,两者解不开地绑在一起。玻尔认为,在试图测量微观粒子的某些属性时也是如此。观察者和被观察者通过测量行动纠缠和亲密地拥抱在一起,因此不可能说在什么地方一个开始,另一个结束。

然而,哥本哈根的观点在构造现实世界时赋予优先权给观察者,不管是人还是仪器。但是所有的物质都是由原子构成的,因此服从量子力学规律,那么这个观察者或测量仪器怎么会有特权位置呢?这正是测量中存在的问题。哥本哈根解释假定预先存在一个宏观的测量仪器的经典世界,看来是自圆其说的和荒谬的。

爱因斯坦和薛定谔相信，这显然意味着量子力学作为总的世界观是不完整的，并且薛定谔试图用盒子里的猫来突出说明这一点。在哥本哈根解释中，测量仍然是一个未得到解释的过程，因为在量子力学的数学中，没有规定波函数在何时何处消失。玻尔解决这个问题的办法只是宣称确实可以进行测量，但从没有给出解释是怎么做的。

1936 年 3 月，薛定谔在英国停留期间会见了玻尔，并向爱因斯坦报告了这次会见，“最近我在伦敦花了几个小时与尼尔斯·玻尔会谈，他以一种和蔼和礼貌的方式反复说，像劳厄和我，特别是您这样的人用这种大家都知道的荒谬的例子攻击量子力学是‘令人感到震惊’的，甚至是‘背叛真理’的，因为量子力学完全反映了事物的进程，因此是得到实验支持的。这就好像我们试图强迫自然接受我们预想的‘现实性’概念。他说话时有一种格外聪明的人所有的深深的内在自信，使人很难不为之所动。”然而，爱因斯坦和薛定谔全都坚定地继续反对哥本哈根解释。

量子理论

1935 年 8 月，就在 EPR 文章发表二个月前，爱因斯坦最终买了一所房子，位于默瑟街 112 号(112 Mercer Street)。这个房子和周围的房子没有明显的差别，但是因为这个房子的主人，使它成为世界上最著名的地址之一。这所房子离高等研究所他的办公室的距离在步行的范围内，因此十分方便，尽管他情愿在家中的书房工作。书房位于第一层，一张大桌子上放着学者常用的物品，占据书房的中心。墙上挂着法拉第和麦克斯韦的肖像，后来又增加了甘地的肖像。(照片 21)

一个有着绿色百叶窗的小隔板房也是艾尔莎的小女儿玛尔格特和海伦·杜卡丝的家。在艾尔莎被诊断出心脏病之后，家庭的宁静被打碎了。随着艾尔莎病情的恶化，爱因斯坦变得“痛苦和沮丧”，艾尔莎写信给她的朋友说，她感到欣慰和惊讶，“我从未想到他会这样在意我和帮助我”。她死于 1936 年 12 月 20 日，终年 60 岁。在两个女人的照料下，爱因斯坦很快从失去艾尔莎的痛苦中走出来。

“我在这儿住得很好，”爱因斯坦写信给玻尔说，“我像熊一样冬眠在洞穴里，不像以前到处活动，更多时间待在家里。”他解释说，“在我妻子死后，就更不愿意活动了,不像我的妻子那样更喜欢与人交往。”玻尔发现,爱因斯坦几乎是不经意地宣告艾尔莎的死,他感到很奇怪,但没有吃惊。“尽管他对人和蔼、好交际、爱人类,”玻尔后来说,“然而,他几乎完全脱离了他的环境和周围的人。”有一个爱因斯坦非常在意的人,那是他的姐姐玛雅(Maja)。1939 年她来到爱因斯坦这儿,和爱因斯坦住在一起。由于受墨索里尼种族隔离迫害,她离开意大利,一直逗留在这儿,直到 1951 年去世。

艾尔莎死后,爱因斯坦养成了一个生活习惯,多少年过去都没有什么改变。在 9 点和 10 点之间吃早餐,然后步行去研究所。工作到下午 1 点,回家吃午餐,睡一小觉。然后在书房工作,直到下午 6 点半和 7 点之间吃晚餐。如果没有客人来,他会继续工作,在 11 点和 12 点之间上床睡觉。他很少去剧院或音乐厅。不像玻尔,他几乎从来都不看电影。在 1936 年,爱因斯坦曾经说过,他“生活在一种类型的孤独之中,对于年轻人来说这是一种痛苦,但是对上年纪的人来说这是美味的享受”。

1937 年 2 月上旬,玻尔和他的妻子和儿子汉斯(Hans)来到普林斯顿,这是他们六个月世界旅行的一部分。这是 EPR 文章发表后,爱因斯坦和玻尔第一次会见,面对面地讨论问题。玻尔最终说服爱因斯坦接受哥本哈根解释了吗?“关于量子力学的讨论一点也不热烈,”后来成为爱因斯坦助教的瓦伦丁 · 巴格曼(Valentin Bargmann)回忆说,“但是在外人看来,爱因斯坦和玻尔在谈论彼此的过去。”瓦伦丁 · 巴格曼相信任何有意义的讨论需要时间。令人遗憾的是,在这次会见中他所目睹的是,“很多事情没有说出来”。

每个人都已经知道在他们之间没有说出的事是什么。他们有关量子力学解释的争论,成为有关现实性状态的哲学信仰的争论。现实性存在吗?玻尔相信,量子力学是有关自然的完整的基本的理论,他在该理论之上建立他的哲学世界观。这让他宣称“不存在量子世界,只有抽象的量子力学描述。认为物理学的任务不是要找出自然界是怎样的。物理学家关心的是关于自然界我们能说什么”。在另一方面,爱因斯坦选择了另外的方法。他根据自己的不可动摇的信念,认为存在因果关系的独立于观察的现实性,以此来评价量子力学。结果是他绝不可能接受哥本哈根解释。爱因斯坦争论说:“我们所说的科学唯一的目的是要确定现实性是什么。”

对于玻尔来说,先有理论,然后是哲学立场,建立解释,使理论所说的有关现实的看法有意义。爱因斯坦知道,在任何科学理论的基础上建立哲学世界观是危险的。如果发现需要有与新的实验证据一致的理论,那么在其基础上建立的哲学世界观就随之崩溃了。“物理学的基础是假定存在一个真实的、独立于任何感知行动的世界，”爱因斯坦说，“但是我们的确还不了解它。”

爱因斯坦是一个哲学现实主义者，并且知道这种立场是无法证明它是正当的。它是一种有关现实性的“信念”，它是不容易被证明的。尽管情况也许是这样，对于爱因斯坦来说，“人们希望理解的是客观存在和真实世界。”“就人类推理可以达到的范围而言，没有比宗教更好的表达方式来表达我对真实世界具有合理性质的信念，”他写信给莫里斯·索洛文说，“只要没有这种感觉，科学就退化成缺乏创建的经验论。”

海森堡理解爱因斯坦和薛定谔是想“回到经典物理的现实性概念，或使用更一般的哲学术语回到唯物主义的存在论”。相信客观真实世界的存在，它的最小的颗粒也像石头和树一样客观存在，不管是否有人观察它，对于海森堡来说这是“回到在19世纪自然科学中占主导地位的最简单的唯物主义观点”。当海森堡确定爱因斯坦和薛定谔是想“改变哲学而不是改变物理时”，他仅对了一半。爱因斯坦承认，量子理论是可用的最好的理论，尽管“它是唯一的、能够从力和物质点的基本概念得出的理论，但它不是真实事物的完整的表达(而是对经典物理的量子修正)”。

爱因斯坦也曾拼命地寻求改变物理学，因为他不是像很多人想的那样是一个守旧的人。他相信经典物理概念将不得不被新的概念代替。因为宏观世界是用经典物理和它的概念描述的，因此玻尔争论说，即便是寻求超越这些理论也是在浪费时间。玻尔为了挽救经典概念，建立了他的补充框架。对于玻尔来说，独立于测量设备的基本物理现实性是不存在的，正如海森堡指出的，这意味着：“我们不能逃出量子理论的悖论，也就是说，必须利用经典的概念。”正是玻尔－海森堡寻求保留经典概念，即爱因斯坦所说的“安神哲学”。

爱因斯坦从不放弃经典物理的存在论，即存在独立于观察的现实世界，但是他准备与经典物理决裂。哥本哈根解释所认可的现实世界的观点，正是他需要这样做的所有证据。他希望一个比量子力学更根本性的革命。因此，爱因斯坦和玻尔留下很多话没说，就没有什么可奇怪的了。

1939年1月，玻尔回到普林斯顿，作为这个研究所的访问教授停留4个月。尽管两个人仍然保持着热情的友好的关系，但是他们不断进行的有关量子现实性的争论，最终导致相互疏远。“爱因斯坦只是他的一个影子。”陪伴玻尔到美国的罗森菲尔德回忆说。他们仍然见面，通常在正式的招待会上，但是他们不再谈论对他们至关紧要的物理学。在玻尔停留期间，爱因斯坦仅仅作了一次关于他探索统一场论的学术报告。玻尔也在听众之列,爱因斯坦表示,他希望量子物理将会从这个理论中推导出来。但是,爱因斯坦已经让大家知道,他不想再讨论这个问题。“为此,玻尔感到很不高兴。”罗森菲尔德说。由于爱因斯坦不愿意讨论量子物理,玻尔发现普林斯顿有很多别的人渴望讨论核物理的最新进展,这是由于欧洲的不祥之兆有可能再次引发世界大战引起的。

“无论一个人沉浸在自己的工作中有多深,”爱因斯坦写信给比利时女王伊丽莎白,“都会感到有一种不可逃脱的悲剧要发生。”写这封信的日期是1939年1月9日,两天后,玻尔航行到美国,并带给他一个新闻,有人发现一个大核子分裂之后变成较小的核子,伴随能量释放,即核裂变。是玻尔在这次航行中认识到:在受到慢速移动中子的轰击下,经受核裂变的是铀-235同位素,而不是铀-238。这是玻尔53岁时,对物理学所作的最后一个重大的贡献。由于爱因斯坦不愿意再争论量子现实性的性质,因此玻尔和普林斯顿大学的约翰·惠勒开始集中研究核裂变的细节。

玻尔回到欧洲之后,爱因斯坦于8月2日寄了一封信给总统罗斯福,因为德国已停止出售它控制的捷克斯洛伐克的铀矿石,所以催促总统考察制造原子弹的可行性。罗斯福在10月回信感谢爱因斯坦的来信,并告诉他,已经设立了一个委员会研究提出的问题。同时,在1939年9月1日,德国进攻波兰。

爱因斯坦仍然是一个和平主义者,他准备折中,直到希特勒和纳粹被打败。在1940年3月7日的第二封信中,他催促罗斯福需要做更多的事情:“由于战争的爆发,在德国对铀的兴趣强化了。我现在知道,在德国已经非常秘密地进行有关铀的研究。”爱因斯坦不知道,负责德国原子弹项目的人是沃纳·海森堡。他的这封信也没有得到热切的响应。玻尔发现是铀-235经受裂变对于制造原子弹的重要性,比爱因斯坦写给罗斯福的两封信要重要得多。1941年10月之后,美国政府开始严肃地考虑制造原子弹,代号为曼哈顿项目。

即使在爱因斯坦1940年成为美国公民之后,有关当局由于他的政治观点,仍然视他为安全隐患。从未邀请过他参加原子弹的工作。邀请了玻尔。1943年12月22日,玻尔结束在普林斯顿的工作,前往制造原子弹的地点,新墨西哥州的洛斯阿拉莫斯。临行前,他和爱因斯坦,还有1940年到高等研究所工作的沃尔夫冈·泡利共进了午餐。自从玻尔上一次会见爱因斯坦之后,发生了很多事情。

1940年4月,德军占领了丹麦。玻尔选择留在哥本哈根,他希望他的国际声誉能保护研究所的其他人。但是在1943年8月之后情况发生了变化。在丹麦政府拒绝纳粹的要求，拒绝宣布紧急状态和对进行破坏的人处以死刑之后，纳粹宣布了军事法，丹麦自治被彻底粉碎了。之后，9 月 28 日，希特勒命令驱逐丹麦的 8 000 名犹太人。一位富有同情心的德国官员通知两位丹麦政治家，围捕将在 10 月 1 日晚上 9 点开始。这个有关纳粹计划的消息迅速传开，几乎所有的犹太人消失了，有的藏在丹麦同事的家中，有的在教堂找到避难所，还有的装做医院的病人。纳粹设法围捕了不到 300 名犹太人。玻尔，他的母亲曾是犹太人，他和他的家人设法逃到瑞典。他乘一架英国的轰炸机从瑞典飞往苏格兰，由于轰炸机里的氧气罩不合适，他差一点由于缺氧而憋死。玻尔在会见过英国政治家后，立刻飞往美国，在普林斯顿短暂工作之后，以“尼古拉斯·贝克”(Nicholas Baker)这个化名参加原子弹的工作。

战后，玻尔回到他在哥本哈根的研究所，而爱因斯坦说，他感到“对任何真正的德国人都没有友情”。然而，他对普朗克怀有同情，普朗克第一次婚姻所生的 4 个孩子都在他之前夭亡了。他最小儿子的死对他打击最大，使他一生都感到痛苦。欧文(Erwin)在纳粹当权之前是帝国总理府前副部长，他被怀疑企图在 1944 年 7 月谋杀希特勒。他被盖世太保逮捕和拷打，定他为在暗杀秘密计划中犯同谋罪。有一次曾有一点希望，用普朗克的话说，“天堂和地狱在行动”，死刑有可能减轻到监禁。然而，1945 年 2 月，欧文在事先没有任何预兆的情况下在柏林被处以绞刑。普朗克拒绝给他的最后一次探望他儿子的机会：“他是我生命的最珍贵的部分，他是我的阳光，我的骄傲，我的希望。任何语言都不能描述失去他后我的痛苦。”

1947 年 10 月 4 日，普朗克去世，终年 89 岁。爱因斯坦听到这个消息时，受到又一次打击，他写信给普朗克的遗孀，提到他和普朗克一起度过的美好和富有成果的岁月。在吊唁普朗克时，爱因斯坦回忆道：“我被允许在你家里度过的时光，我和这位令人惊奇的人面对面进行的多次谈话，将成为我有生之年最美好的回忆。”他安慰她说，“这些回忆是不可能被分开我们的悲惨的命运所磨灭的。”

战争结束后，玻尔成了高等研究所的永久非居民成员，什么时候想来或待在这里都可以。1946 年 9 月参加普林斯顿大学建立二百周年庆典，这是他第一次旅行到此，做了短暂的停留。1948 年 2 月，他再次来到这里，逗留到 7 月。这一次爱因斯坦愿意讨论物理学。亚伯拉罕·派斯(Abraham Pais)，一位在这次访问期间做玻尔助手的年轻的荷兰物理学家，后来描述了当时的情景，这个丹麦人“在一种生气的绝望的状态”下闯进他的办公室，说道：“我为自己感到羞愧。”当派斯问他怎么一回事时,玻尔回答说,他见了爱因斯坦,和他争论量子力学的意义。

后来,爱因斯坦允许玻尔使用他的办公室,这标志着爱因斯坦和玻尔的友谊有所恢复。有一天,玻尔向派斯口授一篇文章的草稿,以庆祝爱因斯坦 70 岁的生日。玻尔正专注于下一句要说什么,站在窗边看着窗外,不时大声念叨着爱因斯坦的名字。这时,爱因斯坦踮着脚尖溜进了办公室。爱因斯坦的医生不允许他买香烟,但没说过不允许他偷香烟。派斯后来描述接下来发生的事情:“他一直踮着脚尖,径直向玻尔坐的办公桌上的香烟盒走去。玻尔没有察觉,仍然站在窗旁念叨,‘爱因斯坦……,爱因斯坦……’,我不知所措,特别是因为我当时一点儿也不知道爱因斯坦想干什么。然后,玻尔斩钉截铁地说了一声‘爱因斯坦’,转过身来。他们正好面对面,就好像玻尔召唤他前来一样。好一会儿,玻尔都说不出话来,我也吃惊了一会,然后我明白了玻尔的反应。过了一会儿,爱因斯坦说出了他的使命,迷惑被打破了。顿时,所有的人都哄堂大笑。”

还有别的人访问普林斯顿,但是,玻尔始终没有办法改变爱因斯坦对量子力学的观点。战后,海森堡仅访问过爱因斯坦一次,那是在 1954 年到美国作学术报告期间,与玻尔最后一次访问前后脚,海森堡也没能说服爱因斯坦。爱因斯坦邀请海森堡到他家里,整个下午的大部分时间,一边喝咖啡吃蛋糕,一边聊天。“一点也没有谈论政治,”海森堡回忆说,“爱因斯坦的全部兴趣集中在量子力学的解释上,就像 25 年前在布鲁塞尔他所做的那样。”爱因斯坦仍然非常坚决。“我不喜欢你们的那种物理学。”他说。

“将自然构思成客观存在的必要性被说成是过时的偏见,而量子理论家却在夸夸其谈。”爱因斯坦有一次写信给他的老朋友莫里斯·索洛文说,“人甚至比马更容易被人左右,每一个时期都被一种情绪所控制,结果大部分人看不到统治他们的暴君。”

量子理论

当查伊姆·魏茨曼(Chaim Weizmann),以色列第一任总统在 1952 年 11 月去世时,总理大卫·本古里安(David Ben-Gurion)认为必须由爱因斯坦来担任这个职务。爱因斯坦没有接受这个职务,他说:“以色列总理的这个提案让我深深感动,我感到悲哀和羞愧,因为我不能接受这个职位。”他强调说,他“没有能力和经验恰当地处理人的问题，也没有官方运作的经验”。他解释说：“仅仅因为这些理由我就不适合担任这个崇高的职务，更不要说我年事已高，体力也越来越让我吃不消。”

自从1950年夏天，当医生发现他的主动脉有一个突起，并且这个动脉瘤逐渐变大时，爱因斯坦知道他剩下的时间不多了。他写下遗嘱，明确表示他希望在私人葬礼后火化。他活到了庆祝他的76岁生日，他最后的行动之一是签署一份由哲学家伯特兰·罗素(Bertrand Russell)写的声明，号召核裁军。爱因斯坦写信给玻尔，要他也签署这个声明。“别皱眉头！这与我们有关物理学的争论无关，它是涉及我们都会完全同意的事情。”1955年4月13日，爱因斯坦经历了剧烈的胸痛，两天后他被送进医院。爱因斯坦拒绝手术，他说，“当上帝要我去时，我欣然前往，人为地延长生命毫无意义，我做了我应做的工作，是该走的时候了。”

好像是命运安排的，他的继女玛尔格特住在同一家医院。她看了爱因斯坦两次，聊了几个小时。汉斯·阿尔伯特，他和他的家庭1937年抵达美国，他从美国加州大学伯克利分校赶到父亲的床边。有一会儿爱因斯坦好像好了一些，要他的笔记，临终他也不能放弃他对统一场论的探寻。4月18日凌晨1点多动脉瘤破裂。他用德语说了几句夜班护士听不懂的话，死了。第二天在切除了他的大脑后，他被火化了，骨灰撒在一个秘密的地点。“如果每个人都像我一样地生活，就不需要有小说了。”爱因斯坦曾写信给他的姐姐，那是1899年他20岁的时候。

“除了他是自牛顿之后最伟大的物理学家之外，”爱因斯坦在普林斯顿的一位助手贝恩斯·霍夫曼(Banesh Hoffmann)说，“我们几乎可以说，与其说爱因斯坦是一位科学家，不如说他是一位科学的艺术家。”玻尔衷心地称赞爱因斯坦。他承认爱因斯坦的成就“是丰富的和多产的，超过整个文明历史中的任何人”，并且说，“人类将永远感激爱因斯坦，是他消除了障碍，使我们脱离原始的绝对空间和时间的概念，他给我们一个统一和谐的世界描述，超越了过去的最大胆的梦想。”

爱因斯坦和玻尔的争论并没有因为爱因斯坦的去世而结束。玻尔还会争论，就好像他的量子论对手还活着，“我仍然能够看见爱因斯坦的笑容，既仁慈又友好。”当他思考物理学中的一些基本问题时，他首先想到的是爱因斯坦会怎么说。1962年11月17日，星期六，玻尔接受采访，这是关于他在量子物理学发展中的作用的5次系列采访中的最后一次采访，玻尔像往常一样回去休息一小会。忽然,玻尔大声呼叫,他的妻子玛格丽特冲向卧室,发现他已不省人事。玻尔受到心脏病的致命打击,终年77岁。在他书房黑板上的最后一张图,是前一天晚上画的爱因斯坦的光盒,他想再次展示那时的争论。(照片22)

Part Ⅳ

Does God Play Dice?

第四部分

上帝掷骰子吗？

“我想知道上帝是如何创造这个世界的。我对这个现象或那个现象没有兴趣，我对这个元素或那个元素的光谱没有兴趣。我想知道上帝的想法，其他的都是细节。”

——阿尔伯特·爱因斯坦

Chapter 14
For Whom Bell's Theorem Tolls

第 14 章
贝尔定理为谁敲响丧钟

"你相信掷骰子的上帝,而我相信在一个客观存在的世界上有完整的规律和秩序,并试图以一种疯狂的猜测性的方式捕捉它。"爱因斯坦在 1944 年写信给玻恩说,"我坚定地相信和希望有人会发现一个更现实的方式,或一个比我想发现的更切实的基本理论。即便是量子理论取得了巨大的初步的成功,也并不能让我相信这个基本的骰子游戏,虽然我清楚地知道我们的年轻同事会将此解释为我衰老的结果。毫无疑问,总有一天我们会看到谁的直觉的看法是正确的。"20 年过去了,这个审判的日子才来临。

1964 年,射电天文学家亚诺·彭齐亚斯(Arno Penzias)和罗伯特·伍德罗(Robert Woodrow)发现了宇宙大爆炸的回声;进化生物学家比尔·汉密尔顿(Bill Hamilton)出版了他的社会行为的遗传进化理论;还有理论物理学家穆雷·盖尔曼预言了叫做夸克的基本粒子新家族的存在。这些还只是这一年具有里程碑意义的科学突破中的三个。然而,根据物理学家和科学史学家亨利·斯塔普(Henry Stapp)的说法,没有任何一个发现能与贝尔定理(Bell's theorem)相匹敌,它是"最有深远意义的发现"。然而,它却被人们忽略了。

大多数物理学家一直忙于用量子力学去取得一个又一个的成功,没有时间去为爱因斯坦和玻尔之间争论的含义及解释的微妙而感受到困扰。也就毫不奇怪他们没有认识到 34 岁的爱尔兰物理学家约翰·斯图尔特·贝尔(John Stewart Bell)已发现了爱因斯坦和玻尔未能发现的一个数学定理,可以决定他们之间的两个对立的哲学世界观。对于玻尔来说,“没有量子世界”,只有“一个抽象的量子力学描述”。而爱因斯坦则相信,存在一个不依赖感觉的现实世界。爱因斯坦和玻尔之间的辩论是有关物理学含义之争,它是一种可以接受的现实世界的有意义的理论描述呢,还是代表现实世界本身的性质。

爱因斯坦深信,玻尔和哥本哈根解释的支持者在和现实世界玩一个“危险的游戏”。约翰·贝尔同情爱因斯坦的立场,但他的有重大意义的突破性的定理背后的部分灵感,却来自于20世纪50年代早期由被迫流亡国外的美国物理学家所做的工作。

戴维·玻姆(David Bohm)是一位天才,是加州大学伯克利分校的罗伯特·奥本海默的博士生。玻姆于1917年12月出生在宾夕法尼亚州的威尔克斯-巴里。在1943年奥本海默被任命为所长之后,玻姆被禁止参加在新墨西哥州的洛斯阿拉莫斯国家实验室的绝密研究机构的研制原子弹工作。当局了解到玻姆在欧洲有很多亲戚,其中有19人死于纳粹集中营,因为这个理由,他们认为他有安全风险。事实上,美军情报部为了曼哈顿项目的安全,在考虑是否让奥本海默担任此项目的科学领导者时,曾质询奥本海默,他说出玻姆有可能是美国共产党的成员。(照片23)

四年后,在1947年,这位自认的“世界的毁灭者”负责“疯人院”的工作,有一次奥本海默这样称呼普林斯顿的高等研究所。也许是试图弥补他早期说出玻姆可能是美国共产党党员的内疚,尽管他的弟子并没有意识到这一点,奥本海默还是帮他在普林斯顿大学获得一个助理教授职位。在第二次世界大战后反共偏执狂席卷美国之际,奥本海默由于他以前的左翼政治观点而很快成为被怀疑对象。由于他知道美国的核机密,在对他密切监视了几年之后,联邦调查局编撰了一份有关他的大量材料。

为了诽谤奥本海默,他的一些朋友和同事也被众议院非美活动委员会调查,被迫出庭。1948年,曾在1942年加入美国共产党,但只有9个月就离开的玻姆援引宪法第五修正案保护自己免于受到起诉。不到一年,他被一个大陪审团传唤出庭,他再次援引宪法第五修正案为自己辩护。玻姆在1949年11月被捕,被控蔑视法庭,关了不久被保释释放。普林斯顿大学担心会失去富有的捐助者,暂停了他的职务。尽管在1950年6月审理他的案子时被宣告无罪释放,普林斯顿大学还是选择了只要他不进校园,学校愿意照付玻姆合同剩余年份的工资。玻姆被列入黑名单,无法在美国找到另一个学术职位,爱因斯坦曾认真考虑想委任他做他的研究助手。但奥本海默反对这个想法,和别人一起劝他以前的学生离开美国。1951年10月,玻姆离开美国,去了巴西圣保罗大学。

他在巴西仅待了几个星期,由于美国大使馆担心他的最终目的地可能是苏联,因此没收了玻姆的护照和重新签发了一个只能前往美国才有效的护照。由于担心他的南美流亡将使自己与国际物理学界隔离,所以玻姆加入巴西国籍以规避美国人强加的旅行禁令。再看看美国这边,奥本海默面临听证会。在原子弹研究工作中他选择的一位物理学家克劳斯·福克斯(Klaus Fuchs)被揭露是苏联间谍,奥本海默的压力顿时增加了。爱因斯坦建议奥本海默出庭,告诉委员会他们是傻瓜,并返回家园。他没有这样做,但1954年春天的另一个听证会撤回了对奥本海默的安全检查。

玻姆1955年离开巴西,在以色列海法市工学院待了两年,然后去了英国。他在英国布里斯托尔(Bristol)大学待了四年,在1961年被任命为伯克贝克(Birkbeck)学院的理论物理学教授之后,他决定定居伦敦。当他在普林斯顿受困扰的时期,玻姆就主要地致力于潜心研究量子力学的结构和解释。1951年2月,他出版了《量子理论》(*Quantum Theory*),这是第一本详细研究量子理论解释和EPR思想实验的教科书。

爱因斯坦、波多尔斯基和罗森曾提出了一个假想的实验,涉及一对相关的粒子A和B,它们相距如此遥远,彼此之间不可能有相互作用。EPR认为,对粒子A进行的测量不可能干扰粒子B。因为任何测量只是在一个粒子上进行的,所以EPR相信,他们能够击溃玻尔的反击——测量行为会产生物理干扰。因为两个粒子的性质是相关的,他们争辩说,通过测量一个粒子的属性,如它的位置,就可以知道粒子B相应的属性,而不干扰它。EPR的目的是要证明粒子B具有不依赖测量的属性,并且因为这是量子力学不能描述的,因此它不是完整的理论。玻尔的反驳从来没有如此的简洁,他反驳说,这对粒子是纠缠在一起的,形成一个单一的系统,无论它们离得多么遥远。因此,如果你测量了这一个,那么你也测量了另一个。

"如果他们的EPR论点证明是对的,"玻姆写道,"那么将导致寻找一个更完整的理论,也许包含一个隐藏变量(hidden variables)之类的东西,按照这个理论,目前的量子理论只是一个有限的情况。"但玻姆最后说,"量子理论与隐藏的因果变量假设是矛盾的。”玻姆以流行的占主导地位的哥本哈根观点看待量子理论。然而，在他写书的过程中，他开始对玻尔的解释不满意，即便他同意有些人的看法，说 EPR 的论点是“不合理的，是建立在从一开始就与量子理论矛盾的物质性质的假定基础上的”。

正是 EPR 思想实验的微妙，以及他逐渐注意到 EPR 是建立在合理的假设基础上的，使玻姆开始质疑哥本哈根解释。对这位年轻的物理学家来说，这是勇敢的一步，因为同时代的人都在忙着用量子理论沽名钓誉，而绝不会做飞蛾扑火、自毁前程的事情。但是，当玻姆在众议院非美活动委员会出庭，并被普林斯顿大学停职之后，他已是一个众所瞩目的人物，他几乎没有什么东西可以再失去。

玻姆送给了爱因斯坦一本《量子理论》，并和这位普林斯顿最有名的居民讨论他的保留意见。爱因斯坦鼓励他更加密切地研究哥本哈根解释，为此，玻姆写了两篇文章在 1952 年 1 月公开发表。在第一篇文章中，他“为若干有益的和有启发的讨论”公开感谢爱因斯坦。那时玻姆在巴西，但文章已写好并在 1951 年 7 月送到《物理评论》，刚好在他的书出版 4 个月后。玻姆似乎已经有了像保罗·狄拉克那样的转变，不是去大马士革，而是去哥本哈根。

在他的文章中，玻姆概述了量子理论的另一种解释，并争辩说：“仅靠这种解释的可能性，就证明我们没有必要放弃在量子水平的精度上对单个系统做准确、合理和客观的描述。”路易·德布罗意的导波模型在数学上是更完善和一致的，能够再现量子力学预言，在 1927 年的第五次索尔韦会议上，由于受到严厉批评，这位法国王子曾经放弃了这个模型。

在量子力学中的波函数是一个抽象的概率波，而在导波理论中，它是一个真正的、引导粒子运动的物理波。正如一个洋流载着一个游泳者或一艘船只一样，导波产生的流动是造成粒子运动的原因。该粒子有一个明确的、由任何给定时间它所具有的精确位置和速度确定的轨迹，但是测不准原理却不让实验者测量它们，将它们“隐藏”起来。

贝尔阅读了玻姆的两篇文章，他说，他“看到不可能的事情完成了”。像几乎别的人一样，他认为玻姆的另一种哥本哈根解释已被排除，是不可能的。他问为什么没有人向他讲述导波理论：“为什么在教科书中忽略了导波的描述呢？不应该教吗？（它）不是唯一的方法，而是对当前流行的自满情绪的纠正方法吗？（他们）是要说明模糊性、主观性和非决定论，不是通过实验事实迫使我们接受，而是靠人为的理论选择来决定吗？”匈牙利出生的传奇般的数学家约翰・冯・诺依曼(John von Neumann)给出了部分答案。

犹太银行家的三个儿子中的老大,是个数学神童。当冯・诺依曼在 18 岁发表第一篇论文时,他还是布达佩斯大学的一个学生,但他大部分时间在德国的柏林和哥廷根大学学习,回布达佩斯大学只是为了参加考试。1923 年他就读于苏黎世联邦理工学院学习化学工程,因为他父亲坚持要他学习比数学更实际的东西。从联邦理工学院毕业,并从布达佩斯以极短的时间获得博士学位后,冯・诺依曼在 1927 年 23 岁时成为柏林大学委任的最年轻的外来讲师。三年后,他开始在普林斯顿大学任教,并于 1933 年和爱因斯坦一起成为高等研究所的教授,并在此度过他的余生。

一年前,在 1932 年,当时 28 岁的冯・诺依曼写了一本书,成为量子物理学家的圣经,这本书叫做《量子力学的数学基础》(*Mathematical Foundations of Quantum Mechanics*)。在这本书里,他探讨是否可以通过引入隐变量将量子力学在形式上表示成一个确定性理论,这个隐变量不同于普通的变量,是无法进行测量的,因此不受测不准原理的限制。冯・诺依曼认为,"为了能够用另外的非统计方法描述这个基本过程,目前的量子力学系统在客观上就不得不是虚构的。"换言之,答案是"否",他给出了一个数学证明,否定了隐藏变量这种方法,而玻姆在 20 年后采用了这个方法。

这个方法有着悠久的历史。自从 17 世纪,罗伯特・波义耳(Robert Boyle)等人研究,当压力、体积和温度变化时气体的性质时,发现了气体定律。波义耳找到了描述气体体积和其压力之间关系的定律。他确定,如果一定量的气体保持在一个固定的温度,压力增加一倍时其体积减少一半。如果压力增加了三倍,那么它的体积减少到三分之一。在恒定的温度条件下,气体的体积与压力是成反比的。

在 19 世纪,路德维希・玻耳兹曼和詹姆斯・克拉克・麦克斯韦建立了气体动力学理论,直到这时,气体定律才得到正确的物理解释。在 1860 年麦克斯韦写道:"因此,物质尤其是气态形式的物质的性质,可以从它们的分子快速运动并随着温度增加、分子运动速度加快的假设得出,因此,分子运动的精确性质成为理所当然的需要探索的问题。"这使他得出结论,"在一个理想气体中,压力、温度和密度之间的关系,可以通过假设粒子做直线匀速运动、撞击容器壁因此产生压力来解释。"处于不断运动状态的分子彼此随机碰撞和撞击气体容器的壁,产生了气体定律所表示的气体压力、温度和体积的关系。分子可以被视为未观察到的微观隐藏变量,用来解释观察到的气体宏观性质。

爱因斯坦在1905年给出的布朗运动的解释是一个例子，花粉颗粒所悬浮的悬浮液分子是一个隐藏变量。花粉颗粒为什么会不规则运动曾困扰了很多人，当爱因斯坦指出这是由于看不见的，但是很真实的分子的冲击造成的，人们才恍然大悟。

在量子力学中求助隐变量的根源，在于爱因斯坦认为量子理论是不完整的。也许这种不完整是由于还存在更基础层次的现实世界，但我们未能抓住它。这个未发现的以隐藏变量形式表现的接缝——如可能存在的隐藏颗粒、力或一些全新的东西——将会重建一个独立的、客观的现实世界。在一个层面上表现为概率的现象，借助隐变量的帮助将表现为确定性的现象，使粒子在任何时候都有确定的速度和位置。

因为冯·诺依曼被公认为是那个时代最伟大的数学家之一，所以大多数物理学家在研究量子力学时，都不假思索地欣然接受他的理论：隐变量不存在。对他们来说，只要提一提“冯·诺依曼”和“证据”就足够了。然而，冯·诺依曼承认，仍然存在一种可能性，尽管很小，也许量子力学是错的。“尽管量子力学和实验吻合得很好，尽管它为我们定性地打开了世界新的一面，但是谁也不能说这个理论已被经验证明了，它只是经验的最好的总结。”他写道。然而，尽管冯·诺依曼给出这些警告，他的证明仍被认定为是神圣不可侵犯的。几乎每个人都误解，以为它证明了任何隐变量理论都不能像量子力学那样复制相同的实验结果。

当玻姆分析冯·诺依曼的论据时，他认为它是错误的，但不能明确找出它的弱点。然而，通过与爱因斯坦的讨论，他受到了鼓舞，玻姆试图构建被认为是不可能的隐变量理论。最后是贝尔证明了冯·诺依曼所采用的假设之一是毫无根据的，因此，他的“不可能”证明是不正确的。

量子理论

约翰·斯图尔特·贝尔，1928年7月出生在贝尔法斯特(Belfast)，他是木匠、铁匠、农场工人、家庭工人和马匹经销商家族的后代。“我的父母贫穷但诚实，”他曾经说，“他们两人都来自八九个人的大家庭，这是当时爱尔兰工人家庭的传统。”由于他的父亲有时有工作，有时没有工作，贝尔的童年没有量子论先驱们那样的中产阶级的舒适和优越的培养环境。然而，就在他十几岁的时

候，好学的他就告诉他的家人，他想成为一名科学家，并且在此之前就有人给贝尔起了“教授”的绰号。（照片 24）

贝尔有一个姐姐和两个弟弟，虽然他们的母亲认为良好的教育是她的孩子能通向未来繁荣的路，但约翰是唯一一个上中学的孩子，那时他 11 岁。他的兄弟姐妹不是没有能力上中学，而是家里缺钱，只能勉勉强强维持生活。幸运的是家里弄到一小笔钱，使贝尔能考入法斯特技术中学。虽然比不上其他城市一些著名的学校，但是这个学校提供的课程结合学术与实际应用，很适合他。1944 年，16 岁的贝尔获得在家乡皇后大学学习所必需的资格。

由于 17 岁是入学的最小年龄，他的父母又无法资助他的大学学习，贝尔只好去找工作，他幸运地在皇后大学物理系实验室找到一个助理技术员的工作。不久，两名高级物理学家发现了贝尔的能力，允许他在工作职责可行的情况下听一年级的课。他的热情和天赋使他得到一小笔奖学金，再加上他能把钱攒下来，这就使他在完成技术员的工作之后成了一个羽翼丰满的物理系的学生。由于他的兄弟姐妹和他的父母为他做出牺牲，贝尔集中精力发奋学习。他被证明是一个才能出众的学生，在 1948 年获得了实验物理学位。一年后，他又获得另一个数学物理学位。

贝尔承认，他“有一种内疚的感觉，因为靠父母生活了这么久，并且有一种要找一份工作的想法”。有了两个学位和有力的推荐信，他赴英国为英国原子能研究机构工作。贝尔在 1954 年娶了一个志同道合的物理学家玛丽·罗斯（Mary Ross）。在 1960 年从英国伯明翰（Birmingham）大学获得了博士学位之后，他和妻子搬到了瑞士日内瓦附近的欧洲核子研究中心（CERN）。对于一个将成为量子理论家的人来说，贝尔的工作是设计粒子加速器。他自豪地称自己为量子工程师。

贝尔在 1949 年第一次接触冯·诺依曼的证明，是在贝尔法斯特大学学习的最后一年，那时他读了马克斯·玻恩的新书《原因与机遇的自然哲学》（*Natural Philosophy of Cause and Chance*）。他后来回忆说：“我印象很深的是已经有人——冯·诺依曼——实际上证明了你不能将量子力学解释为某种类型的统计力学。”但贝尔没有读冯·诺依曼的书，因为它是用德语写的，他不懂这个语言。相反，他接受了玻恩的说法，说冯·诺依曼的证明是可靠的。按照玻恩的看法，冯·诺依曼是通过少数几个非常合理的和一般的假设进行推导的，量子力学的形式是由这些公理唯一确定的，因此把量子力学建立在公理的基础上。特别是，玻恩说，这意味着“不能靠引进隐藏参数将不确定的描述转换为确定的描述”。玻恩的说法是含蓄地青睐哥本哈根解释的,因为他说,“如果未来理论是确定性的理论,它不可能是现有理论的修改,而必须是本质上不同的理论。”玻恩的意思是,量子力学是完整的,因此是不可修改的。

到了1955年,冯·诺依曼的书才用英语出版,但在这之前,贝尔已经阅读了玻姆有关隐藏变量的文章。“我认为,冯·诺依曼一定是错误的。”他后来说。然而泡利和海森堡认为玻姆的隐藏变量是“形而上学的”和“与意识形态有关的”。对于贝尔来说,轻易地就接受冯·诺依曼的不可能(impossibility),只能证明一件事,“缺乏想象力”。不过,它有利于玻尔和哥本哈根解释的倡导者巩固自己的地位,即便有人怀疑冯·诺依曼可能是错误的。尽管他后来不同意玻姆的工作,泡利在他发表的关于波动力学的讲稿中仍然写道:“还没有证据证明不可能扩充量子理论,即用隐藏变量完善量子理论。”

25年来,由于冯·诺依曼的权威,隐变量理论被认为是不可能的。但是,如果这样的理论可以构造,得出与量子力学相同的预计,那么物理学家就没有理由只是接受哥本哈根解释了。玻姆证明这种替代是可能的,但是由于哥本哈根解释是如此根深蒂固地被认为是量子力学的唯一解释,因此玻姆受到蔑视或攻击。爱因斯坦开始时鼓励过他,后来又抛弃玻姆的隐变量,因为它“价值不大”。

“我认为,他在寻找一个更深远的有关量子现象的新发现。”贝尔试图了解爱因斯坦的反应,说道,“你可以只是增加几个变量,但除了解释以外,整个事情没有发生变化,这种对普通量子力学的微不足道的改变,一定会使爱因斯坦失望。”贝尔相信,爱因斯坦是希望看到一些重大的、能与能量守恒定律相提并论的新原则出现。相反,玻姆给爱因斯坦的只是一种解释,它是“非局部”的,要求所谓的“量子机械力”的瞬间传输。在玻姆的替代理论中,还潜藏着其他可怕的东西。“例如,”贝尔阐述说,“任何人在宇宙的任何一个地方移动一块磁铁,基本粒子所遵循的运动轨迹就会瞬间改变。”

那是在1964年,贝尔离开欧洲核子研究中心和他的设计粒子加速器的日常工作,得到为期一年的学术休假,他有了时间去了解爱因斯坦-玻尔的辩论。贝尔决定找出非局部性是不是玻姆模型独有的特色,或者它是不是任何旨在重现量子力学结果的隐变量理论的特点。他解释说:“当然,我知道爱因斯坦-波多尔斯基-罗森的设计是一个关键的设计,因为它得出了远距离相关。他们在文章的结尾说,如果你以某种方式完成了量子力学描述,非局部性就会显而易见。基本的理论应当是局部性的。”

贝尔开始试图保留局部性,他试图构造一个“局部”隐变量理论,在这个理论中,如果一个事件是引起另一个事件的原因,那么在两个事件之间就会有足够的时间使信号以光速在它们之间传递。“我尝试的一切方法都不行,”他后来说,“我开始觉得这很可能是无法完成的工作。”在他试图消除爱因斯坦谴责的“远距离幽灵作用”,即非局部影响在一个地方和另一个地方之间瞬间传递时,贝尔推导出他的著名的定理。

他开始考虑1951年玻姆设计并修改的EPR思想实验,这个实验比原始实验更简单。在爱因斯坦、波多尔斯基和罗森的思想实验中用了粒子的两种性质,位置和动量,玻姆只用一个,量子自旋。量子自旋是在1925年由年轻的荷兰物理学家乔治・于伦贝克和塞缪尔・古德斯米特首先提出的,在经典物理学中没有与一个粒子的量子自旋类似的量。电子只能有两种可能的自旋态,“上旋”和“下旋”。玻姆对EPR的修改涉及一个自旋为零的粒子,这个粒子分解,并在分解的过程中产生两个电子,A 和 B。因为它们组合的自旋必须保持为零,所以一个电子是上旋,另一个电子就必定是下旋。[90]在沿相反方向飞出后,一直飞到离得非常远,排除了它们之间的任何物理相互作用,每个电子的量子自旋就可以用一个自旋探测器在完全相同的时间同时进行测量。贝尔感兴趣的是,在对这一对电子进行的同时测量的结果之间可能存在的相关性。

一个电子的量子自旋可以在 x、y 和 z 三个相互垂直的方向中的任何一个方向独立地测量。[91]这些方向就是日常世界的标准的三个维度,一切事物都在这个世界中运动,左右(x 方向)、上下(y 方向)以及前后(z 方向)。当电子 A 的自旋是沿 x 方向,由放在它路径上的一个自旋探测器进行测量时,结果将是“上旋”或“下旋”。概率是50对50,就像掷一个硬币看它是正面还是反面着地一样。在这两种情况下,结果是这一面或另一面纯粹看概率。不过,就像反复掷一个硬币一样,如果实验一遍又一遍地做,就会发现有一半测量是上旋,一半是下旋。

与同一时间掷两枚硬币,每一枚都可以是正面或反面不同,一旦测出电子 A 是上旋,那么沿同一方向同时测量电子 B 的自旋就会发现它是下旋。两个自旋的测量结果完全相关。贝尔后来试图证明这种相关并不奇怪:“一个走在街上的哲学家,他没有听过量子力学的课程,也不会为爱因斯坦-波多尔斯基-罗森的相互关系所动。但他可以指出很多日常生活中类似的相关性的例子。经常引证的是伯特莱曼的袜子(Bertlemann's socks)这个例子。伯特莱曼博士喜欢穿两种不同颜色的袜子。在某一天哪只脚穿什么颜色的袜子是完全无法预测的。但是当你看到第一只袜子是粉红色的,你就可以确定第二只袜子将不会是粉红色的。”对第一只袜子的观察和对伯特莱曼习惯的了解,提供了有关第二只袜子的直接的信息。不需要什么解释,也没有什么神秘。EPR 的情况不也是这样吗？正如伯特莱曼袜子的颜色一样,因为原来粒子的总自旋为零,毫不奇怪,一旦测出沿任何方向电子 A 的自旋是上旋,在同一方向电子 B 的自旋肯定是下旋。

按照玻尔的说法,在测量之前,电子 A 或电子 B 在任意方向都没有预先存在的自旋。贝尔说:“这就好像我们否认伯特莱曼的袜子存在,或至少是袜子的颜色,在没有看它时就不存在。”相反,在观察之前,电子存在于一个幽灵般的叠加状态,所以它们在同一时间是上旋和下旋的。由于两个电子是纠缠的,有关它们的自旋状态的信息由波函数给出,类似 ψ = (A 上旋和 B 下旋) + (A 下旋和 B 上旋)。在测量确定电子 A 自旋引起系统 A 和 B 的波函数消失之前,电子 A 的自旋没有 X 分量,就在消失的这一瞬间,其纠缠的伴侣 B 获得在同一方向的相反自旋,即使它是在宇宙的另一侧。玻尔的哥本哈根解释是非局部的。

爱因斯坦对这个相关性的解释将会是:不管测量与否,这两个电子在 x、y、z 三个方向的每一个方向都有确定的量子自旋值。贝尔说,对于爱因斯坦来说:“这些相关性只是表明量子理论家草率地否定了微观世界的现实性。”由于量子力学不能容纳这个电子对预先存在的自旋状态,这导致了爱因斯坦认为这个理论是不完整的。他没有否认这一理论的正确性,只认为它不是对量子级别的物理现实的完整描述。

爱因斯坦相信“局部的现实主义”,一个粒子不会立即受到一个远距离事件的影响,并且其性质是独立存在的,不受测量的影响。不幸的是,玻姆巧妙改造的 EPR 实验无法区分爱因斯坦和玻尔的对错。两人都可以解释这样的实验结果。贝尔的天才之举是要发现一种办法,通过改变两个自旋探测器的相对方向来打破僵局。

如果两个测量电子 A 和 B 自旋的探测器的方向一致的,也就是它们是平行的,那么两组测量是 100% 的相关,不管一个探测器测量的自旋是向上,还是另一个测量记录的是自旋向下,反之亦然。如果一个探测器稍微旋转一点,那么它们将不再完全一致。现在,如果测量了很多对纠缠电子的自旋状态,当发现 A 是向上自旋的,其伙伴 B 的相应测量有时也会是向上自旋的。增加两个探测器之间的方向角,就会减少相关度。如果两个探测器彼此呈 90 度,并且实验再次重复多次，当 A 沿 x 方向测量的自旋是向上时，只有在一半的场合下检测得到的 B 的自旋是向下的。如果两个探测器彼此呈 180 度，那么这对电子将是完全反相关的。如果 A 的自旋状态测量是自旋向上，那么 B 也是自旋向上。

尽管是一个思想实验，对于一个给定方向的探测器，有可能计算量子力学预测的自旋相关的精确程度。然而，利用原型的保留局部性的隐变量理论不可能做类似的计算。这样的理论预测的唯一的事情是 A 和 B 自旋态之间不完全匹配。这就不足以决定量子力学和局部隐变量理论哪个正确。

贝尔知道，任何发现自旋相关性与量子力学的预测相符的实际实验很容易引起争议。毕竟，也许将来有人能够建立一个隐变量理论，也能精确预言探测器方向不同时的自旋相关性。贝尔当时就做出了惊人的发现。对于给定的自旋探测器设置，通过测量很多对电子的相关性，并在不同方向反复实验，就能得出量子力学预测和任何局部隐变量理论的预测哪个对。

这就使贝尔能够借助任何局部隐变量理论预测的单个结果，计算两组方向的总相关。由于在任何一个这样的理论中，一个探测器的测量结果不会受到对另一个所做测量的影响，因此区分隐变量理论与量子力学理论哪个正确是可能的。

贝尔能够计算玻姆－EPR 修改实验中纠缠电子对自旋相关程度的极限。他发现，如果量子力学优于隐藏变量和局部性理论，在量子的空灵境界中就有一个更大程度的相关性。贝尔定理说，任何局部隐藏变量理论不能像量子力学那样复制同一组相关性。任何局部隐藏变量理论得出的自旋相关的数字，即所谓的相关系数，介于 -2 和 $+2$ 之间。然而，对于某些自旋探测器的方向，量子力学预言的相关系数跑到被称为“贝尔不等式”确定的 -2 到 $+2$ 范围之外。

尽管有着红头发、尖胡须的贝尔很容易让人辨认，但是他的非凡的定理却被人们忽略了。这是不足为奇的，因为在 1964 年，著名的杂志是《物理评论》，由美国物理学会出版。贝尔的问题是《物理评论》杂志是要付费的，一旦你的论文被接受，你所在的大学就要为你付费。作为一个在加利福尼亚州斯坦福大学的客人，贝尔不想麻烦热情好客的主人，不想要求大学为他付费。所以他的 6 页的文章“关于爱因斯坦、波多尔斯基、罗森悖论”，发表在三流杂志《物理》上，这是一份读者很少、寿命很短、付给投稿人稿费的杂志。

事实上，这是贝尔在他的学术休假年写的第二篇文章。第一篇是重新考察冯·诺依曼和其他人有关量子力学不允许隐变量解释的结论。不幸的是，《现代物理评论》杂志在归档时出了错，将编辑的信扔进了垃圾堆，造成进一步延误,一直到1966年7月论文才发表。贝尔说,这篇文章的目的是想说明:“冯·诺依曼用数学方法证明在量子论中不可能存在隐藏变量,用这种形式的证明来回答隐藏变量是否存在的问题,结论有些太早和太武断了。”他继续断然地表示,冯·诺依曼错了。

一个与实验事实不符的科学理论将被修改或抛弃。然而,量子力学通过了每一个考验,没有发现理论和实验之间的冲突。对于贝尔的绝大多数同事来说,无论是年轻的或年老的,爱因斯坦和玻尔之间的有关量子力学正确与否的争议,更多的是哲学范畴而不是物理范畴。他们的观点与泡利在1954年写给玻恩的信中所表示的观点相同:“我们不要再折磨我们的大脑了,我们什么也不知道的某些事物是不是存在的问题,就像古代有多少天使可以坐在一个针尖上的问题一样难以回答。”对于泡利来说,“在爱因斯坦批评哥本哈根解释之中所提出的问题似乎总是这种类型的问题。”

贝尔的定理改变了这一切。它承认爱因斯坦提倡的局部现实性,量子世界是独立于观察存在的,物理效应的传播不可能比光速快,可以针对玻尔的哥本哈根解释进行测试。贝尔引导爱因斯坦-玻尔的争论进入一个新的舞台——实验哲学的舞台。如果贝尔不等式成立,那么爱因斯坦的论点是对的,即量子力学是不完全的。但是,如果贝尔不等式不成立,那么玻尔就是胜利者。不再是思想实验,而是在实验室中爱因斯坦迎战玻尔。

量子理论

是贝尔首先向试验者提出检测他的不等式的挑战,他在1964年写道:“这需要一点想象力才能进行实际的试验测量。”但是像一个世纪前古斯塔夫·基尔霍夫和他设想的黑体一样,对于一个理论家来说,“设想”一个试验比起他的同事们实际进行一个试验要容易。一直过了5年,在1969年,贝尔才收到在加利福尼亚州伯克利的一个26岁的年轻物理学家约翰·克劳泽(John Clauser)的来信,他说他和其他人设计了一个实验来测试不等式。

两年前,克劳泽曾是纽约哥伦比亚大学的博士生,那时候他第一次接触贝尔不等式。克劳泽相信这是值得测试的,他去看望他的教授,教授直言不讳地告诉他:“正统的实验者都不会尝试进行这样的实验。”“这是几乎普遍地将量子理论及其哥本哈根解释看做真理的一种反应,”克劳泽后来写道,“因此完全不愿意质问该理论的基础，哪怕是以温和的方式。”然而，到了1969年夏天，克劳泽在迈克尔·霍恩（Michael Horne）、阿布纳·西蒙尼（Abner Shimony）和理查德·霍尔特（Richard Holt）的帮助下设计了一个实验。它要求4人共同努力调整贝尔不等式，以便它可以在一个有完善设备的真正的实验室中进行测试，而不是在心灵的想象的实验室中进行测试。

克劳泽寻找到一个博士后的职位，他到了加州大学伯克利分校，在那里他不得不接受一个射电天文学的工作。幸运的是，当克劳泽向他的新老板解释他实际上想进行的实验时，新老板同意他花一半时间做这个实验。克劳泽找到一个研究生斯图尔特·弗里德曼（Stuart Freedman）自愿帮他工作。克劳泽和弗里德曼在他们的实验中没有用电子，而是使用相关的光子对。因为光子有一个属性叫做极化，因此可以实现转换，在测试中起到量子自旋的作用。尽管实验做了简化，一个光子的极化可以被视为是“向上”的或“向下”的。就像电子的自旋，如果一个光子沿 x 方向的极化是“向上”，那么另一个的测量将为“向下”，因为这两个光子联合的极性必须为零。

采用光子而不是电子的原因是，它们更容易在实验室中产生，特别是因为实验将涉及大量的被测量的粒子对。那是在1972年，克劳泽和弗里德曼准备对贝尔不等式进行测试。他们加热钙原子，直到它们得到足够的能量，电子从基态跃迁到一个更高的能量水平。当电子回落到基态，回落分两个阶段并发出一对纠缠的光子，一个绿色，另一个蓝色。光子向相反的方向发射，直到探测器同时测量它们的极性。第一组测量这两个探测器彼此相对的方向是22.5度，第二组测量为67.5度。克劳泽和弗里德曼发现，经过200小时的测量，光子相关性的大小违背贝尔不等式。

这个结果，有利于玻尔的非局部和“幽灵般超距作用”的哥本哈根量子力学解释，不利于爱因斯坦支持的局部现实性。但是对结果的有效性有重大的保留。在1972年和1977年之间，不同的实验团队各自进行了9次贝尔不等式的测试，只有7次是违背不等式的。由于结果不一致，人们担心是不是实验精度有问题。一个问题是探测器的效能低，使得测量的仅是全部粒子对中的一小部分。没有人精确地知道这会对相关性的大小产生什么影响。在能够得出贝尔的定理为谁敲响丧钟之前，还有其他的漏洞需要查清。

正当克劳泽等人忙着计划和进行他们的实验时，一位法国物理专业的研究生在非洲做志愿工作，工作之余读了量子力学。正是在他从头至尾阅读一本有影响的法文课本时，阿兰·阿斯佩克特（Alain Aspect）开始被EPR思想实验迷住了。看完贝尔的开创性的论文之后,他开始思考让贝尔的不等式经受一次严格的考验。1974 年,在喀麦隆待了三年之后,他回到法国。

27 岁的他,在奥赛-南基巴黎大学理论与应用光学研究所地下室的实验室里,想把自己在非洲的梦想变为现实。当阿斯佩克特去日内瓦看贝尔时,贝尔问他:“你有永久的职位吗?”阿斯佩克特解释说他只是一个研究生,想读博士学位。“你一定是一个非常勇敢的研究生。”贝尔回答说。贝尔关切的是,这位年轻的法国人可能会由于试图进行这样一个难度很大的实验而损害他的前程。

花了比他开始想象的更长的时间,但是在 1981 年和 1982 年,阿斯佩克特和他的合作者使用了最新的技术创新,包括激光和电脑,进行了不是一个而是三个微妙的实验来检验贝尔不等式。像克劳泽一样,阿斯佩克特测量一对纠缠的光子极性的相关性,这对光子从单个的钙原子同时发出之后沿相反方向前进。然而,光子对的产生速率和测量的速率要高出很多倍。阿斯佩克特说,他的实验显示:“结果强烈地违背贝尔的不等式,与量子力学符合得极好。”

当 1983 年阿斯佩克特获得博士学位时,贝尔是考官之一,实验结果仍留有疑虑。量子世界的性质在于平衡,每一个可能出现的漏洞,即使是不可能的,也不得不加以考虑。例如,有可能在光子飞行的中间,检测器以某种方式彼此传递的信号被它们方向的随机切换消除了。虽然它还不是最后的权威性的试验,但在其后数年中,进一步的改进试验和其他试验证实了阿斯佩克特的原始结果。虽然进行的试验还未将所有的漏洞排除,但大多数物理学家同意,试验结果违背贝尔不等式。

贝尔是从两个假设推导不等式的。首先,存在一个独立于观察的现实。这个假设转化为一个粒子在被测量之前有明确的属性,如自旋。其次,存在局部性。比光速还快的影响不存在,也就是说在这一处发生的事情不可能在瞬间影响在另一处发生的事情。阿斯佩克特的结果意味着,这两个假设必须放弃一个,但放弃哪一个呢?贝尔准备放弃局部性。他说:“人们希望能够现实地看待世界,即使在没有进行观察前,它也是实际存在的。”

贝尔在 1990 年 10 月因脑溢血去世,享年 62 岁。他曾深信“量子理论只是一个权宜之计”,它将最终被一个更好的理论取代。然而,他承认试验已经证明,“爱因斯坦的世界观是站不住脚的。”贝尔定理为爱因斯坦和他的局部性敲响了丧钟。

Chapter 15
The Quantum Demon

第 15 章
至今未解的量子恶魔

爱因斯坦有一次承认:“有关量子问题,我思考过一百次,就像我思考广义相对论一样。”玻尔在试图理解量子力学对原子世界的解释时,拒绝客观现实的存在,对于爱因斯坦来说这是一个明确的信号,说明这个理论最多只包含了整个真理的一部分。玻尔坚持在量子世界被试验、被观察揭示之前,量子世界不存在。“我相信逻辑上这是可能的,没有矛盾的,”爱因斯坦勉强承认,“但它与我的科学直观相距甚远,我不能放弃寻找一个更加完整的概念。”他仍然“相信给出一个现实世界模型的可能性,这个模型将代表事件本身,而不只是发生的概率” 。然而,他最终没能驳倒玻尔的哥本哈根解释。亚伯拉罕·派斯是在普林斯顿认识爱因斯坦的,“他讲到相对论时非常超然,在讲到量子理论时非常激情,”他回忆说,“量子是他的魔鬼。”

理量
论子

“我想我可以有把握地说,没有人理解量子力学。”著名的美国诺贝尔奖得主理查德·费曼(Richard Feynman)在 1965 年爱因斯坦去世十周年时说。随着哥本哈根解释牢固地确立为量子论的正统,就好像是罗马颁布的罗马教皇的法令一样,大多数物理学家完全听从费曼的忠告。如果可以避免就不要总是问自己,“怎么可能是这样呢?”他警告说,“没有人知道它怎么会是这样的。”爱因斯坦从来没有想到会是这样,但是对于贝尔定理和有关试验为他敲响了丧钟他又会怎样想呢?

爱因斯坦的物理学的核心是他的不可动摇的信念:现实世界是客观存在的,是不依赖是否对它进行观察的。“月亮只有当你看它时才存在吗?”他问亚伯拉罕·派斯,企图强调否认这种想法是荒谬的。爱因斯坦设想的现实世界有局部性,被因果关系控制,这些关系是要物理学家去发现的。“如果不认为在空间不同部分存在的事物是独立的、真实的存在,”他在1948年对玻恩说,“那么我完全不能明白,物理要描述什么。”爱因斯坦相信现实世界、因果论和局部性。他不会放弃这些观点。

“上帝不掷骰子。”爱因斯坦经常这样说,令人难忘。就像当代的广告撰写人一样,他知道一个难忘的标语的价值。这是他对哥本哈根解释的有力的指责,而不是他的科学世界观的基石。他的想法别人并非总是很清楚,甚至像玻恩那样认识他有半个多世纪的人也不完全清楚。是泡利最终向玻恩说明,爱因斯坦反对量子力学的真正的核心是什么。

在泡利1954年停留在普林斯顿的两个月期间,爱因斯坦给了他玻恩写的一篇涉及决定论的文章草稿。泡利读了这个草稿,并写信给他的老上司说:“爱因斯坦不像他经常坚持的那样认为‘决定论’的概念是基本的。”而是爱因斯坦多年来多次强调的东西。“爱因斯坦的出发点是‘现实性’,而非‘确定性’,”泡利解释说,“这意味着他的哲学偏见是一种不同的思想。”泡利所讲的“现实性”指的是:爱因斯坦认为,例如电子,在任何测量行动之前有预先存在的性质。他指控玻恩“为自己树立某种虚拟的爱因斯坦,再用炫耀和虚饰把他打倒”。令人惊讶的是,玻恩与他尽管有着长期的友谊,但从来没有完全掌握真正困扰爱因斯坦的不是掷骰子,而是哥本哈根的解释“拒绝现实世界的存在独立于观察”。

一个可能的误解原因,可能是爱因斯坦最初说的是“上帝不掷骰子”,那是在1926年12月他试图向玻恩传达他对量子力学中的可能性和机会的作用,以及因果关系和决定论被否定的不安。然而,泡利了解爱因斯坦的反对远远超出了该理论是用概率的语言来表达的。“在我看来,主要的误导是把决定论引进了与爱因斯坦的争端中。”他提醒玻恩说。

在1950年,爱因斯坦写道:“量子力学问题的核心,更多的不是因果论问题,而是现实性问题。”多年来,他曾希望他“能解开量子之谜,而不抛开现实性表达”。对于一个发现相对论的人来说,这个现实性必须是局部的,没有比光速更快的影响。试验结果违反贝尔不等式就意味着，如果想要量子世界的存在独立于观察，那么爱因斯坦就不得不放弃局部性。

贝尔定理不能决定量子力学是不是完整的，只能决定应选择量子力学还是局部隐变量理论。如果量子力学是正确的——并且爱因斯坦曾认为它是对的，因为在他的时代量子力学通过了每一个试验的检验——因此贝尔定理意味着：任何隐变量理论要想复制试验结果就必须是非局部的。玻尔会和其他人一样认为，阿兰·阿斯佩克特的试验结果支持哥本哈根解释。爱因斯坦可能会接受检测贝尔不等式的试验结果的有效性，而不试图通过这些试验中的还未排除的漏洞来挽救局部现实性。然而，还有另一种方式可能是爱因斯坦能够接受的，即使有些人说它违反了相对论的精神——这就是无信号传输定理（the no signalling theorem）。

人们发现，有可能利用非局部性和量子纠缠从一个地方到另一个地方瞬间传达有用的信息，因为对任何一对粒子的一个粒子的测量产生的是一个完全随机的结果。在进行这样的测量后，一个试验者所知道的，只不过是一位同事在远距离的位置对另一个纠缠粒子进行的可能测量结果的概率。现实性也许是非局部的，允许一对纠缠的粒子在不同的地点之间传递超过光速的影响，但它是良性的，不是远距离的“幽灵般的通信”。

当阿斯佩克特的团队和其他人检验贝尔不等式排除了局部性或客观现实性，但允许非局域现实性时，在2006年来自维也纳和格但斯克大学的一组人开始进行非局部的现实性测试。试验的灵感来自英国物理学家安东尼·莱格特爵士（Sir Anthony Leggett）的工作。1973年，还没有封爵的莱格特有一个修改贝尔定理的想法，他假设在纠缠的粒子之间存在瞬间的影响。2003年，这一年由于他在液态氦的量子性质的工作赢得了诺贝尔奖，莱格特发表了新的不等式，针对量子力学引进非局部隐变量理论。

由马库斯·阿斯佩尔迈尔（Markus Aspelmeyer）和安东·蔡林格（Anton Zeilinger）领导的奥地利和波兰小组测量以前未测量过的一对纠缠光子之间的相关性。他们发现，就像量子力学预测的，此相关性违背莱格特不等式。当该结果于2007年4月发表在《自然》杂志上时，阿兰·阿斯佩克特指出：“人们得出的哲学结论，更多的是品位问题而不是逻辑问题。”试验结果违背莱格特不等式仅意味着，现实性和某种类型的非局部性是不兼容的，并没有抹杀所有可能的非局部模型。

爱因斯坦从未提出隐变量理论，即使他在1935年EPR的论文的末尾似乎含蓄地提倡这样一种方法:"虽然我们就此表明,波函数没有提供完整的物理现实说明,我们公开提出这样一个问题,这种完整的描述是否存在。然而我们相信这样一种理论是可能的。"一直到了1949年,在回复那些为纪念他70岁生日的论文集作出贡献的人的信中,爱因斯坦说:"我其实坚定地相信,当代量子理论的基本统计特征要完全归功于这样的事实:这个理论虽然起作用,但没有完全描述物理系统。"

引进隐藏变量使之成为完整的量子力学似乎与爱因斯坦论认为这个理论是不完整的观点一致的,但是自20世纪50年代开始,他不再赞成任何此类完善它的尝试。到1954年,他坚持认为:"只是往量子力学中加点什么东西,不改变整个结构的基本概念,就不可能摆脱目前的量子理论的统计特征。"他深信,需要一些更激进的理论,而不是回到亚量子水平的经典物理学概念。如果量子力学是不完整的,只是全部真相的一部分,那么必须有一个完整的理论等待我们去发现。

爱因斯坦相信,正是难以实现的统一场理论花了他过去25年的时间去寻找它,想把广义相对论和电磁理论结合起来。这个理论还应该将量子力学包括在内。"上帝把一切搞得支离破碎,没有人能把它拼凑起来。"泡利刻薄地挖苦爱因斯坦寻找统一场论的梦想。虽然那时大多数物理学家嘲笑爱因斯坦是局外人,但后来寻找这个理论成为物理学的神圣课题。因为后来发现了弱磁场力是放射性的原因,强核力是将原子核聚在一起的力,这样,物理学家所面对的力的数目变成了4个。

说到量子力学,有一些人,如沃纳·海森堡,坦率地谴责爱因斯坦:"经过一生的探索仍然不能改变他的态度,仍然坚持客观世界的物理过程独立于观察,按照固定的规律在时间和空间中按它自己的路线运行。"这是不足为奇的,海森堡的意思是,爱因斯坦不可能接受这样一个理论,他认为在原子尺度上"甚至不存在时间和空间这个客观世界"。玻尔相信,爱因斯坦"不再能够接受那些违背他所固执坚持的哲学信仰的物理新思想",虽然他承认他的老朋友曾经是"征服量子现象这片荒野的一个先锋",事实是"当他摸索自己的道路时",他对量子力学保持"疏远和怀疑"是一个"悲剧",对我们来说则失去了"我们的领袖和旗手"。

随着爱因斯坦的影响力减弱,玻尔的影响增长。有了像海森堡和泡利这样的传教士在自己的羊群中传播消息,哥本哈根解释成为了量子力学的代名词。当约翰·克劳泽在20世纪60年代还是一个学生时,有人常常对他说,爱因斯坦和薛定谔已经老了,他们对量子问题的意见不能相信。在1972年他成为第一个测试贝尔不等式的人之后,他回忆说,“我反复听到这种闲话,有很多来自许多不同的著名院校众多的物理学家。”与之形成鲜明对比,玻尔被视为拥有推理和直觉的神奇能力。有些人甚至认为,当别人需要进行计算时,玻尔不需要。克劳泽回忆,在他大学第一学年的学习期间,“由于各种宗教的诋毁和社会的压力,超出哥本哈根解释的范围公开质询量子力学的奇迹和特性几乎是被禁止的。”但是有不轻信的人准备挑战哥本哈根的正统教义。其中一人是休·埃弗雷特三世(Hugh Everett Ⅲ)。

爱因斯坦在1955年4月去世时,埃弗雷特24岁,在普林斯顿大学读硕士学位。两年后,他获得博士学位,他的博士论文题目是“论量子力学的基础”。他在这篇论文中证明,量子实验的每一个可能的结果在现实世界中有可能是实际存在的。根据埃弗雷特的看法,对于被困在盒子里的薛定谔的猫,这将意味着在盒子打开的时刻,宇宙会分开,出现两个宇宙,在一个宇宙中的猫死了,另一个宇宙中的猫仍然活着。

埃弗雷特称他的解释为“量子力学的相对状态表示”,并说明用他的所有的量子状态都可能存在的假定,可以得出像哥本哈根解释一样的对实验结果的量子力学预测。

埃弗雷特在1957年7月发表了论文,其中有他的导师、普林斯顿大学的著名物理学家约翰·惠勒的注释。这是他的第一篇文章,几乎有十几年没人注意。由于幻想破灭,缺乏兴趣,埃弗雷特离开了学术界并为五角大楼工作,运用博弈论进行战争战略策划。

“毫无疑问,有一个看不见的世界。”美国电影导演伍迪·艾伦(Woody Allen)曾经说过,“问题是它离市中心有多远,何时才能开放?”与艾伦不同,大多数物理学家被无穷多个共存的平行的现实世界概念的意义所困扰,在这些平行的现实世界中,每一种可能的实验结果都是真实的。可悲的是,埃弗雷特1982年51岁死于心脏病发作,没能活着看到“多世界解释”已众所周知,量子宇宙学家在试图解释宇宙是如何诞生的奥秘时,已认真地考虑这种解释。多世界的解释让他们绕过一个哥本哈根解释无法回答的问题——什么样的观察能使整个宇宙的波函数消失?

按照哥本哈根的解释,需要有一个观察者在宇宙以外对它进行观察,但是除上帝之外没有这样的观察者,因此宇宙只可能是各种可能状态的叠加,而不可能实际存在。这是一个显而易见的长期存在的测量问题。薛定谔方程将量子现实世界描述为各种可能性的叠加,并赋予每个可能性一个概率范围,但不包括测量行为。在量子力学的数学中没有观察员。该理论没有讲到波函数的消失,即在观察或测量,当从可能的变成实际的时候,量子系统的状态发生突然的和不连续的变化。在埃弗雷特的多世界解释中,不需要造成波函数消失的观察或测量,因为每一种量子的可能状态在一组平行宇宙中作为实际现实并存。

量子理论

保罗·狄拉克在1927年索尔韦会议50年后曾说过:“证明一个解释要比只是建立一个方程组困难得多。”美国诺贝尔奖得主穆雷·盖尔曼认为,部分原因是“尼尔斯·玻尔对整个一代物理学家洗脑,以为问题已解决了”。1999年7月期间,在剑桥大学召开的量子物理会议期间进行的一项民意调查,显示了新一代物理学家对棘手的哥本哈根问题的回答。接受调查的90个物理学家中只有4位赞成哥本哈根解释,30位赞成埃弗雷特的多世界观点。[92]值得注意的是,有50位“不置可否”。

一些未解决的概念上的困难,如测量问题和无法说出量子世界在哪儿结束、日常的经典世界在哪儿开始的问题,导致越来越多的物理学家愿意寻找比量子力学更深的东西。荷兰诺贝尔奖得主,理论家杰拉德特·霍夫特(Gerard't Hooft)说:“一个理论产生的答案如果是也许的话,这个理论应该被认为是一个不精确的理论。”他认为宇宙是确定的,并在寻找一个更根本的理论,这个理论能将量子力学所有奇怪的、违反直觉的特点考虑在内。其他人,如尼古拉·吉辛(Nicolas Gisin),一位领先的探索纠缠的试验家“肯定地认为量子理论是不完整的”。

由于出现其他的解释和对量子力学声称的完整性产生严重的怀疑,导致重新考虑在漫长的爱因斯坦-玻尔的争论中,长期反对爱因斯坦的结论。“难道真的像玻尔的追随者坚持的那样,是爱因斯坦在任何重大的问题上确实错了吗?”英国数学家和物理学家罗杰·彭罗斯爵士(Sir Roger Penrose)问道,“我不这么认为。我自己强烈地支持爱因斯坦的信念,一个亚微观现实世界和他认为现在的量子力学是不完整的信念。”

虽然爱因斯坦在他与玻尔的争论中从未给玻尔致命的一击,但是他的挑战是持续的和发人深省的。它鼓励玻姆、贝尔和埃弗雷特等人,在哥本哈根解释占优势和很少有著名的理论与该解释不同的情况下,不断探测和评价玻尔的哥本哈根解释。爱因斯坦-玻尔关于现实世界性质的争论,是贝尔从中得到启发才得出贝尔定理的。对贝尔不等式的测试,直接或间接地帮助生成新的研究领域,包括量子密码术、量子信息理论和量子计算。在这些新领域中,最引人注目的就是量子心灵传输,它利用了纠缠的现象。虽然它似乎属于科幻小说的领域,但是在 1997 年,不是一个而是两个物理学家团队在心灵传输一个粒子的实验中取得了成功。该粒子不是实际传输的,而是其量子态被转移到位于别处的第二个粒子中,从而有效地将一个初始的粒子从一个地方的心灵传输到另一个地方。

在爱因斯坦生命的最后 30 年期间,曾经因为对哥本哈根解释的批评和试图消灭量子恶魔而被排斥,但是今天已经证明他是无辜的。爱因斯坦和玻尔,与量子力学产生的方程和数字没有多大关系。量子力学的意义是什么?什么是关于现实的本质?是他们对这些问题的回答区分了两人的类型。爱因斯坦从来没有提出他自己的解释,因为他并不想塑造他的哲学,以适合物理理论。相反,他用他现实世界独立于观察的信念,评估和发现量子力学理论的不足。

在 1900 年 12 月的时候,经典物理学仍然包容一切,并且几乎一切事物都在经典物理学的掌控之中。然后,麦克斯·普朗克偶然发现了量子,并且物理学家仍然在努力地理解这个术语。爱因斯坦说,50 多年的"潜心思考"没有让他更好地了解量子论。他一直努力直到最后未能得到解答,只能从德国剧作家和哲学家戈特霍尔德·莱辛(Gotthold Lessing)的话中得到安慰:"对真理的渴望比实实在在地占有更珍贵。"

Timeline

年　表

1858 年 4 月 23 日	麦克斯·普朗克出生在德国基尔。
1871 年 8 月 30 日	欧内斯特·卢瑟福出生在新西兰的斯普林格罗夫。
1879 年 3 月 14 日	阿尔伯特·爱因斯坦出生在德国乌尔姆。
1882 年 12 月 11 日	马克斯·玻恩出生在德国西里西亚的布雷斯劳。
1885 年 10 月 7 日	尼尔斯·玻尔出生在丹麦哥本哈根。
1887 年 8 月 12 日	埃尔温·薛定谔出生在奥地利维也纳。
1892 年 8 月 15 日	路易·德布罗意出生在法国迪耶普。
1893 年 2 月	威廉·维恩发现黑体辐射位移规律。
1895 年 11 月	威廉·伦琴发现 X 射线。
1896 年 3 月	亨利·贝克勒尔发现铀化合物放射出以前未知的被他称为“铀射线”的射线。
6 月	维也纳出版黑体辐射的分布规律,与现有的数据一致。
1897 年 4 月	J. J. 汤姆生宣布发现了电子。
1900 年 4 月 25 日	沃尔夫冈·泡利在奥地利维也纳出生。
7 月	爱因斯坦毕业于苏黎世联邦理工学院。
9 月	确切地证实在黑体光谱远红外部分,维恩分布规律失效。
10 月	普朗克在柏林的德国物理学会的一次会议上宣布他的黑体辐射定律。
12 月 14 日	普朗克在向德国物理学会演讲时介绍了他的黑体辐射定律的推导。他引进的能量量子几乎没有引起注意。充其量,它被认为是理论家的一种技法,以后是要被排除的。
1901 年 12 月 5 日	沃纳·海森堡在德国维尔茨堡出生。
1902 年 6 月	爱因斯坦开始作为一名三级专家在瑞士伯尔尼专利局工作。
8 月 8 日	保罗·狄拉克出生在英格兰布里斯托尔。
1905 年 6 月	爱因斯坦的光量子的存在和光电效应的文章在《物理学年鉴》上发表。
7 月	爱因斯坦解释布朗运动的文章在《物理学年鉴》上发表。

9 月	爱因斯坦的论文“论运动体的电动力学”概述他的狭义相对论,发表在《物理学年鉴》上。
1906 年 1 月	在第三次尝试后,爱因斯坦获得苏黎世大学的博士学位,论文题目是“分子尺寸的新确定”。
4 月	爱因斯坦在伯尔尼专利局被提升为二级专家。
9 月	路德维希·玻耳兹曼在意大利的里雅斯特度假期间自杀。
12 月	爱因斯坦的文章,关于比热的量子理论在《物理学年鉴》上发表。
1907 年 5 月	卢瑟福接受曼彻斯特大学教授和物理学系主任职位。
1908 年 2 月	爱因斯坦成为伯尔尼大学的助教。
1909 年 5 月	爱因斯坦被委任为苏黎世大学理论物理特别教授,10 月生效。
9 月	爱因斯坦在奥地利萨尔茨堡德国自然科学家和医生学会发表主题演讲,他说:“理论物理学的进一步发展将会给我们带来的光的理论,这种理论可以将光理解为一种波的融合和光的发射理论。”
12 月	玻尔获得哥本哈根大学硕士学位。
1911 年 1 月	爱因斯坦被委任为布拉格德国大学正教授。这一任命在 1911 年 4 月开始。
3 月	卢瑟福在英格兰曼彻斯特的一次会议上宣布发现原子核。
5 月	玻尔获得丹麦哥本哈根大学博士学位,论文题目是金属的电子理论。
9 月	玻尔来到剑桥大学,开始和 J. J. 汤姆生做博士后研究工作。
10 月 30 日至 11 月 4 日	第一次索尔韦会议在布鲁塞尔召开。爱因斯坦、普朗克、玛丽·居里和卢瑟福应邀参加。
1912 年 1 月	爱因斯坦被任命为苏黎世瑞士联邦理工学院(ETH)的理论物理学教授,当他还是一名学生时这个大学的名字是联邦理工学院。
3 月	玻尔从剑桥大学转移到曼彻斯特大学卢瑟福的实验室。
9 月	玻尔被任命为助教,辅助哥本哈根大学物理学教授。
1913 年 2 月	玻尔第一次听到氢气光谱线的巴尔末公式,一个他建立原子量子模型的重要的线索。
7 月	玻尔在《哲学杂志》上发表氢原子量子理论三部曲中的第一篇文章。普朗克和瓦尔特·能斯脱前往苏黎世游说爱因斯坦到柏林。他接受了他们的提议。

9月	玻尔在英格兰伯明翰英国科学进展协会(BAAS)的会议上提交他的量子原子新理论。
1914年1月	弗兰克-赫兹实验证实了玻尔的量子跃迁和原子能级概念。他们用电子轰击汞蒸气并测量发出辐射的频率,结果与不同能级之间的转换相符。爱因斯坦到达柏林,就任普鲁士科学院和柏林大学教授之职。
9月	第一次世界大战开始。
10月	玻尔回到曼彻斯特大学工作。普朗克和伦琴在《93人宣言》上签字,该宣言声称德国不承担战争责任,没有违反比利时的中立,没有犯下暴行。
1915年11月	爱因斯坦完成了他的广义相对论。
1916年1月	阿诺德·索末菲提出了一个理论来解释氢光谱线的精细结构,并引进第二个量子数,用椭圆轨道代替玻尔的圆形轨道。
5月	玻尔被任命为哥本哈根大学的理论物理学教授。
7月	爱因斯坦返回量子理论的研究工作,并发现从原子自发的和诱发的光子。索末菲在玻尔原来的原子模型中增加了磁量子数。
1918年9月	泡利离开维也纳到慕尼黑大学学习,师从阿诺德·索末菲。
11月	第一次世界大战结束。
1919年11月	普朗克荣获1918年诺贝尔物理学奖。在伦敦一次英国皇家学会和皇家天文学会的联席会议上正式宣布爱因斯坦的引力场使光偏转的预言被两个英国探险队在5月日食期间进行的测量证实。爱因斯坦一夜之间成为全球名人。
1920年3月	索末菲引入第4个量子数。
4月	玻尔访问柏林,第一次会见普朗克和爱因斯坦。
8月	在柏林爱乐音乐厅举行的一次公众集会反对相对论。愤怒的爱因斯坦在报章撰文回答对他的批评。他第一次访问在哥本哈根的玻尔。
10月	海森堡进入慕尼黑大学学习物理并遇见在此学习的沃尔夫冈·泡利。
1921年3月	哥本哈根理论物理研究所正式开业,玻尔是创始人和所长。
4月	玻恩从法兰克福来到哥廷根,担任理论物理研究所教授和所长,决心与慕尼黑的索末菲研究所平起平坐。

10 月	泡利获得德国慕尼黑大学博士学位，成为哥廷根大学玻恩的助理。
1922 年 4 月	泡利宁愿在大城市生活，不愿在一个小省的大学城生活，泡利离开哥廷根，在汉堡大学得到一个助教的职位。
6 月	玻尔在哥廷根作了著名的有关原子理论和元素周期表的系列讲座。在这个"玻尔喜庆节"上，海森堡和泡利第一次遇见玻尔。玻尔对两个年轻人印象深刻。
10 月	海森堡开始在哥廷根作六个月的逗留。泡利到达哥本哈根成为玻尔的助手，一直到 1923 年 9 月。
11 月	爱因斯坦被授予 1921 年诺贝尔奖，玻尔获得 1922 年诺贝尔奖。
1923 年 5 月	亚瑟·康普顿有关他发现的 X 射线光子被原子的电子散射的综合报告出版。后来众所周知的"康普顿效应"被认为是爱因斯坦 1905 年光量子假设的确凿证据。
7 月	爱因斯坦第二次访问哥本哈根会见玻尔。海森堡在他的口试期间没能很好地回答问题，之后设法获得了慕尼黑大学的博士学位。
9 月	德布罗意将波粒二相性延伸到物质中，并将波和电子结合在一起。
10 月	海森堡成为哥廷根大学玻恩的助手。泡利在哥本哈根停留一年后返回汉堡。
1924 年 2 月	玻尔、亨德里克·克莱默斯和约翰·斯莱特提出在原子过程中能量仅在统计意义上是守恒的，试图反对爱因斯坦的光量子假说。BKS 想法被 1925 年 4 月和 5 月间进行的实验否定。
3 月	海森堡首次拜访哥本哈根的玻尔。
9 月	海森堡离开哥廷根去玻尔研究所工作，直到 1925 年 5 月。
11 月	德布罗意成功地完成他的将波粒二相性延伸到物质的博士论文答辩。德布罗意的导师送一份论文给爱因斯坦，爱因斯坦很快点头批准。
1925 年 1 月	泡利发现不相容原理。
6 月	海森堡为了从严重的花粉症恢复去北海赫尔戈兰的一个小岛疗养。在此期间，他向矩阵力学迈出重要的一步，即他的广受欢迎的量子力学理论。
9 月	海森堡的第一篇关于矩阵力学的突破性的文章"运动学和机械关系的量子理论的再解读"发表在《物理学杂志》上。

10月	塞缪尔·古德斯米特和乔治·于伦贝克提出量子自旋概念。
11月	泡利将矩阵力学应用到氢原子上。一个名副其实的杰作，在1926年3月出版。
12月	薛定谔在阿尔卑斯山滑雪胜地阿罗萨享受与前情人的秘密约会，在此期间建立了他的著名的波动方程。
1926年1月	薛定谔回到苏黎世，将他的波动方程用于氢原子，发现它得出玻尔-索末菲氢原子的一系列能级。
2月	海森堡、玻恩和帕斯库尔·约当三人合写的文章给出矩阵力学数学结构的详细解释，在1925年11月提交给《物理学杂志》后发表。
3月	薛定谔关于波动力学的第一篇论文在1月份提交给《物理学年鉴》后发表，以后又迅速地连续发表了5篇文章。薛定谔和其他人证明波动力学和矩阵力学在数学上是等价的。它们是同一的理论——量子力学的两种形式。
4月	海森堡作了有关矩阵力学的两小时的演讲，有爱因斯坦和普朗克在场。后来爱因斯坦邀请年轻的海森堡回到他的公寓里，海森堡后来回忆说，他们讨论了“我最近工作的哲学背景”。
5月	海森堡被任命为哥本哈根大学玻尔的助手和讲师。当玻尔从严重的流感重症恢复之后，海森堡开始利用波动力学解释氦的谱线。
6月	狄拉克获得剑桥大学博士学位，论文题目为“量子力学”。
7月	玻恩提出了波函数的概率解释。薛定谔在慕尼黑作演讲，海森堡在问答会上指责波动力学有缺点。
9月	狄拉克去哥本哈根，在此期间建立了变换理论，证明薛定谔的波动力学和海森堡的矩阵力学是更一般的量子力学公式的特殊情况。
10月	薛定谔访问哥本哈根。他、玻尔和海森堡对矩阵力学或波动力学的物理解释不能达成任何类型的一致。
1927年1月	克林顿·戴维森和莱斯特·格莫尔获得确凿证据表明波粒二相性也适用于物质，就像他们在电子衍射取得的成功一样。
2月	经过几个月的努力，玻尔和海森堡因不能建立一个对量子力学一致的物理解释而发生争吵。玻尔离开了一个月，去挪威滑雪度假。在玻尔不在的情况下，海森堡发现了不确定性原则。
5月	在海森堡和玻尔对测不准原理的解释争论之后，测不准原理发表。

9 月	在意大利科莫湖沃尔特会议上,玻尔提出他的互补性原理和后来成为被称为量子的哥本哈根解释的中心内容。玻恩、海森堡和泡利出席了这次会议,薛定谔和爱因斯坦没有出席。
10 月	在布鲁塞尔举行的第五次索尔韦会议上,爱因斯坦和玻尔开始辩论量子力学的基础和现实世界的性质。薛定谔接替普朗克担任柏林大学的理论物理教授。康普顿由于康普顿效应的发现被授予诺贝尔奖。海森堡,年龄只有 25 岁,被任命为莱比锡大学教授。
11 月	电子发现者 J. J. 汤姆生的儿子乔治·汤姆生报告说,他采用与戴维森和格莫尔不同的技术成功实现电子衍射。
1928 年 1 月	泡利被任命为苏黎世联邦理工学院理论物理学教授。
2 月	海森堡发表他的莱比锡大学的理论物理教授的就职讲演。
1929 年 10 月	德布罗意由于发现电子波的性质获得诺贝尔奖。
1930 年 10 月	第六次索尔韦会议在布鲁塞尔举行,爱因斯坦－玻尔第二轮论战,爱因斯坦用盒子中的钟的思想实验挑战哥本哈根解释的一致性,玻尔反驳了爱因斯坦的思想实验。
1931 年 12 月	丹麦科学和文学研究院选择玻尔为下一个"荣誉之屋"的主人,这个豪宅是由嘉士伯啤酒厂创始人建造的。
1932 年	约翰·冯·诺依曼的书《量子力学的数学基础》在德国出版。它包含了著名的"不可能证明"——任何一种隐变量理论不能再现量子力学的预言。狄拉克当选为剑桥大学卢卡斯数学教授,这个位置曾由艾萨克·牛顿占据。
1933 年 1 月	纳粹在德国夺取权力。幸运的是,爱因斯坦作为一个在加利福尼亚技术研究所的访问教授在美国。
3 月	爱因斯坦公开宣布他将不会返回德国。他一到比利时就辞去了普鲁士科学院的职务,和德国官方机构断绝一切联系。
4 月	纳粹引入"公务员服役恢复法",旨在针对政治对手、社会主义者、共产党人和犹太人。第 3 款包含了臭名昭著的"雅利安条款":"不是原雅利安血统的公务员一律退休"。到 1936 年,1 600 多名学者被驱逐,其中三分之一是科学家,包括 20 名已经或将要获得诺贝尔奖的科学家。

5月	2万册书籍在柏林被烧毁,烧毁"非德国"著作的篝火在全国蔓延。虽然不像玻恩和许多其他同事那样受纳粹法令的约束,薛定谔还是离开了德国去了牛津。海森堡留了下来。以卢瑟福为主席的学术援助委员会在英国成立,旨在协助逃亡的科学家、艺术家和作家。
9月	随着对他的安全的担忧增加,爱因斯坦离开比利时去了英国。保罗·埃伦费斯特自杀。
10月	爱因斯坦抵达预定学术访问的新泽西州普林斯顿大学。本打算在高等研究所(IAS)只停留几个月,结果爱因斯坦永远逗留在此,再没有返回欧洲。
11月	1932年海森堡获得了延期的诺贝尔奖,而狄拉克和薛定谔分享了1933年的奖金。
1935年5月	爱因斯坦、波多尔斯基和罗森(EPR)的文章,"量子力学所描述物理现实世界可以认为是完整的吗?"发表在《物理评论》上。
10月	玻尔对EPR的回答发表在《物理评论》上。
1936年3月	薛定谔和玻尔在伦敦举行会晤。玻尔说:"薛定谔和爱因斯坦想给量子力学致命的一击,这是骇人听闻和背信弃义的。"
10月	玻恩在剑桥大学度过近三年,在印度班加罗尔停留了几个月后,接受了爱丁堡大学自然哲学教授的职务。在这儿,他一直待到1953年退休。
1937年2月	玻尔抵达普林斯顿,作为世界巡讲的一个组成部分在此停留一周。爱因斯坦和玻尔自EPR论文发表后首次面对面讨论了量子力学解释,但在彼此交谈中很多事情都没有说出来。
7月	海森堡在党卫军杂志上被打上"白犹太人"的烙印,因为他教"犹太"物理,如爱因斯坦的相对论。
10月	卢瑟福在做绞窄性疝气手术后,在剑桥去世,终年66岁。
1939年1月	玻尔抵达高等研究所,作为客座教授停留一个学期。爱因斯坦避免和玻尔进行任何讨论,并在接下来的四个月中,他们仅在招待会见过一次。
8月	爱因斯坦签署了一封向罗斯福总统的信,强调建造原子弹的可能性和德国建造这种武器的危险。
9月	第二次世界大战开始。
10月	薛定谔在中断格拉茨和根特大学的工作后抵达都柏林。他作为高级研究院的资深教授留在都柏林,一直到1956年回到维也纳。
1940年3月	爱因斯坦寄了第二封关于原子弹的信给罗斯福总统。

8 月	泡利离开被战火蹂躏的欧洲,加入爱因斯坦所在的普林斯顿大学高等研究所。他一直停留在这里,直到 1946 年返回苏黎世联邦理工学院。
1941 年 10 月	海森堡访问在哥本哈根的玻尔。丹麦自 1940 年 4 月以来已被德国军队占领。
1943 年 9 月	玻尔和他的家人逃到瑞典。
12 月	玻尔访问普林斯顿,和爱因斯坦及要前往新墨西哥州的洛斯阿拉莫斯国家实验室参加原子弹工作的泡利共进晚餐。这是玻尔 1939 年 1 月访问之后,爱因斯坦和玻尔之间的首次会晤。
1945 年 5 月	德国投降。海森堡被盟军逮捕。
8 月	原子弹投在广岛,然后又投在长崎。玻尔回到哥本哈根。
11 月	泡利由于发现不相容原理获得诺贝尔奖。
1946 年 7 月	海森堡被任命为哥廷根大学凯瑟·威廉物理研究所所长,后来改名为麦克斯·普朗克研究所。
1947 年 10 月	普朗克在哥廷根去世,终年 89 岁。
1948 年 2 月	玻尔作为客座教授抵达高等研究所,一直到 6 月。玻尔与爱因斯坦的关系比以前访问期间有所缓和,两人对量子解释的观点依然不同。在普林斯顿,玻尔写了一篇文章,解释 1927 年和 1930 年在索尔韦会议上他与爱因斯坦的争论,作为庆祝 1949 年 3 月爱因斯坦 70 岁生日论文集的一篇文章。
1950 年 2 月	玻尔在高等研究所,直到 5 月。
1951 年 2 月	戴维·玻姆的书《量子理论》出版。其中包含一个新的和简化版本的 EPR 思想实验。
1952 年 1 月	玻姆的两篇文章发表,他做了冯·诺依曼所说的不可能的事情:他给予量子力学一个隐藏变量的解释。
1954 年 9 月	玻尔在高等研究所,直到 12 月。
10 月	在 1932 年海森堡获奖,由于被忽视而痛苦的玻恩终于获得诺贝尔奖,这是由于“他在量子力学的基础性工作,特别是他对波函数的统计解释”。
1955 年 4 月	爱因斯坦在普林斯顿大学去世,终年 76 岁。一个简单的仪式后,他的骨灰撒在一个秘密地点。
1957 年 7 月	休·埃弗雷特Ⅲ提出量子力学“相对状态”公式,后来被称为多世界解释。
1958 年 12 月	泡利在苏黎世去世,终年 58 岁。
1961 年 1 月	薛定谔死于维也纳,终年 73 岁。

1962 年 11 月	玻尔在哥本哈根去世,终年 77 岁。
1964 年 11 月	约翰·贝尔发现,任何隐变量理论要想预测结果与量子力学相同必须是非局部的,发表在一个读者不多的小杂志上。这个发现称为贝尔不等式,它推导出必须满足任何局部隐变量理论的纠缠粒子对量子自旋相关度的极限。
1966 年 7 月	贝尔明确得出结论说,冯·诺依曼在 1932 年出版的书《量子力学的数学基础》中所说的不可能有隐变量理论的证明是有缺陷的。贝尔在 1964 年底将他的论文提交给《现代物理评论》杂志,由于一系列不幸的意外,延误了出版。
1970 年 1 月	玻恩在哥廷根去世,终年 87 岁。
1972 年 4 月	约翰·克劳泽和斯图尔特·弗里德曼在加州大学伯克利分校首次测试贝尔不等式,报告说,试验结果违背贝尔不等式——任何局部隐藏变量不能重现量子力学的预测。然而,对于其结果的准确性存有疑虑。
1976 年 2 月	海森堡在慕尼黑去世,终年 75 岁。
1982 年	经过多年的前期工作,阿兰·阿斯佩克特和他的合作者在巴黎-南基大学理论和应用光学所,用那时可能有的最严格的试验检测贝尔不等式,他们的结果表明,不等式是违背局部性的。虽然某些漏洞仍然需要排除,大多数物理学家,其中包括贝尔,接受这个结果。
1984 年 10 月	狄拉克在佛罗里达州塔拉哈西去世,终年 82 岁。
1987 年 3 月	德布罗意在法国去世,终年 94 岁。
1997 年 12 月	斯布鲁克大学安东·蔡林格领导的研究团队报告说,他们已经成功地将一个粒子的量子态从一个地方转移到另一个地方——实际上是心灵转移的。该过程的一个完整部分是量子纠缠现象。在罗马大学弗朗西斯科·迪马提尼领导的研究组也成功地进行了量子的心灵传输。
2003 年 10 月	安东尼·莱格特发表贝尔不等式,它是依据现实性是非局部的进行推导的。
2007 年 4 月	一个由马库斯·阿斯佩尔迈尔和安东·蔡林格领导的奥地利-波兰团队宣布,对以前未测试过的纠缠光子对之间的相关性的测量表明,结果是违背莱格特不等式的。这个试验仅排除了可能有的非局部隐变量理论的一个子集。
20??	引力的量子理论?万物理论?超越量子的理论?

词汇表

本书重要的术语在词汇表中都有一个条目。

碱族元素(Alkali elements)

一组元素,如元素周期表中第一组化学性质相同的锂、钠、钾。

α衰变(Alpha decay)

一个原子的原子核放射α粒子的放射性衰变过程。

α粒子(Alpha particle)

由两个质子和两个中子结合在一起组成的亚原子粒子。在α衰变过程中发出,它与氦原子的原子核是相同的。

振幅(Amplitude)

一个波或一个振荡的最大位移,等于从波(或振荡)峰到波谷位移的一半。在量子力学中,一个过程的振幅是和该过程发生概率有关的一个数字。

角动量(Angular momentum)

一个旋转物体的属性,类似一个物体在一条直线上运动的动量。一个物体的角动量取决于它的质量、尺寸大小和它旋转的速度。一个物体绕另一个物体旋转也具有角动量,依赖于它的质量、轨道半径和它的速度。在原子领域,角动量是量化的。它只能按一定的量改变,这个量是普朗克常数除以2π的整倍数。

原子(Atom)

一个元素的最小组成部分,由一个带正电的核子和围绕它的被束缚的带负电的电子组成。由于原子是中性的,核中带正电荷的质子数量等于电子数。

原子序数(Z)(Atomic number(Z))

为原子核中质子的数目。每个元素都有一个唯一的原子数。氢由一个质子构成核,一个电子绕它运行,原子序数为1。铀有92个质子和92个电子,原子序数为92。

巴尔末系列(Balmer series)

氢的电子在二级和更高能级之间跃迁所引起的氢光谱中发射或吸收谱线集。

贝尔不等式(Bell's inequality)

约翰·贝尔于1964年推导的数学条件,涉及任何局部隐藏变量理论必须满足的一对纠缠粒子的相关程度。

贝尔定理(Bell's theorem)

约翰·贝尔在1964年从数学上证明了:任何与量子力学预测符合的隐变量理论必须是非局部的。见“非局部性”。

β粒子(Beta particle)

从一个放射性元素的原子核中由于质子和中子的互变发出的快速移动的电子,比α粒子跑得更快,穿透力更强,可以用一块薄金属板挡住它。

黑体(Blackbody)

一个假想的理想化的物体,能吸收和发射所有撞击它的电磁辐射。可以在实验室中用一个在围墙上有一个针孔的加热箱来近似它。

黑体辐射(Blackbody radiation)

黑体发出的电磁辐射。

布朗运动(Brownian motion)

悬浮在流体中的花粉的不规则运动,在1827年由罗伯特·布朗首次发现。1905年爱因斯坦解释说,布朗运动是由于流体的分子引起的花粉颗粒的随机振动。

因果关系(Causality)

每个原因都会产生结果。

经典力学(Classical physics)

指源于牛顿三大运动定律的物理学,也称为牛顿力学,其中粒子的位置和动量原则上可以无限精确地同时测量。

经典物理学(Classical physics)

用于所有非量子物理的描述,如电磁学和热力学。尽管爱因斯坦的广义相对论被物理学家视为是20世纪“现代”物理学,但它仍然是一个“经典”的理论。

云室(Cloud chamber)

C. T. R. 威尔逊在1911年左右发明的一种装置,通过观察含有饱和蒸汽的云室中粒子的踪迹来检测粒子。

波函数消失(Collapse of the wave function)

根据哥本哈根解释,在被观察或测量之前,一个微观物体,如电子在任何地方都不存在。在一次测量和下一次测量之间,在抽象的概率波函数以外,这个微观物体不存在。仅当进行了观察或测量,电子的“可能”状态之一才成为“实际”的状态,并且所有其他的可能状态的概率变为零。这种由于测量行动产生的波函数的突然的,不连续的变化被称为“波函数消失”。

交换性(Commutativity)

两个变量 A 和 B,如果 $A \times B = B \times A$,我们说它们是可交换的。例如,如果 A 和 B 是数字5和4,则 $5 \times 4 = 4 \times 5$。数字的乘法是可交换的,因为它们相乘的秩序没有什么区别。如果 A 和 B 是矩阵,则 $A \times B$ 不一定等于 $B \times A$。当发生这种情况时,A 和 B 是不可交换的。

互补性(Complementarity)

尼尔斯·玻尔倡导的原则,主张光与物质的波和粒子性质既是互相排斥,又是相互补充的。光与物质的这种双重性质就好像同一枚硬币的两面,可以显示正面或反面,但不能同时显示两面。例如,一个实验可以设计用来揭示光的波动性或它的粒子性,但不能在同一时间同时揭示两种性质。

复数(Complex number)

一个写成 $a + ib$ 形式的数,其中 a 和 b 是普通的从算术开始就熟悉的实数。i

是 -1 的平方根,因此$(\sqrt{-1})^2=-1$,b 是所谓的复数的“虚部”。

康普顿效应(Compton effect)

美国物理学家亚瑟·H.康普顿于1923年发现的光子被原子的电子散射。

共轭变量(Conjugate variables)

一对动态变量,如位置和动量,或能量和时间,通过测不准原理彼此联系,被称为共轭变量或共轭对。

守恒定律(Conservation law)

这个定律说,某些物理量,如动量或能量在物理过程中是守恒的。

能量守恒(Conservation of energy)

这个定律说,能量不能创建也不能毁灭,而只能从一种形式转换成另一种形式。例如,当苹果从树上落下,它的位能转换成动能。

哥本哈根解释(Copenhagen interpretation)

量子力学的一种解释,这个解释的主要建筑师尼尔斯·玻尔的基地在哥本哈根。多年来在玻尔与哥本哈根解释及其他的主要倡导者,如海森堡之间存有观点的分歧。然而,大家都同意哥本哈根解释的中心原则:玻尔的对应原理、海森堡的测不准原理、玻恩的波函数概率解释、玻尔的互补性原则,以及波函数的消失。不存在超越测量或观察行为所揭示的量子现实世界。例如,无须实际的观察,就说一个电子存在于某处是没有意义的。玻尔和他的支持者认为量子力学是一个完整的理论,而爱因斯坦则不同意这种主张。

对应原理(Correspondence principle)

尼尔斯·玻尔提倡的指导原则。这个原则说量子物理的定律和方程在普朗克常数的影响忽略不计的情况下,可化简为经典物理学的定律和方程。

德布罗意波长(De Broglie wavelength)

一个粒子的波长 λ,与粒子的动量 p 有关,关系是 $\lambda=h/p$,其中 h 是普朗克常数。

自由度(Degrees of freedom)

一个系统,如果需要 n 个坐标指定每个系统的状态,就说它有 n 个自由度。每个自由度代表一个物体在其中能够移动的一个独立的途径,或一个系统能够独立改变的方式。在日常世界中的一个物体有三个自由度,对应于三个可以移动的方向:上下、左右和前后。

决定论(Determinism)

在经典力学中,如果宇宙中在某一瞬间所有粒子的所有的位置和动量是已知的,这些粒子之间所有的作用力也是知道的,那么在原则上宇宙随后的状态就可以确定。在量子力学中不可能同时指定一个粒子在任何时刻的位置和动量。因此,该理论导致一个观点,认为宇宙是非决定性的,它的未来在原则上是不能确定的。粒子也如是。

衍射(Diffraction)

当波通过尖锐的边缘或孔隙时散布开来,就好像一个水波进入港湾时通过墙上的一个裂口散开一样。

动态变量(Dynamical variables)

用来描述粒子状态的量,如位置、动量、势能、动能。

电磁辐射(Electromagnetic radiation)

电磁波传递的能量之差称为电磁辐射。低频率波如无线电波发出的电磁辐射比高频波如伽马射线要小。电磁波和电磁辐射往往可以互换使用。见“电磁波”和“辐射”。

电磁波谱(Electromagnetic spectrum)

电磁波的整个范围:无线电波、红外辐射、可见光、紫外线辐射、X 射线和伽马射线。

电磁波(Electromagnetic waves)

是由电荷振荡产生的电磁振荡信号,它们的波长和频率是不同的,但所有的电磁波在真空中有同样的速度,大约每秒 30 万公里。这是光的速度,实验证实光是一种电磁波。

电磁学(Electromagnetism)

在19世纪后半叶之前,磁和电被视为两个由它们各自的方程组描述的不同的现象。后来通过迈克尔·法拉第、詹姆斯·克拉克·麦克斯韦等人的实验工作成功地建立了一个理论,将电和磁统一为电磁学,用4个方程组描述它的行为。

电子(Electron)

带负电荷的基本粒子,不同于质子和中子,它不是由更基本的成分组成的。

电子伏特(eV)(Electron volt(eV))

在原子、核子和粒子物理中使用的能量单位,约为一个焦耳的十亿十亿分之十(1.6×10^{-19}焦耳)。

能量(Energy)

可以存在于不同形式的物理量,如动能、势能、化学能、热能和辐射能。

能级(Energy levels)

原子内部可以存在的能量状态的离散集,对应于原子本身不同的量子能态。

纠缠(Entanglement)

量子纠缠现象,两个或更多的粒子无论离得多远,继续保持不可分割的连接。

熵(Entropy)

在19世纪,鲁道夫·克劳修斯将熵定义为一个物体或系统发出或吸收的热量被转移时的温度除。熵是对系统无序的测量;一个系统的熵越高这个系统就越混乱。在自然界,所有物理进程都不会导致一个孤立系统的熵减少。

以太(Ether)

一个假设的无形的填满所有空间的媒介,光和所有其他的电磁波被认为是通过它传播的。

不相容原则(Exclusion principle)

两个电子不能具有相同的量子态,即不能有同一组的4个量子数。

精细结构(Fine structure)

能级或谱线分裂成若干不同的组成部分。

频率(ν)(Frequency(ν))

一个振动或振荡在一秒钟完成的循环次数。一个波的频率是在一秒钟内通过一个固定点的全波长的数目。测量单位是赫兹(Hz),等于每秒一周或每秒一个波长。

伽马射线(Gamma rays)

波长极短的电磁辐射。它是由放射性物质发射的三种类型辐射中穿透力最强的一种。

基态(Ground state)

一个原子能够具有的最低能量状态。所有其他原子状态称为激发态。一个氢原子的最低能量状态相应于其电子占据能量的最低级。如果电子占据任何其他的能级,氢原子处于激发态。

谐振子(Harmonic oscillator)

一个振动或振荡频率与振幅无关的振动或振荡系统。

隐变量(Hidden variables)

量子力学的一种解释,它的基础是相信这一理论是不完整的,并且有一个深层的现实世界包含有关量子世界的其他信息。这种额外的信息是隐藏变量形式的,是看不见的,但是真正的物理量。确定这些隐藏变量就能得出对测量结果的准确预测,不仅仅是得到某些结果的概率。它的信徒认为,它将恢复哥本哈根解释所否定的独立于观察的现实的存在。

红外辐射(Infrared radiation)

波长大于可见红光的电磁辐射。

干涉(Interference)

两个波相互作用的特有的现象。在两个波峰或波谷相遇的地方,它们结合产生一个新的、更大的波谷或波峰,这叫做相长干涉。但是,在波谷遇到波峰或波峰遇到波谷的地方,两者相互抵消,这一过程称为相消干涉。

同位素(Isotopes)

在原子核中质子数相同,即具有同样的原子序数,但中子数不同的同一种元素的不同形式。例如,氢有三种形式,核中的中子数分别为0、1个和2个。所有这三种形式的氢具有相似的化学性质,但质量不同。

焦耳(Joule)

经典物理学中的能量单位。一个100瓦的灯泡每秒钟将100焦耳的电能转化成热能和光。

动能(Kinetic energy)

和物体运动有关的能。一个静止的物体、行星或粒子没有动能。

光(Light)

人眼唯一能察觉到的所有电磁波的一小部分。这些可见的电磁波谱的波长范围在400纳米(蓝色)和700纳米(红色)之间。白光是由红、橙、黄、绿、蓝、靛、紫光组成的。当白色光束通过玻璃棱镜时,这些不同的交织在一起的光拆开了,形成叫做连续光谱的彩虹带。

光量子(Light-quanta)

1905年爱因斯坦首次使用这个名字来描述光的粒子,后更名为光子。

局部性(Locality)

因果发生在同一地点的要求,也就是说不存在超距作用。如果发生在A处的事件是发生在B处的原因,在两者之间必须有足够的时间让信号以光速从A抵达B。任何具有局部性的理论被称为是局部的。见“非局部性”。

矩阵(Matrices)

数字或其他元素,如变量的阵列,有其自己的代数规则,用矩阵表达有关物理系统的信息是非常有用的。一个$n \times n$的方阵有n行和n列。

矩阵力学(Matrix mechanics)

1925 年由海森堡发现,并与玻恩和帕斯库尔·约当一起建立的量子力学的一个版本。

物质波(Matter wave)

当一个粒子行为好像有波动性时,这个代表它的波被称为物质波或德布罗意波。见"德布罗意波长"。

麦克斯韦方程(Maxwell's equations)

1864 年詹姆斯·克拉克·麦克斯韦推导的 4 个方程组,将全异的电和磁的现象统一和描述为一个单一的实体——电磁学。

动量(p)(Momentum(p))

一个物体的物理属性,等于它的质量乘以速度。

纳米(nm)(Nanometre(nm))

1 纳米等于十亿分之一米。

中子(Neutron)

不带电荷的粒子,它的质量类似质子。

非局部性(Non-locality)

一种允许在两个系统或粒子之间瞬间传递影响的性质,即超出光速设置的极限,从而使在一个地方发生的事能够在某个遥远的位置产生立竿见影的效果。任何允许非局部性的理论被称为非局部的。见"局部性"。

原子核(Nucleus)

在原子的内心带正电荷的质量。起初相信它只是由质子组成的,但后来发现还包括中子。它实际包含了几乎整个原子的质量,但是只占据它的体积的一小部分。原子核是在 1911 年由欧内斯特·卢瑟福和他在曼彻斯特大学的同事发现的。

可观测的(Observable)

任何一个系统或物体的动态变量原则上是可以测量的。例如,一个电子的位置、动量和动能都是可观测的。

周期(Period)

一个单一的波长通过一个固定的点所花费的时间,或一个振荡或振动完成一个循环所需要的时间。周期与波、振动或振荡的频率成反比。

周期表(Periodic table)

元素根据它们的原子序数排成行和列,以显示它们周期性的化学属性。

光电效应(Photoelectric effect)

当超过某个最低频率(波长)的电磁辐射打在一个金属表面时,从该金属表面发出电子。

光子(Photon)

由能量 $E = h\gamma$ 和动量 $p = h/\lambda$ 描述的光的量子,其中 γ 和 λ 是辐射的频率和波长。这个名字是在 1926 年由美国化学家刘易斯·吉尔伯特引进的。见“光量子”。

普朗克常数(h)(Planck's constant(h))

一个自然界的基本常数,数值为 6.626×10^{-34} 焦耳秒,它是量子物理学的核心。由于普朗克常数不为零,因此它是原子领域中形成分离、量化、能和其他物理量的原因。

势能(Potential energy)

一个物体或系统凭借其位置或状态所具有的能量。例如,一个物体在地球表面以上的高度决定了它的重力势能。

概率解释(Probability interpretation)

由马克斯·玻恩提出的解释,波函数只允许计算在一个特定位置找到一个粒子的概率。它是量子力学不可分割的一部分。量子力学的观点是从观察测量只能产生得到某一结果的相对概率,不能预测在给定的场合下将得到什么特定的结果。

质子(Proton)

原子核中含有的粒子,带有与一个电子相等和相反的正电荷,它的质量大约为电子的 2 000 倍。

量化的(Quantised)

任何只能有一定离散值的物理量是量化的。一个原子只能有一定的离散的能级,因此它的能量是量化的。一个电子的自旋是量化的,因为它只能是 +1/2(自旋向上)或 -1/2(自旋向下)。

量子(Quantum)

这个术语是麦克斯·普朗克在 1900 年试图推导黑体辐射分布的方程时提出的,量子用来描述在他的模型中一个振荡器可以发出或吸收的不可分割的能包。一个能量(E)的量子可以有由 $E = h\nu$ 决定的不同的大小,其中 h 是普朗克常数,ν 是辐射的频率。“量子”,更适当地说,“量化”可以适用于任何微观物理系统或微观物体,其物理性质是不连续的,仅按离散量改变。

量子跃迁(Quantum jump)

也被称为量子跳跃,它是在原子或分子内由于光子发射或吸收产生的一个电子在两个能级之间的跃迁。

量子力学(Quantum mechanics)

原子和亚原子领域的物理学理论,它取代了在 1900 年和 1925 年之间出现的经典力学和量子概念相混合的想法。虽然形式上不同,海森堡的矩阵力学和薛定谔的波动力学是数学上等价的两个量子力学的表示。

量子数(Quantum number)

指定量化的物理量,如能量、量子自旋或角动量的数字。例如,一个氢原子的量化能级以一组数字 n 表示,n 是主量子数,$n = 1$ 代表基态。

量子自旋(Quantum spin)

粒子的基本属性,在经典物理中没有直接的对照物。将“自旋”的电子生动地比做旋转的陀螺没有太大帮助,因为它没能抓住这个量子概念的本质。一个粒子的量子自旋无法用经典旋转解释,因为它只能有一定的值,等于一个整数或半个整数乘以普朗克常数 h 被 2π 除($\hbar$,一个叫做 h-bar 的量)。量子自旋相对于测量方向或者是向上的(顺时针方向)或者是向下的(反时针方向)。

辐射(Radiation)

能量或粒子的散发,如电磁辐射、热辐射和放射能。

放射性(Radioactivity)

一个不稳定的放射性原子核通过发射 α、β、γ 射线自发地瓦解形成一个更加稳定的结构,这个过程叫做放射性或放射性衰变。

现实主义(Realism)

一种哲学世界观,它认为存在一个外在的独立于观察者的现实世界。对于一个现实主义者来说,当没有人看月球时,它也存在。

广义相对论(Relativity, general)

爱因斯坦的引力理论,在这个理论中引力被解释为一种时间-空间的扭曲。

狭义相对论(Relativity, special)

1905 年爱因斯坦的时间-空间理论,在这个理论中光的速度对于所有的观察者来说都相同,无论它们移动得有多快。这个理论被称为狭义相对论,因为它不包括物体的加速度或重力描述。

散射(Scattering)

一个粒子被另一个粒子偏转。

薛定谔的猫(Schrödinger's cat)

薛定谔设计的思想实验,其中根据量子力学的规则,在观察之前猫存在于活猫和死猫的叠加状态。

薛定谔方程(Schrödinger's equation)

量子力学的波动力学基本方程,它支配一个粒子的行为或一个物理系统的演化,方法是对它的波函数随时间的变化进行解析。

$$-\frac{\hbar^2}{2m}\overline{V}^2\psi + V\psi = \mathrm{i}\hbar\frac{\partial\psi}{\partial t}$$

其中 m 是粒子的质量,$\overline{V}^2$ 是数学单元称为"德尔塔平方算子",它负责跟踪波

函数 ψ 从一个地方到另一个地方如何变化，V 捕捉作用在粒子上的力，i 是 -1 的平方根，$\partial\psi/\partial t$ 描述波函数 ψ 怎样随时间变化，$\hbar$ 为普朗克常数 h 被 2π 除，发音为"h-bar"。还有另一种形式的方程给出时间快照，被称为与时间无关的薛定谔方程。

黑体辐射光谱的能量分布(Spectral energy distribution of blackbody radiation)

在任何一个特定的温度，由黑体在每一个波长(或频率)发出的电磁辐射的强度。也简称为黑体频谱。

谱线(Spectral lines)

在黑色背景上光线的彩色线条图案，被称为发射光谱。彩色背景上的一系列的黑线被称为吸收光谱。每个元素都有独特的一套发射和吸收光谱线，它们分别由元素原子内的电子在不同能级之间跃迁时光子的发射和吸收产生。

光谱学(Spectroscopy)

与吸收和发射光谱分析和研究有关的研究领域。

自发发射(Spontaneous emission)

当原子从激发态向较低的能量状态过渡时光子的自发发射。

斯塔克效应(Stark effect)

原子位于电场中时，原子谱线的分裂。

受激发射(Stimulated emission)

一个入射光子不被激发态原子吸收，而是激励它发出同样频率的第二个光子。

叠加(Superposition)

一个量子态由两个或更多的其他状态组成。这样一种状态有一定的概率显示组成它的各个状态的性质。见"薛定谔的猫"。

热力学(Thermodynamics)

通常称为热能和其他能相互转换的物理学。

热力学第一定律(Thermodynamics,the first law)

一个孤立系统的内能是一个常数。或者说能量不能被创造,也不能被毁灭——能量守恒原理。

热力学第二定律(Thermodynamics, the second law)

热不能自发地从冷的物体向热的物体流动。或者按该定律的另一种形式的说法,一个封闭系统的熵不能减少。

思想实验(Thought experiment)

一个理想化的假想实验作为一个设想的测试手段,检测一个物理理论或概念的一致性或限制。

紫外灾难(Ultraviolet catastrophe)

按照经典物理学,黑体辐射的高频区具有无限量的能量。这种由经典物理学预测的所谓的紫外灾难在自然界不会发生。

紫外线(Ultraviolet light)

电磁辐射,其波长比那些可见紫光波长要短。

测不准原理(Uncertainty principle)

海森堡在 1927 年中发现的原则,说的是无法同时以超过普朗克常数 h 表示的精度范围同时测量一对可观察量,如位置和动量,能量和时间。

速度(Velocity)

一个物体在给定方向的速度。

波函数(ψ)(Wave function(ψ))

与一个系统或粒子波动特性有关的数学函数。波函数代表在量子力学中有关一个物理系统或粒子可以知道的一切。例如,用氢原子的波函数可以计算出在原子核周围的一定位置找到其电子的概率。见“概率解释”和“薛定谔方程”。

波动力学(Wave mechanics)

在 1926 年由埃尔温·薛定谔建立的一种量子力学。

波包(Wave packet)

在一个小的局限空间范围内很多不同的波的叠加,超出这个范围它们彼此抵消,波包可以用来代表一个粒子。

波粒二相性(Wave-particle duality)

电子和光子,物质和辐射,其行为表现可以像波或粒子,取决于进行的实验。

波长(λ)(Wavelength (λ))

一个波的两个相继波峰或波谷的距离。电磁辐射的波长决定它属于电磁频谱的哪一部分。

维恩位移定律(Wien's displacement law)

威廉·维恩于1893年发现,当一个黑体温度升高时,它发出的最大强度辐射的波长向更短的波长转移。

维恩分布定律(Wien's distribution law)

维恩于1896年发现的公式,它描述的黑体辐射分布与当时已有的实验数据一致。

X射线(X-rays)

威廉·伦琴在1895发现的辐射,因此他在1901年被授予首个诺贝尔物理学奖。X射线后来被确定为波长极短的电磁波,是非常快速运动的电子攻击目标时发出的。

塞曼效应(Zeeman effect)

原子位于磁场中时谱线的分裂。

notes

注　释

序言　科学巨人的聚会

[1] 除了布鲁塞尔自由大学的三位教授(德·东德尔、亨里厄特和皮卡德)被邀请作为嘉宾,赫尔岑代表索尔韦家族出席,费斯哈费尔特凭他的能力担任科学秘书外,出席会议的代表有24位,其中有17位已经获得或将在适当的时候获得诺贝尔奖。他们分别为:洛伦兹,1902年;居里,1903年(物理)和1911年(化学);W. L. 布拉格,1915年;普朗克,1918年;爱因斯坦,1921年;玻尔,1922年;康普顿,1927年;威尔逊,1927年;理查森,1928年;德布罗意,1929年;朗缪尔,1932年(化学);海森堡,1932年;狄拉克,1933年;薛定谔,1933年;泡利,1945年;德拜,1936年(化学);玻恩,1954年。没有获奖的7位是:埃伦费斯特、福勒、布里渊、克努森、克莱默斯、古冶和朗之万。

第1章　不情愿的量子革命

[2] 在17世纪,众所周知,当一束光通过棱镜时将产生色彩频谱。有人认为,色彩频谱是由于光通过棱镜发生了某种类型转变的结果。牛顿不同意棱镜以某种方式增添了光的颜色,并进行了两个实验。在第一个实验中,他首先让一束白光通过棱镜产生色谱,并让单色光通过一块板的裂缝,然后穿透第二个棱镜。牛顿争辩说,如果色彩是光线通过第一个棱镜时经受了某些变化的结果,那么在它通过第二个棱镜时会产生另外的变化。然而他发现无论选择哪一种颜色的光重复实验,让它通过第二个棱镜,原来的颜色都没有改变。在他的第二个实验中,牛顿成功地将不同颜色的光混合在一起产生白光。

[3] 赫歇尔在1800年9月11号偶然发现光谱,但次年才发表。可以按照仪器的安排水平地和垂直地观察光的光谱。前缀“infra”来自拉丁字母,意思是“低于”,在垂直方向观察光的光谱时,紫色在顶部,红色在底部。

[4] 红光波长及其各种色调介于610纳米和700纳米之间,其中1纳米是1米的十亿分之一。700纳米的红色光振荡频率为每秒430万亿次。在可见光谱的另一端,紫外光范围在400纳米和450纳米之间,较短波长的频率为每秒750万亿次。

[5] 在1900年,伦敦拥有约748.8万人,巴黎271.4万人,柏林188.9万人。

[6] 热并不像人们通常假设的那样是能量的一种形式,而是因为温度之差能量从 A 转移到 B 的过程。

[7] 开尔文勋爵还建立了一种版本的第二定律:一个发动机不可能以百分之百的效率将热转化为功。这相当于克劳修斯的说法。两人说的是同样的事情,但用了两种不同的语言。

[8] 奥托·卢默尔和恩斯特·普林舍姆在 1899 年将维恩的发现命名为"位移定律"。

[9] 由于频率和波长呈反比关系,随着温度的升高,最大强度辐射的频率也增加。

[10] 当波长的单位是微米,温度是开氏温度时,那么这个常数为 2 900。

[11] 在 1898 年,于 1845 年成立的柏林物理学会更名为德国物理学会。

[12] 光谱的红外线部分大致可分为 4 个波段:近红外、近可见光谱(0.000 7—0.003 毫米),中红外(0.003— 0.006 毫米),远红外(0.006— 0.015 毫米)和深红外(0.015—1 毫米)。

[13] 这个数已经四舍五入。

[14] 普朗克也很高兴他设计了一种利用一组新的单位测量长度、时间和质量的方法,这套单位在宇宙任何地方都有效和容易重现。它成为一个约定,并且使用方便,导致了在人类历史上的不同地点和时间引进了各种测量系统,最近的测量系统长度单位用的是米,时间单位用秒,质量单位用千克。普朗克使用 h 和另外两个常数:光速 c 和牛顿的万有引力常数 G,计算长度、质量和时间值,这些值是唯一的,可以作为一个普遍衡量的基础。由于 h 和 G 的值太小,不能用于日常实用的目的,但是可选它作为与外星文化沟通的尺度。

第 2 章　专利的奴仆

[15] 啤酒节始于 1810 年,是一个为了庆祝巴伐利亚王储路德维希(未来国王路德维希一世)和公主泰蕾兹在 10 月 17 日结婚的庆典活动。这次活动是如此受欢迎,从那之后每年重复举行。它不是在 10 月开始,而是在 9 月开始。它持续 16 天,在 10 月的第一个星期日结束。

[16] 最高分为 6,爱因斯坦得到的分数为:代数 6 分,几何 6 分,历史 6 分,画法几何 5 分,物理 5— 6 分,意大利语 5 分,化学 5 分,自然历史 5 分,德语 4—5 分,地理 4 分,艺术绘画 4 分,技术图纸 4 分,法语 3 分。

[17] 伯克托尔得五世策林格公爵在 1191 年建立这个城市。据传说,伯克托尔得公爵在附近打猎,他杀死了一只熊,此后他将这个城市命名为 Barn。

[18] 爱因斯坦还用光量子假说解释斯托克的光致发光定律(photolu minescence law)和由紫外线产生的气体电离。

[19] 密立根在题目为“从实验观点看电子和光量子”的诺贝尔演讲中也谈道:“经过10年的测试、改变方法、吸取教训和有时犯错误,所有的努力都是为了首先要精确地实验测量光电子发射的能量,现在知道它是一个温度、波长和材料的函数,这个工作的结果与我期望的相反,在1914年得出了第一个直接的实验证据,在有限的实验误差范围内,精确可靠地证明了爱因斯坦方程和首次用光电方法直接测定了普朗克常数 h。”

[20] 1913年6月12日由麦克斯·普朗克、沃尔特·能斯脱、海因里希·鲁本斯和埃米尔·华宝签署,提名爱因斯坦为普鲁士科学院院士。

[21] 用德语:“是上帝写的这些字符吗”?

[22] 在1906年爱因斯坦发表了关于布朗运动的理论,在这篇文章中他提出他的一个更优雅和形式更广泛的理论。

第3章　丹麦金童求学英国

[23] 在1928年建立的位于奥胡斯的一个二流大学。

[24] 没有明确的历史证据,但有可能是玻尔参加了一个10月份由卢瑟福在剑桥所作的有关他的原子模型的讲演。

[25] 第一次索尔韦会议的正式报告用法语发表于1912年,用德语发表于1913年。报告一发表,玻尔就阅读了这个报告。

[26] 在教科书和科学史上,通常认为是法国科学家保罗·维拉尔在1900年发现的伽马射线。事实上维拉尔发现的是镭发出的伽马射线,但卢瑟福在他的第一篇关于镭辐射的文章中就报告发现了伽马射线,这篇文章是在1898年9月1日完成,于1899年1月发表的。威尔逊概括了这个事实,令人信服地说明是卢瑟福先发现的伽马射线。

[27] 更精确的测量得出半衰期为56秒。

[28] 是开尔文1902年先提出的类似想法,汤姆生在偶然知道这个想法后才开始建立这个模型的详细的数学推导。

[29] 土星光环的稳定性曾困扰天文学家200多年,詹姆斯·克拉克·麦克斯韦分析了土星光环的稳定性,长岗是从这个著名的稳定性分析中得到灵感的。1855年,为了吸引最优秀的物理学家研究这个问题,它被选为剑桥大学著名的两年一度比赛,亚当斯奖的课题。麦克斯韦在1857年12月截止日期之前提交了唯一一份入选答卷。这并没有减少该奖和麦克斯韦成就的意

义，而只是再次证明这个问题的难度，从而提高了他的声誉。别的人都未能成功地完成一篇值得入选的文章。虽然他们通过望远镜看到土星光环似乎是固体的，麦克斯韦最后证明：土星光环如果是固体的或液体的，它将是不稳定的。他惊人地展示他的数学技巧，证明土星光环的稳定性是由于它是由在同心圆轨道上绕这颗行星旋转的大量粒子组成的。皇家天文学家乔治·艾里爵士宣布，麦克斯韦的解决方案是"我曾经见过的最非凡的数学在物理学中的应用之一"，亚当斯奖理所当然地授予了麦克斯韦。

[30] 盖革和马斯登在1913年4月发表了他们的论文，认为他们的数据"强有力地证明以下基本假设是正确的，即一个原子在它的中心位置一个比原子直径小的尺度内含有强烈的电荷"。

[31] 后来确定放射性钍、放射性锕、锾(ionium)和铀—X只是钍的25个同位素中的4个。

第4章　标新立异的量子原子

[32] 玻尔决定在曼彻斯特进行这个有关α粒子速度的实验之前，暂时不发表这篇论文。这篇关于"带电粒子通过物质时运动速度减小的理论"的文章后来在1913年发表在《哲学杂志》上。

[33] π是圆周长与圆直径的比值。

[34] 一个电子伏特(eV)相当于1.6×10^{-19}焦耳的能量。100瓦的灯泡在一秒钟内将100焦耳的电能转换成热能。

[35] 在巴尔末的时代，以及进入20世纪之后，为纪念安德斯·埃斯特伦将波长测量单位命名为埃(Å)。1埃$=10^{-8}$厘米，即1厘米的一亿分之一。它等于现代单位1纳米的十分之一。

[36] 在1890年，瑞典物理学家约翰尼斯·里德伯建立了一个比巴尔末更一般的公式。公式中含有一个数字，后来被称为里德伯常数，玻尔用他的模型可以计算这个数值。他可以用普朗克常数、电子的质量和电子的电荷改写里德伯常数。他所推导的里德伯常数值几乎与实验确定的值完全相配。玻尔告诉卢瑟福，他认为这是一个"巨大的和意想不到的发展"。

[37] 莫斯莱还解决了将3对元素放在周期表中出现的不规则问题。根据原子量，氩气(39.94)在元素周期表中应列在钾(39.10)之后。这将与它们的化学性质冲突，因为钾被分在惰性气体组内，而氩是碱金属。为了避免这种化学的混乱，元素按照原子量的顺序掉过个排列。这样，用按照它们各自的原子序数所做的排列次序就是正确的。按照原子序数也可以正确地确定两对

其他元素“碲—碘”和“钴—镍”的正确位置。

[38] 人们后来发现索末菲的 k 不能等于零。因此 k 设成等于 $l+1$,其中 l 是轨道角动量数值。$l=0,1,2,\cdots,n-1$,其中 n 是主量子数。

[39] 实际上有两种类型的斯塔克效应。线性斯塔克效应是一种与电场成正比的分裂,并发生在氢的激发状态下。所有其他原子表现出的二次斯塔克效应,谱线的分裂与电场的平方成正比。

[40] 在现代的记号中 m 写成 ml。对于给定的 l,有 $2l+1$ 个 ml 值,范围从 $-l$ 到 $+l$。如果,$l=1$,ml 有三个范围值:$-1,0,1$。

[41] 在 1965 年玻尔八十诞辰时,这个研究所改名为尼尔斯·玻尔研究所。

第 5 章 爱因斯坦与玻尔相会

[42] 俄罗斯、法国、英国和塞尔维亚与日本(1914 年)、意大利(1915 年)、葡萄牙和罗马尼亚(1916 年)、美国和希腊(1917 年)联合。英联邦也和同盟国一起作战。土耳其(1914 年)和保加利亚(1915 年)支持德国和奥匈帝国。

[43] 比喻吉姆·巴戈特的礼貌(2004 年)。

[44] 在弱引力场中,广义相对论预计的弯曲和牛顿的理论一样。

[45] 由于对他的工作有极大兴趣,相对论最初的英语翻译本出现于 1920 年。

[46] 德国科学家纯科学保护协会。

[47] 玻尔所说的电子壳实际上是一组电子轨道。主要的轨道分别编号为 1 到 7,1 最接近核心。二级轨道以字母 s、p、d 和 f 指定,这 4 个字母来自术语“sharp”、“principal”、“diffuse”和“fundamental”,意思是“尖锐的”、“主要的”、“扩散的”和“基本的”,光谱学家用来描述光谱谱线。最邻近原子核的轨道是一个单一的轨道,标以 1s,下一个轨道是一对轨道,标以 2s 和 2p,第三个轨道是三重轨道,标以 3s、3p 和 3d 等。轨道离原子核越远,能容纳的电子数就越多。s 容纳 2 个电子,p 容纳 6 个电子,d 容纳 10 个电子,f 容纳 14 个电子。

[48] 玻尔在宴会上的讲话,可以在 www. nobelprize. org 查到。

[49] 可见光确实经受“康普顿效应”。但是主可见光与散射可见光波长的差别与 X 射线相比是如此之小,因此,尽管在实验室可以测量到,但眼睛检测不出来。

[50] 康普顿(1961 年)。康普顿一篇简短的论文叙述了实验证据和理论考虑,结果导致“康普顿效应”的发现。

[51] 美国化学家刘易斯·吉尔伯特在 1926 年提出了光子这个名字代表光的

原子。

第6章　法国王子的波粒二相

[52]　与公爵不同,王子不是一个法国头衔。随着他的哥哥去世,公爵这个法国头衔取得优先权,路易斯成为公爵。

[53]　工程师军团在法国。

第7章　"旋转博士"发现自旋

[54]　洛伦兹认为在白炽钠气原子内的振荡电子发出塞曼分析的光。洛伦兹说明,一根谱线会分裂成2根靠得很近的谱线(2个一组)或3根谱线(3个一组),取决于是平行于还是垂直于磁场方向观察发射的光。洛伦兹计算了两个相邻谱线波长的差别,得到的结果与塞曼的实验结果相符。

[55]　在1916年,28岁的德国物理学家瓦尔特·科塞尔,他的父亲曾被授予诺贝尔化学奖,最先建立了量子原子元素周期表之间的重要的联系。他注意到前三个惰性气体:氦、氖、氩气原子序数2、10、18之差为8,并认为,这些原子的电子运行的轨道是在封闭的壳中。第一个轨道只含有2个电子,第二轨道和第三轨道都是8个电子。玻尔承认科塞尔的工作。但科塞尔和其他人都没有像玻尔那样透彻地说明在整个周期表中电子的分布,其最突出的成就是正确地标出铪不是稀土元素。

[56]　如果 $n=3$,则 $k=1,2,3$。

如果 $k=1$,则 $m=0$,能量状态为(3,1,0)。

如果 $k=2$,则 $m=-1,0,1$,能量状态为(3,2,-1),(3,2,0)和(3,2,1)。

如果 $k=3$,则 $m=-2,-1,0,1,2$,能量状态为(3,3,-2),(3,3,-1),(3,3,0),(3,3,1)和(3,3,2)。在第三层壳 $n=3$,能量状态总数为9,最多的电子数目为18个。对于 $n=4$,能量状态为(4,1,0),(4,2,-1),(4,2,0),(4,2,1),(4,3,-2),(4,3,-1),(4,3,0),(4,3,1),(4,3,2),(4,4,-3),(4,4,-2),(4,4,-1),(4,4,0),(4,4,1),(4,4,2),(4,4,3)。

对于给定的 n,电子能态数目数简单地等于 n^2。对于前四个壳,$n=1,2,3$ 和4,能量状态的数量是1,4,9,16。

[57]　回想一下,在玻尔的量子原子模型中,玻尔是通过角动量($L=nh/2\pi=mv$)的量化将量子引进原子的。一个电子在圆形轨道中运行具有角动量。电子的角动量在计算中标记为 L,等于其速度乘以它的质量再乘以轨道半径(用符号表示为 $L=mvr$)。只有那些角动量等于 $nh/2\pi$ 的电子轨道才是被允许

的,式中 n 为 1,2,3,等等。所有其他轨道是被禁止的。

[58] 实际上,这两个值是 $1/2(h/2\pi)$ 和 $-1/2(h/2\pi)$ 或等于 $+h/4\pi$ 和 $-h/4\pi$。

第 8 章　德国神童的量子魔术

[59] 玻恩给爱因斯坦的信,1925 年 7 月 15 号。玻恩也许已经发现,海森堡的乘法法则与他写信给爱因斯坦时的矩阵乘法是完全相同的。玻恩记得在一个场合,大约在 7 月 11 日或 12 日海森堡给了他这篇文章。然而,在另一场合,他相信他确定矩阵乘法的日期是 7 月 10 日。

[60] 在 1925 年和 1926 年,海森堡、玻恩和约当从未使用过"矩阵力学"这个术语。他们经常谈论"新力学"或"量子力学"。在数学家将其称为"矩阵物理"之前,其他的人最初称为"海森堡力学"或"哥廷根力学"。到 1927 年,它被习惯地称为"矩阵力学",一个海森堡始终不喜欢的名字。

第 9 章　"迟来的情欲大爆发"

[61] 尽管不知道薛定谔在讨论会上提交他的报告的准确时间,但最可能的时间是 11 月 23 日。

[62] 在 1927 年由奥斯卡・克莱恩和沃尔特・戈登发现的方程式后来变成众所周知的克莱恩－戈登方程式。它仅适用于自旋为零的粒子。

[63] 薛定谔文章的标题说明,在他的理论中原子能级的量化是建立在电子波长的许可值或特征值(*eigenvalues*)基础上的。在德语中,特征(*eigen*)的意思是"固有"或"特有"。将德语的单词 eigenwert 译成英语的 *eigenvalue* 只表达了一半的意思。

[64] 海森堡的文章是《物理学杂志》在 1926 年 7 月 24 日收到的,于 10 月 26 日出版。

[65] 原来用德语表达的意思是:

　　有些人相信埃尔温
　　还有他的波函数。
　　你可能想知道
　　应不应该接受它。

[66] 严格来说应该是波函数"模数"的平方。模数的术语,指取一个数的绝对值,不管它是正,还是负。例如,如果 $x=-3$,那么 x 的模数为 3。写为:$|x|=|-3|=3$。对于一个复数 $z=x+iy$,z 的模量,由 $|z|=\sqrt{x^2+y^2}$ 给出。

[67] 一个复数的平方的计算方法如下：$z=4+3i$，z^2 其实不是 $z\times z$，而是 $z\times z^*$，其中 z^* 称为复共轭。如果 $z=4+3i$，那么 $z^*=4-3i$。因此，$z^2=z\times z^*=(4+3i)\times(4-3i)=16-12i+12i-9i^2=16-9(\sqrt{-1})^2=16-9(-1)=16+9=25$。

如果 $z=4+3i$，则 z 的模数是5。

[68] 第二篇论文发表在9月14日《物理学杂志》上。

[69] 再次从技术上讲，这是波函数绝对值或模数的平方。此外，在技术上，波函数的绝对值平方给出的是“概率密度”，而不是“概率”。

第10章　哥本哈根测不准原理

[70] 在他后来的另一篇著作中，海森堡表示，回答这个问题的重要转变是“不要问：在给定的数学方案中我们应如何表示一个给定的实验情况。而应该问：这种实验情况只有在能够用数学形式表达的自然界才能出现吗？”

[71] 因为动量既出现在经典力学基本方程中，也出现在量子力学基本方程中，所以动量应优先于速度。然而由于动量是质量乘速度，因此这两个变量是紧密相连的，即便是具有狭义相对论所强加的相关性的电子也一样。

[72] 正如马克斯·雅默指出的(1974年)：海森堡用的是 *Ungenauigkeit*(不精确的，不严密的)，或 *Genauigkeit*(精度，精确度)。这两个术语在他的文章中出现30多次，而 *Unbestimmtheit*(不明确)仅出现2次，*Unsicherheit*(不确定性)出现3次。

[73] 海森堡在他发表的论文中实际上把它写为 $\Delta p\times\Delta q\backsim h$，或 $\Delta p\times\Delta q$ 近似是普朗克常数。

[74] 多年以来有很多场合海森堡似乎想说，我们对原子世界的认识是不确定的，他说，“测不准原理是指我们目前可能知道的用量子力学处理的各种同时发生的数值的不确定程度”，而不是一个自然界的内在特征。

[75] 原德文标题的意思是：“量子动力学和力学的意识形态内容”，《物理评论》，43，172－198(1927)。

[76] 在波粒互补性和有关的任何一对物理观察量，如位置和动量之间存在微妙的差异。根据玻尔的互补性，一个电子或光的波和粒子的两个方面是互相排斥的。或者是这个，或者是那个。然而，仅当精确和确定地测量一个电子的位置或者是动量时，位置和动量才是相互排斥的。否则，同时测量两者和得出测量结果的测量精度由位置-动量不确定性关系给出。

[77] 海森堡1927年5月16日写给泡利的信。海森堡用符号“≈”表示“近似”。

第11章 1927年，索尔韦聚会

[78] 国际联盟章程在1919年4月制定。

[79] 1936年希特勒违反洛迦诺条约，派德国军队进入莱茵河非军事化区。

[80] 威廉·H. 布拉格1927年5月由于其他承诺辞去委员会的职务，虽然被邀请了，但没有出席。爱德蒙·凡·奥贝尔虽然仍在委员会，因为会议邀请了德国人而拒绝出席。

[81] 派斯(1991年)，引用第426页。“可以通过使它成为一个可信的物体而不保持决定论吗？我们一定要把非决定论提升为一个原则吗”？

[82] 玻尔受责备的部分原因是由于混淆，因为在一个场合下他将他在一般讨论会上的发言称为“报告”。例如，在他的讲演“索尔韦会议和量子物理进展”中他就是这样说的。

[83] 巴恰加卢皮和瓦伦蒂尼(2006年)，引用第486页。翻译是根据爱因斯坦档案馆的记录。已公布的法语翻译曰：“我不得不道歉没有深入到量子力学中。不过我想作一些一般性的评论。”

第12章 爱因斯坦忘记相对论

[84] 另外，由于指针和标尺被照亮引起了盒子不可预计的移动，造成动量不可控制地向光盒转移，于是盒子中的钟在重力场中移动。盒子中的钟摆(时间流动)速率无法预计地改变了，导致遮光板打开和光子逃逸时间的不确定性。这一系列不确定性再次服从由海森堡的测不准原理所规定的限度。

[85] 爱因斯坦曾向瑞典皇家科学院建议，海森堡和薛定谔的成就是如此巨大，不宜分享诺贝尔奖。然而在提议薛定谔之前，他承认“谁应该先获奖很难回答”。在1928年他最初提名海森堡和薛定谔时，他建议德布罗意和戴维森应有优先权。他提出的其他选择方案是，一个奖项由德布罗意和薛定谔分享，另一个奖项由玻恩、海森堡和约当分享。1928年的奖项推迟到1929年，诺贝尔奖被授予英国物理学家欧文·理查森。正如爱因斯坦所建议的，路易·德布罗意是量子理论家新一代人中的第一人，他在1929年获得了诺贝尔奖。

[86] 物理：阿尔伯特·爱因斯坦(1921年)，詹姆斯·弗兰克(1925年)，古斯塔夫·赫兹(1925年)，埃尔温·薛定谔(1933年)，维克托·赫斯(1936年)，奥托·斯特恩(1943年)，菲利克斯·布洛赫(1952年)，马克斯·玻恩

(1954 年)，尤金·维格纳(1963 年)，汉斯·贝特(1967 年)，丹尼斯·嘉宝(1971 年)。化学：弗里茨·哈伯(1918 年)，彼得·德拜(1936 年)，乔治·冯·赫维西(1943 年)，格哈德·赫兹伯格(1971 年)。医药：奥托·迈耶霍夫(1922 年)，奥托·洛伊(1936 年)，鲍里斯·钱恩(1945 年)，汉斯·克雷布斯(1953 年)，马克斯·德尔布吕克(1969 年)。

[87] 拜尔申(1977 年)，引用第 43 页。普朗克结尾说道，“希特勒使劲打自己的膝盖，说话越来越快，愤怒到极点，以致我只能保持沉默和回避。”

第 13 章　量子现实的巨大冲突

[88] 詹姆斯·查德威克于 1935 年被授予诺贝尔物理学奖，恩里科·费米在 1938 年被授予诺贝尔物理学奖。

[89] EPR 抵制诱惑，利用双粒子实验挑战海森堡的测不准原理。通过直接测量粒子 A 的精确动量确定粒子 B 的动量。因为已经对 A 进行了测量，所以不可能知道 A 的位置，但可以直接测量 B 的位置，因为原来没有对它进行过直接的测量。因此，可以认为同时测量了粒子 B 的动量和位置，从而规避测不准原理。

第 14 章　贝尔定理为谁敲响丧钟

[90] 玻姆对 EPR 做的修改出现在他的书《量子理论》的 22 章。它涉及自旋为零的一个分子分裂为两个原子，一个自旋向上(+1/2)和另一个自旋向下(-1/2)，其组合自旋仍然为零。自此之后，它已成为用一对电子代替原子的标准方法。

[91] 选择互相垂直的 x、y 和 z 轴只是为了方便，因为它们最常用。任何一组三轴系统都可以用于测量量子自旋的分量构成。

第 15 章　至今未解的量子恶魔

[92] 在 30 个人当中，有一些人支持“调和历史”的方法，这个方法起源于多世界解释。它是基于这样一种想法：在所有可能得出观察试验结果的方法中，只有一些符合量子力学规则的方法才有意义。

Acknowledgements

致　谢

多年来,在我的墙上挂着一幅 1927 年 10 月在布鲁塞尔举行的第五次索尔韦会议上与会者的照片。有时我会经过它,心想这是一个完美叙述量子的故事的起点。当我终于写了一个写作《量子理论》一书的建议时,我非常幸运地把它交给帕特里克·沃尔什。他的热情使这个项目有了着落。我再次幸运的是,有才干的科学编辑和发行人彼得·塔利亚克加入了康维尔 & 沃尔什,成为我的经纪人。我衷心地感谢彼得,在整个的写书过程中他既是我的朋友又是我的经纪人,他极友好地处理了由于我长期健康不良所带来的困难。和彼得一起,杰克·史密斯·博萨凯特一直为我与《量子理论》的外语出版商沟通,我感谢他和沃尔什及在康维尔 & 沃尔什团队中的其他的人,特别要感谢克莱尔·康维尔和苏·阿姆斯特朗的坚定支持和帮助。我很高兴利用这个机会,感谢迈克尔·卡莱尔,特别是艾玛·帕里,为他们在美国代表我所做的工作。

我非常感谢在注释和参考书目中引证的学者的研究。特别要感谢丹尼斯·布莱恩、大卫·卡西迪、阿尔布雷希·弗尔辛、约翰·L. 海尔布隆、马丁·J. 克莱因、杰格迪什梅·赫拉、沃尔特·摩尔、丹尼斯·奥弗拜、亚伯拉罕·派斯、赫尔穆特·雷兴贝格、约翰·施塔赫尔。我想感谢圭多·巴恰加卢皮和安东尼·瓦伦蒂尼,为他们提供第五次索尔韦会议文集的首个英文译本和此文集出版前他们的评论。

潘多拉棋·克莱泽曼、拉维·巴厘、史蒂芬·玻姆、乔·剑桥、鲍勃·考密肯、约翰·吉勒特和夏娃·凯都读过本书的草稿。感谢他们每一位的精明的批评和建议。迈特兹·安琪尔曾经是我的编辑,她对本书早期的草稿独到的见解是非常宝贵的。克里斯托弗·波特是《量子理论》这本书早期的支持者,我对他表示深切的感谢。西蒙·弗林,我在圣像图书(Icon Books)的出版商,不知疲倦地将此书付诸出版。他做了很多超出他职责的事,我感谢他。邓肯·希思是一个令人惊讶、目光锐利的技术编辑;每一个作家都因他感到幸运。我十分感谢圣像图书出版公司的安德鲁·弗洛和纳杰马·芬莱,为他们的热情和为《量子理论》一书所做的工作,还要感谢尼古拉斯·哈利迪制作书中的精美图片。还要感谢尼尔·普里斯和他在法贝尔 & 法贝尔的团队。

没有拉姆伯·拉姆、古尔米特·考尔、罗德尼棋·克莱泽曼、利奥诺拉棋·克莱泽曼、拉金德尔·库马尔、桑托什·摩根、夏娃·凯、约翰·吉勒特、拉维·巴厘多年不懈的支持,这本书就不可能完成。

最后,我要衷心地感谢我的妻子潘多拉和我的儿子拉文代和贾斯文代。言语难以传达我对你们三人的感谢。

曼吉特·库马尔

(Manjit Kumar)

伦敦

2008 年 8 月

曼吉特·库马尔的《量子理论》是一本超强力对撞之书，形形色色、自由思想的物理学家，勾兑出一杯奇异的鸡尾酒。挖掘出他们之间剪不断理还乱的相互关系，看出这个大旋涡中飞出了什么样的上帝般的粒子和黑洞。这个理论体系的形成过程，让所有其他科学革命显得相形见绌。他的这部科学史，可能是迄今所有有关这个理论体系的著述中，最为宏大传奇、明了详尽的一部。

这场革命，甚至在人们还没有完全意识到之前，就已经改变了科学的面貌，以及我们对客观世界本质的认识，而且是永远的。这一力作写得漂亮，描写了科学巨人贯穿20世纪针对客观世界的基础进行的激烈辩论，同时也观察了量子理论两位伟大人物，阿尔伯特·爱因斯坦和尼尔斯·玻尔，在个人思维方式和哲学信仰方面的碰撞……这相当于把“爱丽丝漫游奇境”从兔子洞搬到宇宙背景中上演。瞧一眼吧……